CentOS 8

系统管理与运维实战

王亚飞 张春晓 著

清华大学出版社

北京

内 容 简 介

本书从实际应用出发，以 CentOS 8 作为操作系统基础，介绍目前企业中常用的软件平台的架设和管理方法，通过运维的视角来介绍运维的基础知识和软件平台的常见搭建方法。

本书共 15 章，第 1~3 章介绍 CentOS 8 的特性和安装、运维基础、网络配置与结构；第 4~10 章介绍企业中应用广泛的路由与策略路由，针对不同应用平台的文件共享服务 NFS、Samba 和 FTP，目前常见的 Web 平台 LAMP、LNMP，把应用容器化快速部署上线的 Docker 技术，中小型企业应用广泛的 LVS 集群技术、Kubernetes 集群技术，实现高可用性的双机热备系统等；第 11~15 章介绍 KVM 虚拟化及 oVirt 虚拟化管理平台，适合企业使用的 GlusterFS 存储技术，以及 OpenStack 和 OpenNebula 云平台等知识。

本书从实际生产应用环境出发，注重安全与运维技能的教学，适合 Linux 初学者、Linux 运维人员阅读，也适合高等院校、中职学校和培训机构计算机相关专业的师生教学参考。

图书在版编目（CIP）数据

CentOS 8 系统管理与运维实战 / 王亚飞，张春晓著. – 北京：清华大学出版社，2021.6（2023.6重印）
ISBN 978-7-302-58095-9

Ⅰ. ①C… Ⅱ. ①王… ②张… Ⅲ. ①Linux 操作系统 Ⅳ. ①TP316.85

中国版本图书馆 CIP 数据核字（2021）第 084042 号

责任编辑：夏毓彦
封面设计：王　翔
责任校对：闫秀华
责任印制：曹婉颖

出版发行：清华大学出版社
　　　　网　　址：http://www.tup.com.cn，http://www.wqbook.com
　　　　地　　址：北京清华大学学研大厦 A 座　　　　　邮　　编：100084
　　　　社 总 机：010-83470000　　　　　　　　　　邮　　购：010-62786544
　　　　投稿与读者服务：010-62776969，c-service@tup.tsinghua.edu.cn
　　　　质量反馈：010-62772015，zhiliang@tup.tsinghua.edu.cn

印 装 者：三河市铭诚印务有限公司
经　　销：全国新华书店
开　　本：190mm×260mm　　　　　印　　张：29　　　　字　　数：742 千字
版　　次：2021 年 7 月第 1 版　　　　　　　　　　　印　　次：2023 年 6 月第 2 次印刷
定　　价：109.00 元

产品编号：086806-01

前　　言

随着 Internet 的飞速发展，各大互联网企业对硬件、软件的要求都上了一个新台阶。作为服务器操作系统的 Linux 系统，近年来也获得了巨大进步。纵观国内外的各大 IT 企业，Linux 服务器已成为企业必不可少的选择，Linux 的低成本、高性能与高可靠性等特点使其在服务器操作系统领域占有主流地位。CentOS 作为 Linux 服务器操作系统之一，获得了包括阿里、网易等 IT 巨头在内的互联网企业的青睐。从招聘反映的情况来看，与 Linux 相关的人才逐渐呈紧张态势。只有学好 Linux 系统基础及高技能的人才，才能游刃于 Linux 运维职场，并由此可以获得较好的职业发展前景。

目前图书市场上关于 CentOS 应用的图书不少，但关于 CentOS 8 基础与运维的图书却很少。本书以实战为主旨，从介绍基础的知识开始，逐渐深入实用的运维技能，让读者全面、深入、透彻地理解和掌握 CentOS 8 的基础知识和运维技能，并提高自己在不同软件之间的整合能力与实际运维能力。

近年来，云计算技术得到了广泛应用，企业也纷纷采用 CentOS 8 系统进行网络管理，为了顺应时代发展，本书还讲解了 Docker、Kubernetes、KVM、OpenStack 以及 OpenNebula 等技术。

本书特色

（1）注重基础知识。为了使读者能更好地使用 CentOS 8，本书中的许多章节都着重介绍基础知识。基础知识在运维体系中至关重要，也是能举一反三地在不同环境中应用软件、整合软件的基础。

（2）案例式学习模式。在本书中，每个应用平台都列举了不同环境中应用的实例、解决方案，真正做到以案例教学，同时每个案例都做到有一定的启发性，以便于读者能应对更多环境。

（3）注重思路教学。Linux 系统中的许多软件都设计得十分灵活，每个环境中都可以找到多种解决方案。对本书中的案例编者都做了详尽的解释，便于读者理解。

（4）突显官方文档的作用。CentOS 8 是由一堆开源软件组成的操作系统，针对这样一个软件平台，每个软件的官方文档都有指导性意义。对于一些较为复杂的平台和软件，为读者指明了获取官方文档的方法，让读者能更好地学习和应用。

内容体系

第 1～3 章，CentOS 8 概述及运维基础

这几章主要介绍 CentOS 8 的新技术要点及运维的基础知识，内容包括 CentOS 8 的新特性、安装过程及注意事项、TCP/IP 协议、网络设置、firewalld 和 nftables 防火墙配置、DHCP 服务器配置、DNS 域名服务器配置等。

第 4～10 章，服务器与集群架设

这几章主要介绍 CentOS 8 中应用广泛的应用技术和服务器架设方法，内容包括路由与策略路由、文件服务器（NFS、Samba 和 FTP）、Docker、LVS 集群、Kubernetes 集群，还有目前流行的 LAMP、LNMP 架设方法及双机热备等。

第 11～15 章，虚拟化与云计算

这几章主要介绍目前较引人注目的虚拟化和云计算平台，内容包括 KVM 虚拟化、oVirt 虚拟化管理平台、GlusterFS 存储、OpenStack 及 OpenNebula 云平台等。

下载与技术支持

本书示例源码请用微信扫描下面的二维码下载，也可按页面提示把下载链接转到自己的邮箱下载。如果学习本书的过程中发现问题，请联系 booksaga@163.com，邮件主题为 "CentOS 8 系统管理与运维实战"。

本书读者

- 需要全面了解和学习 Linux 系统的人员。
- 有志从事运维工作的人员。
- 运维人员、DevOps 实施人员。
- 希望全面了解 CentOS 8 的人员。
- 希望掌握 Linux 系统企业平台架设及管理的人员。
- 专业培训机构的学员。
- 需要一本案头必备手册查询 CentOS 8 的人员。

本书作者

本书第 1~10 章由平顶山学院的王亚飞编写，第 11~15 章由暨南大学的张春晓编写。

作　者
2021 年 1 月

目　　录

第1章

开启 Linux 系统管理与运维的大门

　　Linux 是一个免费、开源的操作系统软件，是自由软件和开源软件的典型代表，很多大型公司或个人开发者都选择使用 Linux。Linux 版本很多，有适合个人开发者的版本，如 Ubuntu，也有适合企业级的版本，如 Red Hat Enterprise Linux。本书主要介绍 CentOS 8 系统。

　　本章主要涉及的知识点有：

- 认识 Linux
- Linux 的内核版本
- Linux 的发行版本
- 了解 CentOS 8

1.1　你必须知道的 Linux 版本问题

　　Linux 是一个开源的软件，发行版众多。Linux 常见的内核版本有哪些，Linux 又有哪些发行版？本节主要介绍这方面的知识。

1.1.1　Linux 的内核版本

　　Linux 内核由 C 语言编写，符合 POSIX 标准。但是 Linux 内核并不能称为操作系统，内核只提供基本的设备驱动、文件管理、资源管理等功能，是 Linux 操作系统的核心组件。Linux 内核可以被广泛移植，而且对多种硬件都适用。

　　Linux 内核版本有稳定版和开发版两种。Linux 内核版本号一般由 3 组数字组成，比如 2.6.18 内核版本：

- 第 1 组数字 2 表示目前发布的内核主版本。

- 第 2 组数字 6 表示稳定版本，若为奇数，则表示开发中的版本。
- 第 3 组数字 18 表示修改的次数。

前两组数字用于描述内核系列，用户可以通过 Linux 提供的系统命令查看当前使用的内核版本。

1.1.2 Linux 的发行版本

Linux 有众多发行版，其中不少发行版还很受欢迎，都有非常活跃的对应论坛或邮件列表，许多相关问题都可以得到快速解答。

（1）Ubuntu 发行版提供了友好的桌面系统，用户通过简单的学习就可以熟练使用该系统。自 2004 年发布后，Ubuntu 为桌面操作系统做出了极大的贡献。与之对应的 Slackware 和 FreeBSD 发行版，用户则需要经过一定的学习才能有效地使用其系统特性。

（2）openSUSE、Fedora 和 Debian 发行版介于上述几种系统之间。openSUSE 引入了另一种包管理机制 YaST；Fedora 革命性的 RPM 包管理机制极大地促进了其发行版的普及；Debian 采用的是另一种包管理机制 DPKG（Debian Package）。

（3）CentOS 源码来自 Red Hat Enterprise Linux（RHEL），它的社区提供了及时的安全更新和软件升级服务，是一个企业级发行版，适用于普通开发者使用和服务器应用领域。

1.2 CentOS 之于 Linux

CentOS（Community Enterprise Operating System，社区企业操作系统）最初是由一个社区主导的操作系统，来源于 Linux 的另一个重要的发行版 Red Hat Enterprise Linux（后面简称为 RHEL）。由于 CentOS 并不向用户收取任何费用，因此得到了大量技术实力较高的运维人员的青睐而不断发展壮大。

讲到 CentOS，必然需要先说明 RHEL，而讲到 RHEL，又不得不介绍 RHEL 的运作模式。RHEL 的发行公司通常被称为红帽子公司，其发行的开源 RHEL 与 Windows 这类闭源操作系统的发行模式截然不同。由于 RHEL 采用了 GNU 计划中的大部分软件，因此红帽子公司在发行 RHEL 时，通常需要使用两种形式发行同一个版本。第一种称为二进制版，用户可以直接利用这个版本安装并使用；另一种形式则为遵循 GNU 计划规定的源代码形式。获得和安装 RHEL 都无须付费，但升级和技术支持需要付费，因此一些经费紧张的小型企业无法使用这种昂贵而又十分优秀的操作系统。在这种应用场景下，CentOS 应运而生。

CentOS 根据 RHEL 释出的源代码进行二次编译，去掉 RHEL 相关的图标等具有商业版权的信息后，形成与 RHEL 版本相对应的 CentOS 发行版。虽然 CentOS 是根据 RHEL 源代码编译而成的，但 CentOS 与 RHEL 仍有许多不同之处：

（1）RHEL 中包含红帽自行开发的闭源软件（如红帽集群套件等），这些软件并未开放源代码，因此也就未包含在 CentOS 发行版中。

（2）CentOS 发行版通常会修改 RHEL 中存在的一些 BUG，并提供了一个 yum 源以便用户可以随时更新操作系统。

（3）与 RHEL 提供商业技术支持不同，CentOS 并不提供任何形式的技术支持，用户遇到的问题需要自行解决，因此 CentOS 对技术人员的要求更高。

RHEL 与 CentOS 还有许多不同之处，此处不一一列举，感兴趣的读者可以参考相关资料进行了解。值得注意的是，在 2014 年年初，CentOS 与 Red Hat 同时宣布，CentOS 将加入 Red Hat，共同打造 CentOS，业界普遍希望此举能让 CentOS 操作系统更加强大。

虽然 CentOS 的技术门槛更高，但其稳定、安全、高效等特点吸引了一大批经验丰富的 IT 管理人员加入，从近些年的使用情况来看，其发展非常迅猛。许多 IT 企业都在使用 CentOS，其中不乏淘宝、网易这样的 IT 巨头。

1.3　CentOS 8 的特色

CentOS 8 于 2019 年 9 月 24 日发布。很多人都在问 CentOS 8 有什么新的特色？自从 CentOS 在 2004 年成立以来，全世界都感受到了它的令人惊叹的服务功能。在 CentOS 8 中，该系统持续提供卓越的各种服务功能。本节将详细介绍 CentOS 8 新增加的特色。

1.3.1　Web 控制台 Cockpit

Cockpit 是一个 Web 控制台，它具有非常友好的、基于 Web 的界面，使用户可以通过浏览器执行服务器的管理任务。

管理员可以通过 Cockpit 完成以下维护任务：

（1）管理服务。

（2）管理用户账号。

（3）管理和监视系统服务。

（4）配置网络接口和防火墙。

（5）查看系统日志。

（6）管理虚拟机。

（7）创建诊断报告。

（8）设置内核转储配置。

（9）配置 SELinux。

（10）更新软件。

（11）管理系统订阅。

Cockpit 现在是 CentOS 8 默认安装的软件包。但是在选择 CentOS 8 最小安装时，默认情况下不会安装 Cockpit，用户需要自行安装。

1.3.2　文件系统和存储

尽管 CentOS 7 和 CentOS 8 都采用 XFS 作为默认的文件系统，但是在 CentOS 8 中，XFS 得到了极大的增强，单个文件系统的最大容量已从 500 TB 增加为 1024 TB。

此外，Linux 硬盘加密技术 LUKS2 格式替代了旧版 LUKS（LUKS1）格式，使用 LUKS2 作为加密卷的默认格式。LUKS2 提供了元数据的冗余，因而在加密卷的部分元数据损坏的情况下可自动恢复数据。

1.3.3 联 网

网络管理工具 ifconfig 在 CentOS 8 中被弃用。基本安装提供了新版本的 ifup 和 ifdown 命令，它们通过 nmcli 工具调用 NetworkManager 服务。如果要使用 ifup 和 ifdown 命令，就必须先运行 NetworkManager 服务。

在防火墙方面，nftables 替代了 iptables 作为默认的网络包过滤工具。firewalld 守护进程使用 nftables 作为默认后端。

此外，CentOS 8 还支持 IP VLAN 虚拟网络驱动程序，用于连接多个容器。

1.3.4 OpenSSH

在 CentOS 8 中，OpenSSH 的版本是 7.8p1，与早期版本相比有很多改进，主要有：

（1）不再支持 SSH Version 1。
（2）默认不开启 DNS 支持。
（3）最小可接受 RSA 密钥大小设置为 1024 位。
（4）移除 Blowfish、CAST 以及 RC4 等加密算法。
（5）默认关闭 DSA 公钥算法。

1.3.5 虚拟化

CentOS 8 中创建的虚拟机现在支持并可自动配置基于 PCI Express 的更现代的计算机类型（Q35），因而在虚拟设备的功能和兼容性方面提供了诸多改进。

用户现在可以使用 Cockpit 控制台创建和管理虚拟机。Qemu 仿真器引入了沙箱功能，它为系统调用 Qemu 可以执行的操作提供了可配置的各种限制，从而使虚拟机更加安全。

CentOS 8 有许多改进，此处不再一一列举，感兴趣的读者可以阅读相关文档。对于运维人员而言，CentOS 新版本无疑会在功能、操作便捷性和性能等方面带来巨大改变，甚至一些操作方式（例如防火墙、系统服务管理）也会发生改变，这些改变需要运维人员一一适应，以高效地管理自己负责维护的系统。

1.4 Linux 运维工程师的技能

对运维工程师而言，需要了解的知识可以归纳为宏观和微观两个层面。宏观层面需要了解整个系统的架构，不同的服务是如何一环扣一环协同工作的；而从微观层面则需要运维工程师了解系统的每一个工作步骤。本节将试图从不同的技术层面介绍运维工程师所需的技能。

1.4.1　系统和系统服务

系统作为服务的承载，无论是在安装过程中，还是在管理、维护过程中都需要一定的技能，这些技能包括：基础命令的使用、系统中的工具（例如 awk、sed、日志工具等）的使用以及熟悉系统中重要的配置文件等。除了这些基础技能之外，运维工程师还需要对 Linux 系统本身有一定的了解，以便排错及优化系统。

运维工程师做的所有工作都是为了保证应用系统的服务能正常运行，这是运维工程师技能的核心部分。常见的应用系统的服务有：

（1）网页服务：Apache、Nginx 配合 PHP 无疑是 Linux 系统中最常用的网页服务器平台，大部分企业都会使用这两款软件搭建网站平台，因此熟悉这两款软件成了运维工程师的必备技能之一。通常需要了解这两款软件的安装、配置和优化及如何配合 PHP 进行工作，当然最重要的是能通过日志排除故障。

（2）数据库：与网页服务器协同运行的通常还有数据库，虽然 Linux 能使用的数据库有很多，例如 MySQL、PostgreSQL、Oracle 等，但 MySQL 无疑是使用最广泛的数据库软件。因此，需要熟练地安装 MySQL，并能熟练地在 MySQL 数据库中查询、插入、修改、删除数据。

（3）脚本语言：随着自动化运维的普及，运维工程师会接触到大量的脚本。接触最多的当属 Bash Shell 脚本，这类脚本普遍存在于 Linux 系统中，因此必须掌握这类脚本。除此之外，Python 和 Perl 也是运维中经常使用的语言，但这二者通常只需要熟练地使用一种即可。

（4）文件服务：文件服务通常是 FTP 和 Samba，目前仍有不少企业在使用这类服务，因此需要熟练使用。

除以上列举的常见应用系统服务之外，还有一些服务，例如 DNS、邮件服务等，这些服务也有不少应用，此处不再一一列举。

1.4.2　网络知识

网络承载着所有的网络服务，是运维工作的基础所在。目前大部分企业中通常会有专职人员管理网络，因此 Linux 运维工程师通常无须处理与网络有关的事情。但也有一些小型企业没有专门的网络管理员，这时就需要运维工程师自己亲手建立网络或在已有的网络上进行扩展。

由于 Linux 中的系统服务与网络息息相关，因此无论所在的企业是否有专职网络管理人员，运维工程师都需要具备一定的网络知识，以便发生故障时能判断问题出在哪里。网络知识可以概括为以下几个部分：

（1）网络基础知识部分：包括 IP 地址与子网、路由等。无论企业是否有专职网络管理人员，操作系统的网络环境都要运维工程师设置，因此这部分知识必须要掌握。

（2）网络结构知识部分：包括 VLAN、交换机与路由器配置、网络拓扑等。运维工程师至少应该了解这些知识，以便准确判断故障发生于何处。

（3）TCP 和 UDP 协议、防火墙：在运维工作中这些知识必不可少，例如优化系统、防止攻击、配置防火墙等都需要这些知识。

网络知识远不止以上列举的这些，但对于运维工程师而言，不必完全掌握，有时只需要了解对端设备类型及特性就可以完成大部分工作。

1.5 小 结

Linux 是一个免费、开源的操作系统软件，是自由软件和开源软件的典型代表，很多大型公司或个人开发者都选择使用 Linux。Linux 在服务器领域也具有广泛的应用。本章主要介绍了 Linux 的版本、CentOS 的发展及 CentOS 8 的特点，还有运维工程师需要具备的技能等知识。

第2章

跟我学 CentOS 8 的安装

学习 Linux 首先要了解 Linux 的安装。安装 Linux 有多种方法，可以直接将 Linux 安装到某台机器上，也可以采用虚拟机安装。本章首先介绍虚拟机的相关知识，演示如何在虚拟机上安装 Linux，然后介绍 Linux 的其他安装方式。通过学习本章内容，读者可以掌握 Linux 的系统安装过程。

本章主要涉及的知识点有：

● 认识虚拟机
● 如何安装 Linux
● 安装后如何进行配置
● 旧版本如何升级

2.1 安装 CentOS 8 必须知道的基础知识

作为一个企业使用的专业操作系统，直接使用 CentOS 8 对初学者有较大难度。这是因为 CentOS 8 中有许多非常专业的概念和软件结构，在正式开始介绍之前，本节将介绍安装 CentOS 8 必须知道的一些基础知识。

2.1.1 磁盘分区

安装一个全新的 CentOS 8 如同安装全新的 Windows 一样，都需要先对磁盘进行分区。对于个人学习用户而言，推荐使用一个比较合理的静态分区方案。一方面静态分区方案不太复杂，另一方面手动进行分区（而不是由安装程序自行分区）可以认识 Linux 系统中各目录的作用。

在 Windows 系统中，分区类型是一个已经被淡化的概念，但在 Linux 系统分区时，这些概念依然存在。因此，首先介绍一下分区类型。

（1）主分区：主分区可以直接用来存放数据，但在一个硬盘上主分区最多只能有 4 个。因此，如果想在一个硬盘上创建 4 个以上分区，只有主分区是不够的。

（2）扩展分区：扩展分区也是一种主分区，但不能用来存放数据。可以在扩展分区上再划分可以存放数据的逻辑分区。

（3）逻辑分区：逻辑分区是在扩展分区的基础上建立的，可以用来存放数据。

从上面的介绍中可以看出，如果需要划分 4 个以上分区，就必须使用扩展分区，然后在扩展分区的基础上划分多个逻辑分区。

明白了分区类型的概念之后，安装 CentOS 8 时还需要制订一个分区方案。在制订分区方案之前首先需要明确一个概念，在 Windows 系统中，不同的分区被使用 C、D、E 等盘符替代，只要进入这些盘符，就进入了相应的分区。但在 Linux 系统中没有盘符的概念，不同的分区被挂在不同的目录下，这个过程称为挂载，目录称为挂载点。只要进入挂载点目录，就进入了相应的分区，这样做的好处是用户可以按自己的需要为某个目录单独扩展空间。

制订分区方案首先需要了解自己的需求，生产环境中的系统和以学习为目的的分区方案肯定不同。对于以学习为目的的初学者而言，一个简单的分区方案应该包括以下内容：

（1）/boot：创建一个 300MB~500MB 的分区挂载到/boot 下，这个分区主要用来存放系统引导时使用的文件，通常称为引导分区。

（2）swap 分区：这个分区没有挂载点，大小通常为内存的 2 倍。系统运行时，当物理内存不足时，系统会将内存中不常用的数据存放到 swap 中，即 swap 此时被当作了虚拟内存。

（3）根分区"/"：根分区的挂载点是"/"，这个目录是系统的起点，可以将剩余的空间都分到这个分区中。此时该分区中包含用户家目录、配置文件、数据文件等内容，初学者系统中的这些数据都不会太多，因此推荐将它们放在一起。

以上就是一个简单的分区方案，初学者也可以尝试再多划分几个分区，将其他目录也挂载到分区中，例如分一个 500MB 的分区挂载到用户家目录/home 下。如果是生产环境，就需要根据具体业务来决定分区方案，生产环境分区方案一般奉行系统、软件与数据分开的原则，即操作系统和应用软件放在本地硬盘上，数据单独存放于存储设备或单独的分区中。这种方案一方面分类清晰，读写速度相对更快；另一方面，即使存放系统和软件的硬盘损坏，数据也不会有所损失。

 分区类型在安装操作系统时不会有具体体现，但在操作系统安装完成后，使用 fdisk 等工具添加新硬盘分区时会用到。

2.1.2 静态分区的缺点及逻辑卷管理简介

对于普通用户而言，直接对硬盘分区，然后挂载这种使用静态分区的方法一般没有什么问题。但对于某些特定的生产环境而言，这种方法弊大于利。例如，要求不间断运行的数据库中心，这类服务会随时间的增加逐渐占用大量硬盘空间。如果使用静态分区方案，这类服务会在硬盘空间耗尽后自动停止，即使运维工程师及早发现，也会在更换硬盘时停止服务。因此，这类要求不间断运行的服务最好不要使用静态分区方案。

为了防止需要不间断运行的服务因硬盘空间耗尽而停止，此时应该采用更加先进的逻辑卷管理（Logical Volume Manager，LVM）方案。LVM 先将硬盘分区转化为物理卷（PV），然后将物理卷组成卷组（VG），接着在卷组的基础上再划分逻辑卷（LV），最后就可以使用逻辑卷存放数据了。使用逻辑卷有以下优点：

（1）可以解决硬盘空间不足，需要停止服务迁移数据的问题。虽然在划分逻辑卷时指定了大小，但只要卷组中还有剩余空间，就可以为逻辑卷扩容。扩容过程是在线进行的，这意味着无须停止服务就可以进行。即使卷组中没有剩余空间，也可以向卷组添加新物理卷为卷组扩容。

（2）当硬盘空间不足时，可以添加更大的硬盘，从而将卷组中那些容量较小的硬盘移出卷组，这个过程也可以在线进行，无须关闭服务。

（3）可以为逻辑卷添加快照卷，利用这一功能可以实现数据备份等操作，而无须担心数据的一致性受到影响。

逻辑卷管理还有许多其他可能，例如减小逻辑卷空间等，此处不再一一介绍，感兴趣的读者可以自行阅读相关文档。虽然逻辑卷有诸多好处，但依然建议初学者在安装系统时使用静态分区，待系统安装好之后再学习逻辑卷操作。

2.1.3　虚拟化和 VMware Workstation 简介

虚拟化技术是指在一台计算机上同时运行多个逻辑计算机，这些逻辑计算机可以运行不同的操作系统，拥有相互独立的 CPU、内存等硬件，运行时互相不影响。虚拟化技术的好处是将 CPU、内存等硬件资源实现动态分配、灵活高度使用，从而提高资源的利用效率。如今虚拟化厂商和相关的虚拟化软件有许多，但对于初学者普遍推荐使用 VMware 公司的 Workstation。

VMware 公司是最早从事虚拟化技术的公司之一，也是虚拟化技术的领导厂商，公司针对不同的客户需求开发了许多虚拟化产品。例如，针对个人桌面的 Workstation，用于企业环境的 VMware vSphere 等。本书中多使用 VMware Workstation 进行演示。VMware Workstation 运行界面如图 2.1 所示。

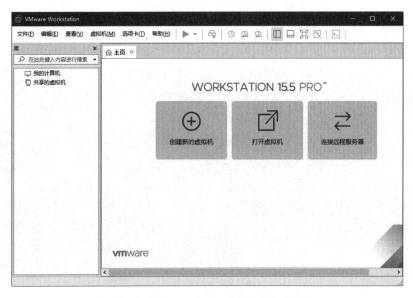

图 2.1　VMware Workstation 运行界面

Workstation 可以虚拟许多操作系统,例如 Windows 10、各种发行版的 Linux 和 UNIX、Solaris、Novell NetWare 等。为了使读者能更好地使用 Workstation,现将一些常见的使用技巧列举如下:

(1)虚拟机的监视器:打开某个虚拟机的电源之后,Workstation 会自动显示虚拟机的监视器。将鼠标移动到监视器内并单击,Workstation 会自动将鼠标和键盘的控制权交给正在运行的虚拟机。如果要让宿主计算机重新获得鼠标和键盘的控制权,可以使用 Alt+Ctrl 快捷键。

(2)当虚拟机获得鼠标和键盘的控制权后,可以进行任何输入和控制,但使用组合键 Alt+Ctrl+Del 将被宿主计算机获得,此时可以使用 Alt+Ctrl+Insert 替代或在菜单栏的虚拟机下单击发送 Alt+Ctrl+Del。

(3)Workstation 为虚拟机提供了多种网络:如果要让虚拟机使用宿主机的网络,可以使用桥接模式(Bridged);如果仅想让虚拟机连接网络,可以选择 NAT 模式;如果只想让宿主机与虚拟机通信,可以使用仅主机模式(Host-Only);如果宿主机有多个网络,可以在虚拟网络编辑器中设置。

(4)Workstation 附带有快照功能,使用快照功能将虚拟机保持在某一刻,使用一段时间后返回做快照的时刻。

Workstation 是一个功能十分强大的虚拟化软件,其使用方法和技巧有很多,此处不再一一介绍,感兴趣的读者可以自行阅读相关文档。

 VMware Workstation 是一个收费软件,读者完全可以选择 Oracle VM VirtualBox 这类免费软件来替代。

2.1.4 下载 CentOS 8

要安装 CentOS 8,首先需要从其官方网站上下载,其官方网站网址为 http://www.centos.org/。可以直接在浏览器中输入网址访问,也可以在搜索引擎中输入 CentOS,然后在搜索结果中选择其官方网站访问,如图 2.2 所示。

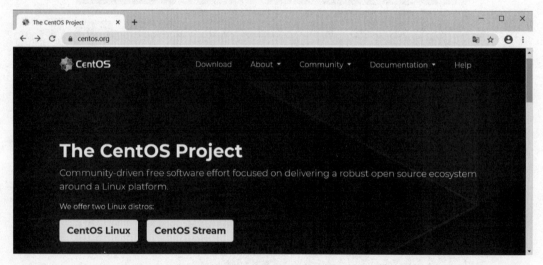

图 2.2　CentOS 官方网站

在其官方网站中单击上方的"Download"按钮，然后选择"x86_64"版本的 DVD ISO，接下来的页面将选择从哪个镜像站点下载，国内通常可以使用网易、中国科技大学（网址开头为 http://centos.ustc.edu.cn）等速度不错的站点。

除了 DVD 标准安装镜像之外，还有 Boot 版（网络安装光盘）、Stream 版（滚动更新映像）等，这些安装镜像可以从 http://mirrors.163.com/centos/8/isos/x86_64/ 处下载。

CentOS 8 DVD 版本对应的文件是 CentOS-8.3.2011-x86_64-dvd1.iso，Boot 版本对应的文件是 CentOS-8.3.2011-x86_64-boot.iso。其中文件名最后的 2011 代表的是 CentOS 8 更新小版本。

 下载完成后是一个扩展名为 iso 的光盘映像文件，可以使用软碟通、Alcohol 120% 等软件将光盘映像文件刻录为光盘，虚拟机也可以直接使用映像文件作为光盘来使用。

2.2　安装 CentOS 8

完成之前的知识积累和软件下载后，就可以开始安装 CentOS 8 了。读者可能会遇到不同的环境，因此本节将模拟不同的环境，使用不同的方法安装 CentOS 8。

2.2.1　创建虚拟机

在虚拟中单击菜单栏中的"文件"，在弹出的菜单中选择"新建虚拟机"，之后将弹出新建虚拟机向导，如图 2.3 所示。

图 2.3　新建虚拟机向导

首先需要选择采用什么类型新建虚拟机，如果使用自定义，向导将会要求用户选择虚拟机的兼容版本、SCSI 控制器类型等，此处选择"典型"，然后单击"下一步"按钮。接下来向导会要求用户选择安装来源，如图 2.4 所示。

通常不建议大家在此处选择安装光盘，此处建议选中"稍后安装操作系统"，并单击"下一步"按钮。接下来向导会提示用户选择操作系统类型,如图 2.5 所示。

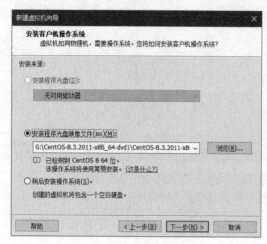
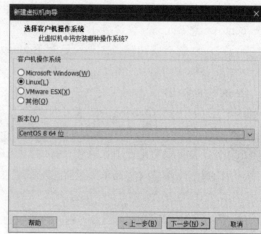

图 2.4　选择安装来源　　　　　　　　　　图 2.5　选择操作系统类型

　　此处选择"客户机操作系统"为"Linux",然后在"版本"列表中选择"CentOS 8 64 位",然后单击"下一步"按钮。接下来向导会提示用户命名虚拟机,如图 2.6 所示。

　　在虚拟机名称中输入虚拟机名,然后单击位置后面的"浏览"按钮,选择虚拟机文件保存的目录,最后单击"下一步"按钮进入"指定磁盘容量"界面,如图 2.7 所示。

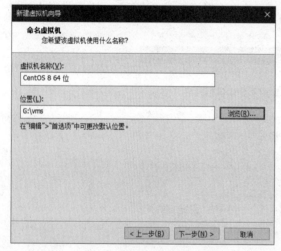

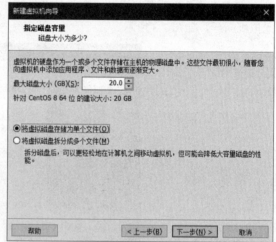

图 2.6　命名虚拟机　　　　　　　　　　　图 2.7　指定磁盘容量

　　如果仅需要安装基本版的 CentOS 8,10GB 的磁盘空间已经足够使用了,我们这里选择 20GB,方便后续安装其他软件。如果要存放其他文件,则按文件大小调整磁盘空间大小。之后将选择虚拟磁盘存储为单个文件还是多个文件,这是由存放虚拟机文件的分区类型决定的。如果分区的文件系统类型为 FAT32,则必须选择存储为多个文件,这是因为 FAT32 不支持 4GB 以上的单个文件。用户可以在对应的盘符上右击,选择"属性"命令,在弹出的常规界面中查看文件系统类型。选择好磁盘选项后,单击"下一步"按钮就会弹出"已准备好创建虚拟机"界面,如图 2.8 所示。

图 2.8　完成虚拟机创建时显示的界面

在"已准备好创建虚拟机"界面中，单击"自定义硬件"按钮，弹出自定义硬件设备界面。在自定义硬件设备界面中，需要检查内存容量是否大于 512MB，若小于 512MB，则 CentOS 8 无法启动安装程序。如果要使用 U 盘、移动硬盘等设备，硬件中必须包含 USB 控制器。由于安装时需要使用光盘，因此 CD/DVD 设备也必不可少。确认以上信息之后，单击"完成"按钮，完成虚拟机的创建。

2.2.2　用光盘安装 CentOS 8

Linux 的安装方法有很多种，本小节主要以光盘安装为例介绍 Linux 的安装过程及相关的参数设置。详细步骤如下：

步骤 01 打开创建的虚拟机，单击"编辑虚拟机设置"，或在主窗体右侧库中找到新建的虚拟机后右击，在弹出的菜单中选择"设置"命令，调出"虚拟机设置"窗口，如图 2.9 所示。

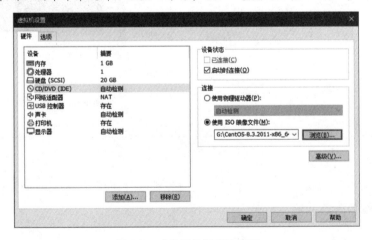

图 2.9　"虚拟机设置"窗口

在"虚拟机设置"窗口中单击硬件选项中的"CD/DVD（IDE）"，然后在右侧选择"使用物理驱动器"（使用宿主机的光驱）或"使用 ISO 映像文件"。读者可根据实际情况进行选择，此例中选择"使用 ISO 映像文件",然后单击"浏览"按钮选择下载的光盘文件(见图 2.10),完成后单击"确定"按钮保存设置即可。

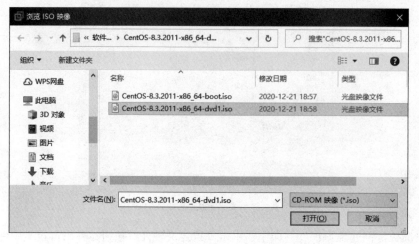

图 2.10 选择 ISO 映像文件

步骤02 通过以上步骤即可完成虚拟机的参数设置,下一步是启动虚拟机。单击"开启此虚拟机"选项或单击其中的绿色箭头即可启动虚拟机,如图 2.11 所示。

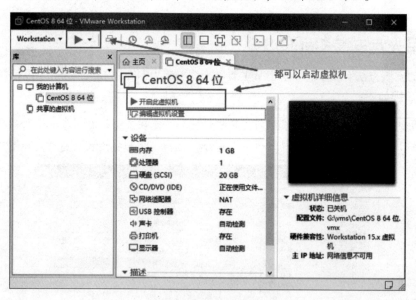

图 2.11 启动虚拟机

步骤03 启动后耐心等待安装程序引导完毕,即可进入 Linux 的安装界面。Linux 的安装和 Windows 的安装类似,如图 2.12 所示。

图 2.12　Linux 引导选择界面

界面中给出了三个选项，即 Install CentOS Linux 8、Test this media & install CentOS Linux 8 和 Troubleshooting。第一个选项表示直接安装 CentOS 8，第二个选项表示先测试光盘有无错误再安装，第三个选项主要用来测试内存和启动救援模式修复已存在的 CentOS。此示例中选择第一项，直接安装 CentOS 8，如果对安装光盘表示怀疑，也可以选择第二项。

选中第一项 Install CentOS Linux 8 并按 Enter 键，等待数秒后会提示用户按 Enter 键启动安装程序，此时可以按 Enter 键或等待数秒，待系统自动启动安装程序。

步骤 04 安装程序启动后，首先会提示用户在安装过程中使用的语言，如图 2.13 所示。

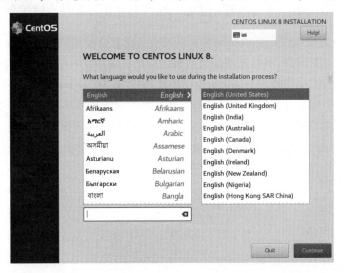

图 2.13　安装程序询问安装过程中使用的语言

此处可以保持默认设置，也可以在左侧选项中选择"中文"，在右侧选项中选择"简体中文（中国）"。需要注意的是，此处选择的语言仅为安装过程中使用的语言，并不影响系统的最终语言。本例中左侧选择"中文"，右侧选择"简体中文（中国）"，单击 Continue 按钮完成设置。

步骤 05 接下来安装程序将显示安装信息摘要界面，如图 2.14 所示。

图 2.14 安装信息摘要界面

安装程序将需要用户设置的信息分为三部分：本地化、软件和系统。完成这些设置后才可以继续安装。

步骤 06 如图 2.14 所示，在本地化中，系统已经按之前设置的语言预设了时区、键盘类型和语言支持三个选项，若需要修改，则直接单击对应的图标即可。首先时间和日期中的时区已经被设置为"亚洲/上海"，单击"时间和日期"会弹出时间和日期设置窗口。

在时间和日期设置窗口中，可以在地区和城市中选择需要使用的时区，也可以在下方的地图中单击对应的区域来设置时区。网络时间设置用来设置是否让操作系统自动从时间服务器同步时间，设置此项需要在系统设置中先设置网络。如果已经设置网络，可以拖动网络时间后面的滑块至开启位置，如需对时间服务器进行设置，可以单击滑块右侧的齿轮按钮添加或删除时间服务器。

在窗口的下方可以设置当前日期和时间及时间显示的制式等（见图 2.15），读者按需要进行设置即可。完成设置后，单击左上方的"完成"按钮返回安装信息摘要界面。

图 2.15 设置当前日期和时间

本地化中的键盘选项已被设置为"汉语"，而"语言支持"选项中也已自动选择添加简体中文支持，通常都无须再进行设置。

若选择英语作为系统的默认语言，也应该在"语言支持"中选择安装简体中文相关的软件包，否则某些中文命名的文件可能无法正常显示。

步骤 07 安装信息摘要界面中的软件部分主要用来定制需要安装的软件包及软件包的来源。其中安装源表示安装时软件包的来源，此时安装程序已自动将来源设置为本地介质（光盘），无须修改。软件选择选项表示安装操作系统时需要一并安装的软件，默认设置为最小安装，即只安装系统基本的组件，单击"软件选择"进入"软件选择"界面，如图 2.16 所示。

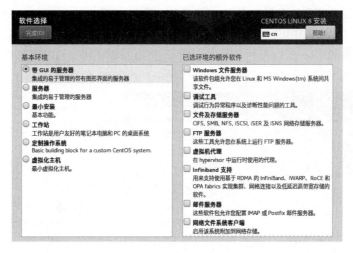

图 2.16　"软件选择"界面

"软件选择"界面左侧是系统预定义的基本环境，按用途不同可以分为带 GUI 的服务器、服务器、最小安装、工作站、定制操作系统和虚拟化主机。右侧则为每个基本环境中附加的软件选项，此处可以根据自身需求选择基本环境，需要注意的是某些基本环境默认没有安装图形界面，对于初学者此处可选择"带 GUI 的服务器"。选择完成后，单击左上角的"完成"按钮返回安装信息摘要界面，返回后安装程序将重新计算软件依赖关系，此过程中软件部分的选项将显示为灰色。

步骤 08 系统部分要求用户设置硬盘分区方案和网络连接，此时安装程序已自动将硬盘分区方案设置为自动分区，但要求用户确认，如图 2.14 所示。单击"安装目的地"进入"安装目标位置"界面，如图 2.17 所示。

图 2.17　"安装目标位置"界面

在"安装目标位置"界面中，首先需要用户确认安装的磁盘，此处已选择了一个本地磁盘 sda，容量为 20GB，空闲空间为 20GB。本地标准磁盘下面是存储添加区域，如果需要使用额外的存储，可以在设置网络之后单击"添加磁盘"按钮来添加额外的存储。在最后的"其他存储选项"中,可以选择手动分区和系统是否加密(通常不选择加密选项)。选择"我要配置分区",然后单击左上角的"完成"按钮进入"手动分区"界面,如图 2.18 所示。

在"手动分区"界面中可以看到,这是一个新 CentOS Linux 8 安装,分区方案可以有多种选择,本例中将选择标准分区。然后单击下方的"+"按钮添加分区,此时将弹出"添加新挂载点"界面,如图 2.19 所示。

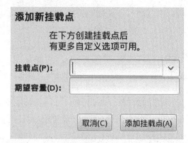

图 2.18　"手动分区"界面　　　　　　　　图 2.19　"添加新挂载点"界面

添加分区窗口主要有两项需要用户设置,第一项为挂载点,即系统目录;第二项为期望容量,此处填入分区大小,默认单位为 MB,也可以使用 2GB、100MB 等形式。本例将使用基本的分区方案,依次添加挂载点为"/boot"的引导分区,空间大小为 500MB;挂载点为"swap"的交换分区,大小为 2048MB;挂载点为根分区的"/",期望容量不填(将默认使用剩余所有空间)。分区完成后将显示分区方案,如图 2.20 所示。

图 2.20　分区方案

在分区方案的右侧还可以对分区进行一些调整,此处主要调整文件系统类型。在本例中保持默认，单击左上角的"完成"按钮，将提示是否需要将分区方案保存到硬盘，单击"接受更改"按钮，即可保存并打开"更改摘要"界面，如图 2.21 所示。

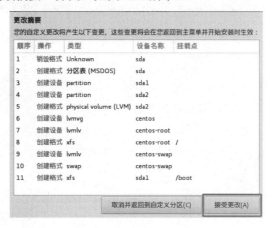

图 2.21　"更改摘要"界面

步骤 09　完成分区方案设置之后，接下来需要设置网络和主机名，单击"网络和主机名"将弹出设置窗口，如图 2.22 所示。

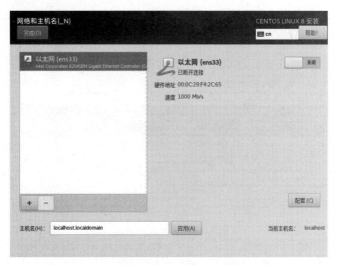

图 2.22　网络和主机名设置

从界面左侧可以看到，安装程序发现了一张命名为 ens33 的网卡，并且网卡默认处于关闭状态。在界面左下侧安装程序已经设置了一个主机名，用户可以在此处输入新的主机名。

拖动界面右侧的滑块启用网卡，如果使用的网络还需要设置 IP 地址等信息，可以单击"配置"按钮，在弹出的窗口中选中"IPv4 设置"选项卡，如图 2.23 所示。

可以看到系统默认使用 DHCP 的方式来获得 IP 地址等信息，如需设置 IP 地址，可以在"方法"下拉列表框中选择"手动"选项，然后在地址中添加相应的 IP 地址、子网掩码和网关。DNS 服务器地址应该填写在"附加 DNS 服务器"选项中，若有多个 DNS 地址，则使用逗号分隔。如果虚拟机的网络设置为 Host-Only 和 NAT，此处应该设置为通过 DHCP 方式获得 IP 地址等信息。

图 2.23　IP 地址设置

完成上述设置后，单击"保存"按钮返回网络和主机名设置界面，再单击左上角的"完成"按钮返回安装信息摘要界面。

步骤10 完成网络和主机名设置之后，接下来需要设置 Root 密码，单击"用户设置"中的"根密码"，将弹出"ROOT 密码"窗口，如图 2.24 所示。

图 2.24　Root 密码设置

root 用户通常也称为根用户，在 Linux 系统中拥有至高无上的权限（相当于 Windows 系统中的 Administrator 用户），因此在生产环境中应当设置一个强度较高的密码。

root 用户的权限很大，若用户登录并使用根用户误操作，可能会带来一些不必要的麻烦，例如输错一个字母、删除系统中重要的数据等，因此系统强制要求创建一个普通用户，并使用普通用户登录系统，必要时向 root 用户"申请"相应的操作权限。

在"Root 密码"和"确认"文本框中分别输入 root 用户的密码，然后单击"完成"按钮返回安装信息摘要界面。

在生产环境中设置密码，通常需要注意两点：其一是密码必须要有一定的长度，通常建议设置为 8~16 位；其二是密码要具备一定的复杂性，通常用"四分之三原则"来衡量，即密码要包含构成密码的 4 种字符（大写字母、小写字母、数字和字符）中的 3 种。

步骤⑪完成前面几步的设置之后，再次确认每一项的设置是否合适，特别是磁盘分区，因为到此时为止安装程序还没有修改磁盘中的数据。确认没有问题之后，单击右下角的"开始安装"，安装程序会使用之前的设置开始系统的安装工作，如图 2.25 所示。

图 2.25　开始安装

步骤⑫等待安装程序安装完成（视计算机配置不同，此步可能需要 20~40 分钟），安装结束时如图 2.26 所示。

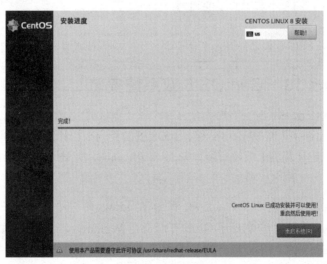

图 2.26　安装完成

此时只需要单击"重启系统"按钮，系统就会将最后的修改写入硬盘并重新启动系统。至此，CentOS 8 就安装完成了。

2.2.3　用 U 盘安装 CentOS 8

由于光盘使用不是非常方便，目前在计算机中安装操作系统多使用 U 盘，CentOS 8 也可以使用 U 盘安装。本小节将简单介绍如何使用 U 盘安装 CentOS 8。

首先需要下载一个名为 USBWriter 的软件,将 U 盘插入计算机的 USB 接口,确保系统能正常识别 U 盘,且 U 盘容量足够大(建议容量为 8GB 以上)。然后打开 USBWriter,如图 2.27 所示。

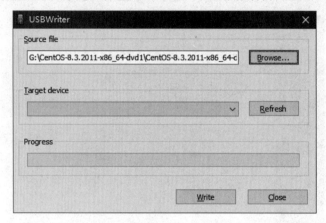

图 2.27　USBWriter 软件

单击 Source file 后面的 Browse 按钮,在弹出的对话框中选择 CentOS 8 的光盘映像文件,然后在 Target device 后面选择要使用的 U 盘。由于写入光盘映像文件会清空 U 盘中的所有数据,此步请慎重。确定使用的 U 盘中没有任何有用数据之后,单击 Write 按钮开始写入映像文件。

待 USBWriter 写入完成,将 U 盘插入需要安装 CentOS 8 的计算机上,然后使用 U 盘启动安装。之后的安装步骤与 2.2.1 小节中介绍的相同,此处不再赘述。

 并不是所有的 U 盘都可以写入光盘映像文件,某些 U 盘在制作启动盘时可能会失败。

2.2.4　Windows 10 + CentOS 8 双系统安装

由于虚拟机安装 CentOS 8 时会占用大量内存,对计算机要求相对较高,低配置的计算机运行可能会不太流畅,因此许多人将 Windows 和 CentOS 安装到同一台计算机中。本小节将以 Windows 10 为例介绍如何在一台计算机上同时安装 Windows 和 Linux,此处介绍的方法也适合其他版本的 Windows 和 Linux。

步骤 01　安装双系统时应该先安装 Windows,因为 Windows 的引导装载程序无法引导 Linux 系统,但 Linux 系统的引导程序 Grub 可以引导 Windows。因此,应该先安装 Windows,再安装 Linux,在 Linux 的引导程序中添加 Windows 引导选项。

如果计算机中还没有安装 Windows 10,即硬盘中还没有分区,在 Windows 10 安装时需要为 CentOS 8 预留足够的硬盘存储空间。这些空间可以不用分区,以空闲空间的形式存在即可,如图 2.28 所示。

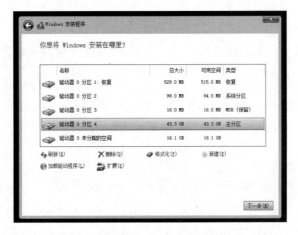

图 2.28　安装 Windows 10 时预留空间

　　从图 2.28 中可以看到驱动器 0 的容量约为 60GB。其中，分区 1~3 是由 Windows 10 安装程序自动分配的系统保留空间；容量为 43.3GB 的分区 4 作为 Windows 10 的系统分区，即 C 盘；最后还有一个未分配空间，容量为 16.1GB，这个未分配空间就是留给 CentOS 8 的空间。

　　安装 Windows 10 时，也可以只添加系统盘，待系统安装完成后，再使用磁盘管理器进行分区并预留空间。由于需要将 Windows 10 安装在分区 4 中，因此只需选中分区 4 并单击"下一步"按钮继续安装即可。

 由于本书的重点并非 Windows 的安装，故此处略过 Windows 安装的介绍，Windows 10 和其他版本 Windows 的安装方法，读者可自行阅读相关文档或搜索相关视频。

步骤 02 若计算机中已安装了 Windows 10 且磁盘中已没有未分配的空闲空间，则可使用魔术

分区大师等软件重新调整分区，将分区中的未使用空间调整为未分配空间。如果磁盘中还有未使用的空间，则可在桌面上的"计算机"图标上右击，在弹出的菜单中选择"管理"命令，然后在弹出的"计算机管理"界面左侧依次选择"存储"→"磁盘管理"，如图2.29 所示。

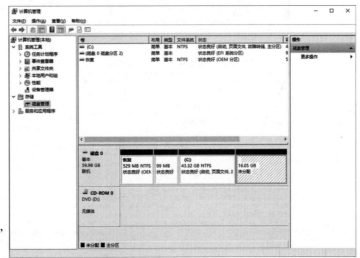

图 2.29　计算机管理

　　如果系统中还有多余没有分配的空闲空间，此时可以在未分配空间上右击，以添加分区。最后剩余一部分空间作为 CentOS 8 的预留空间。如图 2.29 所示，已经为 CentOS 8 预留了一个 16.05GB

的未分配空间。

步骤 03 完成上述步骤后，重新启动系统，修改 BIOS 设置并使用安装光盘或 U 盘启动系统，然后安装 CentOS 8，安装过程与 2.2.1 小节中介绍的相同，此处不再赘述。

如果 CentOS 8 和 Windows 10 都是 UEFI 引导的话，则其引导项已经自动设置好了。用户可以通过以下方法查看 Grub 的配置文件。当然，如果安装程序没有自动设置的话，用户也可以在以下配置文件中人工配置。

在终端窗口中输入命令"su - root"，然后输入 root 用户密码，切换到 root 用户。需要注意的是，输入密码时终端内不会有任何显示，输入完成后按 Enter 键即可。切换成 root 用户后，命令提示符将变为"[root@localhost ~] #"，输入命令"gedit /boot/efi/EFI/centos/grub.cfg"后按 Enter 键，此命令表示使用 gedit 编辑器打开 Grub 的配置文件/boot/efi/EFI/centos/grub.cfg。待 gedit 打开后，依次单击菜单中的"搜索"→"跳转到行"，在弹出的对话框中输入"193"，此时光标将跳转到第 193 行。

如图 2.30 所示，在原有的菜单条目 menuentry 之后加上 Windows 10 的引导选项。引导选项中的 Windows Boot Manager 表示启动时 Grub 显示的菜单名称，on /dev/nvme0n1p2 表示 Windows 引导的设备为第 0 块磁盘的第 1 个分区（此处需要按实际情况设置），而其后的 chainloader +1 表示加载 Windows 的引导程序。

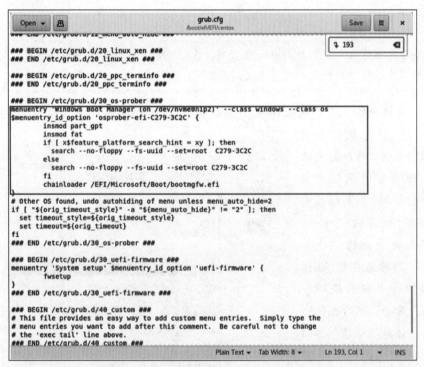

图 2.30　使用 gedit 编辑 grub.cfg 配置文件

完成以上操作后，保存退出并重启系统，待系统重启后，可以发现 CentOS 8 的引导菜单中多了 Windows Boot Manager 的引导选项，如图 2.31 所示。

图 2.31　CentOS 8 的引导菜单

从图 2.31 中可以看出，引导菜单中已有 Windows Boot Manager 选项，此时只需要使用方向键选中该选项并按 Enter 键即可引导进入 Windows 10。

2.2.5　网络安装

网络安装分为两种模式：一种是使用 Boot 版（网络安装版），使用这个版本安装需要通过网络下载安装所需的软件包；另一种是使用 PXE 网络启动方式安装，这种方式适用于大规模自动化安装，例如一次性安装 100 台计算机，并且这些计算机的分区方案都相同。由于 PXE 网络启动安装方式比较复杂且实用性不高，故此处不做介绍，读者可自行阅读相关文档。本小节将介绍网络安装版的使用方法。

网络安装通常适用于不能使用 DVD 和 U 盘的环境，读者仍可以使用虚拟机模拟安装。首先需要下载 Boot 版的光盘映像文件，接下来需要让虚拟机能正常访问网络，这时网络连接方式一般选择桥接或 NAT，视宿主机网络环境而定。接下来使用 Boot 版光盘映像启动虚拟机，之后的操作与 2.2.1 小节中介绍的相同，直到进入安装信息摘要界面。

在 Boot 版的安装信息摘要界面中，会要求用户设置安装源。首先需要设置网络，可以单击"网络和主机名"进行设置，可参考 2.2.1 小节中的介绍，此处不再赘述。完成网络设置后，单击"安装源"进行设置，如图 2.32 所示。

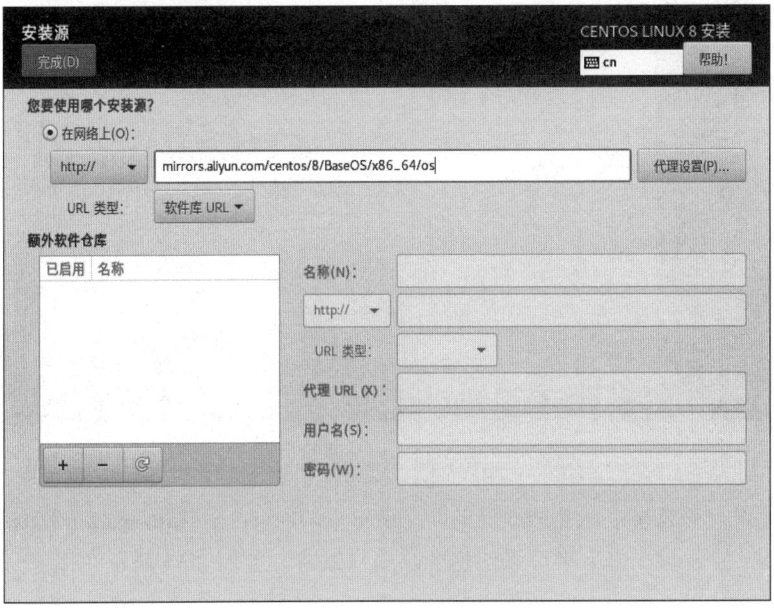

图 2.32　安装源设置

在安装源文本框中输入地址即可，此处使用的是网易的安装源，读者也可以从 CentOS 官网上查询并使用其他安装源。设置完安装源之后，其他设置和安装方法与 2.2.1 小节中介绍的相同，此处不再赘述。

 也可以通过解压 DVD 安装光盘映像的方式自建安装源，但由于光盘文件名长度限制，光盘中解压出来的目录 repodata 和 Packages 中有许多文件名有误，需要修正才能使用。

2.3 Linux 的登录

CentOS 安装完之后，需要进行首次配置方能登录使用。Linux 系统的登录方式有多种，本节主要介绍 Linux 的常见登录方式，如本地登录或通过相关软件远程登录等。

2.3.1 首次配置与本地登录

在前面的章节中，主要介绍了如何使用不同的方法安装 CentOS 8，本小节将简要介绍 CentOS 8 的首次设置和本地登录等内容。

步骤 01 CentOS 8 安装完成后重启即可使用，首次进入时还需要进行一些简单的设置，如图 2.33 所示。

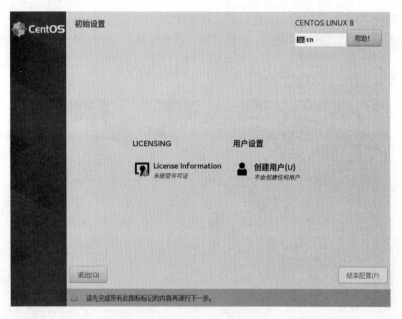

图 2.33 初始设置

首次进入系统，系统会要求用户确认许可信息，单击 License Information 图标，接受 CentOS 的许可证进入下一步设置。接下来可以创建一个用户账号，如图 2.34 所示。

图 2.34 创建用户

为了提高系统安全，CentOS 不建议直接使用 root 用户进行日常的维护操作，而应该通过一个属于 root 用户组的普通用户来进行。在需要使用 root 用户权限的时候，再通过 su 或者 sudo 命令来提升权限。因此，在当前步骤中，建议用户创建一个普通用户，当然，这个步骤并不是必须的，如果不创建普通用户，那么安装完成之后只能通过 root 用户来登录 CentOS，再去创建其他的用户。

设置完用户账号，单击"结束配置"按钮，即可完成设置，进入登录界面，如图 2.35 所示。

图 2.35 登录界面

在登录界面的右上角可以做一些辅助设置，例如语言设置、声音和开关机等。此时单击屏幕中间的用户名后，在弹出的窗口中输入密码，然后单击"登录"按钮，如果用户名、密码校验通过，即可顺利登录 Linux 系统。

步骤02 首次进入桌面环境，CentOS 会弹出窗口要求用户进行一些使用习惯上的设置，如图 2.36 所示。

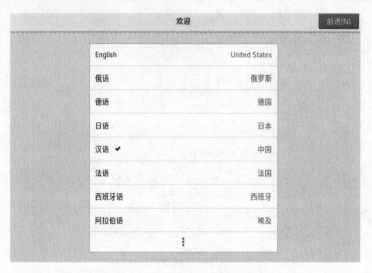

图 2.36　用户使用习惯上的设置

从图 2.36 中可以看到，系统会首先要求用户设置默认语言，接下来还会提示用户设置输入源（输入法）、云账号等内容，这些内容可按实际情况设置，此处不再赘述。

步骤 03　若想切换到命令模式，可进入系统后在桌面上右击，在弹出的快捷菜单中选择"在终端中打开"菜单选项，然后在其中输入"init 3"，即可完成运行级别的转变。Linux运行级别如表 2.1 所示。

表2.1　Linux运行级别

参　数	说　　明
0	停机
1	单用户模式
2	多用户模式
3	完全多用户模式，服务器一般运行在此级别
4	一般不用，在一些特殊情况下使用
5	X11 模式，一般发行版默认的运行级别，可以启动图形桌面系统
6	重新启动

2.3.2　远程登录 SSH 和 Xshell 工具的使用

在虚拟机中直接登录，需要不停地切换虚拟机和操作系统，使用起来很不方便。如果有多台机器需要进行管理的时候，也比较麻烦。远程登录是 Linux 系统中最常见的一种登录方式，多为运维工程师所使用，远程登录可以使用 VNC 图形界面、SSH 等方法。其中以使用 SSH 登录为多，其原因是运维工程师管理和维护的系统通常没有图形界面（这样系统占用资源比较少），且 SSH 使用的加密方案比较安全。本小节以 SSH 登录为例简要介绍如何进行远程登录。

步骤 01　如果需要在虚拟机中使用远程登录，首先网络必须互通，如果虚拟机已使用了Host-Only 模式（仅主机模式）或桥接模式，则可以直接在宿主机登录。

本例中将采用仅主机模式演示登录过程，首先我们需要查看 Host-Only 模式使用的 IP 地址段。

以 Windows 10 为例，在开始菜单中单击"控制面板"，然后在控制面板中找到并单击"网络和 Internet"下面的"查看网络状态和任务"。此时将进入"网络和共享中心"，在其界面的左侧单击"更改适配器设置"，此时将进入"网络连接"界面。找到"VMware Network Adapter VMnet8"并右击，在弹出的快捷菜单中选择"状态"菜单选项，然后在"状态"对话框中单击"详细信息"按钮，出现如图 2.37 所示的界面。

图 2.37　网络连接详细信息

查看其 IP 地址，只有虚拟机 Host-Only 网卡的 IP 地址与此 IP 地址在同一网段才可以进行远程登录。

步骤02　在虚拟机中查看 IP 地址可以使用"ip a"或者"ip address"命令，如图 2.38 所示。

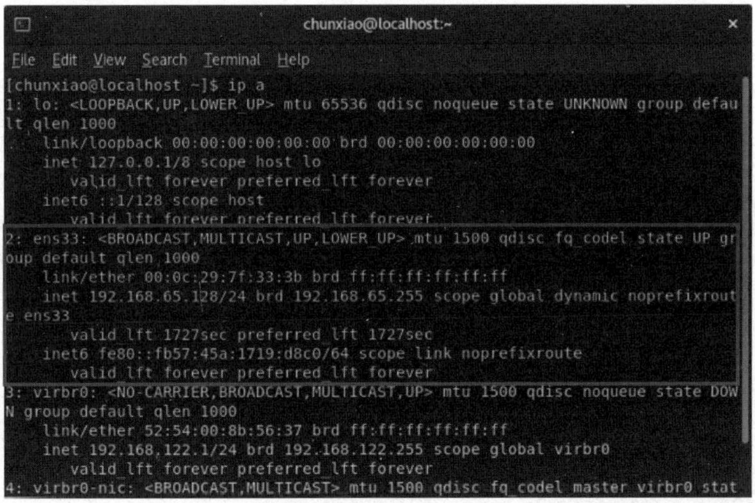

图 2.38　查看 IP 地址

可以看到网卡 ens33 的 IP 地址与 Windows 中名称为 VMware Network Adapter VMnet8 的网卡的 IP 地址属于同一网段，因此可以使用远程登录。如果使用以上命令没有查看到此 IP 地址，就需要重启网络连接或重新配置网络连接。

步骤 03 由于 CentOS 8 默认开启 SSH，因此可以直接通过 Xshell 等工具连接并登录 CentOS 8，如图 2.39 所示。

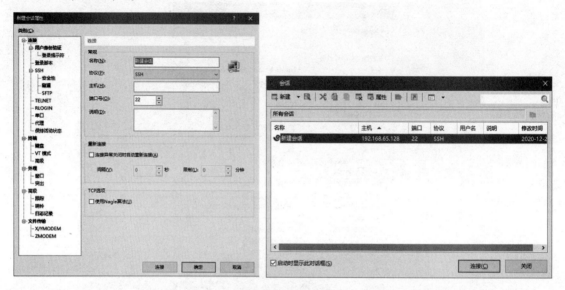

图 2.39　Xshell

在 Xshell 中填入 CentOS 8 的 IP 地址，并选择 SSH 协议下拉框，输入用户名和密码即可远程登录 Linux 系统。单击"连接"按钮，连接到我们建立好的虚拟机，输入先前设置的用户名和密码，如图 2.40 所示。

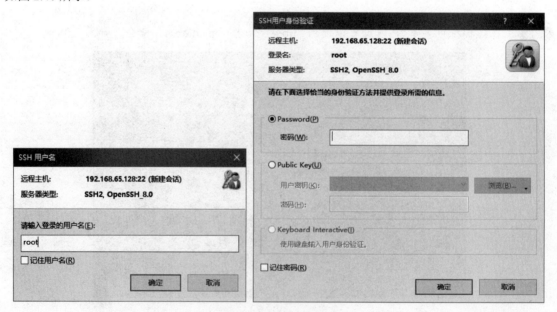

图 2.40　输入用户名和密码

连上去之后进入控制台，在这里输入命令操作我们的远程服务器，如图 2.41 所示。

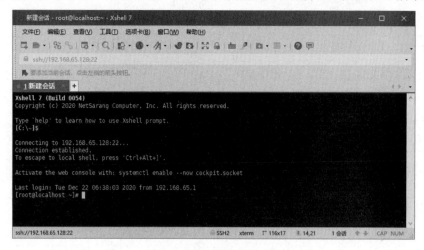

图 2.41 连接到远程服务器

2.3.3 退出登录

无论是超级用户还是普通用户，需要退出系统时，在 Shell 提示符下输入 exit 命令即可退出登录，如图 2.42 所示。

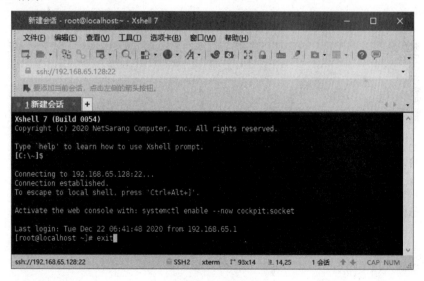

图 2.42 远程服务器

2.3.4 重启和关机

CentOS 重启命令说明如下：

- Reboot：普通重启。
- shutdown -r now：立刻重启（root 用户使用）。
- shutdown -r 10：过 10 分钟自动重启（root 用户使用）。

- shutdown -r 20:35：在时间为 20:35 时重启（root 用户使用）。

如果是通过 shutdown 命令设置重启的话，可以用 shutdown -c 命令取消重启。

CentOS 关机命令说明如下：

- halt：立刻关机。
- poweroff：立刻关机。
- shutdown -h now：立刻关机（root 用户使用）。
- shutdown -h 10：10 分钟后自动关机。

如果是通过 shutdown 命令设置关机的话，可以用 shutdown -c 命令取消关机。

2.3.5 重置密码

CentOS 运维过程中可能会遇到忘记密码的情况，但是只需要简单几个步骤就可以完成密码的重置工作。

（1）输入 reboot，重启 CentOS 系统。

（2）当出现引导界面时，按键盘上的 e 键进入内核编辑界面。

（3）在 LANG=\zh_CN.UTF-8 后面加上\rd.break。

（4）按 Ctrl + X 组合键来运行这个修改后的内核程序。

此时系统会进入紧急求援模式，如图 2.43 所示。

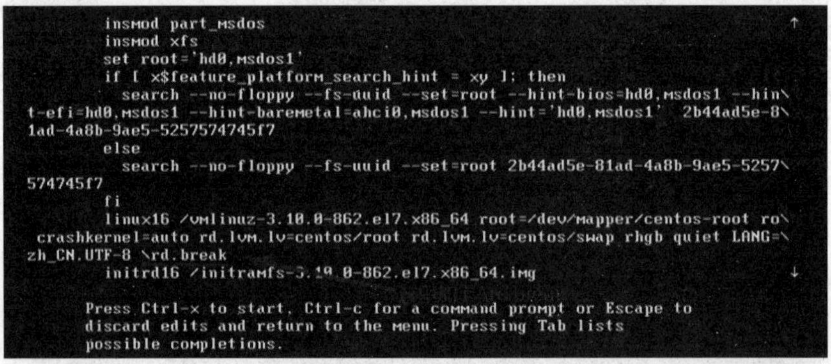

```
        insmod part_msdos
        insmod xfs
        set root='hd0,msdos1'
        if [ x$feature_platform_search_hint = xy ]; then
          search --no-floppy --fs-uuid --set=root --hint-bios=hd0,msdos1 --hin\
t-efi=hd0,msdos1 --hint-baremetal=ahci0,msdos1 --hint='hd0,msdos1'  2b44ad5e-8\
1ad-4a8b-9ae5-5257574745f7
        else
          search --no-floppy --fs-uuid --set=root 2b44ad5e-81ad-4a8b-9ae5-5257\
574745f7
        fi
        linux16 /vmlinuz-3.10.0-862.el7.x86_64 root=/dev/mapper/centos-root ro\
 crashkernel=auto rd.lvm.lv=centos/root rd.lvm.lv=centos/swap rhgb quiet LANG=\
zh_CN.UTF-8 \rd.break
        initrd16 /initramfs-3.10.0-862.el7.x86_64.img

        Press Ctrl-x to start, Ctrl-c for a command prompt or Escape to
        discard edits and return to the menu. Pressing Tab lists
        possible completions.
```

图 2.43　重置工作

我们逐步输入以下命令：

（1）挂载系统目录：

```
mount -o remount,rw /sysroot
```

（2）chroot 改变指定目录。系统默认的目录结构都是以"/"——根（root）开始的。在使用 chroot 之后，系统的目录结构将以指定的位置作为"/"位置。

```
chroot /sysroot
```

（3）修改密码。使用 passwd 修改密码，需要输入两次一样的密码。

（4）输入命令 touch /.autorelabel，在"/"目录下创建一个 .autorelabel 文件，有这个文件存在，系统在重启时就会对整个文件系统进行 relabeling。

（5）退出系统：输入 exit 命令。

（6）重启系统：输入 reboot 命令。

以上命令效果如图 2.44 所示。

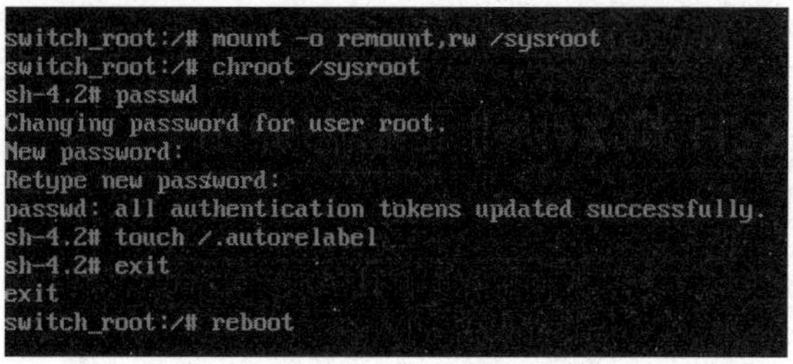

```
switch_root:/# mount -o remount,rw /sysroot
switch_root:/# chroot /sysroot
sh-4.2# passwd
Changing password for user root.
New password:
Retype new password:
passwd: all authentication tokens updated successfully.
sh-4.2# touch /.autorelabel
sh-4.2# exit
exit
switch_root:/# reboot
```

图 2.44　逐个命令完成后重启

常用命令和常用基础工具安装可参考本书附录。

2.4　初学者安装过程中遇到的问题

本节主要介绍初学者在安装 Linux 的过程中一些常见的问题，如 Windows 系统是否能够和 Linux 系统并存、如何安装多个 Linux 发行版等。

2.4.1　Linux 分区是否会覆盖原有 Windows 系统

在已安装 Window 系统的计算机中安装 Linux 和 Windows 双系统引导，安装完 Windows 系统后，需要在硬盘上预留一定的空间安装 Linux 系统，安装过程中 Linux 系统的安装程序会检测已有的 Windows 分区，安装后的 Linux 和 Windows 系统分别使用了硬盘中的不同分区，安装的 Linux 系统并不会覆盖已安装的 Windows 系统。

2.4.2　如何安装多个 Linux 发行版

（1）采用虚拟机安装的方式可以安装多个 Linux 系统。可以创建多个虚拟机，虚拟机创建完毕后，采用 2.2.2 小节介绍的安装方法安装 Linux 系统。

（2）在同一台 PC 上安装多个 Linux 操作系统，首先要为安装的每个 Linux 系统预留硬盘空间，并且在每个 Linux 系统的安装过程中采用手动分区模式做好分区设置。如图 2.45 所示，单击"创建自定义布局"，然后依次创建 Linux 系统所需的根分区和 swap 分区，如有需要，可以创建其他挂载点，分区设置如图 2.46 所示，图中剩余的空间可以预留给其他要安装的操作系统，分区创建完毕即可进行 Linux 系统的安装。

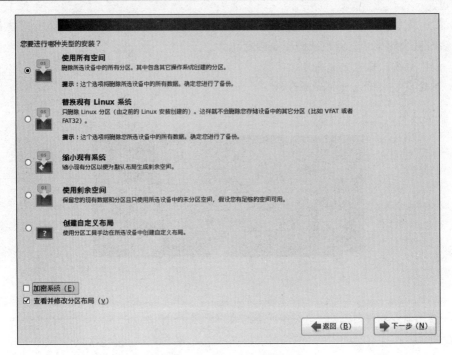

图 2.45　Linux 分区选择方式

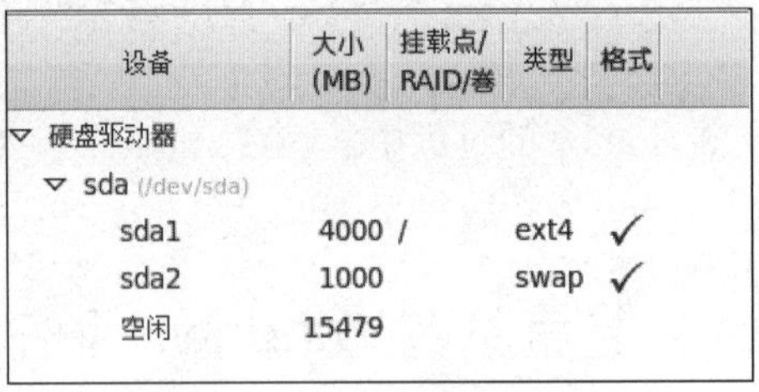

设备	大小 (MB)	挂载点/ RAID/卷	类型	格式
▽ 硬盘驱动器				
▽ sda (/dev/sda)				
sda1	4000	/	ext4	✓
sda2	1000		swap	✓
空闲	15479			

图 2.46　Linux 分区参考值

2.4.3　如何删除双系统中的 Linux 系统

如果系统中只安装有 Linux 系统，可以采用分区管理工具（如 PartitionMagic）把 Linux 系统的分区全部删除。也可以利用 Windows 系统的引导光盘进入纯 DOS 或 Win PE 模式，然后进入命令提示符窗口，执行 "fdisk /mbr" 清除分区信息。

如果在计算机中 Windows 和 Linux 系统并存，则可以直接进入 Windows 系统操作，删除步骤如下：

步骤 01　在桌面上右击【我的电脑】图标，在弹出的菜单中选择 "管理" 命令，进入计算机管理界面。

步骤 02　单击【磁盘管理】菜单，如图 2.47 所示，如有 Linux 分区，选择分区后删除即可。

图 2.47　Windows 磁盘管理

如果是使用虚拟机安装的 Linux，删除步骤如下：

步骤 01 启动 VMware，单击安装的虚拟机。

步骤 02 单击菜单【VM】→【Manage】→【Delete from Disk】删除虚拟机，如图 2.48 所示。

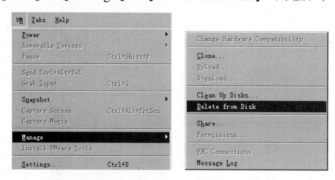

图 2.48　通过 VM 菜单删除虚拟机

以上两步完成后，虚拟机中安装的 Linux 系统即可删除完毕。

2.4.4　主机连不上虚拟机安装的 Linux 系统

使用虚拟机安装完 Linux 系统后，如果采用 SecureCRT 不能登录安装的 Linux 系统，可以从以下几方面进行排查：

（1）检查安装的 Linux 服务器的 sshd 服务是否启动了，如下所示：

```
1. #检查 sshd 服务是否启动了
[root@CentOS ~]# ps -ef | grep sshd
root       1053      1  0 13:17 ?        00:00:00 /usr/sbin/sshd -D
2. #检查端口是否正常
[root@CentOS ~]# telnet 192.168.228.129
Trying 192.168.228.129…
telnet: connect to address 192.168.228.129: Connection refused
[root@localhost ~]# telnet 192.168.228.129 22
Trying 192.168.228.129…
Connected to 192.168.228.129.
Escape character is '^]'.
SSH-2.0-OpenSSH_7.4
test
```

```
Protocol mismatch.
Connection closed by foreign host.
3. #关闭防火墙
[root@CentOS ~]# systemctl stop firewalld
```

（2）选择合适的虚拟机网络连接方式。

经过上面代码中的 3 步，确认服务器 sshd 服务正常、服务器防火墙没有开启，如果还是不能连接，可检查虚拟机网络配置，单击桌面上的虚拟机图标，单击【VM】→【Setting】菜单，结果如图 2.49 所示。

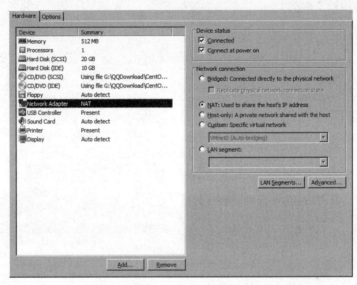

图 2.49 虚拟机网络配置

虚拟机与宿主主机通信有 3 种方式，分别为：

- Bridged 模式：在桥接模式下，VMware 虚拟出来的操作系统就类似于局域网中的一台独立主机，可以访问网络内任何一台机器。选择这种模式需要手工为虚拟系统配置 IP 地址、子网掩码，并且和宿主机处于同一网段，这样虚拟系统才能和宿主机进行通信。此时设置 Linux 和宿主主机同网段 IP 即可。
- NAT 网络地址转换模式：使用 NAT 模式使虚拟系统借助 NAT 功能通过宿主机所在的网络来访问互联网。此时，Linux 的 IP 地址和 VMnet8 虚拟网络处于同一网段。
- Host-only 主机模式：在 Host-only 模式中，所有的虚拟系统可以相互通信，但虚拟系统和真实的网络是被隔离开的。虚拟系统的 TCP/IP 配置信息（如 IP 地址、网关地址、DNS 服务器等）由 VMnet1（Host-only）虚拟网络的 DHCP 服务器来动态分配。

2.5 Linux 的目录结构

Linux 与 Windows 最大的不同之处在于 Linux 目录结构的设计，在开始介绍后面的内容前，我们先来介绍 Linux 典型的目录结构。

　　登录 Windows 以后，打开 C 盘，会发现一些常见的目录，而登录 Linux 以后，执行 ls –l / 会发现在"/"下包含很多目录，比如 etc、usr、var、bin 等目录，进入其中一个目录后，看到的还是很多文件和目录。Linux 的目录类似于树形结构，如图 2.50 所示。

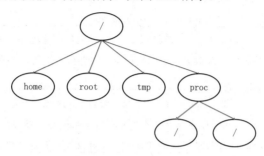

图 2.50　Linux 的目录结构

　　认识 Linux 的目录结构首先必须认识 Linux 目录结构顶端的"/"，任何目录、文件和设备等都在"/"之下。Linux 的文件路径与 Windows 不同，Linux 的文件路径类似于"/data/myfile.txt"，没有 Windows 中盘符的概念。初学者开始时可能对 Linux 的目录结构不是很习惯，可以把"/"当作 Windows 的盘符（如 C 盘）。表 2.2 对 Linux 中主要的目录进行说明。

表2.2　Linux常见的目录说明

参　　数	说　　明
/	根目录。文件的顶端，/etc、/bin、/dev、/lib、/sbin 应该和根目录放置在一个分区中，而类似于/usr/local 可以单独位于另一个分区
/bin	存放系统所需要的重要命令（对应的可执行命令文件），比如文件或目录操作的命令 ls、cp、mkdir 等。另外，/usr/bin 也存放了一些系统命令，这些命令对应的文件都是可执行的，普通用户可以使用大部分命令
/boot	用于存放 Linux 启动时内核及引导系统程序所需要的核心文件，内核文件和 grub 系统引导管理器都位于此目录
/dev	存放 Linux 系统下的设备文件，如光驱、磁盘等。访问该目录下的某个文件相当于访问某个硬件设备，常用的是挂载光驱
/etc	一般存放系统的配置文件，作为一些软件启动时默认配置文件读取的目录，如/etc/fstab 存放系统分区信息
/home	系统默认的用户主目录。如果添加用户时不指定用户的主目录，默认在/home 下创建与用户名同名的目录。代码中可以用 HOME 环境变量表示当前用户的主目录
/lib	64 位系统有/lib64 目录，主要存放动态链接库。类似的目录有/usr/lib、/usr/local/lib 等
/lost+found	存放一些当系统意外崩溃或机器意外关机时产生的文件碎片
/mnt	用于存放挂载存储设备的挂载目录，如光驱等
/proc	存放操作系统运行时的运行信息，如进程信息、内核信息、网络信息等。此目录的内容存在于内存中，实际不占用磁盘空间，如/etc/cpuinfo 存放 CPU 的相关信息
/root	Linux 超级权限用户 root 的主目录

（续表）

参 数	说 明
/sbin	存放一些系统管理的命令，一般只能由超级权限用户 root 执行。大多数命令普通用户一般无权限执行，类似于/sbin/ifconfig。普通用户使用绝对路径也可以执行，用于查看当前系统的网络配置。类似的目录有/usr/sbin、/usr/local/sbin
/tmp	临时文件目录，任何人都可以访问。系统软件或用户运行程序（如 MySQL）时产生的临时文件存放到这里。此目录数据需要定期清除。重要数据不可放置在此目录下，此目录空间不宜过小
/usr:	应用程序存放目录，如命令、帮助文件等。安装 Linux 软件包时，默认安装到/usr/local 目录下。比如/usr/share/fonts 存放系统字体，/usr/share/man 存放帮助文档，/usr/include 存放软件的头文件等。/usr/local 目录建议单独分区并设置较大的磁盘空间
/var	这个目录的内容是经常变动的，/var/log 用于存放系统日志，/var/lib 用于存放系统库文件等
/sys	目录与/proc 类似，是一个虚拟的文件系统，主要记录与系统核心相关的信息，如系统当前已经载入的模块信息等。这个目录实际不占硬盘容量

各个发行版是由不同的公司开发的，所以各个发行版之间的目录可能会有所不同。Linux 各个发行版本之间的目录的差距比较小，不同的地方主要是这些版本提供的图形界面及操作习惯等。

2.6 小 结

与 CentOS 8 之前的版本相比，8.X 开始的系统结构和安装过程有较大改变。本章主要介绍了与 CentOS 安装相关的知识，如分区、LVM、虚拟机的使用等。还介绍了几种常见的安装方法，如光盘安装、U 盘安装、远程登录等内容。

第3章

运维必备的网络管理技能

    Linux 系统在服务器市场占有很大的份额,尤其是在互联网时代,要使用计算机就离不开网络。本章将讲解 Linux 系统的网络配置。在开始配置网络之前,需要了解一些基本的网络原理。

    对于提供互联网应用的服务器,网络防火墙是其抵御攻击破坏的安全屏障,如何在攻击时及时做出有效的措施是网络应用时时刻刻要面对的问题。高昂的硬件防火墙是一般开发者难以接受的。Linux 系统的出现为开发者低成本解决安全问题提供了一种可行的方案。要熟练应用 Linux 防火墙,首先需要了解 TCP/IP 网络的基本原理,理解 Linux 防火墙的工作原理,并熟练掌握 Linux 系统下提供的各种工具。

    如果管理的计算机有几十台,初始化服务器配置 IP 地址、网关和子网掩码等参数是一个烦琐耗时的过程。如果网络结构要更改,就需要重新初始化网络参数,使用动态主机配置协议(Dynamic Host Configuration Protocol,DHCP)则可以避免此问题,客户端可以从 DHCP 服务端检索相关信息并完成相关网络配置,在系统重启后依然可以工作。尤其是在移动办公领域,只要区域内有一台 DHCP 服务器,用户就可以在办公室之间自由活动,而不必担心网络参数配置的问题。DHCP 提供一种动态指定 IP 地址和相关网络配置参数的机制。

    如今互联网应用越来越丰富,如仅仅用 IP 地址标识网络上的计算机是不可能完成任务的,也没有必要,于是产生了域名系统。域名系统通过一系列有意义的名称标识网络上的计算机,用户按域名请求某个网络服务时,域名系统负责将其解析为对应的 IP 地址,这便是 DNS。

    本章主要涉及的知识点有:

- 网络管理协议
- 常用的网络管理命令
- Linux 的网络配置方法

3.1 网络管理协议介绍

要了解 Linux 的配置，首先需要了解相关的网络管理。本节主要介绍和网络配置密切相关的 TCP/IP 协议、UDP 协议和 ICMP 协议。

3.1.1 TCP/IP 概述

计算机网络是由地理上分散的、具有独立功能的多台计算机，通过通信设备和线路互相连接起来，在配有相应的网络软件的情况下，实现计算机之间通信和资源共享的一种系统。计算机网络按其所跨越的地理范围可分为局域网（Local Area Network，LAN）和广域网（Wide Area Network，WAN）。在整个计算机网络通信中，使用最为广泛的通信协议便是 TCP/IP 协议，是网络互联事实上的标准协议，每个接入互联网的计算机如果进行信息传输，必然使用该协议。TCP/IP 协议主要包含传输控制协议（Transmission Control Protocol，TCP）和网际协议（Internet Protocol，IP）。

1. OSI 参考模型

计算机网络是为了实现计算机之间的通信，任何双方要成功地进行通信，都必须遵守一定的信息交换规则和约定，在所有的网络中，每一层的目的都是向上一层提供一定的服务，同时利用下一层所提供的功能。TCP/IP 协议体系在和 OSI 协议体系的竞争中取得了决定性的胜利，得到了广泛的认可，成为事实上的网络协议体系标准。Linux 系统也是采用 TCP/IP 体系结构进行网络通信的。TCP/IP 协议体系和 OSI 参考模型一样，也是一种分层结构，由基于硬件层次的 4 个概念性层次构成，即网络接口层、网际互联层、传输层和应用层。OSI 参考模型与 TCP/IP 协议对比如图 3.1 所示。

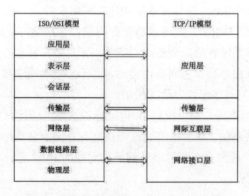

图 3.1 OSI 参考模型与 TCP/IP 协议对比

网络接口层主要为上层提供服务，完成链路控制等功能，网际互联层主要解决主机到主机之间的通信问题。其主要协议有：网际协议（IP）、地址解析协议（ARP）、反向地址解析协议（RARP）和互联网控制报文协议（ICMP）。传输层为应用层提供端到端的通信功能，同时提供流量控制，确保数据完整和正确。TCP 协议位于该层，提供一种可靠的、面向连接的数据传输服务。与此对应的是 UDP 协议，提供不可靠的、无连接的数据报传输服务。应用层对应于 OSI 参考模型中的上面 3 层，为用户提供所需要的各种应用服务，如 FTP、Telnet、DNS、SMTP 等。

2. 包

包（Packet）是网络上传输的数据片段，也称数据包，分组或网络封包，同时称作 IP 数据报。用户数据按照规定划分为大小适中的若干组，每个组加上包头构成一个包，这个过程称为封装。网络上使用包为单位进行传输。包是一种统称，在不同的层次包有不同的名字，如 TCP/IP 称作帧，IP 层称为 IP 数据报，TCP 层称为 TCP 报文，等等。图 3.2 所示为 IP 数据报格式。

0	4	8	16	20	31
版本	长度	服务类型	总长度		
标识			标志	分片位移	
时间		协议	包头校验和		
源IP地址					
目的IP地址					
选项				填充	
数据					
其他					

图 3.2　IP 数据报格式

3. 网络字节顺序

不同体系结构的计算机存储数据的格式和顺序不一样，要使用互联网互联，就必须定义一个数据的表示标准。例如一台计算机发送一个 32 位的整数至另一台计算机，由于计算机上存储整数的字节顺序可能不一样，按照源计算机的格式发送到目的主机可能会改变数字的值。TCP/IP 协议定义了一种所有机器在互联网分组的二进制字段中必须使用的网络标准字节顺序（Network Standard Byte Order）。与此对应的是主机字节顺序，主机字节顺序是和各个主机密切相关的，传输时需要遵循以下转换规则："主机字节顺序→网络字节顺序→主机字节顺序"，即发送方将主机字节顺序的整数转换为网络字节顺序，然后发送出去，接收方收到数据后将网络字节顺序的整数转换为自己的主机字节顺序，然后进行处理。

4. 地址解析协议

TCP/IP 网络使用 IP 地址寻址，IP 包在 IP 层实现路由选择。但是 IP 包在数据链路层的传输却需要知道设备的物理地址，因此需要一种 IP 地址到物理地址的转换协议。TCP/IP 协议栈使用一种动态绑定技术来实现一种维护起来既高效又容易的机制，这就是地址解析协议（ARP）。

ARP 协议是在以太网这种有广播能力的网络中解决地址转换问题的方法。这种办法允许在不重新编译代码、不需维护一个集中式数据库的情况下，在网络中动态增加新机器。其原理简单描述为：当主机 A 想转换某一 IP 地址时，通过向网络中广播一个专门的数据分组，要求具有该 IP 地址的机器以其物理地址做出应答。所有主机都能收到这个请求，但是只有符合条件的主机才辨认该 IP 地址，同时发回一个应答，应答中包含其物理地址。主机 A 收到应答时便知道了该 IP 地址对应的物理硬件地址，并使用这个地址直接把数据分组发送出去。

3.1.2　UDP 与 ICMP 协议简介

UDP（User Datagram Protocol）是一种无连接的传输层协议，主要用于不要求分组顺序到达的传输中，分组传输顺序的检查与排序由应用层完成，这种协议提供的是面向事务的简单但不可靠的信息传送服务。UDP 具有不提供数据包分组、组装和不能对数据包进行排序的缺点。当数据包发送之后，是无法得知其是否安全完整到达的，同时流量不易控制，若网络质量较差，则 UDP 协议数据包丢失会比较严重。不过，UDP 协议具有资源消耗小、处理速度快的优点。

ICMP（Internet Control Message Protocol，Internet 控制报文协议）属于 TCP/IP 协议族的一个子协议，用于在 IP 主机、路由器之间传递控制消息。控制消息是指网络通不通、主机是否可达、路由是否可用等网络本身的消息。例如经常使用的用于检查网络通不通的 ping 命令，ping 的过程实际上就是 ICMP 协议工作的过程。ICMP 唯一的功能是报告问题，而不是纠正错误，纠正错误的任务由发送方完成。

3.2   网络管理命令

在进行网络配置前，首先要了解网络管理命令的使用。本节主要介绍网络管理中常用的命令。

3.2.1   检查网络是否通畅或网络连接速度：ping

ping 常常用来测试目标主机或域名是否可达，通过发送 ICMP 数据包到网络主机、显示响应情况以及输出信息来确定目标主机或域名是否可达。ping 的结果通常情况下是可信的，由于有些服务器可以设置禁止 ping，从而使 ping 的结果并不是完全可信的。ping 命令常用的参数说明如表3.1 所示。

在 Linux 下，ping 不会自动终止，需要按 Ctrl+C 组合键终止或用参数 "-c" 指定要求完成的回应次数。

表3.1   ping命令常用的参数说明

参　数	说　明
-d	使用 Socket 的 SO_DEBUG 功能
-f	极限检测，大量且快速地发送数据包给一台机器，看其回应
-n	只输出数值
-q	不显示任何传送数据包的信息，只显示最后的结果
-r	忽略普通的路由表（Routing Table），直接将数据包送到远端主机上
-R	记录路由过程
-v	详细显示指令的执行过程
-c	在发送指定数目的数据包后停止
-i	设定间隔几秒送一个网络封包给一台机器，预设值是一秒送一次
-I	使用指定的网络接口送出数据包
-l	设置在送出要求的信息之前先行发出的数据包
-p	设置填满数据包的范本样式
-s	指定发送的数据字节数
-t	设置存活数值 TTL 的大小

ping 常见的用法如【示例 3-1】所示。

【示例 3-1】

```
#目的地址可以 ping 通的情况
[root@CentOS ~]# ping 192.168.3.100
PING 192.168.3.100 (192.168.3.100) 56(84) bytes of data.
64 bytes from 192.168.3.100: icmp_seq=1 ttl=64 time=0.742 ms
64 bytes from 192.168.3.100: icmp_seq=2 ttl=64 time=0.046 ms

--- 192.168.3.100 ping statistics ---
2 packets transmitted, 2 received, 0% packet loss, time 1993ms
rtt min/avg/max/mdev = 0.046/0.394/0.742/0.348 ms
#目的地址 ping 不通的情况
[root@CentOS ~]# ping 192.168.3.102
PING 192.168.3.102 (192.168.3.102) 56(84) bytes of data.
From 192.168.3.100 icmp_seq=1 Destination Host Unreachable
From 192.168.3.100 icmp_seq=2 Destination Host Unreachable
From 192.168.3.100 icmp_seq=3 Destination Host Unreachable
^C
--- 192.168.3.102 ping statistics ---
4 packets transmitted, 0 received, +3 errors, 100% packet loss, time 3373ms
#ping 指定的次数
[root@CentOS ~]# ping -c 1 192.168.3.100
PING 192.168.3.100 (192.168.3.100) 56(84) bytes of data.
64 bytes from 192.168.3.100: icmp_seq=1 ttl=64 time=0.235 ms

--- 192.168.3.100 ping statistics ---
1 packets transmitted, 1 received, 0% packet loss, time 0ms
rtt min/avg/max/mdev = 0.235/0.235/0.235/0.000 ms
#指定时间间隔和次数限制的 ping 命令
[root@CentOS ~]# ping -c 3 -i 0.01 192.168.3.100
PING 192.168.3.100 (192.168.3.100) 56(84) bytes of data.
64 bytes from 192.168.3.100: icmp_seq=1 ttl=64 time=0.247 ms
64 bytes from 192.168.3.100: icmp_seq=2 ttl=64 time=0.030 ms
64 bytes from 192.168.3.100: icmp_seq=3 ttl=64 time=0.026 ms

--- 192.168.3.100 ping statistics ---
3 packets transmitted, 3 received, 0% packet loss, time 20ms
rtt min/avg/max/mdev = 0.026/0.101/0.247/0.103 ms
#ping 外网域名
[root@CentOS ~]# ping  -c 2 www.baidu.com
PING www.a.shifen.com (180.97.33.107) 56(84) bytes of data.
64 bytes from 180.97.33.107: icmp_seq=1 ttl=128 time=36.6 ms
64 bytes from 180.97.33.107: icmp_seq=2 ttl=128 time=36.1 ms

--- www.a.shifen.com ping statistics ---
```

```
2 packets transmitted, 2 received, 0% packet loss, time 1002ms
rtt min/avg/max/mdev = 36.125/36.373/36.622/0.313 ms
```

除了以上示例外，ping 的各个参数还可以结合使用，读者可以上机加以练习。

3.2.2　配置网络或显示当前网络接口状态：ifconfig

ip 命令可以用于查看、配置、启用或禁用指定网络接口，如配置网卡的 IP 地址、掩码、广播地址、网关等。Windows 类似的命令为 ipconfig，语法如下：

```
#ifconfig interface [[-net -host] address [parameters]]
```

其中，interface 是网络接口名，address 是分配给指定接口的主机名或 IP 地址。-net 和-host 参数分别告诉 ifconfig 将这个地址作为网络号或主机地址。与之前版本的网卡命名规则不同，CentOS 8 采用固件信息、网络拓扑等信息来命名网卡，这种方法更易于固定网卡的名称。Linux 系统中的网卡 lo 为本地环回接口，IP 地址固定为 127.0.0.1，子网掩码为 8 位，表示本机。ifconfig 常见的使用方法如【示例 3-2】所示。

【示例 3-2】

```
#查看网卡基本信息
[root@localhost ~]# ifconfig
01 ens33: flags=4163<UP,BROADCAST,RUNNING,MULTICAST>  mtu 1500
     02 inet 192.168.228.129  netmask 255.255.255.0  broadcast 192.168.228.255
     03 inet6 fe80::ba7c:5b41:cee2:890  prefixlen 64  scopeid 0x20<link>
     04 ether 00:0c:29:8c:1e:52  txqueuelen 1000  (Ethernet)
     05 RX packets 111913  bytes 110290347 (105.1 MiB)
     06 RX errors 0  dropped 0  overruns 0  frame 0
     07 TX packets 34709  bytes 2150095 (2.0 MiB)
     08 TX errors 0  dropped 0  overruns 0  carrier 0  collisions 0

lo: flags=73<UP,LOOPBACK,RUNNING>  mtu 65536
     inet 127.0.0.1  netmask 255.0.0.0
     inet6 ::1  prefixlen 128  scopeid 0x10<host>
     loop  txqueuelen 1000  (Local Loopback)
     RX packets 420  bytes 36416 (35.5 KiB)
     RX errors 0  dropped 0  overruns 0  frame 0
     TX packets 420  bytes 36416 (35.5 KiB)
     TX errors 0  dropped 0  overruns 0  carrier 0  collisions 0

#命令后面可接网络接口，用于查看指定网络接口的信息
[root@localhost ~]# ifconfig ens33
ens33: flags=4163<UP,BROADCAST,RUNNING,MULTICAST>  mtu 1500
     inet 192.168.228.129  netmask 255.255.255.0  broadcast 192.168.228.255
     inet6 fe80::ba7c:5b41:cee2:890  prefixlen 64  scopeid 0x20<link>
     ether 00:0c:29:8c:1e:52  txqueuelen 1000  (Ethernet)
     RX packets 112001  bytes 110296577 (105.1 MiB)
     RX errors 0  dropped 0  overruns 0  frame 0
```

```
        TX packets 34735  bytes 2153674 (2.0 MiB)
        TX errors 0  dropped 0 overruns 0  carrier 0  collisions 0
```

说明：

- 第 01 行：UP 表示此网络接口为启用状态，RUNNING 表示网卡设备已连接，MULTICAST 表示支持组播，mtu 为数据包最大传输单元。
- 第 02 行：依次为网卡 IP、子网掩码、广播地址。
- 第 03 行：IPv6 地址。
- 第 04 行：Ethernet（以太网）表示连接类型，ether 为网卡的 MAC 地址。
- 第 05 行：接收数据包个数、大小统计信息。
- 第 06 行：异常接收包的数量，如丢包量、错误等。
- 第 07 行：发送数据包个数、大小统计信息。
- 第 08 行：发送包的数量，如丢包量、错误等。

如果第 6 行和第 8 行中的丢包量、错误包量较高，通常表示物理链路存在问题，例如网线干扰过大、距离太长等。

设置 IP 地址使用以下命令：

```
#设置网卡 IP 地址
[root@CentOS ~]# ifconfig ens33:1 192.168.100.100 netmask 255.255.255.0 up
```

设置完成后，使用 ifconfig 命令查看，可以看到两个网卡信息，分别为 ens33 和 ens33:1。若继续设置其他 IP，则可以使用类似的方法，如【示例 3-3】所示。

【示例 3-3】

```
#更改网卡的 MAC 地址
[root@CentOS ~]# ifconfig ens33:1 hw ether 00:0c:29:0b:07:77
[root@CentOS ~]# ifconfig ens33:1 | grep ether
        ether 00:0c:29:0b:07:77  txqueuelen 1000  (Ethernet)
#将某个网络接口禁用
#使用另一种形式表示子网掩码
[root@CentOS ~]# ifconfig ens33:1 192.168.100.170/24 up
[root@CentOS ~]# ifconfig ens33:1 down
[root@CentOS ~]# ifconfig
ens33: flags=4163<UP,BROADCAST,RUNNING,MULTICAST>  mtu 1500
        inet 192.168.128.129 netmask 255.255.255.0 broadcast 192.168.128.255
        inet6 fe80::20c:29ff:fe0b:776  prefixlen 64  scopeid 0x20<link>
        ether 00:0c:29:0b:07:77  txqueuelen 1000  (Ethernet)
        RX packets 1350  bytes 126861 (123.8 KiB)
        RX errors 0  dropped 0 overruns 0  frame 0
        TX packets 878  bytes 158623 (154.9 KiB)
        TX errors 0  dropped 0 overruns 0  carrier 0  collisions 0

lo: flags=73<UP,LOOPBACK,RUNNING>  mtu 65536
        inet 127.0.0.1  netmask 255.0.0.0
```

```
inet6 ::1  prefixlen 128  scopeid 0x10<host>
loop  txqueuelen 0  (Local Loopback)
RX packets 8  bytes 764 (764.0 B)
RX errors 0  dropped 0  overruns 0  frame 0
TX packets 8  bytes 764 (764.0 B)
TX errors 0  dropped 0 overruns 0  carrier 0  collisions 0
```

除以上功能外，ifconfig 还可以设置网卡的 MTU。以上设置会在重启后丢失，若需要重启后依然生效，则可以通过设置网络接口文件永久生效。更多使用方法可以通过 man ifconfig 命令查看帮助手册。

 在 CentOS 和 RHEL 中使用命令 ifup 和 ifdown 加网络接口名，可以启用、禁用对应的网络接口。

3.2.3 显示添加或修改路由表：route

route 命令用于查看或编辑计算机的 IP 路由表。route 命令的语法如下：

```
route [-f] [-p] [command] [destination] [mask netmask] [gateway] [metric] [ [dev]
If ]
```

参数说明：

- command：指定想要进行的操作，如 add、change、delete、print。
- destination：指定该路由的网络目标。
- mask netmask：指定与网络目标相关的子网掩码。
- gateway：网关。
- metric：为路由指定一个整数成本指标，当路由表的多个路由进行选择时可以使用。
- dev if：为可以访问目标的网络接口指定接口索引。

route 使用方法如【示例 3-4】所示。

【示例 3-4】

```
#显示所有路由表
[root@CentOS ~]# route -n
Kernel IP routing table
Destination     Gateway         Genmask         Flags Metric Ref    Use Iface
192.168.3.0     0.0.0.0         255.255.255.0   U     1      0        0 eth0
#添加一条路由:发往 192.168.60.0 网段的全部要经过网关 192.168.19.1
route add -net 192.168.60.0 netmask 255.255.255.0 gw 192.168.19.1
#删除一条路由, 删除的时候不需要网关
route del -net 192.168.60.0 netmask 255.255.255.0
```

3.2.4 复制文件至其他系统：scp

本地主机需要和远程主机进行数据迁移或文件传送时，可以使用 ftp，或搭建 Web 服务，另外可选的方法有 scp 或 rsync。scp 可以将本地文件传送到远程主机或从远程主机拉取文件到本地。其一般语法如下（注意，由于各个发行版不同，scp 语法不尽相同，具体使用方法可查看系统帮助）：

```
scp [-1245BCpqrv] [-c cipher] [F SSH_config] [-I identity_file] [-l limit] [-o
SSH_option] [-P port] [-S program] [[user@]host1:] file1 […] [[suer@]host2:]file2
```

scp 命令执行成功返回 0，失败或有异常时返回大于 0 的值，常用参数说明如表 3.2 所示。

表3.2　scp命令常用参数说明

参　数	说　明
-P	指定远程连接端口
-q	把进度参数关掉
-r	递归地复制整个目录
-V	冗余模式。打印排错信息方便问题定位

scp 使用方法如【示例 3-5】所示。

【示例 3-5】

```
#将本地文件传送至远程主机 192.168.3.100 的/usr 路径下
[root@CentOS ~]# scp -P 12345  cgi_mon   root@192.168.3.100:/usr
root@192.168.3.100's password:
cgi_mon                                    100% 6922    6.8KB/s   00:00
#拉取远程主机文件至本地路径
[root@CentOS ~]# scp -P 12345 root@192.168.3.100:/etc/hosts ./
root@192.168.3.100's password:
hosts                                      100%  284    0.3KB/s
00:00
#如需传送目录，可以使用参数 "r"
[root@CentOS soft]# scp -r -P 12345 root@192.168.3.100:/usr/local/apache2.
root@192.168.3.100's password:
logresolve.8             100% 1407    1.4KB/s   00:00
rotatelogs.8             100% 5334    5.2KB/s   00:00
...
#将本地目录传送至远程主机指定目录
[root@CentOS soft]# scp -r apache2 root@192.168.3.100:/data
root@192.168.3.100's password:
logresolve.8         100% 1407    1.4KB/s   00:00
rotatelogs.8         100% 5334    5.2KB/s   00:00
...
```

3.2.5　复制文件至其他系统：rsync

rsync 是 Linux 系统下常用的数据镜像备份工具，用于在不同的主机之间同步文件。除了单个文件外，rsync 可以镜像保存整个目录树和文件系统，并可以增量同步，并保持文件原来的属性，如权限、时间戳等。rsync 数据在传输过程中是加密的，以保证数据的安全性。

rsync 命令语法如下：

```
Usage: rsync [OPTION]… SRC [SRC] … DEST
  or   rsync [OPTION]… SRC [SRC] … [USER@]HOST:DEST
  or   rsync [OPTION]… SRC [SRC]… [USER@]HOST::DEST
  or   rsync [OPTION]… SRC [SRC]… rsync://[USER@]HOST[:PORT]/DEST
  or   rsync [OPTION]… [USER@]HOST:SRC [DEST]
  or   rsync [OPTION]… [USER@]HOST::SRC [DEST]
  or   rsync [OPTION]… rsync://[USER@]HOST[:PORT]/SRC [DEST]
```

OPTION 可以指定某些选项，如压缩传输、是否递归传输等；SRC 为本地目录或文件；USER 和 HOST 表示可以登录远程服务的用户名和主机；DEST 表示远程路径。rsync 命令常用参数说明如表 3.3 所示。由于参数众多，这里只列出某些有代表性的参数。

表3.3　rsync命令常用参数说明

参　　数	说　　明
-v	详细模式输出
-q	精简输出模式
-c	打开校验开关，强制对文件传输进行校验
-a	归档模式，表示以递归方式传输文件，并保持所有文件属性等于-rlptgoD
-r	对子目录以递归模式处理
-R	使用相对路径信息
-p	保持文件权限
-o	保持文件属主信息
-g	保持文件属组信息
-t	保持文件时间信息
-n	显示哪些文件将被传输
-W	复制文件，不进行增量检测
-e	指定使用 rsh、SSH 方式进行数据同步
--delete	删除那些 DST 中 SRC 没有的文件
--timeout=TIME	IP 超时时间，单位为秒
-z	对备份的文件在传输时进行压缩处理
--exclude=PATTERN	指定排除不需要传输的文件模式
--include=PATTERN	指定包含需要传输的文件模式
--exclude-from=FILE	排除 FILE 中指定模式匹配的文件
--include-from=FILE	包含 FILE 中指定模式匹配的文件
--version	打印版本信息
-address	绑定到特定的地址
--config=FILE	指定其他的配置文件，不使用默认的 rsyncd.conf 文件
--port=PORT	指定其他的 rsync 服务端口
--progress	在传输时显示传输过程
--log-format=format	指定日志文件格式
--password-file=FILE	从 FILE 中得到密码

rsync 使用方法如【示例 3-6】所示。

【示例 3-6】

```
#传送本地文件到远程主机
[root@CentOS local]# rsync  -v  --port 56789  b.txt root@192.168.3.100::BACKUP
b.txt
sent 67 bytes  received 27 bytes  188.00 bytes/sec
total size is 2  speedup is 0.02
#传送目录至远程主机
[root@CentOS local]# rsync  -avz  --port 56789  apache2
root@192.168.3.100::BACKUP
#部分结果省略
apache2/modules/mod_vhost_alias.so

sent 27983476 bytes  received 187606 bytes  5122014.91 bytes/sec
total size is 48113101  speedup is 1.71
#拉取远程文件至本地
[root@CentOS local]# rsync   --port 56789 -avz
root@192.168.3.100::BACKUP/apache2/test.txt .
receiving incremental file list
test.txt
sent 47 bytes  received 102 bytes  298.00 bytes/sec
total size is 2  speedup is 0.01
#拉取远程目录至本地
[root@CentOS local]# rsync   --port 56789 -avz
root@192.168.3.100::BACKUP/apache2 .
#部分结果省略
apache2/modules/mod_version.so
apache2/modules/mod_vhost_alias.so
sent 16140 bytes  received 13866892 bytes  590767.32 bytes/sec
total size is 48113103  speedup is 3.47
```

rsync 具有增量传输的功能，利用此特性可以进行文件的增量备份。通过 rsync 可以实现对实时性要求不高的数据备份。随着文件的增多，rsync 进行数据同步时需要扫描所有文件后进行对比，然后进行差量传输。如果文件很多，由于扫描文件是非常耗时的，因此在这种情况下使用 rsync 反而比较低效。

使用 rsync 之前需要进行一些简单的配置，读者可自行参考相关文档。

3.2.6　显示网络连接、路由表或接口状态：netstat

netstat 命令用于监控系统网络配置和工作状况，可以显示内核路由表、活动的网络状态以及每个网络接口的统计数字。常用的参数如表 3.4 所示。

表3.4 netstat命令常用的参数说明

参　数	说　明
-a	显示所有连接中的套接字（Socket）
-c	持续列出网络状态
-h	在线帮助
-i	显示网络界面
-l	显示监控中的服务器的套接字
-n	直接使用 IP 地址
-p	显示正在使用套接字的程序名称
-r	显示路由表
-s	显示网络工作信息统计表
-t	显示 TCP 端口情况
-u	显示 UDP 端口情况
-v	显示命令执行过程
-V	显示版本信息

netstat 常见使用方法如【示例 3-7】所示。

【示例 3-7】

```
#显示所有端口，包含 UDP 和 TCP 端口
[root@CentOS local]# netstat -a|head -4
getnameinfo failed
Active Internet connections (servers and established)
Proto Recv-Q Send-Q Local Address          Foreign Address          State
tcp      0      0 *:rquotad                *:*                      LISTEN
tcp      0      0 *:55631                  *:*                      LISTEN
…
#显示所有 TCP 端口
[root@CentOS local]# netstat -at
#部分结果省略
Active Internet connections (servers and established)
Proto Recv-Q Send-Q Local Address          Foreign Address          State
tcp      0      0 192.168.3.100:56789      *:*                      LISTEN
tcp      0      0 *:nfs                    *:*                      LISTEN
#
#显示所有 UDP 端口
[root@CentOS local]# netstat -au
Active Internet connections (servers and established)
Proto Recv-Q Send-Q Local Address          Foreign Address          State
udp      0      0 *:nfs                    *:*
udp      0      0 *:43801                  *:*
#显示所有处于监听状态的端口并以数字方式显示，而非服务名
[root@CentOS local]# netstat -ln
Active Internet connections (only servers)
```

```
Proto Recv-Q Send-Q Local Address                    Foreign Address                    State
tcp      0      0 0.0.0.0:111                        0.0.0.0:*                         LISTEN
tcp      0      0 192.168.3.100:56789                0.0.0.0:*                         LISTEN
#显示所有 TCP 端口并显示对应的进程名称或进程号
[root@CentOS local]# netstat -plnt
Active Internet connections (only servers)
Proto Recv-Q Send-Q Local Address  Foreign Address State    PID/Program name
tcp      0      0 0.0.0.0:111       0.0.0.0:*        LISTEN   5734/rpcbind
tcp      0      0 0.0.0.0:58864     0.0.0.0:*        LISTEN   5818/rpc.mountd
#显示核心路由信息
[root@CentOS local]# netstat -r
Kernel IP routing table
Destination      Gateway         Genmask          Flags  MSS Window  irtt Iface
192.168.3.0      *               255.255.255.0    U        0 0          0 eth0
#显示网络接口列表
[root@CentOS local]# netstat -i
Kernel Interface table
Iface     MTU Met     RX-OK RX-ERR RX-DRP RX-OVR    TX-OK TX-ERR TX-DRP TX-OVR Flg
eth0     1500 0       26233      0      0      0    27142      0      0      0 BMRU
eth0:5   1500 0         - no statistics available -                          BMRU
lo      16436 0       45402      0      0      0    45402      0      0      0 LRU
#综合示例，统计各个 TCP 连接的各个状态对应的数量
[root@CentOS local]# netstat -plnta|sed '1,2d'|awk '{print $6}'|sort|uniq -c
    1 ESTABLISHED
   21 LISTEN
```

netstat 工具是运维工程师经常使用的工具之一，经常被用来查看主机网络状态、监听列表等，因此需要掌握好此工具的使用方法。

3.2.7　探测至目的地址的路由信息：traceroute

traceroute 跟踪数据包到达网络主机所经过的路由，原理是试图以最小的 TTL 发出探测包来跟踪数据包到达目标主机所经过的网关，然后监听一个来自网关 ICMP 的应答。使用语法如下：

```
traceroute [-m Max_ttl] [-n ] [-p Port] [-q Nqueries] [-r] [-s SRC_Addr]
[-t TypeOfService] [-v] [-w WaitTime] Host [PacketSize]
```

常用的参数说明如表 3.5 所示。

表3.5　traceroute命令常用的参数说明

参　　数	说　　明
-f	设置第一个检测数据包的存活数值 TTL 的大小
-g	设置来源路由网关，最多可设置 8 个
-i	使用指定的网络界面送出数据包
-I	使用 ICMP 回应取代 UDP 资料信息

（续表）

参　数	说　明
-m	设置检测数据包的最大存活数值 TTL 的大小，默认值为 30 次
-n	直接使用 IP 地址而非主机名称。当 DNS 不起作用时常用到这个参数
-p	设置 UDP 传输协议的通信端口，默认值是 33434
-r	忽略普通的路由表，直接将数据包送到远端主机上
-s	设置本地主机送出数据包的 IP 地址
-t	设置检测数据包的 TOS 数值
-v	详细显示指令的执行过程
-w	设置等待远端主机回报的时间，默认值为 3 秒
-x	开启或关闭数据包的正确性检验
-q n	在每次设置生存期时，把探测包的个数设置为 n，默认值为 3

traceroute 常用操作如【示例 3-8】所示。

【示例 3-8】

```
[root@CentOS local]# ping www.php.net
PING www.php.net (69.147.83.199) 56(84) bytes of data.
64 bytes from www.php.net (69.147.83.199): icmp_seq=1 ttl=50 time=213 ms
#显示本地主机到 www.php.net 所经过的路由信息
[root@CentOS local]# traceroute -n www.php.net
traceroute to www.php.net (69.147.83.199), 30 hops max, 40 byte packets
#第 3 跳到达深圳联通
 3  120.80.198.245 (120.80.198.245)  4.722 ms  4.273 ms  1.925 ms
#第 9 跳到达美国
 9  208.178.58.173 (208.178.58.173)  185.117 ms 64.23.107.149 (64.23.107.149)
184.838 ms 208.178.58.173 (208.178.58.173)  185.422 ms
#美国
 13  98.136.16.61 (98.136.16.61)  216.602 ms 209.131.32.53 (209.131.32.53)
216.779 ms 209.131.32.55 (209.131.32.55)  214.934 ms
#第 14 跳到达 php.net 对应的主机信息
 14  69.147.83.199 (69.147.83.199)  213.893 ms  213.536 ms  213.476 ms
#域名不可达，最大 30 跳
[root@CentOS local]# traceroute -n www.mysql.com
traceroute to www.mysql.com (137.254.60.6), 30 hops max, 40 byte packets
 16  141.146.0.137 (141.146.0.137)  201.945 ms  201.372 ms  201.241 ms
 17  * * *
#部分结果省略
 29  * * *
 30  * * *
```

以上示例每行记录对应一跳，每跳表示一个网关，每行有 3 个时间，单位是 ms（毫秒），若域名不通或主机不通，可根据显示的网关信息定位。星号表示 ICMP 信息没有返回。以上示例访问 www.mysql.com 时不通，数据包到达某一节点时没有返回，可以将此结果提交 IDC 运营商，以便解决问题。

　　traceroute 实际上是通过给目标机的一个非法 UDP 端口号发送一系列 UDP 数据包来工作的。使用默认设置时，本地机给每个路由器发送 3 个数据包，最多可经过 30 个路由器。如果已经经过 30 个路由器，但还未到达目标机，那么 traceroute 将终止。每个数据包都对应一个 Max_ttl 值，同一跳步的数据包该值一样，不同跳步的数据包的值从 1 开始，每经过一个跳步值加 1。当本地机发出的数据包到达路由器时，路由器就响应一个 ICMPTimeExceed 消息，于是 traceroute 就显示出当前跳步数、路由器的 IP 地址或名字、3 个数据包分别对应的周转时间（以 ms 为单位）。如果本地机在指定的时间内未收到响应包，那么在数据包的周转时间栏就显示出一个星号。当一个跳步结束时，本地机根据当前路由器的路由信息给下一个路由器发出 3 个数据包，周而复始，直到收到一个 ICMPPORT_UNREACHABLE 的消息，意味着已到达目标机，或已达到指定的最大跳步数。

3.2.8　测试、登录或控制远程主机：telnet

　　telnet 命令通常用来远程登录。telnet 程序基于 TELNET 协议的远程登录客户端程序。TELNET 协议是 TCP/IP 协议族中的一员，是 Internet 远程登录服务的标准协议和主要方式，为用户提供了在本地计算机上完成远程主机工作的能力。在客户端可以使用 telnet 在程序中输入命令，可以在本地控制服务器。由于 telnet 采用明文传送报文，因此安全性较差。telnet 可以确定远程服务端口的状态，以便确认服务是否正常。telnet 常用方法如【示例 3-9】所示。

　　【示例 3-9】

```
#检查对应服务是否正常
[root@CentOS Packages]# telnet 192.168.3.100 56789
Trying 192.168.3.100…
Connected to 192.168.3.100.
Escape character is '^]'.
@RSYNCD: 30.0
as
@ERROR: protocol startup error
Connection closed by foreign host.
[root@CentOS local]#  telnet www.php.net 80
Trying 69.147.83.199…
Connected to www.php.net.
Escape character is '^]'.
test
#部分结果省略
</html>Connection closed by foreign host.
```

　　如果发现端口可以使用 telnet 正常登录，就表示远程服务正常。除了确认远程服务是否正常外，对于提供开放 telnet 功能的服务，使用 telnet 可以登录远程端口，输入合法的用户名和密码后，就可以进行其他工作了。更多的使用帮助可以查看系统帮助。

3.2.9　下载网络文件：wget

　　wget 类似于 Windows 中的下载工具，大多数 Linux 发行版本都默认包含此工具。用法比较简单，如要下载某个文件，可以使用以下命令：

```
#使用语法为 wget [参数列表] [目标软件、网页的网址]
[root@CentOS data]# wget http://ftp.gnu.org/gnu/wget/wget-1.14.tar.gz
```

wget 命令常用的参数说明如表 3.6 所示。

表3.6　wget命令常用的参数说明

参　数	说　明
-b	后台执行
-d	显示调试信息
-nc	不覆盖已有的文件
-c	断点续传
-N	该参数指定 wget 只下载更新的文件
-S	显示服务器响应
-T timeout	超时时间设置（单位秒）
-w time	重试延时（单位秒）
-Q quota=number	重试次数
-nd	不下载目录结构，把从服务器所有指定目录下载的文件都堆到当前目录里
-nH	不创建以目标主机域名为目录名的目录，将目标主机的目录结构直接下到当前目录下
-l [depth]	下载远程服务器目录结构的深度
-np	只下载目标站点指定目录及其子目录的内容

wget 具有强大的功能，比如断点续传，可同时支持 FTP 或 HTTP 协议下载，并可以设置代理服务器。常用方法如【示例 3-10】所示。

【示例 3-10】

```
#下载某个文件
[root@CentOS data]# wget http://ftp.gnu.org/gnu/wget/wget-1.14.tar.gz
--15:47:51-- http://ftp.gnu.org/gnu/wget/wget-1.14.tar.gz
        => `wget-1.14.tar.gz'
Resolving ftp.gnu.org… 208.118.235.20, 2001:4830:134:3::b
Connecting to ftp.gnu.org|208.118.235.20|:80… connected.
HTTP request sent, awaiting response… 200 OK
Length: 3,118,130 (3.0M) [application/x-gzip]

    100%[=================================================================>]
3,118,130    333.55K/s    ETA 00:00

    15:48:03 (273.52 KB/s) - `wget-1.14.tar.gz' saved [3118130/3118130]
#断点续传
[root@CentOS data]# wget -c http://ftp.gnu.org/gnu/wget/wget-1.14.tar.gz
--15:49:55-- http://ftp.gnu.org/gnu/wget/wget-1.14.tar.gz
        => `wget-1.14.tar.gz'
Resolving ftp.gnu.org… 208.118.235.20, 2001:4830:134:3::b
```

```
Connecting to ftp.gnu.org|208.118.235.20|:80… connected.
HTTP request sent, awaiting response… 206 Partial Content
Length: 3,118,130 (3.0M), 1,404,650 (1.3M) remaining [application/x-gzip]

100%[+++++++++++++++++++++++++++++++++++++==============================>]
3,118,130    230.83K/s    ETA 00:00

15:50:04 (230.52 KB/s) - `wget-1.14.tar.gz' saved [3118130/3118130]
#批量下载，其中 download.txt 文件中是一系列网址
[root@CentOS data]# wget -i download.txt
```

wget 其他用法可参考系统帮助，读者可慢慢探索它的功能。

3.3　Linux 网络配置

Linux 系统在服务器中占用较大份额，使用计算机首先要了解网络配置。本节主要介绍 Linux 系统的网络配置。

3.3.1　Linux 网络配置相关文件

Linux 网络配置相关文件根据不同的发行版目录名称有所不同，但大同小异，主要有以下目录或文件：

（1）/etc/hostname：主要功能在于修改主机名称。

（2）/etc/sysconfig/network-scripts/ifcfg-enoN：设置网卡参数的文件，比如 IP 地址、子网掩码、广播地址、网关等，N 为一串数字。

（3）/etc/resolv.conf：此文件设置了 DNS 相关的信息，用于将域名解析到 IP。

（4）/etc/hosts：计算机的 IP 对应的主机名称或域名对应的 IP 地址，通过设置/etc/nsswitch.conf 中的选项可以选择是 DNS 解析优先还是本地设置优先。

（5）/etc/nsswitch.conf：规定通过哪些途径，以及按照什么顺序通过这些途径来查找特定类型的信息。

3.3.2　配置 Linux 系统的 IP 地址

要设置主机的 IP 地址，可以直接通过终端命令设置，如想设置在系统重启后依然生效，可以设置对应的网络接口文件，如【示例 3-11】所示。

【示例 3-11】

```
[root@CentOS network-scripts]# cat ifcfg-eno33554984
TYPE=Ethernet
BOOTPROTO=none
IPADDR0=192.168.146.150
PREFIX0=24
GATEWAY0=192.168.146.2
```

```
DNS1=61.139.2.69
DNS2=192.168.146.2
DEFROUTE=yes
IPV4_FAILURE_FATAL=no
IPV6INIT=yes
IPV6_AUTOCONF=yes
IPV6_DEFROUTE=yes
IPV6_PEERDNS=yes
IPV6_PEERROUTES=yes
IPV6_FAILURE_FATAL=no
NAME=eno33554984
UUID=3af72fa2-8186-4d54-83d7-8074fe8c057c
ONBOOT=yes
```

主要字段的含义如表 3.7 所示。

表3.7　网卡设置参数说明

参　　　数	说　　　明
TYPE	设备连接类型，此处为以太网
BOOTPROTO	使用动态 IP 还是静态 IP
IPADDR0	第一 IP 地址
PREFIX0	第一 IP 地址对应的子网掩码长度
GATEWAY0	第一 IP 地址对应的网关
DNS1 和 DNS2	DNS 服务器地址
DEFROUTE	是否为默认路由
ONBOOT	系统启动时是否设置此网络接口
NAME	设备名，此处对应的网络接口为 eno33554984

设置完 ifcfg-eth0 文件后，需要重启网络服务才能生效，重启后使用 ifconfig 查看设置是否生效：

```
[root@CentOS network-scripts]# service network restart
```

同一个网络接口可以使用子接口的方式设置多个 IP 地址，如【示例 3-12】所示。

【示例 3-12】

```
[root@CentOS ~]# ifconfig eno33554984:2 192.168.146.152 netmask 255.255.255.0
up
[root@CentOS network-scripts]# ifconfig
eno33554984: flags=4163<UP,BROADCAST,RUNNING,MULTICAST>  mtu 1500
        inet 192.168.146.150  netmask 255.255.255.0  broadcast 192.168.146.255
        inet6 fe80::20c:29ff:fe0b:780  prefixlen 64  scopeid 0x20<link>
        ether 00:0c:29:0b:07:80  txqueuelen 1000  (Ethernet)
        RX packets 6453  bytes 6525511 (6.2 MiB)
        RX errors 0  dropped 0  overruns 0  frame 0
        TX packets 2023  bytes 167541 (163.6 KiB)
        TX errors 0  dropped 0 overruns 0  carrier 0  collisions 0
```

```
eno33554984:2: flags=4163<UP,BROADCAST,RUNNING,MULTICAST>  mtu 1500
        inet 192.168.146.152  netmask 255.255.255.0  broadcast 192.168.146.255
        ether 00:0c:29:0b:07:80  txqueuelen 1000   (Ethernet)
```

当服务器重启或网络服务重启后，子接口配置将消失，如果希望在重启后子接口配置依然生效，可以将配置子接口的命令加入/etc/rc.local 文件中。

3.3.3　设置主机名

主机名是识别某个计算机在网络中的标识。设置主机名使用 hostname 命令即可。在单机情况下，主机名可以任意设置，如以下命令在重新登录后发现主机名已经改变：

```
[root@CentOS network-scripts]# hostname www.example.com
```

若要修改在重启后依然生效，则可以将主机名写入文件/etc/hostname 中，如【示例 3-13】所示。

【示例 3-13】

```
[root@www ~]# hostname
www.example.com
```

3.3.4　设置默认网关

设置好 IP 地址以后，如果要访问其他的子网或 Internet，用户还需要设置路由，在此不做介绍，这里采用设置默认网关的方法。在 Linux 中，设置默认网关有两种方法：

（1）直接使用 route 命令。在设置默认网关之前，先用 route-n 命令查看路由表。可执行如下命令设置网关：

```
[root@CenOS /]# route add default gw 192.168.1.254
```

如果不想每次开机都执行 route 命令，可把要执行的命令写入/etc/rc.d/rc.local 文件中。

（2）在/etc/sysconfig/network-scripts/ifcfg-接口文件中添加如下字段：

```
GATEWAY=192.168.10.254
```

同样，只要更改了脚本文件，就必须重启网络服务来使设置生效，可执行下面的命令：

```
[root@CentOS /]# service network restart
```

使用 service 命令时需要注意，由于 CentOS 8 中使用的是 systemd，因此开启和停止服务通常使用 systemctl 代替，但也可以使用 service。

使用命令方式配置默认路由通常适用于临时测试。

3.3.5　设置 DNS 服务器

要设置 DNS 服务器，修改/etc/resolv.conf 文件即可。下面是一个 resolv.conf 文件的示例。

【示例 3-14】

```
[root@CentOS ~]# cat /etc/resolv.conf
nameserver 192.168.3.1
nameserver 192.168.3.2
options rotate
options timeout:1 attempts:2
```

其中，192.168.3.1 为首选域名服务器，192.168.3.2 为备用域名服务器，options rotate 选项指在这两个 dns server 之间轮询，option timeout:1 表示解析超时时间为 1 秒（默认为 5 秒），attempts 表示解析域名尝试的次数。如需添加 DNS 服务器，可直接修改此文件。需要注意的是，使用 nameserver 指定的 DNS 服务器只有前三条生效。

3.4 Linux 默认防火墙 firewalld

在 CentOS 8 中，系统安装了两个防火墙：firewalld 和 nftables，默认使用 firewalld。本节我们先介绍 firewalld 的特性和使用方法，下一节再介绍 nftables。

3.4.1 firewalld 的特性

1. firewalld 和 iptables 的关系

firewalld 仅仅是替代了 iptables service 部分，底层还是使用 iptables 作为防火墙规则管理入口。firewalld 使用 Python 语言编写，提供了一个 daemon 和 service，还提供命令行和图形界面配置工具。

2. 静态防火墙和动态防火墙

iptables 一般称为静态防火墙，也就是即使只修改一条规则，也要把所有规则都重新载入，这样做会在修改规则的时候对整个系统的网络造成影响。firewalld 一般称为动态防火墙，它的出现就是为了解决 iptables 的这一问题，任何规则的变更都只需将变更部分保存并更新到运行中的 iptables 即可，这样也不会影响整个系统的网络，只会影响使用规则的应用所在的网络。

3. 采用 XML 作为配置文件

firewalld 的配置文件被放置在不同的 XML 文件中，这使得对规则的维护变得更加容易、可读和有条理。相比于 iptables 的规则配置文件而言，这显然可以算作是一个进步。

4. 区域模型定义

有点类似 Windows 的防火墙，firewalld 通过对 iptables 自定义链的使用抽象出一个区域模型的概念。针对各种规则统一成一套默认的标准使用规范和流程，使得防火墙在易用性和通用性上得到提升。

3.4.2 firewalld 的基本术语

1. 网络区域

网络区域（zone）定义了网络连接的可信等级。这是一个一对多的关系，意味着一次连接可以仅仅是一个区域的一部分，而一个区域可以用于很多连接。firewalld 将网卡对应到不同的区域。zone 默认共有 9 个：block、dmz、drop、external、home、internal、public、trusted、work。不同区域之间的差异是其对待数据包的默认行为不同。

根据区域名字，我们可以很直观地知道该区域的特征。在 CentOS 8 系统中，默认区域被设置为 public。

所有可用 zone 的 XML 配置文件被保存在/usr/lib/firewalld/zones/目录中，该目录中的配置为默认配置，不允许管理员手动修改。

自定义 zone 配置需保存到/etc/firewalld/zones/目录。

2. 服务

服务（service）是端口和/或协议入口的组合。服务所使用的 TCP/UDP 端口的配置文件存放在/usr/lib/firewalld/services/目录中，如 SSH 服务等。新版本的 firewalld 中默认已经定义了 70 多种服务供我们使用。

当默认提供的服务不够用或者需要自定义某项服务的端口时，需要将 service 配置文件放置在/etc/firewalld/services/目录中。

service 配置的优势如下：

● 通过服务名字来管理规则更加人性化。
● 通过服务来组织端口分组的模式更加高效，如果一个服务使用了若干个网络端口，服务的配置文件就相当于提供了到这些端口的规则管理的批量操作快捷方式。每加载一项 service 配置，就意味着开放了对应的端口访问。

3.4.3 firewalld 的使用

1. 管理 firewalld 服务

```
#设置开机启动服务
[root@CentOS ~]# systemctl enable firewalld.service
#设置开机禁用服务
[root@CentOS ~]# systemctl disable firewalld.service
#开启服务
[root@CentOS ~]# systemctl start firewalld.service
#停止服务
[root@CentOS ~]# systemctl stop firewalld.service
#查看 firewalld 状态
[root@CentOS ~]# systemctl status firewalld
# 查看版本
[root@CentOS ~]# firewall-cmd --version
# 查看帮助
[root@CentOS ~]# firewall-cmd --help
# 显示状态
[root@CentOS ~]# firewall-cmd --state
```

2. zone 管理

```
#列出所有支持的 zone
```

```
[root@CentOS ~]# firewall-cmd --get-zones
#查看当前的默认 zone
[root@CentOS ~]# firewall-cmd --get-default-zone
```

3. service 管理

```
# 分别列出所有支持的 service
[root@CentOS ~]# firewall-cmd --get-services

#查看当前 zone 中加载的 service
[root@CentOS ~]# firewall-cmd --list-services
```

4. 基本操作

```
# 查看所有打开的端口
[root@CentOS ~]# firewall-cmd --zone=public --list-ports
# 更新防火墙规则
[root@CentOS ~]# firewall-cmd --reload
# 查看区域信息
[root@CentOS ~]# firewall-cmd --get-active-zones
# 查看指定接口所属区域
[root@CentOS ~]# firewall-cmd --get-zone-of-interface=eth0
# 拒绝所有包
[root@CentOS ~]# firewall-cmd --panic-on
# 取消拒绝状态
[root@CentOS ~]# firewall-cmd --panic-off
# 查看是否拒绝
[root@CentOS ~]# firewall-cmd --query-panic
```

5. 添加端口

```
# 添加 80 端口
[root@CentOS ~]# firewall-cmd --zone=public --add-port=80/tcp --permanent
(--permanent 永久生效，没有此参数，重启后失效)
# 重新载入
[root@CentOS ~]# firewall-cmd --reload
# 查看 80 端口
[root@CentOS ~]# firewall-cmd --zone= public --query-port=80/tcp
# 删除端口
[root@CentOS ~]# firewall-cmd --zone= public --remove-port=80/tcp --permanent

# 为public区添加持久性的 HTTP 和 HTTPS 规则
[root@CentOS ~]# firewall-cmd --zone=public --add-service=http --permanent
[root@CentOS ~]# firewall-cmd --zone=public --add-service=https --permanent

# 列出所有的规则
```

```
[root@CentOS ~]# firewall-cmd -list-all
```

3.5　Linux 防火墙 nftables

在 CentOS 8 之前的版本均使用 iptables，从 CentOS 8 开始，使用 nftatbles 代替 iptables，因此本书介绍 nftables 的使用。要使用 nftables 防火墙，必须先了解 TCP/IP 网络的基本原理，理解 Linux 防火墙的工作原理。本节主要介绍 Linux 防火墙方面的知识。

3.5.1　Linux 内核防火墙的工作原理

Linux 内核提供的防火墙功能通过 netfilter 框架实现，并提供了 nftables 工具配置和修改防火墙的规则。

netfilter 的通用框架不依赖于具体的协议，而是为每种网络协议定义一套钩子函数。这些钩子函数在数据包经过协议栈的几个关键点时被调用，在这几个点中，协议栈将数据包及钩子函数作为参数传递给 netfilter 框架。

对于每种网络协议定义的钩子函数，任何内核模块都可以对每种协议的一个或多个钩子函数进行注册，实现挂接。这样当某个数据包被传递给 netfilter 框架时，内核能检测到有关模块是否对该协议和钩子函数进行了注册。若发现注册信息，则调用该模块在注册时使用的回调函数，然后对应模块去检查、修改、丢弃该数据包及指示 netfilter 将该数据包传入用户空间的队列。

从以上描述可以得知钩子提供了一种方便的机制，以便在数据包通过 Linux 内核的不同位置时截获和操作处理数据包。

1. netfilter 的体系结构

网络数据包的通信主要经过以下相关处理对应 netfilter 定义的钩子函数，更多信息可以参考源代码。

- NF_IP_PRE_ROUTING: 网络数据包进入系统，经过了简单的检测后，数据包转交给该函数来处理，然后根据系统设置的规则对数据包进行处理，如果数据包不被丢弃，就交给路由函数去处理。在该函数中可以替换 IP 包的目的地址，即 DNAT。
- NF_IP_LOCAL_IN: 所有发送给本机的数据包都要由该函数来处理，该函数根据系统设置的规则对数据包进行处理，如果数据包不被丢弃，就交给本地的应用程序。
- NF_IP_FORWARD: 所有不是发送给本机的数据包都要由该函数来处理，该函数会根据系统设置的规则对数据包进行处理，若数据包不被丢弃，则转到 NF_IP_POST_ROUTING 函数去处理。
- NF_IP_LOCAL_OUT: 所有从本地应用程序出来的数据包必须由该函数去处理，该函数根据系统设置的规则对数据包进行处理，如果数据包不被丢弃，就交给路由函数去处理。
- NF_IP_POST_ROUTING: 所有数据包在发送给其他主机之前，需要由该函数去处理，该函数根据系统设置的规则对数据包进行处理，如果数据包不被丢弃，就将数据包发送给数据链路层。在该函数中可以替换 IP 包的源地址，即 SNAT。

图 3.3 显示了数据包在通过 Linux 防火墙时的处理过程。

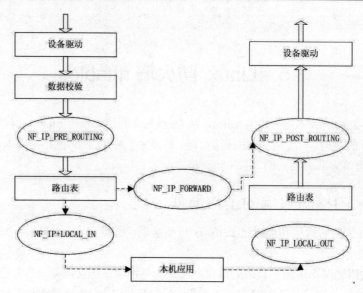

图 3.3　数据包在通过 Linux 防火墙时的处理过程

2. 数据包的过滤

每个函数都可以对数据包进行处理，基本的操作为对数据包进行过滤。系统管理员可以通过 nftables 工具来向内核模块注册多个过滤规则，并且指明过滤规则的优先权。设置完以后，每个钩子按照规则进行匹配，如果与规则匹配，函数就会进行一些过滤操作，这些操作主要是以下几个：

- NF_ACCEPT：继续正常地传递数据包。
- NF_DROP：丢弃数据包，停止传送。
- NF_STOLEN：已经接管了数据包，不要继续传送。
- NF_QUEUE：让数据包排队。
- NF_REPEAT：再次使用该钩子。

3.5.2　Linux 软件防火墙 nftables

nftables 是一个新的数据包过滤框架，用来替代现有的 iptables、ip6tables、arptables 和 ebtables。nftables 诞生于 2008 年，2013 年底合并到 Linux 内核，从 Linux 内核 3.13 版本开始，nftables 已经可以使用了，但是完整的支持应该是在 Linux 内核 3.15 版本。

nftables 旨在解决现有 iptables 工具存在的诸多限制。相对于旧的 iptables，nftables 最引人注目的功能主要包括改进性能、支持查询表、事务型规则更新以及所有规则自动应用等。

nftables 和 iptables 一样，也由表（Table）、链（Chain）和规则（Rule）组成，其中表包含链，链包含规则，规则是真正的动作。

在 nftables 中，表是链的容器。与 iptables 中的表不同，nftables 中没有内置表。所以开始使用 nftables 时，首先需要做的是添加至少一个表，然后向表中添加链，接着往链中添加规则。

nftables 提供了 nft 工具来管理 nftables 中的表、链和规则。下面详细介绍 nft 命令的使用方法。

1. 表管理

表是链的容器，表的参数主要有协议栈和名称。协议栈一共有 6 个，分别为 ip、ip6、inet、arp、

netdev 和 bridge，其中 ip 为默认的协议栈，如果用户在添加表时没有指定协议栈，那么表将被添加到 ip 协议栈中。

 inet 协议栈不能用于 nat 类型的链，只能用于 filter 类型的链。

表的操作主要有增加、删除以及列举等操作，常用命令的语法如下：

```
nft list tables [<family>]
nft list table [<family>] <name> [-n] [-a]
nft (add | delete | flush) table [<family>] <name>
```

其中 nft list tables 命令可以列出某个协议栈的表，如果没有指定 family 参数，就列出当前系统所有的表。nft list table 命令可以列出某个表中的所有规则。nft (add | delete | flush) table 命令可以增加、删除或者清空表。

创建新表的方法如【示例 3-15】所示。

【示例 3-15】

```
[root@CentOS ~]# nft add table ip filter
```

上面的命令在 ip 协议栈中添加了一个名称为 filter 的表。

列出当前系统中所有表的命令如【示例 3-16】所示。

【示例 3-16】

```
[root@CentOS ~]# nft list tables
table inet nftables_svc
table ip filter
```

从上面的输出可知，当前 nftables 中有两个表，其中一个属于 inet 协议栈，另一个属于 ip 协议栈。

用户还可以列出某个协议栈的所有表，如【示例 3-17】所示。

【示例 3-17】

```
[root@CentOS ~]# nft list tables ip
table ip filter
table ip security
table ip raw
table ip mangle
table ip nat
table ip firewalld
```

以上命令列出了 ip 协议栈的所有表。

列出某个表中的链和规则，如【示例 3-18】所示。

【示例 3-18】

```
[root@CentOS ~]# nft list table inet nftables_svc
```

```
table inet nftables_svc {
    set allowed_protocols {
        type inet_proto
        elements = { icmp, ipv6-icmp }
    }

    set allowed_interfaces {
        type ifname
        elements = { "lo" }
    }

    set allowed_tcp_dports {
        type inet_service
        elements = { 22, 9090 }
    }

    chain allow {
        ct state established,related accept
        meta l4proto @allowed_protocols accept
        iifname @allowed_interfaces accept
        tcp dport @allowed_tcp_dports accept
    }

    chain INPUT {
        type filter hook input priority 20; policy accept;
        jump allow
        reject
    }
}
```

其中 inet 为协议栈名，nftables_svc 为表名，输出结果为 nftables_svc 表中的链和规则，例如 allow 和 INPUT 等。

删除表的方法如【示例 3-19】所示。

【示例 3-19】

```
[root@CentOS ~]# nft delete table ip filter
[root@CentOS ~]# nft list tables;
table inet nftables_svc
```

以上命令删除 ip 协议栈中名称为 filter 的表。

 只能删除不包含链的空表。

如果只是想清空每个表中的链和规则，那么可以使用 nft flush table 命令，如【示例 3-20】所示。

【示例 3-20】

```
[root@CentOS ~]# nft flush table ip filter
```

以上命令将 ip 协议栈的 filter 表的规则清空。

2. 链管理

链是规则的容器。一个表中可以包含多个链。链分为基本链和规则链两种。基本链相当于内置链。规则链相当于用户自定义链，主要用来进行跳转，不需要指定钩子类型和优先级，从逻辑上对规则进行分类，支持所有的 nftables 协议栈。下面重点介绍基本链的使用方法。

基本链的主要参数有 type、hook、priority 以及 policy 等。其中 type 参数用来指定链的类型，包括 filter、nat 以及 route，分别实现包过滤、NAT 以及数据包标记等功能。每种协议栈都有相应的钩子。表 3.8 列出了 nftables 中的常用钩子。

表3.8　钩子

钩　子	说　明	协　议　栈
prerouting	刚到达，并未被 nftables 的其他部分所路由或处理的数据包	ip、ip6、inet 和 bridge
input	已经被接收并且已经经过 prerouting 钩子的传入数据包	ip、ip6、inet、arp 和 bridge
forward	如果数据包将被发送到另一个设备，它将会通过 forward 钩子	ip、ip6、inet 和 bridge
output	从本地传出的数据	ip、ip6、inet、arp 和 bridge
postrouting	仅仅在离开系统之前，可以对数据包进行进一步处理	ip、ip6、inet 和 bridge
ingress	所有进入本地系统的数据包都会被该钩子处理，该钩子在 prerouting 钩子之前	ip、ip6、inet、netdev 和 bridge

priority 表示优先级，优先级采用整数值表示，数字较小的链优先处理，并且可以是负数。

policy 表示 nftables 对数据包执行的操作，主要有 accept、drop、reject、queue、continue 和 return 等。

（1）accept：一旦数据包满足了指定的匹配条件，数据包就会被接受，并且不会再去匹配当前链中的其他规则或同一个表内的其他规则，但数据包仍然需要通过其他表中的链。

（2）drop：如果数据包符合条件，数据包就会被丢掉，并且不会向发送者返回任何信息，也不会向路由器返回信息。

（3）reject：和 drop 操作基本一样，区别在于除了将数据包丢弃以外，还会向发送者返回错误信息。

（4）queue：把数据包发送到用户程序。

（5）continue：继续处理数据包。

（6）return：发送到调用的规则链进行处理。

链的操作主要有增加、删除、修改以及罗列等，其语法如下：

```
nft (add | create) chain [<family>] <table> <name> [ { type <type> hook <hook>
[device <device>] priority <priority> \; [policy <policy> \;] } ]
```

```
nft (delete | list | flush) chain [<family>] <table> <name>
nft rename chain [<family>] <table> <name> <newname>
```

下面通过具体的例子来说明链的操作方法。

添加规则链的方法如【示例 3-21】所示。

【示例 3-21】

```
[root@CentOS ~]# nft add chain ip filter tcpchain
```

上面的命令在 ip 协议栈的 filter 表中添加了一个名称为 tcpchain 的常规链。

【示例 3-22】演示如何使用以上命令来添加由 IPv4 过滤其输入数据包的基本链。

【示例 3-22】

```
[root@CentOS ~]# nft add chain ip filter input { type filter hook input priority
0\; }
```

在上面的命令中，input 为要添加的链名。type 为 filter，表示其功能为对数据包进行过滤。hook 为 input，表示针对的是输入的数据包。该链的优先级为 0。

 命令中的反斜线（\）为转义字符，这样 Shell 就不会将分号解释为命令的结尾。

【示例 3-23】

```
[root@ CentOS ~]# nft list chain ip filter input
table ip filter {
        chain input {
                type filter hook input priority filter; policy accept;
        }
}
```

以上例子列出了 ip 地址协议栈的 filter 表的 input 链中的规则。

要修改一个链，只需按名称调用并重新定义要更改的规则即可，如【示例 3-24】所示。

【示例 3-24】

```
[root@CentOS ~]# nft chain ip filter input { policy drop \; }
```

删除一个链可使用 nft delete chain 命令，如【示例 3-25】所示。

【示例 3-25】

```
[root@CentOS ~]# nft delete chain ip filter tcpchain
```

要删除的链不能包含任何规则或者跳转目标。

清空链中的规则的方法如【示例 3-26】所示。

【示例 3-26】

```
[root@CentOS ~]# nft flush chain ip filter tcpchain
```

3. 规则管理

nftables 的规则由语句或表达式构成，包含在链中。以下为规则管理的基本命令语法：

```
nft add rule [<family>] <table> <chain> <matches> <statements>
nft insert rule [<family>] <table> <chain> [position <position>] <matches>
<statements>
nft replace rule [<family>] <table> <chain> [handle <handle>] <matches>
<statements>
nft delete rule [<family>] <table> <chain> [handle <handle>]
```

以上 4 条命令分别用来添加、插入、替换以及删除规则。其中 matches 是数据包需要满足的条件，这个条件非常复杂，可以根据报文类型来匹配，例如 ip、ip6、tcp、udp、arp 以及 vlan 等。对于每种报文，还可以通过多种字段来匹配，例如 dscp、length 等。

statements 是报文匹配规则时触发的操作，主要的操作与前面介绍的链的 policy 基本相同。

在实际环境中，使用比较多的就是开放某个服务端口，【示例 3-27】演示如何允许外部访问 80 端口。

【示例 3-27】

```
[root@CentOS ~]# nft add rule inet nftables_svc allow tcp dport 80 accept
```

其中 nftatbles_svc 是表名，allow 为链名，tcp 表示报文类型为 TCP，dport 表示目标端口为 80，accept 表示采用的操作为接受。

默认情况下，add 命令表示将规则添加到链的末尾。如果想从链的开头增加规则，那么可以使用 insert 来实现，如【示例 3-28】所示。

【示例 3-28】

```
$ nft insert rule inet nftables_svc allow tcp dport http accept
```

nft list ruleset 命令可以列出当前链中所有的规则，如【示例 3-29】所示。

【示例 3-29】

```
[root@CentOS ~]# nft list ruleset
table inet nftables_svc {
    set allowed_protocols {
        type inet_proto
        elements = { icmp, ipv6-icmp }
    }

    set allowed_interfaces {
        type ifname
        elements = { "lo" }
    }

    set allowed_tcp_dports {
        type inet_service
```

```
        elements = { 22, 9090 }
    }

    chain allow {
        ct state established,related accept
        meta l4proto @allowed_protocols accept
        iifname @allowed_interfaces accept
        tcp dport @allowed_tcp_dports accept
        tcp dport 80 accept
    }

    chain INPUT {
        type filter hook input priority 20; policy accept;
        jump allow
        reject
    }
}
table inet mytable {
    chain input {
        tcp dport 80 accept
        tcp dport 22 accept
        tcp dport 80 accept
    }
}
```

如果想要列出某个表中的规则，那么可以使用 nft list table 命令，如【示例 3-30】所示。

【示例 3-30】

```
[root@CentOS ~]# nft list table inet mytable
table inet mytable {
    chain input {
        tcp dport 80 accept
        tcp dport 22 accept
    }
}
```

以上命令列出 inet 协议栈中的 mytable 表中的规则。

如果想要列出某个链的规则，那么可以使用 nft list chain 命令，如【示例 3-31】所示。

【示例 3-31】

```
[root@CentOS ~]# nft list chain inet nftables_svc allow
table inet nftables_svc {
    chain allow {
        ct state established,related accept
        meta l4proto @allowed_protocols accept
        iifname @allowed_interfaces accept
        tcp dport @allowed_tcp_dports accept
```

```
        tcp dport 80 accept
    }
}
```

以上命令列出 inet 协议栈的 nftables_svc 表的 allow 链的规则。

单个规则只能通过句柄值删除，nftables 的每个规则都有一个句柄，该句柄是一个数值。句柄值可通过 nft --handle list ruleset 命令查看，如【示例 3-32】所示。

【示例 3-32】

```
[root@CentOS ~]# nft --handle list ruleset
table inet nftables_svc { # handle 26
    set allowed_protocols { # handle 3
        type inet_proto
        elements = { icmp, ipv6-icmp }
    }

    set allowed_interfaces { # handle 4
        type ifname
        elements = { "lo" }
    }

    set allowed_tcp_dports { # handle 5
        type inet_service
        elements = { 22, 9090 }
    }

    chain allow { # handle 1
        ct state established,related accept # handle 6
        meta l4proto @allowed_protocols accept # handle 7
        iifname @allowed_interfaces accept # handle 8
        tcp dport @allowed_tcp_dports accept # handle 9
        tcp dport 80 accept # handle 12
    }

    chain INPUT { # handle 2
        type filter hook input priority 20; policy accept;
        jump allow # handle 10
        reject # handle 11
    }
}
table inet mytable { # handle 27
    chain input { # handle 1
        tcp dport 80 accept # handle 4
        tcp dport 22 accept # handle 2
        tcp dport 80 accept # handle 3
    }
```

```
}
```

在上面的输出中，规则后面的数字即为当前规则的句柄。规则删除的方法如【示例 3-33】所示。

【示例 3-33】

```
[root@CentOS ~]# nft delete rule inet mytable input handle 3
```

上面的命令将 inet 协议栈的 mytable 表的 input 链的句柄为 3 的规则删除。

3.5.3 nftables 配置实例

nftables 的功能非常强大，为了能够使读者更加深入地理解 nftables 的使用方法，下面介绍一个具体的例子。

在生产环境中，Web 服务器的防护是非常重要的。除了机房网络环境，例如防火墙或者交换机等方面的防护之外，Web 服务器本身也需要配置一定的访问规则。

通常情况下，Web 只允许访问有限的端口，例如 80、443 以及 22 等，其余的端口禁止访问。【示例 3-34】演示如何为一台 Web 服务器配置简单实用的防火墙规则。

【示例 3-34】

（1）首先清除当前系统的原有规则，命令如下：

```
[root@CentOS ~]# nft flush ruleset
```

（2）在 inet 协议栈中添加一个名称为 filter 的表，命令如下：

```
[root@CentOS ~]# nft add table inet filter
```

（3）添加 input、forward 和 output 三个基本链。input 和 forward 这两个链的默认策略是 drop。output 链的默认策略是 accept，命令如下：

```
[root@CentOS ~]# nft add chain inet filter input { type filter hook input priority 0 \; policy drop \; }
[root@CentOS ~]# nft add chain inet filter forward { type filter hook forward priority 0 \; policy drop \; }
[root@CentOS ~]# nft add chain inet filter output { type filter hook output priority 0 \; policy accept \; }
```

添加完成之后，通过以下命令查看当前的规则列表，如下所示：

```
[root@CentOS ~]# nft list ruleset
table inet filter {
    chain input {
        type filter hook input priority filter; policy drop;
    }

    chain forward {
        type filter hook forward priority filter; policy drop;
    }
```

```
    chain output {
        type filter hook output priority filter; policy accept;
    }
}
```

由于所有的传入连接都被拒绝，因此此时用户无法再连接服务器，包括 SSH。

（4）添加一个 TCP 和 UDP 规则链：

```
[root@CentOS ~]# nft add chain inet filter TCP
[root@CentOS ~]# nft add chain inet filter UDP
```

（5）在 input 链中添加规则，设置允许通过处于 related 和 established 这两种状态的流量：

```
[root@CentOS ~]# nft add rule inet filter input ct state related,established
accept
```

ct 关键字表示连接状态；related 表示主机已与目标主机进行通信，目标主机发起新的连接方式，例如 ftp；established 表示主机已经与目标主机进行通信。

（6）添加规则，允许本地环路流量通过，命令如下：

```
[root@CentOS ~]# nft add rule inet filter input iif lo accept
```

其中 iif 关键字表示网络接口，lo 为本地环路接口。

（7）添加规则，无效的流量直接丢弃，命令如下：

```
[root@CentOS ~]# nft add rule inet filter input ct state invalid drop
```

invalid 表示无效状态的连接。

（8）添加规则，允许 ping 命令：

```
[root@CentOS ~]# nft add rule inet filter input ip protocol icmp type
echo-request ct state new accept
```

在很多情况下，服务器是不允许 ping 的，所以用户可以根据自己的实际情况调整策略。

（9）添加规则，对于新的 TCP 流量跳转到 TCP 链去处理，新的 UDP 流量跳转到 UDP 链去处理，命令如下：

```
[root@CentOS ~]# nft add rule inet filter input ip protocol tcp tcp flags \&
\(fin\|syn\|rst\|ack\) == syn ct state new jump TCP
[root@CentOS ~]# nft add rule inet filter input ip protocol udp ct state new
jump UDP
```

其中的 jump 关键字表示跳转到指定的链，TCP 为前面（4）中添加的规则链。

（10）未由其他规则处理的所有通信会被拒绝，命令如下：

```
[root@CentOS ~]# nft add rule inet filter input ip protocol udp reject
[root@CentOS ~]# nft add rule inet filter input ip protocol tcp reject with
```

```
tcp reset
    [root@CentOS ~]# nft add rule inet filter input counter reject with icmp type
prot-unreachable
```

上面的命令分别处理了 udp、tcp 以及 icmp 等数据包。

（11）根据自己的需求决定对传入连接打开哪些服务端口，分别交由 TCP 和 UDP 链去处理。例如，要打开 Web 服务器的服务端口，可以使用以下命令：

```
[root@CentOS ~]# nft add rule inet filter TCP tcp dport http accept
```

其中 dport 关键字表示本地的目标端口；http 为 Web 服务器的默认端口，即 80，也可以直接使用 80 表示。

执行完以上命令之后，服务器的 80 端口就可以访问了。如果用户还需要开放其他的端口，例如 HTTPS 的 443 端口，就可以继续添加，命令如下：

```
[root@CentOS ~]# nft add rule inet filter TCP tcp dport 443 accept
```

SSH 的默认服务端口为 22，如果想要允许 SSH 连接，命令如下：

```
[root@CentOS ~]# nft add rule inet filter TCP tcp dport 22 accept
```

DNS 服务器的默认端口为 53，如果该服务器为 DNS 服务器，就需要允许访问 53 端口，命令如下：

```
[root@CentOS ~]# nft add rule inet filter TCP tcp dport 53 accept
[root@CentOS ~]# nft add rule inet filter UDP udp dport 53 accept
```

由于 DNS 查询通常为 UDP 协议，所以在上面命令的第 2 行选择的协议为 udp。

设置完成之后，查看当前系统的规则列表，如下所示：

```
[root@CentOS ~]# nft list ruleset
table inet filter {
    chain input {
        type filter hook input priority filter; policy drop;
        ct state established,related accept
        iif "lo" accept
        ct state invalid drop
        ip protocol icmp icmp type echo-request ct state new accept
        ip protocol udp ct state new jump UDP
        ip protocol tcp tcp flags & (fin | syn | rst | ack) == syn ct state new
jump TCP
        ip protocol udp reject
        ip protocol tcp reject with tcp reset
        meta nfproto ipv4 counter packets 0 bytes 0 reject with icmp type
prot-unreachable
    }

    chain forward {
        type filter hook forward priority filter; policy drop;
```

```
    }

    chain output {
        type filter hook output priority filter; policy accept;
    }

    chain TCP {
        tcp dport 80 accept
        tcp dport 443 accept
        tcp dport 22 accept
        tcp dport 53 accept
    }

    chain UDP {
        udp dport 53 accept
    }
}
```

3.6　Linux 高级网络配置工具

目前很多 Linux 还在使用之前的 arp、ifconfig 和 route 命令。虽然这些工具尚能使用，但它们在 Linux 2.2 和更高版本的内核上显得有一些落伍。无论对于 Linux 开发者还是 Linux 系统管理员，网络程序调试时数据包的采集和分析是不可少的。tcpdump 是 Linux 中强大的数据包采集分析工具之一。本节主要介绍 iproute2 和 tcpdump 的相关知识。

3.6.1　高级网络管理工具 iproute2

相对于系统提供的 arp、ifconfig 和 route 等旧版本的命令，iproute2 工具包提供了更丰富的功能，除了提供网络参数设置、路由设置、带宽控制等功能外，新的 GRE 隧道也可以通过此工具进行配置。

现在大多数 Linux 发行版本都安装了 iproute2 软件包，若没有安装，则可以使用 yum 工具进行安装。应该注意的是，yum 工具需要联网才能使用。iproute2 工具包中的主要管理工具为 ip 命令。下面将介绍 iproute2 工具包的安装与使用。安装过程如【示例 3-35】所示。

【示例 3-35】

```
[root@CentOS Packages]# yum install -y iproute
#安装过程省略
[root@CentOS Packages]# rpm -qa|grep iproute
iproute-3.10.0-13.el7.x86_64
#检查安装情况
[root@CentOS Packages]# ip -V
ip utility, iproute2-ss130716
```

ip 命令的语法如【示例 3-36】所示。

【示例 3-36】

```
[root@CentOS ~]# ip help
Usage: ip [ OPTIONS ] OBJECT { COMMAND | help }
       ip [ -force ] -batch filename
where  OBJECT := { link | addr | addrlabel | route | rule | neigh | ntable |
                tunnel | tuntap | maddr | mroute | mrule | monitor | xfrm |
                netns | l2tp | tcp_metrics | token }
       OPTIONS := { -V[ersion] | -s[tatistics] | -d[etails] | -r[esolve] |
                -f[amily] { inet | inet6 | ipx | dnet | bridge | link } |
                -4 | -6 | -I | -D | -B | -0 |
                -l[oops] { maximum-addr-flush-attempts } |
                -o[neline] | -t[imestamp] | -b[atch] [filename] |
                -rc[vbuf] [size]}
```

1. 使用 ip 命令来查看网络配置

ip 命令是 iproute2 软件的命令工具，可以替代 ifconfig、route 等命令，查看网络配置的用法如
【示例 3-37】所示。

【示例 3-37】

```
#显示当前网卡参数，同 ifconfig
[root@CentOS ~]# ip addr list
1: lo: <LOOPBACK,UP,LOWER_UP> mtu 65536 qdisc noqueue state UNKNOWN
    link/loopback 00:00:00:00:00:00 brd 00:00:00:00:00:00
    inet 127.0.0.1/8 scope host lo
       valid_lft forever preferred_lft forever
    inet6 ::1/128 scope host
       valid_lft forever preferred_lft forever
 2: eno16777736: <BROADCAST,MULTICAST,UP,LOWER_UP> mtu 1500 qdisc pfifo_fast
state UP qlen 1000
     link/ether 00:0c:29:0b:07:76 brd ff:ff:ff:ff:ff:ff
     inet 192.168.128.133/24 brd 192.168.128.255 scope global dynamic
eno16777736
        valid_lft 1149sec preferred_lft 1149sec
     inet6 fe80::20c:29ff:fe0b:776/64 scope link
        valid_lft forever preferred_lft forever
 3: eno33554984: <BROADCAST,MULTICAST,UP,LOWER_UP> mtu 1500 qdisc pfifo_fast
state UP qlen 1000
     link/ether 00:0c:29:0b:07:80 brd ff:ff:ff:ff:ff:ff
     inet 192.168.146.150/24 brd 192.168.146.255 scope global eno33554984
        valid_lft forever preferred_lft forever
     inet6 fe80::20c:29ff:fe0b:780/64 scope link
        valid_lft forever preferred_lft forever
#添加新的网络地址
[root@CentOS ~]# ip addr add 192.168.128.140/24 dev eno16777736
```

```
[root@CentOS ~]# ip addr list
#部分结果省略
 4: eno16777736: <BROADCAST,MULTICAST,UP,LOWER_UP> mtu 1500 qdisc pfifo_fast
state UP qlen 1000
     link/ether 00:0c:29:0b:07:76 brd ff:ff:ff:ff:ff:ff
     inet 192.168.128.133/24 brd 192.168.128.255 scope global dynamic
eno16777736
        valid_lft 1776sec preferred_lft 1776sec
     inet 192.168.128.140/24 scope global secondary eno16777736
        valid_lft forever preferred_lft forever
     inet6 fe80::20c:29ff:fe0b:776/64 scope link
        valid_lft forever preferred_lft forever
#删除网络地址
[root@CentOS ~]# ip addr del 192.168.3.123/24 dev eth0
```

上面的命令显示了机器上所有的地址，以及这些地址属于哪些网络接口。inet 表示 Internet（IPv4）。eth0 的 IP 地址与 192.168.3.88/24 相关联，"/24"指 IP 地址表示网络地址的位数，"lo"则为本地回路信息。

2. 显示路由信息

如需查看路由信息，可以使用 ip route list 命令，如【示例 3-38】所示。

【示例 3-38】

```
#查看路由情况
[root@CentOS ~]# ip route list
default via 192.168.146.2 dev eno33554984  proto static  metric 1024
   192.168.128.0/24 dev eno16777736  proto kernel  scope link  src
192.168.128.133
   192.168.146.0/24 dev eno33554984  proto kernel  scope link  src
192.168.146.150
[root@CentOS ~]# route -n
Kernel IP routing table
Destination      Gateway         Genmask         Flags Metric Ref    Use Iface
0.0.0.0          192.168.146.2   0.0.0.0         UG    1024   0        0 eno33554984
192.168.128.0    0.0.0.0         255.255.255.0   U     0      0        0 eno16777736
192.168.146.0    0.0.0.0         255.255.255.0   U     0      0        0 eno33554984
#添加路由
[root@CentOS ~]# ip route add  192.168.3.1 dev eno33554984
```

上述示例首先查看了系统中当前的路由情况，其功能和 route 命令类似。

以上只是初步介绍了 iproute2 的用法，更多信息可查看系统帮助。

3.6.2　网络数据采集与分析工具 tcpdump

tcpdump（dump traffic on a network）是根据使用者的定义对网络上的数据包进行截获并分析的一种工具。无论是对于系统管理员还是对于网络程序开发者而言，截取数据包并对数据进行分析都是需要掌握的重要技术。对于系统管理员来说，在网络性能急剧下降的时候，可以通过 tcpdump 工具分析原因，找出造成网络阻塞的根源。对于网络程序开发者来说，可以通过 tcpdump 工具来调试程序。tcpdump 支持针对网络层、协议、主机、网络或端口的过滤，并提供 and、or、not 等逻辑语句过滤不必要的信息。

 在 Linux 系统下，普通用户是不能随便使用 tcpdump 工具的，一般通过 root 用户来使用这个工具。

使用 tcpdump 工具采用命令行方式，命令格式如下：

```
tcpdump [ -adeflnNOpqStvx ] [ -c 数量 ] [ -F 文件名 ]
    [ -i 网络接口 ] [ -r 文件名] [ -s snaplen ]
    [ -T 类型 ] [ -w 文件名 ] [表达式 ]
```

其参数说明如表 3.9 所示。

表3.9 tcpdump命令的参数及其说明

参　　数	说　　明
-A	以 ASCII 码方式显示每一个数据包，在程序调试时可以方便查看数据
-a	将网络地址和广播地址转变成名字
-c	tcpdump 将在接收到指定数目的数据包后退出
-d	将以人们能够理解的汇编格式给出匹配信息包的代码
-dd	将以 C 语言程序段的格式给出匹配信息包的代码
-ddd	将以十进制的形式给出匹配信息包的代码
-e	在输出行打印出数据链路层的头部信息
-f	将外部的 Internet 地址以数字的形式打印出来
-F	使用文件作为过滤条件表达式的输入，此时命令行上的输入将被忽略
-i	指定监听的网络接口
-l	使标准输出变为缓冲行形式
-n	不把网络地址转换成名字
-N	不打印出主机的域名部分
-q	打印很少的协议相关信息，输出行都比较简短
-r	从文件中读取包数据
-s	设置 tcpdump 的数据包抓取长度，如果不设置，默认为 68 字节
-t	在输出的每一行不打印时间戳
-tt	不对每行输出的时间进行格式处理
-ttt	tcpdump 输出时，每两行打印之间会延迟一个时间段，以毫秒为单位
-tttt	在每行打印的时间戳之前添加日期的打印
-v	输出一个稍微详细的信息，例如在 IP 包中可以包括 ttl 和服务类型的信息
-vv	输出详细的报文信息
-vvv	产生比-vv 更详细的输出
-x	当分析和打印时，tcpdump 会打印每个包的头部数据，同时会以十六进制打印出每个包的数据，但不包括连接层的头部

（续表）

参　数	说　　明
-xx	tcpdump 会打印每个包的头部数据，同时会以十六进制打印出每个包的数据，其中包括数据链路层的头部
-X	tcpdump 会打印每个包的头部数据，同时会以十六进制和 ASCII 码形式打印出每个包的数据，但不包括连接层的头部
-XX	tcpdump 会打印每个包的头部数据，同时会以十六进制和 ASCII 码形式打印出每个包的数据，其中包括数据链路层的头部

首先确认本机是否安装了 tcpdump 工具，如果没有安装，可以使用【示例 3-39】中的方法安装。

【示例 3-39】

```
#安装 tcpdump
[root@CentOS Packages]# yum install -y tcpdump
#安装过程省略
```

tcpdump 工具的简单使用方法如【示例 3-40】所示。

【示例 3-40】

```
[root@CentOS Packages]# tcpdump -i any
tcpdump: verbose output suppressed, use -v or -vv for full protocol decode
listening on any, link-type LINUX_SLL (Linux cooked), capture size 65535 bytes
15:47:05.143823 IP 192.168.146.150.SSH > 192.168.146.1.52161: Flags [P.], seq
1017381117:1017381313, ack 1398930582, win 140, length 196
15:47:05.144050 IP 192.168.146.1.52161 > 192.168.146.150.SSH: Flags [.], ack
196, win 16169, length 0
15:47:06.148824 IP 192.168.146.150.56971 > ns.sc.cninfo.net.domain: 29605+PTR?
1.146.168.192.in-addr.arpa. (44)
15:47:06.158878 IP ns.sc.cninfo.net.domain > 192.168.146.150.56971: 29605
NXDomain 0/0/0 (44)
#部分结果省略，按 Ctrl+C 中止输出
```

如果该工具对应的执行命令不跟任何参数，tcpdump 工具则会从系统接口列表中搜寻编号最小的已配置好的接口（但不包括 loopback 接口），一旦找到第 1 个符合条件的接口，搜寻马上结束，并将获取的数据包打印出来。

tcpdump 利用表达式作为过滤数据包的条件，表达式可以是正则表达式。若数据包符合表达式，则数据包被截获；若没有给出任何条件，则接口上所有的数据包都将会被截获。

表达式中一般有如下几种关键字：

（1）关于类型的关键字，如 host、net 和 port。例如，host 192.168.16.150 指明 192.168.16.150 为一台主机，而 net 192.168.16.150 则表示 192.168.16.150 为一个网络地址。如果没有指定类型，默认的类型是 host。

（2）确定数据包传输方向的关键字，包含 src、dst、dst or src 和 dst and src，这些关键字指明了数据包的传输方向。例如，src 192.168.16.150 指明数据包中的源地址是 192.168.16.150，而 dst

192.168.16.150 则指明数据包中的目的地址是 192.168.16.150。如果没有指明方向关键字，则默认是 src or dst 关键字。

（3）协议的关键字，如指明是 TCP 还是 UDP 协议。

除了这 3 种类型的关键字之外，还有 3 种逻辑运算，逻辑"非"运算是"not"或"!"，逻辑 "与"运算是"and"或"&&"，逻辑"或"运算是"or"或"||"。通过这些关键字的组合可以 实现复杂强大的条件。接下来看一个组合，如【示例 3-41】所示。

【示例 3-41】

```
[root@CentOS ~]# tcpdump -i any  tcp and  dst host   192.168.19.101  and    dst
port 3306 -s100  -XX  -n
tcpdump: verbose output suppressed, use -v or -vv for full protocol decode
listening on any, link-type LINUX_SLL (Linux cooked), capture size 100 bytes
16:08:05.539893 IP 192.168.19.101.49702 > 192.168.19.101.mysql: Flags [P.],
seq 79:108, ack 158, win 1024, options [nop,nop,TS val 17107592 ecr 17107591], length
29
        0x0000:  0000 0304 0006 0000 0000 0000 0000 0800  ................
        0x0010:  4508 0051 ffe8 4000 4006 929b c0a8 1365  E..Q..@.@......e
        0x0020:  c0a8 1365 c226 0cea 32aa f5e0 c46e c925  ...e.&..2....n.%
        0x0030:  8018 0400 a85e 0000 0101 080a 0105 0a88  .....^..........
        0x0040:  0105 0a87 1900 0000 0373 656c 6563 7420  .........select.
        0x0050:  2a20 6672 6f6d 206d 7973 716c            *.from.mysql
```

以上 tcpdump 表示抓取发往本机 3306 端口的请求；"-i any"表示截获本机所有网络接口的数 据报；"tcp"表示 TCP 协议；"dst host"表示数据包地址为 192.168.19.101；"dst port"表示目 的地址为 3306；"-XX"表示同时以十六进制和 ASCII 码形式打印出每个包的数据；"-s100"表 示设置 tcpdump 的数据包抓取长度为 100 字节，如果不设置，默认为 68 字节；"-n"表示不对地 址（如主机地址或端口号）进行数字表示到名字表示的转换。输出部分"16:08:05"表示时间，然 后是发起请求的源 IP 和端口、目的 IP 和端口，"Flags[P.]"是 TCP 包中的标志信息（S 是 SYN 标志，F 表示 FIN，P 表示 PUSH，R 表示 RST，"."表示没有标记，详细说明可进一步参考 TCP 各种状态之间的转换规则）。

3.7 动态主机配置协议

使用动态主机配置协议（Dynamic Host Configuration Protocol，DHCP）可以避免网络参数变 化后一些烦琐的配置，客户端可以从 DHCP 服务端检索相关信息并完成相关网络配置，在系统重 启后依然可以工作。DHCP 基于 C/S 模式，主要用于大型网络。DHCP 提供一种动态指定 IP 地址 和相关网络配置参数的机制。本节主要介绍 DHCP 的工作原理及 DHCP 服务端与 DHCP 客户端的 部署过程。

3.7.1　DHCP 的工作原理

动态主机配置协议（DHCP）是用来自动给客户端分配 TCP/IP 信息的网络协议，如 IP 地址、网关、子网掩码等信息。每个 DHCP 客户端通过广播连接到区域内的 DHCP 服务器，该服务器会响应请求，返回 IP 地址、网关和其他网络配置信息。DHCP 的请求过程如图 3.4 所示。

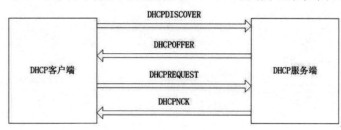

图 3.4　DHCP 的请求过程

客户端请求 IP 地址和配置参数的过程有以下几个步骤：

步骤 01 客户端需要获取网络 IP 地址和其他网络参数，于是向网络中广播，客户端发出的请求名称叫 DHCPDISCOVER。例如广播网络中有可以分配 IP 地址的服务器，服务器会返回响应应答，告诉客户端可以分配 IP 地址，服务器返回包的名称叫 DHCPOFFER，这个包内包含可用的 IP 地址和参数。

步骤 02 如果客户端在发出 DHCPOFFER 包后一段时间内没有接收到响应，就会重新发送请求，如果广播区域内有多于一台的 DHCP 服务器，就由客户端决定使用哪个。

步骤 03 当客户端选定了某个目标服务器后，会广播 DHCPREQUEST 包，用以通知选定的 DHCP 服务器和未选定的 DHCP 服务器。

步骤 04 服务端收到 DHCPREQUEST 后会检查收到的包，如果包内的地址和所提供的地址一致，就证明现在客户端接收的是自己提供的地址；如果不一致，就说明自己提供的地址未被采纳。被选定的服务器在接收到 DHCPREQUEST 包以后，因为某些原因可能不能向客户端提供这个 IP 地址或参数，可以向客户端发送 DHCPNAK 包。

步骤 05 客户端在收到包后，检查内部的 IP 地址和租用时间，如果发现有问题，就发包拒绝这个地址，然后重新发送 DHCPDISCOVER 包。如果没有问题，就接受这个配置参数。

3.7.2　配置 DHCP 服务器

本节主要介绍 DHCP 服务器的配置过程，包含安装、配置文件设置、服务器启动等步骤。

1. 软件安装

DHCP 服务依赖的软件可以从 RPM 包安装或从源码安装。本节以 yum 工具为例说明 DHCP 服务的安装过程，如【示例 3-42】所示。

【示例 3-42】

```
#确认当前系统是否安装了相应的软件包
[root@CentOS ~]# rpm -qa|grep dhcp
```

```
#如果以上命令无输出，就说明没有安装 dhcp
#如果使用 RPM 安装，就使用如下的命令
[root@CentOS Packages]# yum install -y dhcp
Loaded plugins: fastestmirror, langpacks
base                                                    | 3.6 kB     00:00
extras                                                  | 3.4 kB     00:00
updates                                                 | 3.4 kB     00:00
Loading mirror speeds from cached hostfile
 * base: mirrors.yun-idc.com
 * extras: mirrors.pubyun.com
 * updates: mirrors.yun-idc.com
…
```

经过上面的设置，DHCP 服务已经安装完毕，主要的文件如下：

- /etc/dhcp/dhcpd.conf：DHCP 主配置文件。
- /usr/lib/systemd/system/dhcpd.service：DHCP 服务单元。

2. 编辑配置文件/etc/dhcp/dhcpd.conf

要配置 DHCP 服务器，需要修改配置文件/etc/dhcp/dhcpd.conf。如果该文件不存在，就创建该文件。本示例实现的功能：为当前网络内的服务器分配指定 IP 段的 IP 地址，并设置过期时间为 2 天。配置文件如【示例 3-43】所示。

【示例 3-43】

```
[root@CentOS Packages]# cat -n /etc/dhcp/dhcpd.conf
        #指定接收 DHCP 请求的网卡的子网地址，注意不是本机的 IP 地址。netmask 为子网掩码
    1   subnet  192.168.19.0  netmask 255.255.255.0{
        #指定默认网关
    2   option routers 192.168.19.1;
        #指定默认子网掩码
    3   option subnet-mask 255.255.255.0;
        #指定最大租用周期
    4   max-lease-time 172800 ;
        #此 DHCP 服务分配的 IP 地址范围
    5   range 192.168.19.230 192.168.19.240;
    6   }
```

以上示例文件列出了一个子网的声明，包括 routers 默认网关、subnet-mask 默认子网掩码，以及 max-lease-time 最大租用周期，单位是秒。需要特别说明的是，在本地需要有一个网络接口的 IP 地址为 192.168.19.0，DHCP 服务才能启动。

有关配置文件的更多选项，可以使用命令 man dhcpd.conf 来获取更多帮助信息。

【示例 3-44】

```
[root@CentOS Packages]# systemctl start dhcpd.service
```

若启动失败，则可以参考屏幕输出的定位错误内容，或查看/var/log/messages 的内容，然后参

考 dhcpd.conf 的帮助文档。

3.7.3　配置 DHCP 客户端

当服务端启动成功后，客户端需要与服务端网络联通，然后进行以下配置以便自动获取 IP 地址。客户端网卡配置如【示例 3-45】所示。

【示例 3-45】

```
[root@CentOS ~]# cat /etc/sysconfig/network-scripts/ifcfg-eth1
DEVICE=eth1
HWADDR=00:0c:29:be:db:d5
TYPE=Ethernet
UUID=363f47a9-dfb8-4c5a-bedf-3f060cf99eab
ONBOOT=yes
NM_CONTROLLED=yes
BOOTPROTO=dhcp
```

如需使用 DHCP 服务，BOOTPROTO=dhcp 表示将当前主机的网络 IP 地址设置为自动获取方式。需要说明的是，DHCP 客户端无须是使用 CentOS 8 的客户端，使用其他版本的 Linux 或 Windows 操作系统的客户端均可，在本例中使用的是 CentOS 6 作为客户端。测试过程如【示例 3-46】所示。

【示例 3-46】

```
[root@CentOS ~]# service network restart
#启动成功后，确认成功获取的指定 IP 段的 IP 地址
[root@CentOS ~]# ifconfig
eth1      Link encap:Ethernet  HWaddr 00:0C:29:BE:DB:D5
          inet addr:192.168.19.230  Bcast:192.168.19.255  Mask:255.255.255.0
          inet6 addr: fe80::20c:29ff:febe:dbd5/64 Scope:Link
          UP BROADCAST RUNNING MULTICAST  MTU:1500  Metric:1
          RX packets:573 errors:0 dropped:0 overruns:0 frame:0
          TX packets:482 errors:0 dropped:0 overruns:0 carrier:0
          collisions:0 txqueuelen:1000
          RX bytes:59482 (58.0 KiB)  TX bytes:67044 (65.4 KiB)
```

客户端配置为自动获取 IP 地址，然后重启网络接口。启动成功后，可使用 ifconfig 命令查看成功获取到的 IP 地址。

> 本节介绍了 DHCP 的基本功能，如需了解 DHCP 更多的功能，可参考 DHCP 的帮助文档或其他资料。

3.8　Linux 域名服务 DNS

如今互联网应用越来越丰富，仅仅用 IP 地址标识网络上的计算机是不可能完成任务的，而且

也没有必要，于是产生了域名系统。域名系统通过一系列有意义的名称标识网络上的计算机，用户按域名请求某个网络服务时，域名系统负责将其解析为对应的 IP 地址，这便是 DNS。本节将详细介绍有关 DNS 的一些知识。

3.8.1 DNS 简介

目前提供网络服务的应用一般都使用唯一的 32 位 IP 地址来标识，但由于数字组成的 IP 地址比较复杂，难以记忆，因此产生了域名系统。通过域名系统，可以使用易于理解的字符串名称来标识网络应用。访问互联网应用可以使用域名，也可以通过 IP 地址直接访问该应用。在使用域名访问网络应用时，DNS 负责将其解析为 IP 地址。

DNS 是一个分布式数据库系统，扩充性好，由于是分布式地存储，因此数据量的增长并不会影响其性能。新加入的网络应用可以由 DNS 负责将新主机的信息传播到网络中的其他部分。

域名查询有两种常用的方式：递归查询和迭代查询。

递归查询由最初的域名服务器代替客户端进行域名查询。若该域名服务器不能直接回答，则会在域中各分支的上下进行递归查询，最终将返回查询结果给客户端，在域名服务器查询期间，客户端将完全处于等待状态。

迭代查询每次由客户端发起请求，若请求的域名服务器能提供需要查询的信息，则返回主机地址信息。若不能提供，则引导客户端到其他域名服务器查询。

以上两种方式类似于寻找东西的过程，一种是找个人替自己寻找，另一种是自己去寻找，首先到一个地方寻找，若没有，则到另一个地方寻找。

DNS 域名服务器的分类有高速缓存服务器、主 DNS 服务器和辅助 DNS 服务器。高速缓存服务器将每次域名查询的结果缓存到本机；主 DNS 服务器则提供特定域的权威信息，是可信赖的；辅助 DNS 服务器的信息来源于主 DNS 服务器。

3.8.2 DNS 服务器配置

目前网络上的域名服务系统使用最多的为 BIND（Berkeley Internet Name Domain）软件，该软件实现了 DNS 协议。本小节主要介绍 DNS 服务器的配置过程，包含安装、配置文件设置、服务器启动等步骤。

1. 软件安装

DNS 服务依赖的软件可以从 RPM 包安装或从源码进行安装。接下来以 RPM 包为例说明 DNS 服务的安装过程，如【示例 3-47】所示。

【示例 3-47】

```
#确认系统中相关的软件是否已经安装
[root@CentOS Packages]# yum install -y bind bind-utils
Loaded plugins: fastestmirror, langpacks
base                                              | 3.6 kB      00:00
extras                                            | 3.4 kB      00:00
updates                                           | 3.4 kB      00:00
```

```
Loading mirror speeds from cached hostfile
 * base: mirrors.yun-idc.com
 * extras: mirrors.sina.cn
 * updates: mirrors.sina.cn
Package 32:bind-utils-9.9.4-14.el7_0.1.x86_64 already installed and latest
version
…
```

经过上面的设置，DNS 服务已经安装完毕，主要的文件如下：

● /etc/named.conf：DNS 主配置文件。

● /usr/lib/systemd/system/named.service：DNS 服务控制单元。

2. 编辑配置文件/etc/named.conf

要配置 DNS 服务器，需修改配置文件/etc/named.conf。如果不存在，就创建该文件。

本示例实现的功能是搭建一个域名服务器 ns.oa.com，位于 192.168.19.101，其他主机可以通过该域名服务器解析已经注册的以 "oa.com" 结尾的域名。配置文件如【示例 3-48】所示，如需添加注释，可以使用以 "#" "//" ";" 开头的行或使用 "/* */" 包含注释内容。

【示例 3-48】

```
[root@CentOS named]# cat -n /etc/named.conf
#此处列出的配置文件已将注释等内容略去
options {
        listen-on port 53 { any; };
        listen-on-v6 port 53 { ::1; };
        directory       "/var/named";
        dump-file       "/var/named/data/cache_dump.db";
        statistics-file "/var/named/data/named_stats.txt";
        memstatistics-file "/var/named/data/named_mem_stats.txt";
        allow-query     { any; };

        recursion yes;

        dnssec-enable yes;
        dnssec-validation yes;
        dnssec-lookaside auto;

        /* Path to ISC DLV key */
        bindkeys-file "/etc/named.iscdlv.key";

        managed-keys-directory "/var/named/dynamic";
```

```
        pid-file "/run/named/named.pid";
        session-keyfile "/run/named/session.key";
};

logging {
        channel default_debug {
                file "data/named.run";
                severity dynamic;
        };
};

zone "." IN {
        type hint;
        file "named.ca";
#以下为添加的配置项
zone "oa.com" IN {
        type master;
        file "oa.com.zone";
        allow-update { none;};
};

include "/etc/named.rfc1912.zones";
include "/etc/named.root.key";
```

name.conf 配置文件中的配置项非常多，以下为主要的配置项说明：

- options: 全局服务器的配置选项，即在 options 中指定的参数，对配置中的任何域都有效，若在服务器上要配置多个域，如 test1.com 和 test2.com，则在 options 中指定的选项对这些域都生效。
- listen-on port: DNS 服务实际是一个监听在本机 53 端口的 TCP 服务程序。该选项用于指定域名服务监听的网络接口，如监听在本机 IP 或 127.0.0.1 上。此处 any 表示接受所有主机的连接。
- directory: 指定 named 从/var/named 目录下读取 DNS 数据文件，用户可自行指定并创建这个目录，指定后所有的 DNS 数据文件都存放在此目录下，注意此目录下的文件所属的组应为 named，否则域名服务无法读取数据文件。
- dump-file: 当执行导出命令时，将 DNS 服务器的缓存数据存储到指定的文件中。
- statistics-file: 指定 named 服务的统计文件。当执行统计命令时，会将内存中的统计信息追加到该文件中。
- allow-query: 允许哪些客户端可以访问 DNS 服务，此处 any 表示任意主机。
- zone: 每一个 zone 就是定义一个域的相关信息及指定 named 服务从哪些文件中获得 DNS 各个域名的数据文件。

3. 编辑 DNS 数据文件/var/named/oa.com.zone

该文件为 DNS 数据文件，可以配置每个域名指向的实际 IP，此文件可通过复制目录/var/named 中的 named.localhost 获得模板。文件配置内容如【示例 3-49】所示。

【示例 3-49】

```
[root@CentOS named]# cat -n  oa.com.zone
   01  $TTL  3600
   02  @      IN SOA  ns.oa.com. root (
   03                                  2015   ; serial
   04                                  1D     ; refresh
   05                                  1H     ; retry
   06                                  1W     ; expire
   07                                  3H )   ; minimum
   08         NS      ns
   09  ns     A 192.168.19.1
   10  test   A 192.168.19.101
   11  bbs    A 192.168.19.102
```

下面说明各个参数的含义。

- TTL: 表示域名缓存周期字段，指定该资源文件中的信息存放在 DNS 缓存服务器的时间，此处设置为 3600 秒，若超过 3600 秒，则 DNS 缓存服务器重新获取该域名的信息。
- @: 表示本域，SOA 描述了一个授权区域，如有 oa.com 的域名请求，将到 ns.oa.com 域查找。root 表示接收信息的邮箱，此处为本地的 root 用户。
- serial: 表示该区域文件的版本号。当区域文件中的数据改变时，这个数值将会改变。从服务器在一定时间以后请求主服务器的 SOA 记录，并将该序列号值与缓存中的 SOA 记录的序列号相比较，如果数值改变了，从服务器将重新拉取主服务器的数据信息。
- refresh: 指定了从域名服务器将要检查主域名服务器的 SOA 记录的时间间隔，单位为秒。
- retry: 指定了从域名服务器的一个请求或一个区域刷新失败后，从服务器重新与主服务器联系的时间间隔，单位是秒。
- expire: 在指定的时间内，如果从服务器还不能联系到主服务器，从服务器将丢失所有的区域数据。
- Minimum: 如果没有明确指定 TTL 的值，那么 minimum 表示域名默认的缓存周期。
- A: 表示主机记录，用于将一个主机名与一个或一组 IP 地址相对应。
- NS: 一条 NS 记录指向一个给定区域的主域名服务器，以及包含该服务器主机名的资源记录。
- CNAME: 用来将一个域名和该域名的别名相关联，访问域名的别名和访问域名的原始名字将解析到同样的主机地址。

第 9~11 行分别定义了相关域名指向的 IP 地址。

默认权限可能会阻止 bind 访问 oa.com.zone 文件，因而由 root 用户使用命令 chgrp named oa.com.zone 修改文件所属的用户组。

4. 启动域名服务

启动域名服务可以使用 BIND 软件提供的/etc/init.d/named 脚本，如【示例 3-50】所示。

【示例 3-50】

```
[root@CentOS Packages]# systemctl start named.service
```

如启动失败，可以参考屏幕输出的定位错误内容，或查看/var/log/messages 的内容。相关的更多信息，可 man named.conf 命令参考系统帮助。

3.8.3 DNS 服务测试

经过上一小节，DNS 服务端已经部署完毕，客户端需要进行一定设置才能访问域名服务器，操作步骤如下：

步骤01 配置/etc/resolv.conf。

如需正确地解析域名，客户端需要设置 DNS 服务器地址。DNS 服务器地址修改如【示例 3-51】所示。

【示例 3-51】

```
[root@CentOS ~]# cat  /etc/resolv.conf
nameserver 192.168.19.1
```

步骤02 域名测试。

域名测试可以使用 ping、nslookup 或 dig 命令。

【示例 3-52】

```
[root@CentOS ~]# nslookup  bbs.oa.com
#先使用 server 命令确认是否使用本机解析 DNS
> server
Default server: 192.168.19.1
Address: 192.168.19.1#53
> bbs.oa.com
Server:        192.168.19.1
Address:       192.168.19.1#53

Name:   bbs.oa.com
Address: 192.168.19.102
```

上述示例说明 bbs.oa.com 成功解析到了 192.168.19.102。

经过以上部署和测试演示了 DNS 域名系统的初步功能，要了解进一步的信息，可参考系统帮助或其他资料。

3.9　小　结

目前 Linux 系统主要用于服务器，在互联网时代，要使用计算机就离不开网络。本章主要讲解的是 Linux 系统的网络配置。在开始配置网络之前，介绍了一些网络协议和概念。之后介绍 Linux 系统中的网络配置、Linux 内核防火墙的工作原理和使用方法，并通过一些实例的介绍使读者可以掌握 firewalld 和 nftables 的使用方法。网络数据采集与分析工具 tcpdump 在网络程序的调试过程中具有非常重要的作用，需上机多加练习。

第4章

路由管理

对于 Linux 系统而言，网络至关重要，这是因为大多数 Linux 服务器都依赖于网络。而数据包在网络中从主机出发，经过传输、转发，最终到达目标主机所在网络的路由器。路由器是根据路由条目转发数据包的，因此路由管理的实质是路由条目管理。路由管理是运维人员的重要工作之一。本章将介绍 Linux 系统中的路由管理。

本章涉及的主要知识点有：

- 路由的基本知识
- 路由的分类
- 配置 Linux 路由
- 策略路由

4.1　认识路由

路由不仅存在于路由器中，也存在于操作系统中，不仅 Linux 系统有，Windows 系统中也存在。本节将简单介绍路由的概念。

4.1.1　路由的基本概念

路由器传递数据包的方法与现代邮政系统工作机制相似，先按行政区域划分设立邮局。如果信件传递仅发生在邮局内部，直接分拣投递即可，例如北京市东城区某小区发往东城区另一小区的信件，只需在东城区邮政局分拣投递即可。如果信件发往外埠，则需要借助邮政局间的运输网络，例如由北京市东城区发往四川省成都市成华区的邮件，需要东城区邮政局将邮件交由北京市邮政局，再由北京市邮政局通过运输网络发往四川省，然后层层下发，直到邮件到达收件人手中。

数据包的传递过程与邮政系统类似，也是先将计算机分组划分成不同子网，然后通过子网间的路由器传递数据包，如图 4.1 所示。

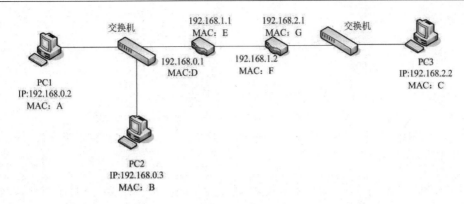

图 4.1　子网拓扑

在图 4.1 中共有两个交换机、路由器及 3 台计算机，共包含 192.168.0.0/24、192.168.1.0/24、192.168.2.0/24 三个子网，本例中设置的 IP 地址等信息均已在图中。需要特别说明的是，图 4.1 所示的 MAC 地址的正确格式应为 00-51-5B-C0-00-08 或 00:51:5B:C0:00:08，此处为了方便说明，简写为 A、B、C 等格式。

与邮政系统类似，当数据包发送的目标地址为同一子网时，数据包由交换机直接传送给目标主机。例如，当 PC1 发送数据包给 PC2 时，PC1 会首先发送 ARP 广播寻找 PC2 的 MAC 地址，ARP 广播会发送给子网 192.168.0.0/24 中的所有计算机。图 4.1 所示的 PC2 和 IP 地址为 192.168.0.1 的路由器接口均会收到广播，但只有 PC2 会回应 PC1 的广播并将其 MAC 地址反馈给 PC1。当 PC1 收到 PC2 的 MAC 地址后，将目的 IP、MAC 地址正确写入数据包，然后交由交换机发送给 PC2，数据包传输过程就完成了。

另一种情况是 PC1 发送的数据包目的地址与 PC1 不在同一子网时，这时就与邮政系统类似，PC1 会将数据包交给自己的"上级"默认网关。例如，在图 4.1 中，PC1 发送数据包给 PC3，数据包发送过程如下：

（1）由于 PC1 与 PC3 的地址不在同一子网，因此 PC1 会将数据包的 MAC 地址修改为 D 发送出去，交换机会将数据包交给 192.168.0.1，即路由器。

（2）与路由器相连的网络分别为 192.168.0.0/24 和 192.168.1.0/24，因此路由器并不知道网络 192.168.2.0/24 位于何处，此时就需要借助路由条目的帮助。为了能将数据包成功发往 PC3，路由器中就需要一条指向 192.168.2.0/24 的路由条目，这个条目指明数据包的下一跳地址为 192.168.1.2。

（3）根据路由条目指示，路由器会将数据包目的 MAC 地址修改为 F，将数据包发送给路由器 2。

（4）路由器 2 与 192.168.2.0/24 直接相连，因此收到数据包后，路由器 2 会将目的 MAC 地址修改为 C 发送给交换机，交换机再将数据包交给 PC3，数据包传输就完成了。

纵观上述过程，无论是数据包发送给默认网关，还是由一个路由器发送给另一个路由器，都离不开路由的参与。

4.1.2　路由的原理

在 4.1.1 小节中介绍了路由的基本作用，但路由运作的机制比较复杂，本小节将简要介绍路由的基本原理。

一个路由条目至少包含 3 个要素：子网、子网掩码和下一跳地址（在有些设备中使用的是下一跳设备），其主要含义如下：

- 子网：目标子网的网络号，默认路由的子网号为 0.0.0.0。
- 子网掩码：目标子网的子网掩码，默认路由的子网掩码为 0.0.0.0。
- 下一跳地址：目标子网数据包的转发地址。在有些路由器中可以使用下一跳设备，设备通常是本地接口。

通常计算机中会有多条路由条目，计算机发出数据包时会进行计算，将目标 IP 地址与路由条目中的子网掩码按位与，即二进制按位进行乘法。如果按位与的结果与路由条目的子网相同，就采用此路由条目的下一跳地址作为转发目的地。例如，在图 4.1 中，路由器发往 PC3 的数据包地址为 192.168.2.2，与 192.168.2.0/24 网络的子网掩码按位与的结果为 192.168.2.0，与子网相同，因此会将数据包转发给 192.168.1.2。

无论是计算机还是路由器，在计算路由时都遵循精确匹配原则，即如果多条路由条目都匹配目标地址，就使用最精确的条目作为转发路径。例如，IP 地址 192.168.2.2 能同时匹配 192.168.0.0/16 和 192.168.2.0/24，但基于精确匹配原则，最终将使用 192.168.2.0/24 这条路由条目。

4.1.3　Linux 系统中的路由表

在计算机中通常不止一个路由条目，能正常通信的计算机至少有两个路由条目，而路由器中的路由条目可能会更多。这些路由条目存储于路由表中，如果要在 Linux 系统中查看路由表，可以使用 route 命令，如【示例 4-1】所示。

【示例 4-1】

```
[root@localhost ~]# route
Kernel IP routing table
Destination   Gateway       Genmask       Flags Metric Ref  Use Iface
default       172.16.45.1   0.0.0.0       UG    0      0    0   eno16777736
172.16.45.0   0.0.0.0       255.255.255.0 U     0      0    0   eno16777736
```

在【示例 4-1】中，命令输出了两个路由条目，第一条是指向默认网关的默认路由，第二条是与计算机直接相连的子网路由。在命令输出中，Flags 字段中的 U 表示路由条目可用，G 表示正在使用的网关。

4.1.4　静态路由和动态路由

在 4.1.1 小节中介绍了数据包从 PC1 发送到 PC3 的整个过程，当数据包到达 192.168.0.1 后，路由器将会计算下一步的路径，其依据就是路由器中保存的路由条目。本小节将介绍这些路由条目的来源及分类。

路由的来源有三种，第一种是路由器和计算机根据自身的网络连接自动生成的直连路由，即与自身所在同一子网的路由，只要网络持续连接，直连路由就会一直存在并生效；第二种是由管理员手动添加的静态路由，静态路由仅适合网络运作简单的环境，Linux 系统中添加的路由多为静态路由；最后一种是由动态路由协议生成的动态路由。

　　静态路由的缺点很明显,当路由器数量增加时,子网数量也增多,这时就需要在每个路由器上为每个子网添加路由,否则会出现无法访问的问题。如果其中一台路由器出现问题,路由条目就会失效,也会造成无法访问的问题。

　　为了解决静态路由的这些问题,动态路由协议应运而生。动态路由协议会根据网络状况调整各路由器的路由条目,最大程度上保持网络通畅。常见的动态路由协议有 RIP(Routing Information Protocol,路由信息协议)、OSPF(Open Shortest Path First,开放最短路径优先)、BGP(Border Gateway Protocol,边界网关协议)、IGRP(Interior Gateway Routing Protocol,内部网关路由协议)等。

　　(1)RIP 是最简单的路由协议,RIP 协议要求路由器以 30 秒为周期向相邻的路由器交换信息,从而让每个路由器都建立路由表。RIP 建立的路由表以距离为单位,通过一个路由器称为一跳,RIP 总是希望数据包通过最少的跳数到达目的地。RIP 最大的优点是配置简单,但仅适用于小型网络,如果跳数超过 15,数据包将不可达。由于路由器每 30 秒向相邻路由器交换信息,因此 RIP 协议的收敛时间相对较长(收敛时间是指路由协议让每个路由器建立精确并稳定的路由表的时间长度,时间越长,网络发生变化后,路由表生成得越慢,网络稳定需要的时间也越长)。

　　(2)OSPF 是一个相对比较复杂的动态路由协议。OSPF 一般用于一个路由域内,称为自治系统(Autonomous System)。在这个自治系统内部,所有加入 OSPF 的路由器都会通过路由协议相互交换信息,以维护自治系统的结构数据库,最后路由器会通过数据库计算出 OSPF 路由表。与 RIP 相比,OSPF 协议根据链路状态计算路由表,更适合大型网络,其收敛速度也更快。

　　(3)BGP 是一个用来处理自治系统之间的路由关系的路由协议,最适合处理像 Internet 这样十分巨大的网络。BGP 既不完全是距离矢量协议,又不完全像 OSPF 那样使用链路状态,BGP 使用的是通路向量路由协议。BGP 使用 TCP 协议进行可靠的传输,同时还使用了路由汇聚、增量更新等功能,极大地增加了网络的可靠性和稳定性。

　　(4)IGRP 是由 Cisco 公司设计的专用于 Cisco 设备上的一种路由协议。IGRP 是一种距离向量路由协议,其要求路由器以 90 秒为周期向相邻的路由器发送路由表的全部或部分,此区域内的所有路由器都可以计算出所有网络的距离。由于使用网络延迟、带宽、可靠性及负载等都被用作路由选择,因此 IGRP 的稳定性相当不错。

　　动态路由协议除了上面介绍的 4 种之外,还有许多,例如 IS-IS 等,此处不再赘述,感兴趣的读者可自行参考相关资料。

4.2　配置 Linux 静态路由

　　与其他操作系统不同,Linux 系统作为常见的服务器操作系统,其可能会遇到更多样的网络环境。除了常见服务器使用的 Internet 网络连接外,通常还会有公司内部网络、远程访问相关的网络等,此时就需要正确设置路由,否则无法正确访问。本节将简要介绍如何在 Linux 系统中设置静态路由。

4.2.1　配置网络接口地址

　　设置静态路由的前提是网络接口上配置有 IP 地址等信息,否则路由条目无法生效。在网络接口上配置单个 IP 地址的相关知识已在第 3 章中介绍过，此处介绍在同一接口上配置多个 IP 地址的方法。

（1）使用子接口

使用子接口在网络接口上配置多个 IP 地址是比较常见的做法，子接口名字形如 eno16777736:1，其中 eno16777736 是网络接口的名称，":1"表示这是一个子接口。配置过程如【示例 4-2】所示。

【示例 4-2】

```
[root@localhost ~]# ifconfig eno16777736:1 172.16.45.134/24 up
[root@localhost ~]# ifconfig
…
eno16777736:1: flags=4163<UP,BROADCAST,RUNNING,MULTICAST>  mtu 1500
        inet 172.16.45.134  netmask 255.255.255.0  broadcast 172.16.45.255
        ether 00:0c:29:23:7c:d2  txqueuelen 1000  (Ethernet)
…
```

使用以上命令配置的子接口将在重启后消失，若要重启后继续生效，则需要将上述命令写入文件/etc/ec.local 中。

（2）使用多配置

CentOS 8 允许在一个网络接口上配置多个不同的 IP 地址、子网掩码、网关和 DNS 服务器地址等，但同时只能激活一个配置。多配置在图形界面中可以单击 Applications，然后在弹出的快捷菜单中依次单击 System tools→Settings，打开设置界面，如图 4.2 所示。

图 4.2   设置界面

在设置界面中可以找到 CentOS 8 中几乎所有的常规设置，此时单击 Network 即可弹出网络设置界面，如图 4.3 所示。

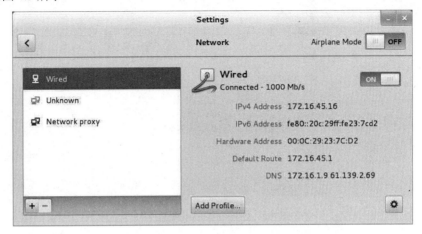

图 4.3　网络设置界面

在网络设置界面中可以看到网络接口相关设置，此时可以单击 Add Profile 按钮为已连接的网络添加配置文件。添加配置文件的界面如图 4.4 所示。

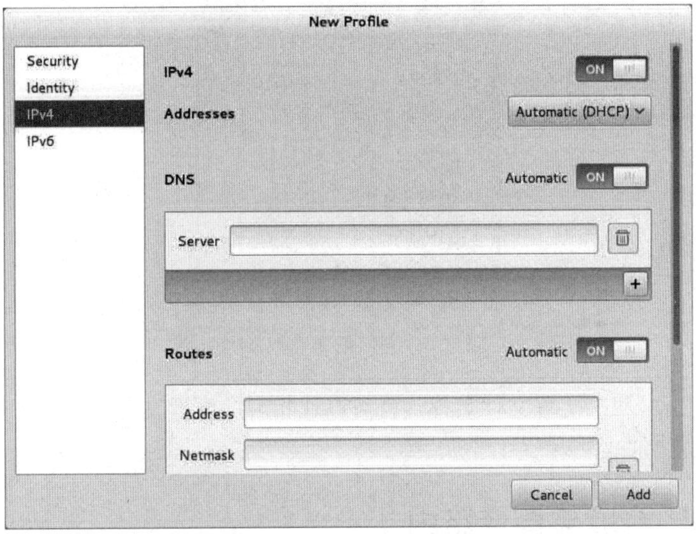

图 4.4　添加配置文件

在新配置中，可以添加诸如 802.1x、IPv4 等类型的网络，以常见的 IPv4 网络为例，可以在左侧选择 IPv4，然后在右侧的 Addresses 中选择 Manual。之后就可以在下面填入 IP 地址、子网掩码、网关、DNS、静态路由等信息了。

多次添加即可在同一个网络连接上添加多个配置文件，这些配置文件可以在网络设置界面的右侧看到，如图 4.5 所示。

图 4.5　网络连接的多配置文件

添加了多配置文件后，接下来的任务就是切换配置文件，让不同的配置文件在不同的网络环境中生效。切换配置文件需要单击桌面右上角的联网图标菜单，将弹出所有的配置文件列表，如图 4.6 所示。

图 4.6　网络配置文件列表

此时只需要单击对应的配置文件名称，就可以让相应的配置文件生效，如果系统重启，就采用上一次生效的配置文件。

4.2.2　接口 IP 地址与直连路由

无论使用哪种方式为网络接口配置 IP 地址等信息，只要网络接口接入某个子网，路由表就会立即为子网添加相应的直连路由。可以使用 route 命令查看路由表验证，如【示例 4-3】所示。

【示例 4-3】

```
[root@localhost ~]# route -n
Kernel IP routing table
Destination     Gateway         Genmask         Flags Metric Ref    Use Iface
default         172.16.45.1     0.0.0.0         UG    100    0        0
eno16777736
172.16.45.0     0.0.0.0         255.255.255.0   U     100    0        0
```

eno16777736

在【示例 4-3】的命令输出中，第二条就是与 172.16.45.0 子网的直连路由，这是由接口 eno16777736 的 IP 配置决定的。如果此接口的 IP 地址发生变化或有新的接口拥有了 IP 地址，路由表中的直连路由也会发生变化，如【示例 4-4】所示。

【示例 4-4】

```
[root@localhost ~]# ifconfig eno16777736:1 192.168.1.100/24 up
[root@localhost ~]# route -n
Kernel IP routing table
Destination   Gateway        Genmask          Flags Metric Ref  Use Iface
default       172.16.45.1    0.0.0.0          UG    100    0    0   eno16777736
172.16.45.0   0.0.0.0        255.255.255.0    U     100    0    0   eno16777736
192.168.1.0   0.0.0.0        255.255.255.0    U     0      0    0   eno16777736
```

由以上示例可以看到，当接口的 IP 地址发生改变后，路由表中的直连路由也发生了改变。

4.2.3　route 命令

在 Linux 系统中，查看、添加、删除路由使用 route 命令。其添加、删除路由时的基本格式如【示例 4-5】所示。

【示例 4-5】

```
route add|dell [-net|-host] ipaddress1 netmask netmask gw ipaddress2|dev
```

各项参数含义如下：

- add|del：表示添加或删除一个路由条目。
- -net|-host：路由条目的目的地是一个子网或一台主机。
- ipaddress1：目标子网的子网号或目标主机的 IP 地址。
- netmask：目标子网或主机的子网掩码，当目标为主机时，子网掩码长度应为 32 位。
- gw：用于指定下一跳地址或下一跳设备。通常将 Linux 作为一台路由器使用时才会使用下一跳设备。

除以上列举的参数之外，还有一个用于显示路由表时使用的选项 n，此选项表示使用 IP 地址显示，而不尝试使用域名。IP 地址转换为域名需要解析，因此使用选项 n 可以快速显示路由表，如【示例 4-6】所示。

【示例 4-6】

```
[root@localhost ~]# route -n
Kernel IP routing table
Destination   Gateway        Genmask          Flags Metric Ref  Use Iface
default       172.16.45.1    0.0.0.0          UG    100    0    0   eno16777736
172.16.45.0   0.0.0.0        255.255.255.0    U     100    0    0   eno16777736
```

【示例 4-6】所示的命令输出了系统内核的路由表，路由表中的几个字段含义如下：

- Destination：目标网络号或目标主机 IP 地址，default 表示这是一条默认路由。
- Gateway：网关地址，即下一跳地址，其中 0.0.0.0 或 "*" 表示主机与该子网直接相连，无须下一跳地址（直连路由）。
- Genmask：子网对应的子网掩码。
- Flags：路由标记。
- Metric：路由条目的代价值。Metric 数值越高，代价越大，此值一般在有多条到目标网络的路由时才起作用。
- Ref：路由条目被引用的次数。
- Use：路由条目被路由软件查找的次数。
- Iface：到达目标网络使用的本地接口。

在上面的字段中，Flags 路由标记用于指示路由条目的状态，常见的状态标记及含义如下：

- U：当前路由处于活动状态（可用状态）。
- H：路由条目的目标是主机，而不是子网。
- G：指向默认网关的路由。
- R：恢复动态路由产生的路由。
- D：由后台程序动态产生的路由。
- M：此条目经过了后台程序修改。
- C：缓存的路由条目。
- !：拒绝路由。

route 命令还可以用于添加默认路由（通常称为默认网关），但更多的是用于添加静态路由，使用方法如【示例 4-7】所示。

【示例 4-7】

```
#添加、删除默认路由
[root@localhost ~]# route add default gw 172.16.45.1
[root@localhost ~]# route del default gw 172.16.45.1
#添加、删除到网络的路由
#子网掩码采用不同的形式，因此以下两条语句的功能相同
[root@localhost ~]# route add -net 192.168.19.0/24 gw 172.16.45.100
[root@localhost ~]# route add -net 192.168.19.0 netmask 255.255.255.0 gw
172.16.45.100
[root@localhost ~]# route -n
Kernel IP routing table
Destination     Gateway        Genmask        Flags Metric Ref  Use Iface
0.0.0.0         172.16.45.1    0.0.0.0        UG    100    0      0 eno16777736
172.16.45.0     0.0.0.0        255.255.255.0  U     0      0      0 eno16777736
192.168.19.0    172.16.45.100  255.255.255.0  UG    0      0      0 eno16777736
[root@localhost ~]# route del -net 192.168.19.0/24
#添加、删除到主机的路由
[root@localhost ~]# route add -host 192.168.100.80 gw 172.16.45.100
[root@localhost ~]# route -n
```

```
Kernel IP routing table
Destination     Gateway         Genmask           Flags Metric Ref    Use Iface
0.0.0.0         172.16.45.1     0.0.0.0           UG    100    0        0
eno16777736
172.16.45.0     0.0.0.0         255.255.255.0     U     100    0        0
eno16777736
192.168.100.80  172.16.45.100   255.255.255.255   UGH   0      0        0
eno16777736
[root@localhost ~]# route del -host 192.168.100.80
```

4.2.4 Linux 路由器配置实例

学习完之前的基础知识之后，可以利用 Linux 来制作一个路由器。本小节将简单介绍路由器包括的功能及如何将 Linux 配置成一个实用的路由器。

一个实用的路由器最起码应该包括 DHCP、数据包转发、NAT 等，DHCP 用来为子网中的计算机分配 IP 地址、网关、DNS 等信息。数据包转发是路由器的核心功能，用来将数据包准确地转发到相应的子网。NAT 用来进行地址转换，即对子网发往外部网络的数据包地址进行转换。在 Linux 系统上配置路由器可以采取两个方案，其一是使用 Linux 自身的内核转发功能、配置 DHCP 服务并使用防火墙的地址伪装实现 NAT 功能；其二是使用其他路由软件，例如著名的 Zebra 等。本小节将采用 Linux 内核的数据包转发功能作为示例来讲解。

在本小节的路由器配置中，采用的拓扑图如图 4.7 所示，路由器的一端连接子网 192.168.0.0/24。

图 4.7   路由拓扑

在开始配置路由器之前，需要先为路由器和子网计算机上的网络连接正确地配置 IP 地址，确保路由器能正常访问外部网络。配置子网计算机时，默认网关应该为 192.168.0.1。配置完 IP 地址后，接下来需要配置内核转发，让内核具有转发数据包的功能，如【示例 4-8】所示。

【示例 4-8】

```
#添加内核转发参数
[root@localhost ~]# cat /etc/sysctl.conf
…
net.ipv4.ip_forward = 1
#让内核参数生效
[root@localhost ~]# sysctl -p
net.ipv4.ip_forward = 1
```

这样 Linux 就具备了数据包转发功能。接下来需要让 Linux 防火墙具备 NAT 功能，这个功能通常由防火墙 iptables 来完成，如【示例 4-9】所示。

【示例 4-9】

```
#禁用并停止 firewalld
[root@localhost ~]# systemctl disable firewalld
[root@localhost ~]# systemctl stop firewalld
#安装 iptables 防火墙
[root@localhost ~]# yum install -y iptables-services
#启用并开启 iptables
[root@localhost ~]# systemctl start iptables
[root@localhost ~]# systemctl enable iptables
#在 eno16777736 接口上开启地址伪装
[root@localhost ~]# iptables -t nat -I POSTROUTING -o eno16777736 -j MASQUERADE
```

接下来就可以在子网计算机上访问外部网络了，可以通过 ping 命令、curl 访问网址等方式验证。

由于本书的第 3 章已介绍过 DNS、DHCP 等知识，因此此处不再赘述，读者可自行参考相关资料进行配置。

4.3 Linux 的策略路由

传统的路由是一个指向目标子网的"指路牌"，任何人来"问路"，路由都会明确指向目标。传统路由这种"不问来人情况"的处理策略越来越不适合现代计算机网络，举例来说，"行人与汽车"走的"路"应该是不同的。这样策略路由就兴起了，策略路由是近些年来兴起的一个比较新的路由概念。策略路由可以根据多种不同的策略决定数据包通过的路径。本节将简要介绍 Linux 系统中的路由及策略路由的使用。

4.3.1 策略路由的概念

并不是所有环境都适合策略路由。策略路由与传统路由相比最大的不同是，策略路由通常有不止一条到达目的网络的路径，例如在一个网络中有两个出口：联通和电信等。因此，策略路由在企业环境实施的首要条件是网络有多个出口，例如一个为电信出口、一个为联通出口，又如一个出口速度较快、另一个出口速度相对慢一些等。

策略路由按实现的方式大体可以分为三类，第一种是按目的地址进行路由，即根据目的地址不同，选择不同的出口。由于这种按目的地址进行路由的方法特别适合双线服务器，因此在国内使用的较多。第二种是按源地址进行路由，即根据发出数据包的计算机地址决定选择哪个出口，这种方法适用于多种环境，例如多线机房、客户定制的更快速的网络等。第三种是智能均衡策略路由，这是一种出现时间较晚的方式，在这种方式下会自动识别网络带宽及负载，根据带宽和负载动态地决定数据包从哪个出口发出。

无论使用何种策略路由，都必须注意保护连接的持续性，特别是在出口上使用了 NAT 的网络中，即需要保证内部网络主机与外部通信时，数据包的往返使用的是同一出口，否则可能会造成资源浪费，甚至出现无法连接的情况。

4.3.2 路由表管理

在 Linux 系统中，策略路由可以通过路由表来实现，但 Linux 系统中的路由表并不像普通路由器那样简单。本小节将介绍 Linux 系统中的路由表。

默认情况下，Linux 并非只有一个路由表，因为如果系统中只有一个路由表，策略路由的许多功能将无法实现。数据包转发时，并不需要将所有路由表都搜索计算一次，数据包应该使用哪个路由表路由，取决于系统设定的规则。查看系统默认的规则，使用命令 ip rule list 或 ip rule show，如【示例 4-10】所示。

【示例 4-10】

```
[root@localhost ~]# ip rule list
0:      from all lookup local
32766:  from all lookup main
32767:  from all lookup default
```

【示例 4-10】展示的是没有经过修改的 Linux 系统规则列表，其中输出了 3 个路由表 local、main 及 default。每条规则前面的数字表示规则的优先级，数值越小，表明优先级越高，而 from all 表明所有的数据包都需要经过路由表的匹配。

由此可以看出，【示例 4-10】所示的处理过程应该是，内核转发的数据包先使用表 local 转发，如果没有匹配的路由条目，再依次使用表 main 和 default。为了搞清 Linux 系统数据包的转发流程，有必要搞清这 3 张路由表的内容，如【示例 4-11】所示。

【示例 4-11】

```
[root@localhost ~]# ip route list table local
broadcast 127.0.0.0 dev lo  proto kernel  scope link  src 127.0.0.1
local 127.0.0.0/8 dev lo  proto kernel  scope host  src 127.0.0.1
local 127.0.0.1 dev lo  proto kernel  scope host  src 127.0.0.1
broadcast 127.255.255.255 dev lo  proto kernel  scope link  src 127.0.0.1
broadcast 172.16.45.0 dev eno16777736  proto kernel  scope link  src
172.16.45.13
local 172.16.45.13 dev eno16777736  proto kernel  scope host  src 172.16.45.13
broadcast 172.16.45.255 dev eno16777736  proto kernel  scope link  src
172.16.45.13
[root@localhost ~]# ip route list table main
default via 172.16.45.1 dev eno16777736  proto static  metric 100
172.16.45.0/24 dev eno16777736  proto kernel  scope link  src 172.16.45.13
172.16.45.0/24 dev eno16777736  proto kernel  scope link  src 172.16.45.13
metric 100
[root@localhost ~]# ip route list table default
[root@localhost ~]#
```

【示例 4-11】分别输出了 3 张路由表中的路由条目，其中表 default 中的路由条目为空，此处不做讨论。由于计算机的 IP 地址为 172.16.45.13，因此表 local 中的路由条目是用于广播和目的地为本地接口的 IP 数据包的路由。而表 main 中的路由条目很明显是指向本地子网（子网

172.16.45.0/24）和指向默认网关的默认路由。

　　由于环境并不复杂，因此系统默认的规则中并没有决定哪些数据包应该使用具体的某个路由表。了解 Linux 系统的路由表机制后，接下来我们就可以利用这些机制建立自己需要的路由表和规则。建立一个路由表和相应的规则，如【示例 4-12】所示。

【示例 4-12】

```
#建立一个名为 test1 的路由表
[root@localhost ~]# echo 100 test1 >> /etc/iproute2/rt_tables
#建立一个规则，规定所有来自 192.168.19.0/24 的数据包都使用路由表 test1 中的条目路由
[root@localhost ~]# ip rule add from 192.168.19.0/24 table test1
#列出规则
[root@localhost ~]# ip rule list
0:      from all lookup local
32765:  from 192.168.19.0/24 lookup test1
32766:  from all lookup main
32767:  from all lookup default
```

　　在【示例 4-12】中，先使用编辑 rt_tables 的方式添加一个名为 test1 的路由表，然后添加一条规则，规定所有源地址为 192.168.19.0/24 的数据包通过 test1 路由表路由。由于我们并没有在路由表 test1 中添加任何路由条目，因此此时路由表 test1 为空，如何添加将在下一小节中介绍。

　　添加 test1 路由表时，使用了数字 100 作为保留值（保留值为 table ID，test1 相当于 table ID 的别名，此值与优先级无关，优先级将自动分配），通常建议这个值小于 253 且不重复，具体可以查看 rt_tables 文件中的说明。除了以上这种编辑文件的方法外，还可以使用指定 table ID 的方法添加路由表，如【示例 4-13】所示。

【示例 4-13】

```
[root@localhost ~]# ip rule add from 192.168.18.0/24 table 2 pref 1500 prohibit
```

　　以上示例将添加一个 table ID 为 2 的路由表，并指定其优先级为 1500。

　　删除路由表与以上过程相反，首先需要删除相关的规则，然后编辑文件 rt_tables，删除其中的相关配置，如【示例 4-14】所示。

【示例 4-14】

```
#删除规则和 rt_tables 中的相关内容
[root@localhost ~]# ip rule del table test1
[root@localhost ~]# cat /etc/iproute2/rt_tables
#
# reserved values
…
#
#1      inr.ruhep
#验证结果
[root@localhost ~]# ip rule list
0:      from all lookup local
```

```
32766:   from all lookup main
32767:   from all lookup default
```

 系统重启后，规则将失效，如需继续生效，可以将设置规则的相关语句写入/etc/rc.local 中。

4.3.3 规则与路由管理

从前面几小节的内容中不难看出，Linux 策略路由管理的两个核心分别是规则与路由表中路由的管理。虽然之前已经介绍过路由管理的相关概念，但与之前的路由管理相比，此处将要麻烦一些，因为在策略路由中还需要细化一些参数。

1. 规则

在策略路由中，规则如同一个筛选器，将数据包按预先的设置"送给"路由表，完成路由过程。添加一条规则使用命令 ip，格式如下：

```
ip rule [add|del] SELECTOR ACTION
```

在以上格式中，[add|del]表示添加或删除一条规则，SELECTOR 表示数据包选择部分，ACTION 表示执行的操作。其中 SELECTOR 可以选择数据包的多种选项，常见选项如下：

- from：源地址。
- to：目的地址。
- tos：数据包的 ToS（Type of Service，服务类型）域，用于标明数据包的用途。
- fwmark：防火墙参数。
- dev：参与设备，具体包括两个选项：iif 和 oif，分别表示接收和发送设置匹配。
- pref：指定优先级。

在以上选项中，无疑 from 和 to 是常用的选项。除以上选项外，还有一些其他选项，读者可阅读相关文档了解或参考 ip-rule 的手册页。

与 SELECTOR 一样，ACTION 执行的动作也有多种：

- table：指明使用的 table ID 或表名。
- nat：透明网关，与 NAT 相似。
- prohibit：丢弃包并返回"Communication is administratively prohibited"（通信被强制禁止）的错误消息。
- unreachable：丢弃包并返回"Network is unreachable"（网络不可达）的错误消息。
- realms：指定数据包分类，此选项主要用于配合 tc 进行流量整形。

在 ACTION 执行的动作中，table 和 nat 是较常用的，prohibit 和 unreachable 主要用来禁止通信，因此使用较少。

在【示例 4-15】中将列举一些常见的示例。

【示例 4-15】

```
#以源地址作为路由依据
ip rule add from 192.168.19.0/24 table test1
```

```
ip rule add from 192.168.17.100/32 table test1
#以源地址和 tos 作为路由依据
ip rule add from 192.168.0.0/16 tos 0x10 table test1
#以目标地址作为路由依据
ip route add to 192.168.100.100/32 table test1
ip route add to 192.168.101.0/24 table test1
#以防火墙标记为路由依据，需要防火墙使用选项 set-mark 标记
ip rule add fwmark 1 table 1
```

2. 路由管理

与之前介绍的使用 route 命令添加路由相比，策略路由的路由管理稍稍复杂一些，其格式如下：

```
ip route add ipaddress via ipaddress1 table table_name
```

其中，ipaddress 参数表示网络号；via 选项指定的参数 ipaddress1 表示网关 ip 地址，即下一跳地址；table_name 表示路由表名。

一些比较常见的路由条目如【示例 4-16】所示。

【示例 4-16】

```
#添加到 test1 的默认路由
ip route add default via 192.168.11.1 table test1
#发往 192.168.15.0/24 网络的数据包的下一跳地址是 192.168.11.1
ip route add 192.168.15.0/24 via 192.168.11.1 table test1
```

4.3.4 策略路由应用实例

在前面几小节中介绍了 Linux 系统的策略路由的运作机制，本小节将通过几个实例介绍策略路由的应用。

在本小节的例子中，Linux 主机连接了两个子网（192.168.1.0/24 和 192.168.2.0/24），拥有两个出口（一个是 172.16.33.2，对端网关为 172.16.33.1；另一个是 172.16.34.2，对端网关为 172.16.34.1），如图 4.8 所示。

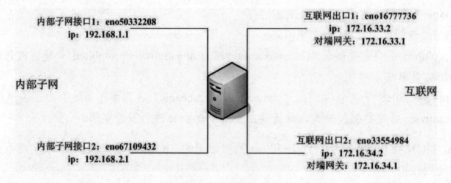

图 4.8 策略路由拓扑

需要说明的是，出口及对端网关地址应为网络供应商提供的公网 IP 地址，此处出于安全考虑，以私网地址代替，其配置过程仅需将 IP 地址等信息替换即可，其他并无不同之处。

1. 选择出口

在如图 4.8 所示的网络结构中，现有两个出口，其中互联网出口 1 为所有内部子网的默认出口，出口 2 比出口 1 速度更快，但仅供内部网络中的 VIP 用户使用。假定有 VIP 用户的 IP 地址为 192.168.1.52 和 192.168.2.54，现需要配置这两个地址的流量，使用出口 2 以获得更快的速度。

（1）配置默认路由

根据以上信息先配置接口 eno16777736，将 IP 地址、默认网关等信息一并设置，而出口 2 仅正确设置 IP 地址及子网掩码即可，无须设置默认网关。关于这些设置，读者可自行参考第 3 章中的相关内容，此处不再赘述。

（2）配置策略路由

在上一步的配置中，已将所有子网的数据包的转发出口设置为出口 1，现在需要配置 VIP 用户的数据包从出口 2 进行转发，其配置方法如【示例 4-17】所示。

【示例 4-17】

```
#建立路由表 T1
[root@localhost ~]# echo 200 T1 >> /etc/iproute2/rt_tables
#设置 VIP 用户的数据包，使用路由表 T1 路由
[root@localhost ~]# ip rule add from 192.168.1.52/32 table T1
[root@localhost ~]# ip rule add from 192.168.2.54/32 table T1
[root@localhost ~]# ip rule ls
0:      from all lookup local
32764:  from 192.168.2.54 lookup T1
32765:  from 192.168.1.52 lookup T1
32766:  from all lookup main
32767:  from all lookup default
#为路由表 T1 添加出口 2 的默认路由
[root@localhost ~]# ip route add default via 172.16.34.1 table T1
[root@localhost ~]# ip route list table T1
default via 172.16.34.1 dev eno33554984
```

以上是整个配置过程，但以上配置在系统重启后会消失，因此如果想让这些添加的规则在重启后生效，则需要将添加路由表 T1 默认路由的语句写入/etc/rc.local 中。

2. 负载均衡

负载均衡的配置方法与选择出口的配置方法略有不同，因为负载均衡时需要考虑一个新的问题：保证连接的持续性，即从互联网出口 1 进来的数据包返回时也从出口 1 返回，出口 2 亦相同。负载均衡的配置方法如【示例 4-18】所示。

【示例 4-18】

```
#添加两个路由表 table1 和 table2
[root@localhost ~]# echo 100 table1 >> /etc/iproute2/rt_tables
[root@localhost ~]# echo 200 table2 >> /etc/iproute2/rt_tables
#分别添加返回路由
```

```
[root@localhost ~]# ip route add default via 172.16.33.1 dev eno16777736 src
172.16.33.2 table1
    [root@localhost ~]# ip rule add from 172.16.33.2 table table1
    [root@localhost ~]# ip route add default via 172.16.34.1 dev eno33554984 src
172.16.34.2 table2
    [root@localhost ~]# ip rule add from 172.16.34.2 table table2
    #设置负载均衡策略
    [root@localhost ~]# ip route add default scope global nexthop via 172.16.33.2
dev eno16777736 weight 1 netxthop via 172.16.34.2 dev eno33554984 weight 1
```

在上面的示例中，weight 用于指定出口的权重，此处都设置为 1，表示平等对待，如果需要区别对待，可以修改此值。与之前的设置方法相同，如果需要设置在重启后仍然生效，可以将规则和路由添加到文件/etc/rc.local 中。

 本小节仅讨论了策略路由如何实施，并没有包含诸如 NAT 等问题，关于路由器转发的内容可参考 4.2 节中的相关内容。

4.4　小　结

路由是 Linux 系统中相当重要的内容，本章从实际应用出发主要介绍了与 Linux 系统的路由相关的知识，通过实例介绍了传统路由的设置、数据包转发等。并针对 Linux 上的策略路由问题，剖析了 Linux 策略路由的运作机制，并通过实例介绍了策略路由的应用。

第5章

文件共享服务

类似于 Windows 中的网络共享功能，Linux 系统也提供了多种网络文件共享方法，常见的有 NFS、Samba 和 FTP。

本章首先介绍网络文件系统 NFS 的安装与配置，然后介绍文件服务器 Samba 的安装与设置，最后介绍常用的 FTP 软件的安装与配置。通过本章的内容，用户可以了解 Linux 系统中常见的几种网络文件共享方式。

本章主要涉及的知识点有：

- NFS 的安装与使用
- Samba 的安装与使用
- FTP 的安装与使用

5.1　网络文件系统（NFS）

NFS（Network File System，网络文件系统）是一种分布式文件系统，允许网络中不同操作系统的计算机间共享文件，其通信协议基于 TCP/IP 协议层，可以将远程的计算机磁盘挂载到本地，读写文件像本地磁盘一样操作。

5.1.1　NFS 简介

NFS 在文件传送或信息传送过程中依赖于 RPC（Remote Procedure Call，远程过程调用）协议。RPC 协议可以在不同的系统间使用，此通信协议的设计与主机及操作系统无关。使用 NFS 时，用户端只需使用 mount 命令就可以把远程文件系统挂接在自己的文件系统之下，操作远程文件与使用本地计算机上的文件一样。NFS 本身可以认为是 RPC 的一个程序。只要用到 NFS 的地方都要启动 RPC 服务，不论是服务端还是客户端，NFS 是一个文件系统，而 RPC 负责信息的传输。

例如，在服务器上，要把远程服务器 192.168.3.101 上的/nfSSHare 挂载到本地目录，可以执行如下命令：

```
mount 192.168.3.101:/nfSSHare /nfSSHare
```

当挂载成功后，若本地的/nfSSHare 目录下若有数据，则原有的数据都不可见，用户看到的是远程主机 192.168.3.101 上的/nfSSHare 目录文件列表。

5.1.2　配置 NFS 服务器

NFS 的安装需要两个软件包，通常情况下是作为系统的默认包安装的，版本因为系统的不同而不同。

- nfs-utils-2.3.3-31.el8.x86_64.rpm 包含一些基本的 NFS 命令与控制脚本。
- rpcbind-1.2.5-7.el8.x86_64.rpm 是一个管理 RPC 连接的程序，类似的管理工具为 portmap。

安装方法如【示例 5-1】所示。

【示例 5-1】

```
#首先确认系统中是否安装了对应的软件
[root@CentOS Packages]# rpm -qa|grep -i nfs
#在有网络的情况下，使用 yum 工具安装 nfs、rpcbind 软件包
[root@CentOS Packages]# yum install -y nfs-utils rpcbind
Loaded plugins: fastestmirror, langpacks
base                                          | 3.6 kB     00:00
extras                                        | 3.4 kB     00:00
updates                                       | 3.4 kB     00:00
Loading mirror speeds from cached hostfile
…
#安装的主要文件列表
[root@CentOS ~]# rpm -qpl nfs-utils-2.3.3-40.el8.aarch64.rpm
/etc/exports.d
/etc/gssproxy/24-nfs-server.conf
/etc/modprobe.d/lockd.conf
/etc/nfs.conf
/etc/nfsmount.conf
/etc/request-key.d/id_resolver.conf
/sbin/mount.nfs
/sbin/mount.nfs4
/sbin/nfsdcltrack
/sbin/rpc.statd
/sbin/umount.nfs
/sbin/umount.nfs4
…
```

在安装好软件之后，接下来就可以配置 NFS 服务器。配置之前先了解一下 NFS 主要的文件和进程。

（1）nfs 有的发行版名称为 nfsserver，主要用来控制 NFS 服务的启动和停止，安装完毕后位

于/etc/init.d 目录下。

（2）rpc.nfsd 是基本的 NFS 守护进程，主要功能是控制客户端是否可以登录服务器，另外可以结合/etc/hosts.allow 和/etc/hosts.deny 进行更精细的权限控制。

（3）rpc.mountd 是 RPC 安装守护进程，主要功能是管理 NFS 的文件系统。通过配置文件共享指定的目录，同时根据配置文件做一些权限验证。

（4）rpcbind 是一个管理 RPC 连接的程序，rpcbind 服务对 NFS 是必需的，因为是 NFS 的动态端口分配守护进程，如果 rpcbind 不启动，NFS 服务就无法启动。类似的管理工具为 portmap。

（5）如果 exportfs 修改了/etc/exports 文件，不需要重新激活 NFS，只要重新扫描一次/etc/exports 文件，并且重新将设定加载即可。exportfs 命令常用参数说明如表 5.1 所示。

表5.1　exportfs命令常用参数说明

参　数	说　明
-a	全部挂载/etc/exports 文件内的设置
-r	重新挂载/etc/exports 中的设置
-u	卸载某一目录
-v	在 export 时将共享的目录显示在屏幕上

（6）showmount 显示指定 NFS 服务器连接 NFS 客户端的信息，常用参数如表 5.2 所示。

表5.2　showmount命令常用参数说明

参　数	说　明
-a	列出 NFS 服务共享的完整目录信息
-d	仅列出客户端远程安装的目录
-e	显示导出目录的列表

配置 NFS 服务器首先需要确认共享的文件目录和权限及访问的主机列表，这些可以通过/etc/exports 文件配置。一般系统都有一个默认的 exports 文件，可以直接修改。如果没有，可以创建一个，然后通过启动命令启动守护进程。

1. 配置文件/etc/exports

要配置 NFS 服务器，首先需要编辑/etc/exports 文件。在该文件中，每一行代表一个共享目录，并且描述了该目录如何被共享。exports 文件的格式和使用如【示例 5-2】所示。

【示例 5-2】

```
#<共享目录> [客户端 1 选项] [客户端 2 选项]
/nfSSHare  *(rw,all_squash,sync,anonuid=1001,anongid=1000)
```

每行一条配置，可指定共享的目录、允许访问的主机及其他选项设置。上面的配置说明在这台服务器上共享了一个目录/nfSSHare，参数说明如下：

● 共享目录：NFS 系统中需要共享给客户端使用的目录。

● 客户端：网络中可以访问这个 NFS 共享目录的计算机。

客户端常用的指定方式如下：

- 指定 IP 地址的主机: 192.168.3.101。
- 指定子网中的所有主机: 192.168.3.0/24 192.168.0.0/255.255.255.0。
- 指定域名的主机: www.domain.com。
- 指定域中的所有主机: *.domain.com。
- 所有主机: *。

语法中的选项用来设置输出目录的访问权限、用户映射等。NFS 常用的选项如表 5.3 所示。

表5.3　NFS常用选项说明

参　数	说　明
ro	该主机有只读的权限
rw	该主机对该共享目录有可读可写的权限
all_squash	将远程访问的所有普通用户及所属组都映射为匿名用户或用户组，相当于使用 nobody 用户访问该共享目录。注意此参数为默认设置
no_all_squash	与 all_squash 取反，该选项为默认设置
root_squash	将 root 用户及所属组都映射为匿名用户或用户组，为默认设置
no_root_squash	与 root_squash 取反
anonuid	将远程访问的所有用户都映射为匿名用户，并指定该用户为本地用户
anongid	将远程访问的所有用户组都映射为匿名用户组账户，并指定该匿名用户组账户为本地用户组账户
sync	将数据同步写入内存缓冲区与磁盘中，效率低，但可以保证数据的一致性
async	将数据先保存在内存缓冲区中，必要时才写入磁盘

exports 文件的使用方法如【示例 5-3】所示。

【示例 5-3】

```
/nfSSHare *.*(rw)
```

该行设置表示共享/nfSSHare 目录，所有主机都可以访问该目录，并且都有读写的权限，客户端上的任何用户在访问时都映射成 nobody 用户。如果客户端要在该共享目录上保存文件，则服务器上的 nobody 用户对/nfSSHare 目录必须要有写权限。

【示例 5-4】

```
/nfSSHare2  192.168.19.0/255.255.255.0
(rw,all_squash,anonuid=1001,anongid=100) 192.168.32.0/255.255.255.0(ro)
```

该行设置表示共享/nfSSHare2 目录，192.168.19.0/24 网段的所有主机都可以访问该目录，对该目录有读写的权限，并且所有的用户在访问时都映射成服务器上的 uid 为1001、gid 为100 的用户；192.168.32.0/24 网段的所有主机对该目录有只读访问权限，并且在访问时所有的用户都映射成 nobody 用户。

2. 启动服务

配置好服务器之后，要使客户端能够使用 NFS，必须要先启动服务。启动过程如【示例 5-5】所示。

【示例 5-5】

```
[root@CentOS Packages]# cat /etc/exports
/nfSSHare  *(rw)
#必须要先创建此目录才能启动 nfs
[root@CentOS Packages]# mkdir /nfSSHare
#rpcbind 服务可能正在运行，因此此处选择重启
[root@CentOS Packages]# systemctl restart rpcbind
#启动 nfs 服务
[root@CentOS Packages]# systemctl start nfs-server
```

NFS 服务由 5 个后台进程组成，分别是 rpc.nfsd、rpc.lockd、rpc.statd、rpc.mountd 和 rpc.rquotad。rpc.nfsd 负责主要的工作，rpc.lockd 和 rpc.statd 负责抓取文件锁，rpc.mountd 负责初始化客户端的 mount 请求，rpc.rquotad 负责对客户文件的磁盘配额限制。这些后台程序是 nfs-utils 的一部分，如果使用的是 RPM 包，它们存放在/usr/sbin 目录下。

大多数发行版本都会带有 NFS 服务的启动脚本，在 CentOS 8 之前的版本中，要启动 NFS 服务，执行/etc/init.d/nfs start 即可。在 CentOS 8 中，由于系统框架的改变，我们可以使用 systemctl 启动，也可以使用 service nfs-server start 启动。

3. 确认 NFS 是否已经启动

可以使用 rpcinfo 命令来确认，如果 NFS 服务正常运行，应该有【示例 5-6】所示的输出。

【示例 5-6】

```
[root@CentOS Packages]# rpcinfo -p
   program vers proto   port  service
    100000    4   tcp    111  portmapper
    100000    3   tcp    111  portmapper
    100000    2   tcp    111  portmapper
…
    100003    3   tcp   2049  nfs
    100003    4   tcp   2049  nfs
    100227    3   tcp   2049  nfs_acl
    100003    3   udp   2049  nfs
    100003    4   udp   2049  nfs
    100227    3   udp   2049  nfs_acl
…
```

从上述结果可以看出 NFS 服务已经启动，也可以使用 showmount 来查看服务器的输出清单：

```
root@CentOS Packages]# showmount -e 127.0.0.1
Export list for 127.0.0.1:
/nfSSHare *
```

经过上述步骤，NFS 服务器端已经配置完成。接下来进行客户端的配置。

5.1.3　配置 NFS 客户端

要在客户端使用 NFS，首先需要确定要挂载的文件路径，并确认该路径中没有已经存在的数据文件，然后确定要挂载的服务器端的路径，使用 mount 挂载到本地磁盘，如【示例 5-7】所示。mount 命令的详细用法可参考前面章节。

【示例 5-7】

```
[root@CentOS test]# mount -t nfs  -o rw 192.168.12.102:/nfSSHare /test
[root@CentOS test]# touch s
cannot touch 's': Permission denied
```

以读写模式挂载了共享目录，但 root 用户并不可写，原因在于/etc/exports 中的文件设置。由于 all_squash 和 root_squash 为 NFS 的默认设置，会将远程访问的用户映射为 nobody 用户，而/test 目录的 nobody 用户是不可写的，通过修改共享设置可以解决这个问题：

```
/nfSSHare  *(rw,all_squash,sync,anonuid=1001,anongid=1000)
```

通过以上设置后重启 NFS 服务，这时目录挂载后就可以正常读写了。

5.2　文件服务器 Samba

Samba 是一种在 Linux 环境中运行的免费软件，利用 Samba，Linux 可以创建用于 Windows 计算机的共享服务。另外，Samba 还提供一些工具，允许 Linux 用户通过 Windows 计算机来进行共享和传输文件。Samba 是基于 Server Messages Block 的协议，可以在局域网内的不同计算机系统之间提供文件及打印机等资源的共享服务。

5.2.1　Samba 服务简介

SMB（Server Messages Block，信息服务块）是一种在局域网上共享文件和打印机的通信协议，为局域网内的不同计算机之间提供文件及打印机等资源的共享服务。SMB 协议是客户机/服务器模式的协议，客户机通过该协议可以访问服务器上的共享文件系统、打印机及其他资源。通过设置 NetBIOS over TCP/IP，使得 Samba 方便在网络中共享资源。

5.2.2　Samba 服务的安装与配置

在安装 Samba 服务之前，首先要了解网上邻居的工作原理。网上邻居的工作模式是典型的客户机/服务器工作模式。首先，单击【网络邻居】图标，打开网上邻居列表，这个阶段的实质是列出一个网上可以访问的服务器的名字列表。其次，单击【打开目标服务器】图标，列出目标服务器上的共享资源，接下来单击需要的共享资源图标，进行所需的操作（这些操作包括列出内容、增加、修改或删除内容等）。在单击一台具体的共享服务器时，会先执行一个名字解析过程，计算机会尝试解析名字列表中的这个名称，并尝试进行连接。在连接到该服务器后，可以根据服务器的安全设置对服务器上的共享资源进行允许的操作。Samba 服务提供的功能就是使得在 Linux 之间或 Linux 与 Windows 之间可以共享资源。

1. Samba 的安装

由于 Samba 已经包含在 CentOS 8 的软件包中了，因此用户可以使用 yum 命令来安装 Samba，安装过程如【示例 5-8】所示。

【示例 5-8】

```
[root@CentOS ~]# yum install -y samba
```

Samba 的可执行程序位于/usr/sbin 目录中，配置文件位于/etc/samba 目录中。Samba 的主要程序如下：

- smbd：SMB 服务器，为客户机（如 Windows 等）提供文件和打印服务。
- nmbd：NetBIOS 名字服务器，可以提供浏览支持。
- smbclient：SMB 客户程序，类似于 FTP 程序，用以从 Linux 或其他操作系统上访问 SMB 服务器上的资源。
- smbmount：挂载 SMB 文件系统的工具，对应的卸载工具为 smbumount。
- smbpasswd：用户增删登录服务端的用户和密码。

2. 配置文件

以下是一个简单的配置，允许特定的用户读写指定的目录，如【示例 5-9】所示。

【示例 5-9】

```
#创建共享的目录并赋予相关用户权限
[root@CentOS bin]# mkdir -p /data/test1
[root@CentOS bin]# chown -R test1.users /data/test1
[root@CentOS bin]# mkdir -p /data/test2
[root@CentOS bin]# chown -R test2.users /data/test2
#samba 配置文件默认位于此目录
[root@CentOS etc]# pwd
/etc/samba
[root@CentOS etc]# cat smb.conf
[global]
workgroup = mySamba
netbios name = mySamba
server string = Linux Samba Server Test
security=user
[test1]
        path = /data/test1
        writeable = yes
        browseable = yes
 [test2]
        path = /data/test2
        writeable = yes
        browseable = yes
        guest ok = yes
```

[global]表示全局配置，是必须有的选项。以下是每个选项的含义：

- workgroup：在 Windows 中显示的工作组。
- netbios name：在 Windows 中显示的计算机名。

- server string: Samba 服务器说明，可以自己来定义。
- security: 这是验证和登录方式，share 表示不需要用户名、密码，对应的另一种为 user 验证方式，需要用户名、密码。
- [test]: 表示 Windows 中显示出来的是共享的目录。
- path: 共享的目录。
- writeable: 共享目录是否可写。
- browseable: 共享目录是否可以浏览。
- guest ok: 是否允许匿名用户以 guest 身份登录。

3. 服务启动

首先创建用户目录及设置允许的用户名和密码，认证方式为系统用户认证，要添加的用户名需要在/etc/passwd 中存在，如【示例 5-10】所示。

【示例 5-10】

```
#设置用户 test1 的密码
[root@CentOS bin]# ./smbpasswd -a test1
New SMB password:
Retype new SMB password:
#设置用户 test2 的密码
[root@CentOS bin]# ./smbpasswd -a test2
New SMB password:
Retype new SMB password:
#启动命令
[root@CentOS ~]# /usr/local/samba/sbin/smbd
[root@CentOS ~]# /usr/local/samba/sbin/nmbd
#停止命令
[root@CentOS ~]# killall -9 smbd
[root@CentOS ~]# killall -9 nmbd
```

启动完毕，可以使用 ps 和 netstat 命令查看进程和端口是否启动成功。

4. 服务测试

打开 Windows 中的资源管理器，输入地址\\192.168.19.103，按 Enter 键，弹出用户名和密码验证界面，输入用户名、密码，如图 5.1 所示。

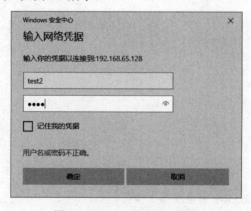

图 5.1　Samba 登录验证界面

验证成功后可以看到共享的目录，进入 test2，创建目录 testdir，如图 5.2 所示。可以看到此目录对于 test2 用户是可读可写的，与之对应的是进入目录 test1，发现无写入权限，如图 5.3 所示。

图 5.2　验证目录权限　　　　　　　　图 5.3　无写入权限，目录无法访问

以上演示了 Samba 的用法，要求用户在访问共享资源之前必须先提供用户名和密码进行验证。Samba 其他的功能可以参考系统帮助。

5.3　FTP 服务器

FTP 文件共享基于 TCP/IP 协议，目前绝大多数系统都会支持 FTP 的工具。FTP 是一种通用性比较强的网络文件共享方式。

在配置 FTP 之前，最好先禁用 SELinux、防火墙，或者为它们添加合适的规则，否则会导致失败。另一个小技巧是在安装服务软件之前，先用命令 yum update -y 更新系统，以减少 BUG 出现的可能。

5.3.1　FTP 服务概述

FTP 方便地解决了文件传输的问题，从而让人们可以方便地从计算机网络中获得资源。FTP 已经成为计算机网络上文件共享的一个标准。FTP 服务器中的文件按目录结构进行组织，用户通过网络与服务器建立连接。FTP 是仅基于 TCP 的服务，不支持 UDP。与众不同的是，FTP 使用两个端口：一个数据端口和一个命令端口，其中命令端口也可以叫作控制端口。通常来说，这两个端口是 21（命令端口）和 20（数据端口）。FTP 的工作方式不同，数据端口也并不总是 20，可由此分为主动 FTP 和被动 FTP。

1. 主动 FTP

主动方式的 FTP 客户端从一个任意的非特权端口 N（N>1024）连接到 FTP 服务器的命令端口 21，然后客户端开始监听端口 N+1，并发送 FTP 命令"port N+1"到 FTP 服务器。接着服务器会从自己的数据端口（20）连接到客户端指定的数据端口（N+1）。在主动模式下，服务器端开启的是 20 和 21 端口，客户端开启的是 1024 以上的端口。

2. 被动 FTP

为了解决服务器发起到客户的连接问题采取了被动方式，或叫作 PASV，当客户端通知服务器处于被动模式时才启用。在被动方式 FTP 中，命令连接和数据连接都由客户端发起，当开启一个 FTP 连接时，客户端打开两个任意的非特权本地端口（N > 1024 和 N+1）。第 1 个端口连接服务器的 21 端口，但与主动方式的 FTP 不同，客户端不会提交 PORT 命令并允许服务器来回连接它的数据端口，而是提交 PASV 命令。这样做的结果是服务器会开启一个任意的非特权端口（P > 1024），并发送 PORT P 命令给客户端。然后客户端发起从本地端口 N+1 到服务器端口 P 的连接来传送数据，此时服务端的数据端口不再是 20 端口。此时服务端开启的是 21 命令端口和大于 1024 的数据连接端口，客户端开启的是大于 1024 的两个端口。

主动模式是服务器端向客户端发起连接，被动模式是客户端向服务器端发起连接。两者的共同点是都使用 21 端口进行用户验证及管理，差别在于传送数据的方式不同。

5.3.2 vsftp 的安装与配置

在 Linux 系统下，vsftp 是一款应用比较广泛的 FTP 软件，其特点是小巧轻快、安全易用。目前在开源操作系统中常用的 FTP 软件除 vsftp 外，主要有 proftpd、pureftpd 和 wu-ftpd 等，各个 FTP 软件并无优劣之分，读者可选择熟悉的 FTP 软件。

1. 安装 vsftpd

安装此 FTP 软件可以采用 RPM 包或源码的方式，RPM 包可以在系统安装盘中找到。安装过程如【示例 5-11】所示。

【示例 5-11】

```
#使用 yum 工具安装 vsftp 软件
[root@CentOS Packages]# yum install -y vsftpd
Loaded plugins: fastestmirror, langpacks
base                                      | 3.6 kB     00:00
extras                                    | 3.4 kB     00:00
updates                                   | 3.4 kB     00:00
Loading mirror speeds from cached hostfile
 * base: mirrors.yun-idc.com
 * extras: centos.ustc.edu.cn
…
#部分结果省略
[root@CentOS Packages]# rpm -qa|grep  vsftp
vsftpd-3.0.2-9.el7.x86_64
#源码安装过程
#解压源码包
[root@CentOS soft]# tar xvf vsftpd-3.0.2.tar.gz
#进入目录
[root@CentOS soft]# cd vsftpd-3.0.2/
#在开始编译之前需要添加相关用户和目录，这些用户和目录记录在文件 INSTALL 中
#添加用户 nobody
[root@CentOS vsftpd-3.0.2]# useradd nobody
#添加目录和用户
[root@CentOS vsftpd-3.0.2]# mkdir /var/share/empty
```

```
[root@CentOS vsftpd-3.0.2]# mkdir /var/ftp
[root@CentOS vsftpd-3.0.2]# useradd -d /var/ftp ftp
[root@CentOS vsftpd-3.0.2]# chown root.root /var/ftp
[root@CentOS vsftpd-3.0.2]# chmod og-w /var/ftp
#安装依赖的库文件
[root@CentOS vsftpd-2.2.2]# yum install -y libcap libcap-devel
#编译
[root@CentOS vsftpd-2.2.2]# make
gcc -o vsftpd main.o utility.o prelogin.o ftpcmdio.o postlogin.o privsock.o
tunables.o ftpdataio.o secbuf.o ls.o postprivparent.o logging.o str.o netstr.o
sysstr.o strlist.o banner.o filestr.o parseconf.o secutil.o ascii.o oneprocess.o
twoprocess.o privops.o standalone.o hash.o tcpwrap.o ipaddrparse.o access.o
features.o readwrite.o opts.o ssl.o sslslave.o ptracesandbox.o ftppolicy.o
sysutil.o sysdeputil.o seccompsandbox.o -Wl,-s -fPIE -pie -Wl,-z,relro -Wl,-z,now
`./vsf_findlibs.sh`
#安装
[root@CentOS vsftpd-2.2.2]# make install
if [ -x /usr/local/sbin ]; then \
        install -m 755 vsftpd /usr/local/sbin/vsftpd; \
else \
        install -m 755 vsftpd /usr/sbin/vsftpd; fi
if [ -x /usr/local/man ]; then \
        install -m 644 vsftpd.8 /usr/local/man/man8/vsftpd.8; \
        install -m 644 vsftpd.conf.5 /usr/local/man/man5/vsftpd.conf.5; \
elif [ -x /usr/share/man ]; then \
        install -m 644 vsftpd.8 /usr/share/man/man8/vsftpd.8; \
        install -m 644 vsftpd.conf.5 /usr/share/man/man5/vsftpd.conf.5; \
else \
        install -m 644 vsftpd.8 /usr/man/man8/vsftpd.8; \
        install -m 644 vsftpd.conf.5 /usr/man/man5/vsftpd.conf.5; fi
if [ -x /etc/xinetd.d ]; then \
        install -m 644 xinetd.d/vsftpd /etc/xinetd.d/vsftpd; fi
```

以上两种安装方法都是可行的，读者可自行选择如何安装。在本例中将采用以 yum 工具安装 vsftpd 作为范例。

2. 匿名 FTP 设置

【示例 5-12】所示的是允许匿名用户访问并上传文件，配置文件路径一般为/etc/vsftpd.conf，如果使用 RPM 包安装，那么配置文件位于/etc/vsftpd/vsftpd.conf。

【示例 5-12】

```
#对于默认目录，赋予用户 ftp 的权限，以便可以上传文件
[root@CentOS Packages]# chown -R ftp.users /var/ftp/pub/
#取消配置文件中的注释并显示有效行
[root@CentOS Packages]# grep -v ^# /etc/vsftpd/vsftpd.conf
#允许匿名用户登录和上传
```

```
anonymous_enable=YES
anon_upload_enable=YES
local_enable=YES
#允许写
write_enable=YES
local_umask=022
dirmessage_enable=YES
xferlog_enable=YES
connect_from_port_20=YES
xferlog_std_format=YES
#允许监听
listen=YES
#不允许 IPv6 上的监听
listen_ipv6=NO

pam_service_name=vsftpd
userlist_enable=YES
tcp_wrappers=YES
```

3. 启动 FTP 服务

【示例 5-13】

```
#启动 vsftpd
[root@CentOS Packages]# systemctl start vsftpd
#检查是否启动成功，默认配置文件位于/etc/vsftpd/vsftpd.conf
[root@CentOS Packages]# ps -ef|grep vsftp
root      1760     1  0 15:56 ?        00:00:00 /usr/sbin/vsftpd
/etc/vsftpd/vsftpd.conf
```

4. 匿名用户登录测试

【示例 5-14】

```
#登录 ftp
[root@CentOS Packages]# ftp 192.168.19.1 21
Connected to 192.168.19.1 (192.168.19.1).
220 (vsFTPd 3.0.2)
##输入匿名用户名
Name (192.168.19.1:root): anonymous
331 Please specify the password.
#密码为空
Password:
#登录成功
230 Login successful.
Remote system type is UNIX.
Using binary mode to transfer files.
#切换目录
ftp> cd pub
250 Directory successfully changed.
```

```
#上传文件测试
ftp> put vsftpd-3.0.2.tar.gz
local: vsftpd-3.0.2.tar.gz remote: vsftpd-3.0.2.tar.gz
227 Entering Passive Mode (192,168,19,1,130,237).
150 Ok to send data.
226 Transfer complete.
192808 bytes sent in 0.0642 secs (3004.55 Kbytes/sec)
#文件上传成功后退出
ftp> quit
221 Goodbye.
#查看上传后的文件信息，文件属于 ftp 用户
[root@CentOS Packages]# ll /var/ftp/pub/
total 192
-rw------- 1 ftp ftp 192808 Mar 31 16:04 vsftpd-3.0.2.tar.gz
```

5. 实名 FTP 设置

除配置匿名 FTP 服务外，vsftp 还可以配置实名 FTP 服务器，以便实现更精确的权限控制。实名需要的用户认证信息位于/etc/vsftpd/目录下，vsftpd.conf 也位于此目录，用户启动时可以单独指定其他的配置文件，本示例 FTP 认证采用虚拟用户认证。

【示例 5-15】

```
#编辑配置文件/etc/vsftpd/vsftpd.conf，配置如下
[root@CentOS Packages]# cat /etc/vsftpd.conf
#以下为主要设置项的含义和设置
listen=YES
#绑定本机 IP
listen_address=192.168.19.1
#禁止匿名用户登录
anonymous_enable=NO
anon_upload_enable=NO
anon_mkdir_write_enable=NO
anon_other_write_enable=NO
#不允许 FTP 用户离开自己的主目录
chroot_list_enable=NO
#虚拟用户列表，每行一个用户名
chroot_list_file=/etc/vsftpd.chroot_list
#允许本地用户访问，默认为 YES
local_enable=YES
#允许写入
write_enable=YES
#上传后的文件默认的权限掩码
local_umask=022
#禁止本地用户离开自己的 FTP 主目录
chroot_local_user=YES
#权限验证需要的加密文件
pam_service_name=vsftpd.vu
```

```
#开启虚拟用户功能
guest_enable=YES
#虚拟用户的宿主目录
guest_username=ftp
#用户登录后操作主目录和本地用户具有同样的权限
virtual_use_local_privs=YES
#虚拟用户主目录设置文件
user_config_dir=/etc/vsftpd/vconf
#编辑/etc/vsftpd.chroot_list，每行一个用户名
[root@CentOS Packages]# cat /etc/vsftpd.chroot_list
user1
user2
#增加用户并指定主目录
[root@CentOS Packages]# chmod -R 775 /data/user1 /data/user2
#设置用户名密码数据库
[root@CentOS Packages]# echo -e "user1\npass1\nuser2\npass2">
/etc/vsftpd/vusers.list
[root@CentOS Packages]# cd /etc/vsftpd
[root@CentOS vsftpd]# db_load -T -t hash -f vusers.list vusers.db
[root@CentOS vsftpd]# chmod 600 vusers.*
#指定认证方式
[root@CentOS vsftpd]# echo -e "#%PAM-1.0\n\nauth         required
pam_userdb.so db=/etc/vsftpd/vusers\naccount required         pam_userdb.so
db=/etc/vsftpd/vusers">/etc/pam.d/vsftpd.vu
[root@CentOS vsftpd]# mkdir -p /etc/vsftpd/vconf
[root@CentOS vsftpd]# cd /etc/vsftpd/vconf
[root@CentOS vconf]# ls
user1  user2
#编辑用户的用户名文件，指定主目录
[root@CentOS vconf]# cat user1
local_root=/data/user1
[root@CentOS vconf]# cat user2
local_root=/data/user2
#创建标识文件
[root@CentOS vconf]# touch /data/user1/user1
[root@CentOS vconf]# touch /data/user2/user2
[root@CentOS vconf]# ftp 192.168.19.1
Connected to 192.168.19.1 (192.168.19.1).
220 (vsFTPd 3.0.2)
#输入用户名密码
Name (192.168.19.1:root): user1
331 Please specify the password.
#密码为之前设置的pass1
Password:
230 Login successful.
Remote system type is UNIX.
Using binary mode to transfer files.
```

```
#查看文件
ftp> ls
227 Entering Passive Mode (192,168,19,1,77,201).
150 Here comes the directory listing.
-rw-r--r--    1 0        0               0 Mar 31 08:44 user1
226 Directory send OK.
ftp> quit
221 Goodbye.
[root@CentOS vconf]# ftp 192.168.19.1
Connected to 192.168.19.1 (192.168.19.1).
220 (vsFTPd 3.0.2)
Name (192.168.19.1:root): user2
331 Please specify the password.
Password:
230 Login successful.
Remote system type is UNIX.
Using binary mode to transfer files.
ftp> ls
227 Entering Passive Mode (192,168,19,1,198,246).
150 Here comes the directory listing.
-rwxrwxr-x    1 0        0               0 Mar 31 08:44 user2
226 Directory send OK.
#上传文件测试
ftp> put tt
local: tt remote: tt
229 Entering Extended Passive Mode (|||65309|)
150 Ok to send data.
100% |*************************************************************|
20     558.03 KB/s    00:00 ETA
226 File receive OK.
20 bytes sent in 00:00 (82.75 KB/s)
ftp> quit
```

　　vsftp 可以指定某些用户不能登录 FTP 服务器、支持 SSL 连接、限制用户上传速率等，更多配置可参考帮助文档。

5.3.3　proftpd 的安装与配置

　　proftpd 为开放源码的 FTP 软件，其配置与 Apache 类似，相对于 wu-ftpd，其在安全性和可伸缩性等方面有很大的提高。

1. 安装 proftpd

　　proftpd 安装源位于 EPEL 中，因此用户需要首先安装 EPEL，再使用 yum 命令安装 proftpd。安装过程如【示例 5-16】所示。

【示例 5-16】

```
#安装 EPEL 软件源
[root@CentOS ~]# yum install epel-release -y
#安装 proftpd
[root@CentOS ~]# yum -y install proftpd
```

安装完毕以后，主程序位于/usr/sbin 目录中，主配置文件位于/etc/proftpd.conf，其余配置文件位于/etc/proftpd 目录中。

2. 匿名 FTP 设置

根据上面的安装路径，配置文件默认位置在/etc/proftpd.conf，允许匿名用户访问并上传文件的配置，如【示例 5-17】所示。

【示例 5-17】

```
#对于默认目录，赋予用户 ftp 的权限，以便可以上传文件
[root@CentOS Packages]# chown -R ftp.users /var/ftp/pub/
[root@CentOS proftp]# cat /etc/proftpd.conf
ServerName                      "ProFTPD Default Installation"
ServerType                      standalone
DefaultServer                   on
Port                            21
Umask                           022
#最大实例数
MaxInstances                    30
#FTP 启动后将切换到此用户和组运行
User    myftp
Group   myftp

AllowOverwrite          on
#匿名服务器配置
<Anonymous ~>
  User                          ftp
  Group                         ftp
  UserAlias                     anonymous ftp
  MaxClients                    10
#权限控制，设置可写
  <Limit WRITE>
    AllowAll
  </Limit>
</Anonymous>
```

3. 启动 FTP 服务

【示例 5-18】

```
[root@CentOS ~]# systemctl start proftpd
#检查是否启动成功，默认配置文件位于/etc/proftpd.conf
```

```
[root@CentOS ~]# systemctl status proftpd
    proftpd.service - ProFTPD FTP Server
    Loaded: loaded (/usr/lib/systemd/system/proftpd.service; disabled; vendor
preset: disabled)
    Active: active (running) since Sun 2020-12-27 01:18:15 PST; 34s ago
   Process: 2684 ExecStartPre=/usr/sbin/proftpd --configtest (code=exited,
status=0/SUCCESS)
  Main PID: 2685 (proftpd)
     Tasks: 1 (limit: 23800)
    Memory: 2.7M
    CGroup: /system.slice/proftpd.service
            └─2685 proftpd: (accepting connections)


Dec 27 01:18:09 CentOS systemd[1]: Starting ProFTPD FTP Server…
Dec 27 01:18:09 CentOS proftpd[2684]: Checking syntax of configuration file
Dec 27 01:18:09 CentOS proftpd[2684]: daemon[2684]: processing configuration
directory '/etc/proftpd/conf.d'
Dec 27 01:18:15 CentOS systemd[1]: Started ProFTPD FTP Server.
Dec 27 01:18:15 CentOS proftpd[2685]: daemon[2685]: processing configuration
directory '/etc/proftpd/conf.d'
Dec 27 01:18:20 CentOS proftpd[2685]: daemon[2685] 192.168.65.128: ProFTPD
1.3.6e (maint) (built Tue Nov 24
```

4. 匿名用户登录测试

【示例 5-19】

```
#登录 ftp
[root@CentOS proftp]# ftp 192.168.3.100
Connected to 192.168.3.100 (192.168.3.100).
220 ProFTPD 1.3.4d Server (ProFTPD Default Installation)
[::ffff:192.168.3.100]
Name (192.168.3.100:root): anonymous
331 Anonymous login ok, send your complete email address as your password
Password:
230 Anonymous access granted, restrictions apply
Remote system type is UNIX.
Using binary mode to transfer files.
ftp> put /etc/vsftpd.conf vsftpd.conf
local: /etc/vsftpd.conf remote: vsftpd.conf
227 Entering Passive Mode (192,168,3,100,218,82).
150 Opening BINARY mode data connection for vsftpd.conf
226 Transfer complete
456 bytes sent in 7.4e-05 secs (6162.16 Kbytes/sec)
ftp> ls -l
227 Entering Passive Mode (192,168,3,100,215,195).
150 Opening ASCII mode data connection for file list
-rw-r--r--   1 ftp      ftp          456 Jun 13 19:13 vsftpd.conf
```

```
ftp> quit
221 Goodbye.
#查看上传后的文件信息，文件属于 ftp 用户
[root@CentOS proftp]# ls -l /var/ftp/vsftpd.conf
-rw-r--r--. 1 ftp ftp 456 Jun 14 03:13 /var/ftp/vsftpd.conf
```

5. 实名 FTP 设置

除配置匿名 FTP 服务外，proftp 还可以配置实名 FTP 服务器，以便实现更精确的权限控制。比如登录权限、读写权限，并可以针对每个用户单独控制，配置过程如【示例 5-20】所示，本示例用户认证方式为 Shell 系统用户认证。

【示例 5-20】

```
#登录使用系统用户验证
[root@CentOS bin]#  useradd -d /data/user1 -m user1
[root@CentOS bin]#  useradd -d /data/user2 -m user2
#编辑配置文件，增加以下配置
[root@CentOS bin]# cat     /usr/local/proftp/etc/proftpd.conf
#部分内容省略
<VirtualHost 192.168.3.100>
    DefaultRoot          /data/guest
    AllowOverwrite        no
    <Limit STOR MKD RETR >
        AllowAll
    </Limit>
    <Limit DIRS WRITE READ DELE RMD>
        AllowUser user1 user2
        DenyAll
    </Limit>
</VirtualHost>
#启动
[root@CentOS ~]# systemctl restart proftpd
[root@CentOS bin]# chmod -R 777 /data/guest/
[root@CentOS bin]# ftp 192.168.3.100
Connected to 192.168.3.100 (192.168.3.100).
220 ProFTPD 1.3.4d Server (ProFTPD Default Installation)
[::ffff:192.168.3.100]
#输入用户名和密码
Name (192.168.3.100:root): user2
331 Password required for user2
Password:
230 User user2 logged in
Remote system type is UNIX.
Using binary mode to transfer files.
#上传文件测试
ftp> put    prxs
local: prxs remote: prxs
```

```
227 Entering Passive Mode (192,168,3,100,186,130).
150 Opening BINARY mode data connection for prxs
226 Transfer complete
7700 bytes sent in 0.000126 secs (61111.11 Kbytes/sec)
ftp> quit
221 Goodbye.
```

proftp 设置文件中使用原始的 FTP 指令实现更细粒度的权限控制，可以针对每个用户设置单独的权限。常见的 FTP 命令集如下：

- ALL：表示所有指令，但不包含 LOGIN 指令。
- DIRS：包含 CDUP、CWD、LIST、MDTM、MLSD、MLST、NLST、PWD、RNFR、STAT、XCUP、XCWD、XPWD 指令集。
- LOGIN：包含客户端登录指令集。
- READ：包含 RETR、SIZE 指令集。
- WRITE：包含 APPE、DELE、MKD、RMD、RNTO、STOR、STOU、XMKD、XRMD 指令集，每个指令集的具体作用可参考帮助文档。

以上示例为使用当前的系统用户登录 FTP 服务器，为了避免安全风险，proftpd 的权限可以和 MySQL 相结合，以实现更丰富的功能，更多配置可参考帮助文档。

5.4　小　结

本章介绍了 NFS 的原理及其配置过程。NFS 主要用于需要数据一致性的场合，比如 Apache 服务可能需要共同的存储服务，而前端的 Apache 接入则可能有多台服务器，通过 NFS 用户可以将一份数据挂载到多台机器上，这时客户端看到的数据将是一致的，如需修改，只修改一份数据即可。

Samba 常用于 Linux 和 Windows 中的文件共享。本章介绍了 Samba 的原理及其配置过程。通过 Samba，开发者可以在 Windows 中方便地编辑 Linux 系统的文件，通过利用 Windows 中强大的编辑工具可以大大提高开发者的效率。

第6章

搭建 LAMP 服务

使用 LAMP（Linux + Apache + MySQL + PHP）来搭建 Web 应用，尤其是电子商务已经是一种流行的方式，因为全部是开源和免费的软件，所以成本非常低廉。本章主要介绍平台的搭建，在搭建平台时，也可以直接使用 RPM 包来安装，但是使用 RPM 包会依赖于特定的平台，建议使用更通用的方法——直接通过源码方式来安装。

本章首先介绍与 LAMP 密切相关的 HTTP 协议，然后介绍 Apache 服务的安装与配置，以及 PHP 的安装与配置，最后给出 MySQL 的一些日常维护方法。

本章主要涉及的知识点有：

- Apache 的安装与配置
- PHP 的安装与配置
- LAMP 的应用

6.1　Apache HTTP 服务的安装与配置

Apache 是世界上应用广泛的 Web 服务器之一，尤其是现在，使用 LAMP（Linux + Apache + MySQL + PHP）来搭建 Web 应用已经是一种流行的方式，因此掌握 Apache 的配置是系统工程师必备的技能之一。本节主要介绍 Apache 的安装与配置。

6.1.1　HTTP 协议简介

超文本传送协议（Hypertext Transfer Protocol，HTTP）是因特网（World Wide Web，WWW，也简称为 Web）的基础。HTTP 服务器端与 HTTP 客户端（通常为网页浏览器）之间的会话如图 6.1 所示。

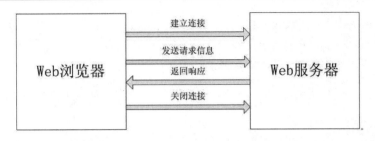

图 6.1　HTTP 服务器端与 HTTP 客户端的交互过程

下面对这一交互过程进行详细分析。

1. 客户端与服务器建立连接

首先客户端与服务器建立连接，就是 SOCKET 连接，因此要指定机器名称、资源名称和端口号，可以通过 URL 来提供这些信息。URL 的格式如【示例 6-1】所示。

【示例 6-1】

```
HTTP://<IP 地址>/[端口号]/[路径][ <其他信息>]
http://dev.mysql.com/get/Downloads/MySQL-8.0/mysql-8.0.41.tar.gz
```

2. 客户端向服务器提出请求

请求信息包括希望返回的文件名和客户端信息。客户端信息以请求头发送给服务器，请求头包括 HTTP 方法和头字段。

HTTP 方法常用的有 GET、HEAD、POST，头字段主要包含以下字段：

- DATE：请求发送的日期和时间。
- PARGMA：用于向服务器传输与实现无关的信息。这个字段还用于告诉代理服务器，要从实际服务器，而不是从高速缓存获取资源。
- FORWARDED：可以用来追踪机器之间，而不是客户机和服务器的消息。这个字段可以用来追踪在代理服务器之间的传递路由。
- MESSAGE_ID：用于唯一地标识消息。
- ACCEPT：通知服务器客户端所能接受的数据类型和尺寸。
- FROM：当客户端应用程序希望服务器提供有关电子邮件地址时使用。
- IF-MODEFIED-SINCE：如果所请求的文档自从所指定的日期以来没有发生变化，那么服务器不发送该对象。如果所发送的日期格式不合法或晚于服务器的日期，服务器会忽略该字段。
- BEFERRER：向服务器进行资源请求用到的对象。
- MIME-VERTION：用于处理不同类型文件的 MIME 协议版本号。
- USER-AGENT：有关发出请求的客户信息。

3. 服务器对请求做出应答

服务器收到一个请求，就会立刻解释请求中所用到的方法，并开始处理应答。服务器的应答消息也包含头字段形式的报文信息。状态码是一个 3 位数字码，主要分为 4 类：

- 以 2 开头，表示请求被成功处理。

- 以 3 开头，表示请求被重定向。
- 以 4 开头，表示客户的请求有错。
- 以 5 开头，表示服务器不能满足请求。

响应数据包除了返回状态行外，还向客户返回几个头字段，如以下字段：

- DATE：服务器的时间。
- LAST-MODIFIED：网页最后被修改的时间。
- SERVER：服务器信息。
- CONTENT_TYPE：数据类型。
- RETRY_AFTER：服务器太忙时返回这个字段。

4. 关闭客户端与服务器之间的连接

此步主要关闭客户端与服务器的连接，详细过程可参考 TCP/IP 协议的关闭过程。

6.1.2 Apache 服务的安装、配置与启动

Apache 凭借其跨平台和安全性等优点被广泛使用。Apache 的特点是简单、速度快、性能稳定，可作为代理服务器来使用，可以支持 SSL 技术，并且支持多个虚拟主机，是作为 Web 服务的优先选择。

1. 安装 Apache

Apache 的安装方式有很多，对于初学者来说，使用 CentOS 的 yum 命令是一种最为简便的安装方式。本书主要以 yum 命令安装 Apache HTTP 服务为例说明其安装过程。如果系统需要使用 HTTPS 协议来进行访问，就需要 Apache 支持 SSL，因此在开始安装 Apache 软件之前要安装 OpenSSL 和 Apache 的 mod_ssl 模块。安装步骤如【示例 6-2】所示。

【示例 6-2】

```
[root@CentOS ~]# yum -y install openssl mod_ssl
```

在安装完 OpenSSL 和 mod_ssl 后，接下来就可以安装 Apache 了。安装 Apache 的步骤如【示例 6-3】所示。

【示例 6-3】

```
[root@CentOS ~]# yum -y install httpd
```

Apache 是模块化的服务器，默认情况下，Apache 已经预装了许多扩展模块。在 CentOS 8 中，这些模块位于/usr/lib64/httpd/modules 目录中，如下所示：

```
[root@CentOS ~]# ll /usr/lib64/httpd/modules
total 3088
-rwxr-xr-x. 1 root root  11984 Nov  3 19:21 mod_access_compat.so
-rwxr-xr-x. 1 root root  11920 Nov  3 19:21 mod_actions.so
-rwxr-xr-x. 1 root root  20240 Nov  3 19:21 mod_alias.so
-rwxr-xr-x. 1 root root  11896 Nov  3 19:21 mod_allowmethods.so
-rwxr-xr-x. 1 root root  11848 Nov  3 19:21 mod_asis.so
```

```
-rwxr-xr-x. 1 root root  16120 Nov  3 19:21 mod_auth_basic.so
-rwxr-xr-x. 1 root root  36824 Nov  3 19:21 mod_auth_digest.so
…
```

如果用户发现自己需要的模块没有安装，就可以使用 Apache 的 apxs 命令来进行编译和安装。【示例 6-4】将演示如何将 mod_deflate 模块添加到现有的 Apache 中。

【示例 6-4】

```
[root@CentOS filters]# apxs -i -c -a mod_deflate.c
```

在使用 apxs 命令编译模块之前，需要先下载 Apache 的源代码，然后进入模块所在的目录。在上面的命令中，-i 选项表示安装，-c 选项表示编译，-a 选项表示自动将模块的加载指令 LoadModule 添加到 Apache 的配置文件中。每个项目及网站的情况不同，如果还需要支持其他的模块，那么可以在编译时使用相应的选项。

2. 主要目录

经过上面的过程，Apache 已经安装完毕，安装目录分散在各个目录下，主要的目录说明如表 6.1 所示。

表6.1　Apache目录说明

参　　数	说　　明
/usr/sbin	Apache bin 文件位置
/usr/lib64/httpd/modules	Apache 需要的模块
/var/log/httpd/	Apache log 文件位置
/var/www	Apache 资源位置
/etc/httpd	Apache 配置文件

3. 配置文件

Apache 主配置文件位于/etc/httpd/conf 目录中，名为 httpd.conf。httpd.conf 包含丰富的选项配置供用户选择，下面是一些主要配置项的含义说明。

【示例 6-5】

```
#设置服务器的基础目录，默认为 Apache 安装目录
ServerRoot "/etc/httpd"
#设置服务器监听的 IP 和端口
Listen 80
#设置管理员邮件地址
ServerAdmin root@test.com
#设置服务器用于辨识自己的主机名和端口号
ServerName www.test.com:80
#设置动态加载的 DSO 模块
#不同的版本，可能此处模块有所不同
#认证核心模块
LoadModule authn_core_module modules/mod_authn_core.s
#基于主机的认证（通常是 IP 地址或域名）
```

```
LoadModule access_compat_module modules/mod_access_compat.so
```
#若需提供基于文本文件的认证，则启用此模块
```
LoadModule authn_file_module modules/mod_authn_file.so
```
#若需提供基于 DBM 文件的认证，则启用此模块
```
#LoadModule authn_dbm_module modules/mod_authn_dbm.so
```
#若需提供匿名用户认证，则启用此模块
```
LoadModule authn_anon_module modules/mod_authn_anon.so
```
#若需提供基于 SQL 数据库的认证，则启用此模块
```
#LoadModule authn_dbd_module modules/mod_authn_dbd.so
```
#使用 ldap 认证时启用此模块
```
#LoadModule authnz_ldap_module modules/mod_authnz_ldap.so
```
#形式认证
```
#LoadModule auth_form_module modules/mod_auth_form.so
```
#若需在未正确配置认证模块的情况下简单拒绝一切认证信息，则启用此模块
```
LoadModule authn_default_module modules/mod_authn_default.so
```
#此模块提供基于主机名、IP 地址、请求特征的访问控制，因为 Allow、Deny 指令需要，推荐加载
```
LoadModule authz_host_module modules/mod_authz_host.so
```
#若需使用纯文本文件为组提供授权支持，则启用此模块
```
LoadModule authz_groupfile_module modules/mod_authz_groupfile.so
```
#若需提供基于每个用户的授权支持，则启用此模块
```
LoadModule authz_user_module modules/mod_authz_user.so
```
#若需使用 DBM 文件为组提供授权支持，则启用此模块
```
LoadModule authz_dbm_module modules/mod_authz_dbm.so
```
#若需基于文件的所有者进行授权，则启用此模块
```
LoadModule authz_owner_module modules/mod_authz_owner.so
```
#若需提供基本的 HTTP 认证，则启用此模块，至少需要同时加载一个认证支持模块和一个授权支持模块
```
LoadModule auth_basic_module modules/mod_auth_basic.so
```
#若需提供 HTTP MD5 摘要认证，则启用此模块，至少需要同时加载一个认证支持模块和一个授权支持模块
```
LoadModule auth_digest_module modules/mod_auth_digest.so
```
#此模块可用于限制表单提交方式
```
#LoadModule allowmethods_module modules/mod_allowmethods.so
```
#共享对象缓存，这是一个 HTTP 缓存过滤器的基础
```
#LoadModule cache_socache_module modules/mod_cache_socache.so
```
#下面这几个是提供不同的共享对象缓存的模块
```
#LoadModule socache_shmcb_module modules/mod_socache_shmcb.so
#LoadModule socache_dbm_module modules/mod_socache_dbm.so
#LoadModule socache_memcache_module modules/mod_socache_memcache.so
```
#httpd 运行时的配置宏文件支持
```
#LoadModule macro_module modules/mod_macro.so
```
#此模块提供文件描述符缓存支持，从而提高 Apache 性能，推荐加载，但请小心使用
```
LoadModule file_cache_module modules/mod_file_cache.so
```
#此模块提供基于 URI 键的内容动态缓存，从而提高 Apache 性能，必须与 mod_disk_cache/mod_mem_cache 同时使用，推荐加载
```
LoadModule cache_module modules/mod_cache.so
```
#此模块为 mod_cache 提供基于磁盘的缓存管理，推荐加载
```
LoadModule disk_cache_module modules/mod_cache_disk.so
```
#此模块为 mod_cache 提供基于内存的缓存管理，推荐加载

```
LoadModule mem_cache_module modules/mod_mem_cache.so
#若需管理 SQL 数据库连接，为需要数据库功能的模块提供支持，则启用此模块（推荐）
LoadModule dbd_module modules/mod_dbd.so
#支持请求缓冲
#LoadModule buffer_module modules/mod_buffer.so
#客户端带宽限制
#LoadModule ratelimit_module modules/mod_ratelimit.so
#用于设置请求超时和最小数据速度
LoadModule reqtimeout_module modules/mod_reqtimeout.so
#用来处理 HTTP 请求
#LoadModule request_module modules/mod_request.so
#用来执行搜索和替换操作的模块
#LoadModule substitute_module modules/mod_substitute.so
#使用 sed 来过滤请求和响应的模块
#LoadModule sed_module modules/mod_sed.so
#此模块将所有 I/O 操作转储到错误日志中，会导致在日志中写入海量数据，只建议在发现问题并进行
调试时使用
LoadModule dumpio_module modules/mod_dumpio.so
#如需使用外部程序作为过滤器，加载此模块（不推荐），否则注释掉
LoadModule ext_filter_module modules/mod_ext_filter.so
#若需实现服务端包含文档（SSI）处理，则加载此模块（不推荐），否则注释掉
LoadModule include_module modules/mod_include.so
#若需根据上下文实际情况对输出过滤器进行动态配置，则启用此模块
LoadModule filter_module modules/mod_filter.so
#若需服务器在将输出内容发送到客户端以前进行压缩以节约带宽，则加载此模块（推荐），否则注释掉
#LoadModule deflate_module modules/mod_deflate.so
#若需记录日志和定制日志文件格式，则加载此模块（推荐），否则注释掉
#LoadModule log_config_module modules/mod_log_config.so
#若需对每个请求的输入/输出字节数以及 HTTP 头进行日志记录，则启用此模块
LoadModule logio_module modules/mod_logio.so
#若允许 Apache 修改或清除传送到 CGI 脚本和 SSI 页面的环境变量，则启用此模块
LoadModule env_module modules/mod_env.so
#若允许通过配置文件控制 HTTP 的"Expires:"和"Cache-Control:"头内容,则加载此模块(推荐),
否则注释掉
LoadModule expires_module modules/mod_expires.so
#若允许通过配置文件控制任意的 HTTP 请求和应答头信息，则启用此模块
LoadModule headers_module modules/mod_headers.so
#若需实现 RFC1413 规定的 ident 查找，则加载此模块（不推荐），否则注释掉
LoadModule ident_module modules/mod_ident.so
#若需根据客户端请求头字段设置环境变量，则启用此模块
LoadModule setenvif_module modules/mod_setenvif.so
#提供代理支持
#LoadModule proxy_module modules/mod_proxy.so
#下面几个是代理模块 mod_proxy 的支持模块
#LoadModule proxy_ftp_module modules/mod_proxy_ftp.so
#LoadModule proxy_http_module modules/mod_proxy_http.so
#LoadModule proxy_fcgi_module modules/mod_proxy_fcgi.so
```

```
#LoadModule proxy_scgi_module modules/mod_proxy_scgi.so
```
#此模块是 mod_proxy 的扩展，提供 Apache JServ Protocol 支持，只在必要时加载
```
LoadModule proxy_ajp_module modules/mod_proxy_ajp.so
```
#此模块是 mod_proxy 的扩展，提供负载均衡支持，只在必要时加载
```
LoadModule proxy_balancer_module modules/mod_proxy_balancer.so
```
#提供安全套接字层和传输层安全协议支持
```
#LoadModule ssl_module modules/mod_ssl.so
```
#若需根据文件扩展名决定应答的行为（处理器/过滤器）和内容（MIME 类型/语言/字符集/编码），
则启用此模块
```
LoadModule mime_module modules/mod_mime.so
```
#若允许 Apache 提供 DAV 协议支持，则启用此模块
```
LoadModule dav_module modules/mod_dav.so
```
#此模块生成描述服务器状态的 Web 页面，只建议在追踪服务器性能和问题时加载
```
LoadModule status_module modules/mod_status.so
```
#若需自动对目录中的内容生成列表，则加载此模块，否则注释掉
```
LoadModule autoindex_module modules/mod_autoindex.so
```
#若需服务器发送自己包含 HTTP 头内容的文件，则启用此模块
```
LoadModule asis_module modules/mod_asis.so
```
#若需生成 Apache 配置情况的 Web 页面，则加载此模块（会带来安全问题，不推荐），否则注释掉
```
LoadModule info_module modules/mod_info.so
```
#若需在非线程型 MPM（prefork）上提供对 CGI 脚本执行的支持，则启用此模块
```
LoadModule cgi_module modules/mod_cgi.so
```
#此模块在线程型 MPM（worker）上用一个外部 CGI 守护进程执行 CGI 脚本，若正在多线程模式下使
用 CGI 程序，则推荐替换 mod_cgi 加载，否则注释掉
```
LoadModule cgid_module modules/mod_cgid.so
```
#此模块为 mod_dav 访问服务器上的文件系统提供支持，若加载 mod_dav，则应加载此模块，否则注
释掉
```
LoadModule dav_fs_module modules/mod_dav_fs.so
```
#若需提供大批量虚拟主机的动态配置支持，则启用此模块
```
LoadModule vhost_alias_module modules/mod_vhost_alias.so
```
#若需提供内容协商支持（从几个有效文档中选择一个最匹配客户端要求的文档），则加载此模块（推
荐），否则注释掉
```
LoadModule negotiation_module modules/mod_negotiation.so
```
#若需指定目录索引文件以及为目录提供"尾斜杠"重定向，则加载此模块（推荐），否则注释掉
```
LoadModule dir_module modules/mod_dir.so
```
#若需处理服务器端图像映射，则启用此模块
```
LoadModule imagemap_module modules/mod_imagemap.so
```
#若需针对特定的媒体类型或请求方法执行 CGI 脚本，则启用此模块
```
LoadModule actions_module modules/mod_actions.so
```
#若希望服务器自动纠正 URL 中的拼写错误，则加载此模块（推荐），否则注释掉
```
LoadModule speling_module modules/mod_speling.so
```
#若允许在 URL 中通过 "/~username" 形式从用户自己的主目录中提供页面，则启用此模块
```
LoadModule userdir_module modules/mod_userdir.so
```
#此模块提供从文件系统的不同部分到文档树的映射和 URL 重定向，推荐加载
```
LoadModule alias_module modules/mod_alias.so
```
#若需基于一定规则实时重写 URL 请求，则加载此模块（推荐），否则注释掉
```
LoadModule rewrite_module modules/mod_rewrite.so
```

```
#仅当加载 unixd 模块时才启用下面的设置项
<IfModule unixd_module>
#设置子进程的用户和组
User  apache
Group apache
</IfModule>
#设置 Web 文档根目录的默认属性
<Directory />
    AllowOverride None
    Require all denied
</Directory>
#设置默认 Web 文档根目录
DocumentRoot "/var/www/html"


#设置 DocumentRoot 指定目录的属性
<Directory "/var/www/html">
    Options Indexes FollowSymLinks
    AllowOverride None
    Require all granted
</Directory>
#设置默认目录资源列表文件
<IfModule dir_module>
    DirectoryIndex index.html
</IfModule>
#拒绝对 .ht 开头文件的访问，以保护 .htaccess 文件
<Files ".ht">
    Require all denied
</Files>
#指定错误日志文件
ErrorLog "logs/error_log"
#指定记录到错误日志的消息级别
LogLevel warn
#当加载了 log_config 模块时生效
<IfModule log_config_module>
#定义访问日志的格式
    LogFormat "%h %l %u %t \"%r\" %>s %b \"%{Referer}i\" \"%{User-Agent}i\""
combined
    LogFormat "%h %l %u %t \"%r\" %>s %b" common
    <IfModule logio_module>
    LogFormat "%h %l %u %t \"%r\" %>s %b \"%{Referer}i\" \"%{User-Agent}i\" %I %O"
combinedio
    </IfModule>
    CustomLog "logs/access_log" common
</IfModule>
#设定默认 CGI 脚本目录及别名
<IfModule alias_module>
    ScriptAlias /cgi-bin/ "/var/www/cgi-bin/"
```

```
</IfModule>
#设定默认 CGI 脚本目录的属性
<Directory "/var/www/cgi-bin">
    AllowOverride None
    Options None
    Require all granted
</Directory>
#设定默认 MIME 内容类型
DefaultType text/plain
<IfModule mime_module>
#WEB 指定 MIME 类型映射文件
    TypesConfig conf/mime.types
#WEB 增加.Z、.tgz 的类型映射
    AddType application/x-compress .Z
    AddType application/x-gzip .gz .tgz
</IfModule>
#启用内存映射
EnableMMAP on
#使用操作系统内核的 sendfile 支持来将文件发送到客户端
EnableSendfile on
#指定多路处理模块(MPM)配置文件并将其附加到主配置文件
Include conf/extra/httpd-mpm.conf
#指定多语言错误应答配置文件并将其附加到主配置文件
Include conf/extra/httpd-multilang-errordoc.conf
#指定目录列表配置文件并将其附加到主配置文件
Include conf/extra/httpd-autoindex.conf
#指定语言配置文件并将其附加到主配置文件
Include conf/extra/httpd-languages.conf
#指定用户主目录配置文件并将其附加到主配置文件
Include conf/extra/httpd-userdir.conf
#指定用于服务器信息和状态显示的配置文件并将其附加到主配置文件
Include conf/extra/httpd-info.conf
#指定加载虚拟主机的配置文件
Include conf/extra/httpd-vhosts.conf
#指定提供 Apache 文档访问的配置文件并将其附加到配置文件
Include conf/extra/httpd-manual.conf
#指定 DAV 配置文件并将其附加到主配置文件
Include conf/extra/httpd-dav.conf
#指定与 Apache 服务自身相关的配置文件并将其附加到主配置文件
Include conf/extra/httpd-default.conf
#如果加载了 proxy_html 相关模块，就将其配置文件附加到主配置文件
<IfModule proxy_html_module>
Include conf/extra/proxy-html.conf
</IfModule>

#SSL 默认配置
<IfModule ssl_module>
```

```
SSLRandomSeed startup builtin
SSLRandomSeed connect builtin
</IfModule>
```

以上是配置文件 httpd.conf 中主要的配置项及其说明，其中模块部分并未完全列举。要查询各个模块的详细用法及说明，可以参考 http://httpd.apache.org/docs/2.4/mod/中的相关文档。

 Apache 有众多模块，通常如果没有特殊需要，没有必要修改加载的相关设置。

前面介绍了 httpd 的两种常见模式，在本例中还没有为工作模式相关的模块设置参数。在配置文件 httpd.conf 中加入相关参数，设置 prefork 模块相关参数如下，这里重点说明各配置项的意义。一个典型的 prefork 模块参数如下：

```
<IfModule mpm_prefork_module>
    StartServers          5
    MinSpareServers       5
    MaxSpareServers       10
    ServerLimit     4000
    MaxClients           4000
    MaxRequestsPerChild   0
</IfModule>
```

指令说明：

- StartServers: 设置服务器启动时建立的子进程数量。因为子进程数量动态地取决于负载的轻重，所以一般没有必要调整这个参数。
- MinSpareServers: 设置空闲子进程的最小数量。所谓空闲子进程，是指没有正在处理请求的子进程。如果当前空闲子进程数少于 MinSpareServers，那么 Apache 将以最大每秒一个的速度产生新的子进程。只有在非常繁忙的机器上才需要调整这个参数，通常不建议将此参数的值设置得太大。
- MaxSpareServers: 设置空闲子进程的最大数量。如果当前有超过 MaxSpareServers 数量的空闲子进程，那么父进程将杀死多余的子进程。只有在非常繁忙的机器上才需要调整这个参数，通常不建议将此参数设置得太大。如果将该指令的值设置为比 MinSpareServers 小，Apache 将会自动将其修改成"MinSpareServers+1"。
- ServerLimit: 服务器允许配置的进程数上限。只有在我们需要将 MaxClients 设置成高于默认值 256 时才需要使用。要将此指令的值保持和 MaxClients 一样。修改此指令的值必须完全停止服务后再启动才能生效，而以 restart 方式重启将不会生效。
- MaxClients: 用于服务客户端请求的最大请求数量（最大子进程数），任何超过 MaxClients 限制的请求都将进入等候队列。默认值是 256，如果要提高这个值，就必须同时提高 ServerLimit 的值。建议将初始值设为以 MB 为单位的"最大物理内存/2"，然后根据负载情况进行动态调整。比如一台 4GB 内存的机器，初始值就是 4000/2=2000。
- MaxRequestsPerChild: 设置每个子进程在其生存期内允许服务的最大请求数量。到达 MaxRequestsPerChild 的限制后，子进程将会结束。如果 MaxRequestsPerChild 为 0，子进程将永远不会结束。将 MaxRequestsPerChild 设置成非零值有两个好处：可以防止偶然的内存泄漏无限进行而耗尽内存；给进程一个有限寿命，从而有助于当服务器负载减轻时减少活动进程的数量。

目前大多数服务器都使用了 prefork 模式，如果需要采用 worker 模式，其典型的参数如下：

```
<IfModule mpm_worker_module>
    StartServers            5
    ServerLimit             20
    ThreadLimit             200
    MaxClients              4000
    MinSpareThreads         25
    MaxSpareThreads         250
    ThreadsPerChild         200
    MaxRequestsPerChild     0
</IfModule>
```

指令说明：

- StartServers: 设置服务器启动时创建的子进程的数量。因为子进程的数量是动态的，取决于负载的轻重，所以一般没有必要调整这个参数。
- ServerLimit: 服务器允许配置的进程数上限。只有在我们需要将 MaxClients 和 ThreadsPerChild 设置成需要超过默认值 16 个子进程时才需要使用这个指令。不要将该指令的值设置得比 MaxClients 和 ThreadsPerChild 需要的子进程数高。修改此指令的值必须完全停止服务后再启动才能生效，以 restart 方式重新启动将不会生效。
- ThreadLimit: 设置每个子进程可配置的线程数 ThreadsPerChild 的上限，该指令的值应当和 ThreadsPerChild 可能达到的最大值保持一致。修改此指令的值必须完全停止服务后再启动才能生效，以 restart 方式重新启动将不会生效。
- MaxClients: 用于服务客户端请求的最大接入请求数量(最大线程数)。任何超过 MaxClients 限制的请求都将进入等候队列。默认值是 400，即 16(ServerLimit)乘以 25(ThreadsPerChild) 的结果。因此要增加 MaxClients 时，必须同时增加 ServerLimit 的值。建议将初始值设为以 MB 为单位的"最大物理内存/2"，然后根据负载情况进行动态调整，比如一台 4GB 内存的机器，初始值就是 4000/2=2000。
- MinSpareThreads: 最小空闲线程数，默认值是 75。这个 MPM 将基于整个服务器监视空闲线程数。如果服务器中总的空闲线程数太少，子进程将产生新的空闲线程。
- MaxSpareThreads: 设置最大空闲线程数，默认值是 250。这个 MPM 将基于整个服务器监视空闲线程数。如果服务器中总的空闲线程数太多，子进程将杀死多余的空闲线程。MaxSpareThreads 的取值范围是有限制的。Apache 将按照如下限制自动修正设置的值：worker 要求其大于等于 MinSpareThreads 加上 ThreadsPerChild 的和。
- ThreadsPerChild: 每个子进程建立的线程数，默认值是 25。子进程在启动时建立这些线程后就不再建立新的线程了。每个子进程所拥有的所有线程的总数要足够大，以便可以处理可能的请求高峰。
- MaxRequestsPerChild: 设置每个子进程在其生存期内允许服务的最大请求数量。

需要特别注意的是，配置文件中并没有关于 prefork 和 worker 的相关配置项，以上两段内容需要手动添加，并且要按实际情况对以上参数进行调整。

4．判断使用何种工作模式

对于自己安装的 httpd，我们可以通过参考编译时的参数判断使用的是何种工作模式，但如果是别人编译安装的 httpd，可能就无法判断，这时可以使用【示例 6-6】的命令判断。

【示例 6-6】

```
[root@CentOS ~]# /usr/sbin/httpd -l
Compiled in modules:
  core.c
  mod_so.c
  http_core.c
  prefork.c
```

从以上命令的输出可以判断出当前使用的是 prefork 工作模式。

6.1.3　Apache 基于 IP 的虚拟主机配置

Apache 配置虚拟主机支持 3 种方式：基于 IP 的虚拟主机配置、基于端口的虚拟主机配置以及基于域名的虚拟主机配置。本小节主要介绍基于 IP 的虚拟主机配置。

如果同一台服务器有多个 IP，可以使用基于 IP 的虚拟主机配置将不同的服务绑定在不同的 IP 上。

（1）假设服务器有一个 IP 地址为 192.168.146.150，首先使用 ifconfig 在同一个网络接口上绑定其他 3 个 IP，如【示例 6-7】所示。

【示例 6-7】

```
[root@CentOS ~]# ifconfig eno33554984:1 192.168.146.151/24 up
[root@CentOS ~]# ifconfig eno33554984:2 192.168.146.152/24 up
[root@CentOS ~]# ifconfig eno33554984:3 192.168.146.153/24 up
[root@CentOS ~]# ifconfig
eno33554984: flags=4163<UP,BROADCAST,RUNNING,MULTICAST>  mtu 1500
        inet 192.168.146.150  netmask 255.255.255.0  broadcast 192.168.146.255
        inet6 fe80::20c:29ff:fe0b:780  prefixlen 64  scopeid 0x20<link>
        ether 00:0c:29:0b:07:80  txqueuelen 1000  (Ethernet)
        RX packets 31507  bytes 15697744 (14.9 MiB)
        RX errors 0  dropped 0  overruns 0  frame 0
        TX packets 22513  bytes 4024816 (3.8 MiB)
        TX errors 0  dropped 0  overruns 0  carrier 0  collisions 0

eno33554984:1: flags=4163<UP,BROADCAST,RUNNING,MULTICAST>  mtu 1500
        inet 192.168.146.151  netmask 255.255.255.0  broadcast 192.168.146.255
        ether 00:0c:29:0b:07:80  txqueuelen 1000  (Ethernet)

eno33554984:2: flags=4163<UP,BROADCAST,RUNNING,MULTICAST>  mtu 1500
        inet 192.168.146.152  netmask 255.255.255.0  broadcast 192.168.146.255
```

```
        ether 00:0c:29:0b:07:80  txqueuelen 1000  (Ethernet)

eno33554984:3: flags=4163<UP,BROADCAST,RUNNING,MULTICAST>  mtu 1500
        inet 192.168.146.153  netmask 255.255.255.0  broadcast 192.168.146.255
        ether 00:0c:29:0b:07:80  txqueuelen 1000  (Ethernet)

lo: flags=73<UP,LOOPBACK,RUNNING>  mtu 65536
        inet 127.0.0.1  netmask 255.0.0.0
        inet6 ::1  prefixlen 128  scopeid 0x10<host>
        loop  txqueuelen 0  (Local Loopback)
        RX packets 758  bytes 245409 (239.6 KiB)
        RX errors 0  dropped 0  overruns 0  frame 0
        TX packets 758  bytes 245409 (239.6 KiB)
        TX errors 0  dropped 0 overruns 0  carrier 0  collisions 0
```

（2）3 个 IP 对应的域名如下，配置主机的 host 文件便于测试。

【示例 6-8】

```
[root@CentOS conf]# cat /etc/hosts
127.0.0.1 CentOS localhost
192.168.146.151 www.test151.com
192.168.146.152 www.test152.com
192.168.146.153 www.test153.com
```

（3）建立虚拟主机存放网页的根目录，并创建首页文件 index.html。

【示例 6-9】

```
[root@CentOS ~]# mkdir /data/www
[root@CentOS ~]# cd /data/www
[root@CentOS www]# mkdir 151
[root@CentOS www]# mkdir 152
[root@CentOS www]# mkdir 153
[root@CentOS www]# echo "192.168.146.151" >151/index.html
[root@CentOS www]# echo "192.168.146.152" >152/index.html
[root@CentOS www]# echo "192.168.146.153" >153/index.html
```

（4）修改 httpd.conf，在文件末尾加入【示例 6-10】的配置。

【示例 6-10】

```
Listen 192.168.146.151:80
Listen 192.168.146.152:80
Listen 192.168.146.153:80

Include conf/vhost/*.conf
```

（5）编辑每个 IP 的配置文件。

【示例 6-11】

```
[root@CentOS conf]# mkdir -p vhost
[root@CentOS conf]# cd vhost/
[root@CentOS vhost]# cat www.test151.conf
<VirtualHost 192.168.146.151:80>
        ServerName www.test151.com
        DocumentRoot /data/www/151
        <Directory "/data/www/151/">
                Options Indexes FollowSymLinks
                AllowOverride None
                Require all granted
        </Directory>
</VirtualHost>
[root@CentOS vhost]# cat www.test152.conf
<VirtualHost 192.168.146.152:80>
        ServerName www.test152.com
        DocumentRoot /data/www/152
        <Directory "/data/www/152/">
                Options Indexes FollowSymLinks
                AllowOverride None
                Require all granted
        </Directory>
</VirtualHost>
[root@CentOS vhost]# cat www.test153.conf
<VirtualHost 192.168.146.153:80>
        ServerName www.test153.com
        DocumentRoot /data/www/153
        <Directory "/data/www/153/">
                Options Indexes FollowSymLinks
                AllowOverride None
                Require all granted
        </Directory>
</VirtualHost>
[root@CentOS vhost]# cat /data/www/151/index.html
192.168.3.101
[root@CentOS vhost]# cat /data/www/152/index.html
192.168.3.102
[root@CentOS vhost]# cat /data/www/153/index.html
192.168.3.103
```

（6）配置完以后，可以启动 Apache 服务并进行测试。

【示例 6-12】

```
#检查配置文件是否正确
```

```
[root@CentOS conf]# /usr/sbin/apachectl  -t
Syntax OK
#启动 httpd
[root@CentOS conf]# /usr/sbin/apachectl  start
#检查虚拟主机是否已经运行
[root@CentOS conf]# curl http://www.test151.com
192.168.146.151
[root@CentOS conf]# curl http://www.test152.com
192.168.146.152
[root@CentOS conf]# curl http://www.test153.com
192.168.146.153
```

6.1.4　Apache 基于端口的虚拟主机配置

如果一台服务器只有一个 IP 或需要通过不同的端口访问不同的虚拟主机，可以使用基于端口的虚拟主机配置。

（1）假设服务器有一个 IP 地址为 192.168.146.154，如【示例 6-13】所示。

【示例 6-13】

```
[root@CentOS conf]# ifconfig eno33554984:4 192.168.146.154/24 up
[root@CentOS conf]# ifconfig eno33554984:4
eno33554984:4: flags=4163<UP,BROADCAST,RUNNING,MULTICAST>  mtu 1500
        inet 192.168.146.154  netmask 255.255.255.0  broadcast 192.168.146.255
        ether 00:0c:29:0b:07:80  txqueuelen 1000  (Ethernet)
```

（2）需要配置的虚拟主机分别为 7081、8081 和 9081，配置主机的 host 文件，以便于测试。

【示例 6-14】

```
[root@CentOS conf]# cat /etc/hosts|grep 192.168.146.154
192.168.146.154   www.test154.com
```

（3）建立虚拟主机存放网页的根目录，并创建首页文件 index.html。

【示例 6-15】

```
[root@CentOS conf]# cd /data/www/
[root@CentOS www]# mkdir port
[root@CentOS www]# cd port/
[root@CentOS port]# ls
[root@CentOS port]# mkdir 7081
[root@CentOS port]# mkdir 8081
[root@CentOS port]# mkdir 9081
[root@CentOS port]# echo "port 7081" >7081/index.html
[root@CentOS port]# echo "port 8081" >8081/index.html
[root@CentOS port]# echo "port 9081" >9081/index.html
```

（4）修改 httpd.conf，在文件末尾加入【示例 6-16】的配置。

【示例 6-16】

```
Listen 192.168.146.154:7081
Listen 192.168.146.154:8081
Listen 192.168.146.154:9081
#仍然需要保持以下配置项的存在
Include conf/vhost/*.conf
```

（5）编辑每个 IP 的配置文件。

【示例 6-17】

```
[root@CentOS vhost]# cat www.test154.7081.conf
<VirtualHost 192.168.146.154:7081>
        ServerName www.test154.com
        DocumentRoot /data/www/port/7081
        <Directory "/data/www/port/7081/">
                Options Indexes FollowSymLinks
                AllowOverride None
                Require all granted
        </Directory>
</VirtualHost>
[root@CentOS vhost]# cat www.test154.8081.conf
<VirtualHost 192.168.146.154:8081>
        ServerName www.test154.com
        DocumentRoot /data/www/port/8081
        <Directory "/data/www/port/8081/">
                Options Indexes FollowSymLinks
                AllowOverride None
                Require all granted
        </Directory>
</VirtualHost>
[root@CentOS vhost]# cat www.test154.9081.conf
<VirtualHost 192.168.146.154:9081>
        ServerName www.test154.com
        DocumentRoot /data/www/port/9081
        <Directory "/data/www/port/9081/">
                Options Indexes FollowSymLinks
                AllowOverride None
                Require all granted
        </Directory>
</VirtualHost>
```

（6）配置完以后，可以启动 Apache 服务并进行测试。

【示例 6-18】

```
#检查配置文件格式是否正确
[root@CentOS vhost]# /usr/sbin/apachectl -t
Syntax OK
```

```
#启动 httpd 并验证结果
[root@CentOS vhost]# /usr/sbin/apachectl start
[root@CentOS vhost]# curl http://www.test154.com:7081
port 7081
[root@CentOS vhost]# curl http://www.test154.com:8081
port 8081
[root@CentOS vhost]# curl http://www.test154.com:9081
port 9081
```

6.1.5 Apache 基于域名的虚拟主机配置

使用基于域名的虚拟主机配置是比较流行的方式,可以在同一个 IP 上配置多个域名并且都通过 80 端口访问。

(1) 假设服务器有一个 IP 地址为 192.168.3.105,如【示例 6-19】所示。

【示例 6-19】

```
[root@CentOS ~]# ifconfig eno33554984:5 192.168.146.155/24 up
[root@CentOS ~]# ifconfig eno33554984:5
eno33554984:5: flags=4163<UP,BROADCAST,RUNNING,MULTICAST>  mtu 1500
        inet 192.168.146.155  netmask 255.255.255.0  broadcast 192.168.146.255
        ether 00:0c:29:0b:07:80  txqueuelen 1000  (Ethernet)
```

(2) 192.168.3.105 对应的域名如下,配置主机的 host 文件便于测试。

【示例 6-20】

```
[root@CentOS conf]# cat /etc/hosts|grep 192.168.146.155
192.168.146.155 www.oa.com
192.168.146.155 www.bbs.com
192.168.146.155 www.test.com
```

(3) 建立虚拟主机存放网页的根目录,并创建首页文件 index.html。

【示例 6-21】

```
[root@CentOS ~]# cd /data/www/
[root@CentOS www]# mkdir www.oa.com
[root@CentOS www]# mkdir  www.bbs.com
[root@CentOS www]# mkdir  www.test.com
[root@CentOS www]# echo www.oa.com>www.oa.com/index.html
[root@CentOS www]# echo www.bbs.com>www.bbs.com/index.html
[root@CentOS www]# echo www.test.com>www.test.com/index.html
```

(4) 修改 httpd.conf,在文件末尾加入【示例 6-22】的配置。

【示例 6-22】

```
Listen 192.168.3.105:80
#由于每个域名的配置文件通过以下语句加载,因此保留以下配置项
```

```
Include conf/vhost/*.conf
```

（5）编辑每个域名的配置文件。

【示例 6-23】

```
[root@CentOS vhost]# cat www.oa.com.conf
<VirtualHost 192.168.146.155:80>
        ServerName www.oa.com
        DocumentRoot /data/www/www.oa.com
        <Directory "/data/www/www.oa.com/">
                Options Indexes FollowSymLinks
                AllowOverride None
                Require all granted
        </Directory>
</VirtualHost>
[root@CentOS vhost]# cat www.bbs.com.conf
<VirtualHost 192.168.146.155:80>
        ServerName www.bbs.com
        DocumentRoot /data/www/www.bbs.com
        <Directory "/data/www/www.bbs.com/">
                Options Indexes FollowSymLinks
                AllowOverride None
                Require all granted
        </Directory>
</VirtualHost>
[root@CentOS vhost]# cat www.test.com.conf
<VirtualHost 192.168.146.155:80>
        ServerName www.test.com
        DocumentRoot /data/www/www.test.com
        <Directory "/data/www/www.test.com/">
                Options Indexes FollowSymLinks
                AllowOverride None
                Require all granted
        </Directory>
</VirtualHost>
[root@CentOS vhost]# cat /data/www/www.oa.com/index.html
www.oa.com
[root@CentOS vhost]# cat /data/www/www.test.com/index.html
www.test.com
[root@CentOS vhost]# cat /data/www/www.bbs.com/index.html
www.bbs.com
```

（6）配置完以后，可以启动 Apache 服务并进行测试。在浏览器测试是同样的效果。

【示例 6-24】

```
#检查配置文件格式是否正确
[root@CentOS vhost]# /usr/sbin/apachectl -t
```

```
Syntax OK
#启动 httpd
[root@CentOS vhost]# /usr/sbin/apachectl  -k start
[root@CentOS vhost]# curl www.oa.com
www.oa.com
[root@CentOS vhost]# curl www.bbs.com
www.bbs.com
[root@CentOS vhost]# curl www.test.com
www.test.com
```

如果需要在现有的 Web 服务器上增加虚拟主机，通常建议像上面这样单独将虚拟主机的配置文件写在一个专门的虚拟主机配置文件中，然后在 httpd.conf 中加载，以免将 httpd.conf 弄得杂乱无章。在虚拟主机配置文件中，必须为现存的主机建造一个<VirtualHost>定义块。在<VirtualHost>指令后面，既可以使用一个固定的 IP 地址，也可以使用"*"代表所有监听地址。之后需要配置虚拟主机使用的域名、主目录位置等信息。

至此，3 种虚拟主机配置方法介绍完毕。有关配置文件的其他选项可以参考相关资料或 Apache 的帮助手册。

6.1.6　Apache 安全控制与认证

Apache 提供了多种安全控制手段，包括设置 Web 访问控制、用户登录密码认证及.htaccess 文件等。通过这些技术手段可以进一步提升 Apache 服务器的安全级别，减少服务器受攻击或数据被窃取的风险。

1. Apache 安全控制

要进行 Apache 的访问控制，首先要了解 Apache 的虚拟目录。虚拟目录可以用指定的指令设置，设置虚拟目录的好处在于：除了便于访问之外，还可以增强安全性，类似于软链接的概念，客户端并不知道文件的实际路径。虚拟目录的格式如【示例 6-25】所示。

【示例 6-25】

```
<Directory 目录的路径>
    目录相关的配置参数和指令
</Directory>
```

每个 Directory 段以<Directory>开始、以</Directory>结束，段作用于<Directory>中指定的目录及其中的所有文件和子目录。在段中可以设置与目录相关的参数和指令，包括访问控制和认证。2.4 版的 Apache 在访问控制方面与之前的 2.2 版有较大改变，2.4 版中的控制指令主要使用 Require，控制方法主要有基于 IP 地址、域名、HTTP 方法、用户等。

（1）允许、拒绝所有访问指令
允许、拒绝所有访问：

```
#允许所有访问
Require all granted
#拒绝所有访问
```

```
Require all denied
```

（2）基于 IP 地址或网络

基于 IP 地址或网络访问：

```
#仅允许 192.168.146.13 访问
require ip 192.168.146.13
#仅允许网络 192.168.146.0/24 访问
require ip 192.168.146.0/24
#仅允许网络 192.168.146.0/24 访问
require ip 192.168.146
#禁止 192.168.146.2 访问
require not ip 192.168.146.2
```

（3）基于域名

通常不建议使用基于域名的访问控制，这主要是因为解析域名可能会导致访问速度变慢：

```
#禁止 www.example.com 访问
Require not host www.example.com
#允许 www.example.com 访问
Require host www.example.com
```

【示例 6-26】

```
#综合示例，只允许 192.168.146.134 主机访问，拒绝其他所有主机访问
Require ip 192.168.146.134
```

当访问没有权限的地址时，会出现以下提示信息：

```
Forbidden
You don't have permission to access /dir on this server
```

现在，我们使用 6.1.3 小节中虚拟 IP、虚拟主机的例子来模拟，其中主要的配置文件与之前设置的相同。

首先配置对应虚拟主机的配置文件，本例中仅使用配置文件 www.test151.conf，如【示例 6-27】所示。

【示例 6-27】

```
<VirtualHost 192.168.146.151:80>
        ServerName www.test151.com
        DocumentRoot /data/www/151
        <Directory "/data/www/151/">
                Options Indexes FollowSymLinks
                AllowOverride None
                Require ip 192.168.146.134
        </Directory>
</VirtualHost>
```

保存后重启 Apache 服务。

在 IP 地址为 192.168.146.134 的机器上编辑/etc/hosts，加入以下内容：

```
192.168.146.151 www.test151.com
```

之后可以直接打开浏览器访问 http://www.test151.com 进行测试，可以看到只有指定的客户端可以访问，访问控制的目的已经达到。

2. Apache 认证

除了可以使用以上介绍的指令控制特定的目录访问之外，Apache 还提供了认证与授权机制。比如服务器中有敏感信息，需要授权的用户才能访问。当用户访问使用此机制控制的目录时，会提示用户输入用户名和密码，只有输入正确的用户名和密码的主机才可以正常访问该资源。

Apache 的认证类型分为两种：基本（Basic）认证和摘要（Digest）认证。摘要认证比基本认证更加安全，但是并非所有的浏览器都支持摘要认证，所以本节只针对基本认证进行介绍。基本认证方式其实相当简单，当 Web 浏览器请求经此认证模式保护的 URL 时，将会出现一个对话框，要求用户输入用户名和密码。用户输入后，传给 Web 服务器，Web 服务器验证它的正确性。如果正确，就返回页面；否则将返回 401 错误。

要使用用户认证，首先要创建保存用户名和密码的认证密码文件。在 Apache 中提供了 htpasswd 命令用于创建和修改认证密码文件，该命令在<Apache 安装目录>/bin 目录下。关于该命令完整的选项和参数说明可以通过直接运行 htpasswd 获取。

要在/etc/httpd/conf 目录下创建一个名为 users 的认证密码文件，并在密码文件中添加一个名为 admin 的用户，命令如下：

```
[root@CentOS bin]# ./htpasswd -c /etc/httpd/conf/users.list  admin
New password:
Re-type new password:
Adding password for user admin
```

命令运行后会提示用户输入 admin 用户的密码并再次确认。

【示例 6-28】

认证密码文件创建后，如果还要向文件中添加一个名为 user1 的用户，可以执行如下命令：

```
[root@CentOS bin]# htpasswd -b /etc/httpd/conf/users.list user1 123456
```

命令运行后会添加一个 user1 用户，密码为 123456。

【示例 6-29】

```
[root@CentOS bin]# ./htpasswd /etc/httpd/conf/users.list  user1
New password:
Re-type new password:
Adding password for user user1
[root@CentOS bin]# cat /etc/httpd/conf/users.list
admin:$apr1$gQXd5FH8$7PVa6Envs4vDElYOcICTo.
user1:$apr1$d/Eyq.1Q$uoJ48lVlQtzEoYGTBBkYG1
```

与/etc/shadow 文件类似，认证密码文件中的每一行为一个用户记录，每条记录包含用户名和加密后的密码。

 htpasswd 命令没有提供删除用户的选项，如果要删除用户，直接通过文本编辑器打开认证密码文件，把指定的用户删除即可。

创建完认证密码文件后，还要对配置文件进行修改。用户认证是在 httpd.conf 配置文件中的 \<Directory\>段中进行设置的，其配置涉及的主要指令如下：

（1）AuthName 指令

AuthName 指令设置了使用认证的域，此域会出现在显示给用户的密码提问对话框中，其次也帮助客户端程序确定应该发送哪个密码。其指令格式如下：

```
AuthName    域名称
```

域名称没有特别限制，用户可以根据自己的喜好进行设置。

（2）AuthType 指令

AuthType 指令主要用于选择一个目录的用户认证类型，目前只有两种认证方式可以选择，即 Basic 和 Digest，分别代表基本认证和摘要认证。该指令格式如下：

```
AuthType Basic/Digest
```

（3）AuthUserFile 指令

AuthUserFile 指令用于设定一个纯文本文件的名称，其中包含用于认证的用户名和密码的列表，该指令格式如下：

```
AuthUserFile 文件名
```

（4）Require 指令

Require 指令用于设置哪些认证用户允许访问指定的资源。这些限制由授权支持模块实现，其格式有下面两种：

```
Require user 用户名 [用户名]…
Require valid-user
```

● 用户名：认证密码文件中的用户，可以指定一个或多个用户，设置后只有指定的用户才能有权限进行访问。
● valid-user：授权给认证密码文件中的所有用户。

现在，假设网站管理员希望对 bm 目录进行进一步的控制，配置该目录只有经过验证的 admin 用户能够访问，用户密码存放在 users.list 密码认证文件中。要实现这样的效果，需要把 www.test151.conf 配置文件中的配置信息替换为下面的内容，如【示例 6-30】所示。

【示例 6-30】

```
#配置虚拟主机
<VirtualHost 192.168.146.151:80>
```

```
        #指定虚拟主机使用的域名
            ServerName www.test151.com
        #指定虚拟主机的主目录
            DocumentRoot /data/www/151
            <Directory "/data/www/151/">
                    Options Indexes FollowSymLinks
                    AllowOverride None
                    #使用 AuthType 指令设置认证类型，此处为基本认证方式
                    AuthType Basic
                    #使用 AuthName 指令设置，此处设置的域名会显示在提示输入密码的对话框中
                    AuthName "auth"
                    #使用 AuthUserFile 指令设置认证密码文件的位置
                    AuthUserFile /etc/httpd/conf/users.list
                    #指定允许访问的用户
                    Require user admin
            </Directory>
    </VirtualHost>
```

重启 Apache 服务后，在客户端使用浏览器访问 http://www.test151.com/（进行测试），如图 6.2 所示。输入用户名和密码，单击【确定】按钮。

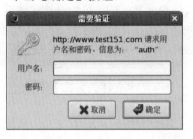

图 6.2　验证窗口

验证成功后将进入如图 6.3 所示的页面，否则将会要求重新输入。如果单击【取消】按钮，将会返回如图 6.4 所示的认证错误页面。

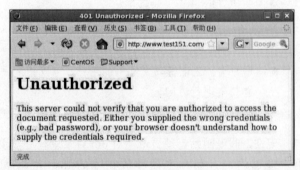

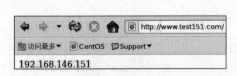

图 6.3　访问 PHP 成功页面　　　　　　　　　　　图 6.4　认证错误页面

3. .htaccess 设置

.htaccess 文件又称为分布式配置文件，该文件可以覆盖 httpd.conf 文件中的配置，但是它只能设置对目录的访问控制和用户认证。.htaccess 文件可以有多个，每个.htaccess 文件的作用范围仅限

于该文件所存放的目录以及该目录下的所有子目录。.htaccess 能实现的功能在<Directory>段中都能实现，不过由于在.htaccess 修改配置后并不需要重启 Apache 服务就能使这些修改的配置生效，因此可以用于对停机时间限制较高的系统中。

启用.htaccess 文件需要进行以下设置：

（1）打开配置文件 www.test151.conf，将目录的配置信息替换为下面的内容，如【示例 6-31】所示。

【示例 6-31】

```
#以下为 Directory 段的配置
<Directory "/data/www/151/">
              Options Indexes FollowSymLinks
              AllowOverride All
              Require all granted
</Directory>
```

修改主要包括两个方面：

- 删除原有的关于访问控制和用户认证的参数和指令，因为这些指令将会被写到.htaccess 文件中。
- 添加 AllowOverride All 参数，允许.htaccess 文件覆盖 httpd.conf 文件中关于虚拟主机目录的配置。如果不做这项设置，.htaccess 文件中的配置将不能生效。

（2）重启 Apache 服务，在/data/www/151/目录中创建一个文件.htaccess，如【示例 6-32】所示。

【示例 6-32】

```
AuthType Basic
              #使用 AuthName 指令设置
              AuthName "auth"
              #使用 AuthUserFile 指令设置认证密码文件的位置
              AuthUserFile /etc/httpd/conf/users.list
              #使用 require 指令设置 admin 用户具有访问权限
              require user admin
```

其他测试过程与上一节类似，此处不再赘述。

6.2　MySQL 服务的安装与配置

MySQL 可以支持多种平台，如 Windows、UNIX、FreeBSD 或其他 Linux 系统。要了解 MySQL 如何安装、如何配置、有哪些启动方式、MySQL 服务如何停止等知识，可以阅读本节的内容。

MySQL 已被收购，现在大量的公司将原来 MySQL 的解决方案改为 MariaDB。MariaDB 是 MySQL 的一个分支，与其完全兼容。

6.2.1 MySQL 的版本选择

安装 MySQL 首先要确定使用哪个版本。发布的 MySQL 有几个系列，开发者可以选择最适合项目要求的一个版本。MySQL 的每个版本都提供了二进制版本和源码，开发者可以自行选择最适合的版本和方式进行安装。在 SQL 5.6 版本中，数据库的可扩展性、集成度以及查询性能都得到了提升。新增的功能包括：实现全文搜索，开发者可以通过 InnoDB 存储引擎列表索引和搜索文本信息；InnoDB 重写日志文件的容量也增至 2TB，能够提升写密集型应用程序的负载性能；加速 MySQL 的复制；提供新的编程接口，使用户可以将 MySQL 与新旧应用程序以及数据存储无缝集成。MySQL 5.1 是当前稳定并且使用广泛的版本，这个版本的更新版只针对漏洞进行修复，并不会增加会影响稳定性的新功能。MySQL 4.x 是旧版的稳定版本，目前只有少量用户在使用。

下面举例说明 MySQL 的安装和使用。安装之前有必要了解一下 MySQL 的版本命名机制。

6.2.2 MySQL 的版本命名机制

MySQL 的版本命名机制使用由数字和一个后缀组成的版本号，如 mysql-8.0.22 版本号的解释如下：

- 第 1 个数字 8 是主版本号，相同主版本号具有相同的文件格式。
- 第 2 个数字 0 是发行级别。主版本号和发行级别组合到一起便构成了发行序列号。
- 第 3 个数字 22 是在此发行系列的版本号，随每个新分发版本递增。

同时版本号可能包含后缀，如 alpha、beta 和 rc。

alpha 表明发行包含大量未被彻底测试的新代码，包含新功能，一般作为新功能体验使用。beta 意味着该版本的功能是完整的，并且所有的新代码被测试过，没有增加重要的新特征，没有已知的缺陷。rc 是发布版本，表示一个发行了一段时间的 beta 版本，运行正常，只增加了很小的修复部分。如果没有后缀，如 mysql-8.0.22-linux-i686-icc-glibc23.tar，这意味着该版本已经在很多地方运行一段时间了，而且没有非平台特定的缺陷报告，可以认为是稳定版。

6.2.3 MySQL yum 安装

MySQL 的安装可以通过源码、RPM 包或者 yum 安装，如要避免编译源代码的复杂配置，可以使用 RPM 包或者 yum 安装。其中，yum 是一种简单的安装方式，接下来主要介绍 yum 命令安装 MySQL。在默认情况下，CentOS 8 中并没有 MySQL 安装源的配置文件，所以无法直接安装，用户需要首先将 MySQL 安装源配置好。为了便于用户安装，MySQL 官方提供了一个专门的 RPM 软件包来进行安装源的设置，用户只要安装这个软件包即可，如【示例 6-33】所示。

【示例 6-33】

```
#安装源
[root@CentOS ~]# rpm -ivh
https://dev.mysql.com/get/mysql80-community-release-el8-1.noarch.rpm
   Retrieving
https://dev.mysql.com/get/mysql80-community-release-el8-1.noarch.rpm
   warning: /var/tmp/rpm-tmp.oJLntP: Header V3 DSA/SHA1 Signature, key ID 5072e1f5:
```

```
NOKEY
    Verifying…                          ############################# [100%]
    Preparing…                          ############################# [100%]
    Updating / installing…
       1:mysql80-community-release-el8-1  ############################
[100%]
    #通过 yum 工具安装 MySQL
    [root@CentOS ~]# yum -y install mysql-server
    Last metadata expiration check: 0:01:52 ago on Thu 24 Dec 2020 06:31:34 AM PST.
    Dependencies resolved.
    …
    Install  31 Packages

    Total download size: 39 M
    Installed size: 196 M
    Downloading Packages:
    (1/31): mariadb-connector-c-config-3.0.7-1.el8.noarch.rpm
140 kB/s | 13 kB      00:00
    …
    Total
5.1 MB/s | 39 MB      00:07
    Running transaction check
    Transaction check succeeded.
    Running transaction test
    Transaction test succeeded.
    Running transaction
    …
    Installed products updated.
    …
    Complete!

    …
    #查看安装后的文件路径
    [root@CentOS Packages]# which mysql mysqld_safe mysqlbinlog mysqldump
    /usr/bin/mysql
    /usr/bin/mysqld_safe
    /usr/bin/mysqlbinlog
    /usr/bin/mysqldump
```

　　如需查看每个安装包包含的详细文件列表，可以使用 "rpm -ql 软件名" 命令来查看，该命令列出了当前 RPM 包的文件列表及安装位置，如【示例 6-34】所示。

　　【示例 6-34】

```
[root@CentOS ~]# rpm -ql mysql-server
/etc/logrotate.d/mysql
/etc/my.cnf
/etc/my.cnf.d
```

```
/usr/bin/innochecksum
/usr/bin/my_print_defaults
/usr/bin/myisam_ftdump
/usr/bin/myisamchk
…
/usr/bin/resolveip
/usr/lib/systemd/system/mysqld.service
/usr/lib/tmpfiles.d/mysql.conf
/usr/lib64/mysql/plugin
/usr/lib64/mysql/plugin/adt_null.so
/usr/lib64/mysql/plugin/auth.so
…
```

从上面的命令输出中可以看到软件文件中包含 mysqld.service，此文件就是 MySQL 的启动停止控制单元。

6.2.4　MySQL 程序介绍

MySQL 版本中提供了几种类型的命令行运用程序，主要有以下几类：

（1）MySQL 服务器和服务器启动脚本

- mysqld 是 MySQL 服务器主程序。
- mysqld_safe、mysql.server 和 mysqld_multi 是服务器启动脚本。
- mysql_install_db 是初始化数据目录和初始数据库。

（2）访问服务器的客户程序

- mysql 是一个命令行客户程序，用于交互式或以批处理模式执行 SQL 语句。
- mysqladmin 是用于管理功能的客户程序。
- mysqlcheck 执行表维护操作。
- mysqldump 和 mysqlhotcopy 负责数据库备份。
- mysqlimport 导入数据文件。
- mysqlshow 显示信息数据库和表的相关信息。
- mysqldumpslow 是分析慢查询日志的工具。

（3）独立于服务器操作的工具程序

- myisamchk 执行表维护操作。
- myisampack 产生压缩、只读的表。
- mysqlbinlog 是查看二进制日志文件的实用工具。
- perror 显示错误代码的含义。

除了上面介绍的这些随 MySQL 一起发布的命令行工具外，还有一些 GUI 工具，需要单独下载使用。

6.2.5　MySQL 配置文件介绍

如果使用 yum 安装，MySQL 的配置文件位于/etc/my.cnf。MySQL 配置文件的搜索顺序可以使用【示例 6-35】的命令查看。

【示例 6-35】

```
[root@CentOS Packages]# /usr/sbin/mysqld --help --verbose|grep -B1 -i
"my.cnf"
…
Default options are read from the following files in the given order:
/etc/mysql/my.cnf /etc/my.cnf ~/.my.cnf
…
```

上述示例结果表示该版本的 MySQL 搜索配置文件的路径依次为/etc/mysql/my.cnf、/etc/my.cnf、~/.my.cnf，即先查找/etc/mysql/my.cnf，如果找到就使用此配置文件，否则继续查找/etc/my.cnf，直到找到有效的配置文件为止。为了便于管理，在只有一个 MySQL 实例的情况下，一般将配置文件部署在/etc/my.cnf 中。

MySQL 配置文件常用参数（mysqld 选项段）说明如表 6.2 所示。

表6.2　MySQL配置文件常用参数说明

参　　数	说　　明
bind-address	MySQL 实例启动后绑定的 IP
port	MySQL 实例启动后监听的端口
socket	本地 socket 方式登录 MySQL 时 socket 文件的路径
datadir	MySQL 数据库相关的数据文件主目录
tmpdir	MySQL 保存临时文件的路径
skip-external-locking	跳过外部锁定
back_log	在 MySQL 的连接请求等待队列中允许存放的最大连接数
character-set-server	MySQL 默认字符集
key_buffer_size	索引缓冲区，决定了 myisam 数据库索引处理的速度
max_connections	MySQL 允许的最大连接数
max_connect_errors	客户端连接指定次数后，服务器将屏蔽该主机的连接
table_cache	设置表高速缓存的数量
max_allowed_packet	在网络传输中，一次消息传输量的最大值
binlog_cache_size	在事务过程中，容纳二进制日志 SQL 语句的缓存大小
sort_buffer_size	用来完成排序操作的线程使用的缓冲区大小
join_buffer_size	将为两个表之间的每个完全连接分配连接缓冲区
thread_cache_size	线程缓冲区所能容纳的最大线程个数
thread_concurrency	限制了一次有多少线程能进入内核
query_cache_size	为缓存查询结果分配的内存的数量
query_cache_limit	若查询结果超过此参数设置的大小，则不进行缓存
ft_min_word_len	加入索引的词的最小长度
thread_stack	每个连接创建时分配的内存

（续表）

参数	说明
transaction_isolation	MySQL 数据库事务隔离级别
tmp_table_size	临时表的最大大小
net_buffer_length	服务器和客户端之间通信使用的缓冲区长度
read_buffer_size	对数据表进行顺序读取时分配的 MySQL 读入缓冲区大小
read_rnd_buffer_size	MySQL 随机读缓冲区大小
max_heap_table_size	HEAP 表允许的最大值
default-storage-engine	MySQL 创建表时默认的字符集
log-bin	MySQL 二进制文件 binlog 的路径和文件名
server-id	主从同步时标识唯一的 MySQL 实例
slow_query_log	是否开启慢查询，为 1 表示开启
long_query_time	若超过此值，则认为是慢查询，记录到慢查询日志中
log-queries-not-using-indexes	若 SQL 语句没有使用索引，则将 SQL 语句记录到慢查询日志中
expire-logs-days	MySQL 二进制文件 binlog 保留的最长时间
replicate_wild_ignore_table	MySQL 主从同步时忽略的表
replicate_wild_do_table	与 replicate_wild_ignore_table 相反，指定 MySQL 主从同步时需要同步的表
innodb_data_home_dir	InnoDB 数据文件的目录
innodb_file_per_table	启用独立表空间
innodb_data_file_path	Innodb 数据文件位置
innodb_log_group_home_dir	用来存放 InnoDB 日志文件的目录路径
innodb_additional_mem_pool_size	InnoDB 存储的数据目录信息和其他内部数据结构的内存池大小
innodb_buffer_pool_size	InnoDB 存储引擎的表数据和索引数据的最大内存缓冲区大小
innodb_file_io_threads	I/O 操作的最大线程个数
innodb_thread_concurrency	Innodb 并发线程数
innodb_flush_log_at_trx_commit	Innodb 日志提交方式
innodb_log_buffer_size	InnoDB 日志缓冲区大小
innodb_log_file_size	InnoDB 日志文件大小
innodb_log_files_in_group	Innodb 日志个数
innodb_max_dirty_pages_pct	当内存中的脏页量达到 innodb_buffer_pool 大小的该比例（%）时，刷新脏页到磁盘
innodb_lock_wait_timeout	InnoDB 行锁导致的死锁等待时间
slave_compressed_protocol	主从同步时是否采用压缩传输 binlog
skip-name-resolve	跳过域名解析

不同版本的配置文件参数及使用方法略有不同，具体可参考官方网站帮助文档。如果选项名称配置错误，MySQL 将不能启动。

6.2.6 MySQL 启动与停止

MySQL 服务可以通过多种方式启动，常见的是利用 MySQL 提供的系统服务脚本启动，另一种是通过命令行 mysqld_safe 启动。

1. 通过系统服务启动与停止

如使用 yum 工具安装，RPM 包会自动将 MySQL 设置为系统服务，同时可以使用"service mysqld start"命令来启动。要查看 MySQL 是否为系统服务，可以使用【示例 6-36】的命令。

【示例 6-36】

```
[root@CentOS mysql]# systemctl list-unit-files | grep mysqld
mysqld.service                          disabled
[root@CentOS mysql]# systemctl enable mysqld.service
ln -s '/usr/lib/systemd/system/mysqld.service'
'/etc/systemd/system/mysql.service'
ln -s '/usr/lib/systemd/system/mysqld.service'
'/etc/systemd/system/multi-user.target.wants/mysqld.service'
#查看 MySQL 启停控制单元
```

首先使用"systemctl list-unit-files"命令来查看系统服务，显示结果为 disabled，表示 MySQL 并没有设置为开机自动启动模式。可以通过"systemctl enable mysqld.service"命令将 mysqld 系统服务设置为开机自动启动。

经过上述步骤，MySQL 成为系统服务并且开机自动启动，如需启动或停止 MySQL，可以使用【示例 6-37】中的命令。

【示例 6-37】

```
#安装完成后提供的默认配置文件
[root@CentOS ~]# cat -n /etc/my.cnf
     1  [mysqld]
     2  datadir=/var/lib/mysql
     3  socket=/var/lib/mysql/mysql.sock
     4
     5  symbolic-links=0
     6
     7  sql_mode=NO_ENGINE_SUBSTITUTION,STRICT_TRANS_TABLES
     8
     9  [mysqld_safe]
    10  log-error=/var/log/mysqld.log
    11  pid-file=/var/run/mysqld/mysqld.pid
#启动 MySQL 服务
[root@CentOS ~]# systemctl start mysqld.service
#查看 MySQL 启动状态
[root@CentOS ~]# service mysqld status
mysqld.service - MySQL Community Server
   Loaded: loaded (/usr/lib/systemd/system/mysqld.service; enabled)
   Active: active (running) since Tue 2020-04-14 15:42:38 CST; 38s ago
```

```
    Process: 2473 ExecStartPost=/usr/bin/mysql-systemd-start post (code=exited,
status=0/SUCCESS)
    Process: 2462 ExecStartPre=/usr/bin/mysql-systemd-start pre (code=exited,
status=0/SUCCESS)
  Main PID: 2472 (mysqld_safe)
    CGroup: /system.slice/mysqld.service
            |-2472 /bin/sh /usr/bin/mysqld_safe
            `-2623 /usr/sbin/mysqld --basedir=/usr --datadir=/var/lib/mysql --…
…
#利用 ps 命令查看 MySQL 服务相关进程
[root@CentOS ~]# ps -ef|grep mysql
mysql    2472    1  0 15:42 ?        00:00:00 /bin/sh /usr/bin/mysqld_safe
mysql    2623 2472  0 15:42 ?        00:00:00 /usr/sbin/mysqld --basedir=/usr
--datadir=/var/lib/mysql --plugin-dir=/usr/lib64/mysql/plugin
--log-error=/var/log/mysqld.log --pid-file=/var/run/mysqld/mysqld.pid
--socket=/var/lib/mysql/mysql.sock
root     2668 1482  0 15:44 pts/0    00:00:00 grep --color=auto mysql
#MySQL 启动后默认的数据目录
[root@CentOS ~]# ls -lh /var/lib/mysql
total 109M
-rw-rw---- 1 mysql mysql  56 Apr 14 15:25 auto.cnf
-rw-rw---- 1 mysql mysql 48M Apr 14 15:42 ib_logfile0
-rw-rw---- 1 mysql mysql 48M Apr 14 15:25 ib_logfile1
-rw-rw---- 1 mysql mysql 12M Apr 14 15:42 ibdata1
drwx------ 2 mysql mysql 4.0K Apr 14 15:25 mysql
srwxrwxrwx 1 mysql mysql   0 Apr 14 15:42 mysql.sock
drwx------ 2 mysql mysql 4.0K Apr 14 15:25 performance_schema
#登录测试
[root@CentOS ~]# mysql -uroot
Welcome to the MySQL monitor.  Commands end with ; or \g.
Your MySQL connection id is 8
Server version: 8.0.21 Source distribution

Copyright (c) 2000, 2020, Oracle and/or its affiliates. All rights reserved.

Oracle is a registered trademark of Oracle Corporation and/or its
affiliates. Other names may be trademarks of their respective
owners.

Type 'help;' or '\h' for help. Type '\c' to clear the current input statement.

mysql> SELECT version();
+-----------+
| version() |
+-----------+
| 8.0.21    |
+-----------+
```

```
1 row in set (0.00 sec)

mysql> quit
Bye
#通过系统服务停止 MySQL 服务
[root@CentOS ~]# systemctl stop mysqld.service
```

查看通过 RPM 包安装后的配置文件内容，分别指定了 datadir、socket 和启动后以什么用户运行，然后利用系统服务启动 MySQL，命令为"systemctl start mysqld.service"，启动后利用"systemctl status mysqld.service"命令或 ps 命令来查看 MySQL 服务状态。同时 ps 命令会显示更多的信息。

> 如果启动 MySQL 服务后查看相关的数据目录和文件，除了通过配置文件来查看外，还可以通过 ps 命令来查看，如上述示例中的 datadir 位于/var/lib/mysql 目录下。

MySQL 成功启动后，就可以进行正常的操作了，初始化用户名为 root、密码为空，使用"mysql –u root"可以成功登录 MySQL。

如需停止 MySQL，可以通过"systemctl stop mysqld.service"命令来停止。

2. 利用 mysqld_safe 程序启动和停止 MySQL 服务

若同一系统中存在多个 MySQL 实例，使用 MySQL 提供的系统服务已经不能满足要求，这时可以通过 MySQL 安装程序提供的 mysqld_safe 程序启动和停止 MySQL 服务。

/var/lib/mysql 是 MySQL 服务的默认数据目录，同时可以通过配置指定其他数据目录。假设 MySQL 数据文件目录位于/data/mysql_data_3307，端口设置为 3307。【示例 6-38】将演示设置启动和停止过程。

【示例 6-38】

```
[root@CentOS ~]# mkdir -p /data/mysql_data_3307
[root@CentOS ~]# chown  -R mysql.mysql /data/mysql_data_3307/
[root@CentOS ~]# mysql_install_db --datadir=/data/mysql_data_3307/
--user=mysql
#部分结果省略
Installing MySQL system tables…
OK
Filling help tables…
OK
#部分结果省略
#查看系统表相关数据库
[root@CentOS ~]# ls -lh /data/mysql_data_3307/
total 109M
-rw-rw---- 1 mysql mysql  48M Apr 14 19:25 ib_logfile0
-rw-rw---- 1 mysql mysql  48M Apr 14 19:25 ib_logfile1
-rw-rw---- 1 mysql mysql  12M Apr 14 19:25 ibdata1
drwx------ 2 mysql mysql 4.0K Apr 14 19:25 mysql
drwx------ 2 mysql mysql 4.0K Apr 14 19:25 performance_schema
```

```
[root@CentOS ~]# mysqld_safe --datadir=/data/mysql_data_3307
--socket=/data/mysql_data_3307/mysql.sock --port=3307 --user=mysql
--bind-address=192.168.146.150 &
[1] 7329
[root@CentOS ~]# 150414 19:32:27 mysqld_safe Logging to '/var/log/mysqld.log'.
150414 19:32:27 mysqld_safe Starting mysqld daemon with databases from
/data/mysql_data_3307
[root@CentOS ~]#
[root@CentOS ~]# ps -ef|grep mysqld_safe
root      7329 1482  0 19:32 pts/0    00:00:00 /bin/sh /usr/bin/mysqld_safe
--datadir=/data/mysql_data_3307 --socket=/data/mysql_data_3307/mysql.sock
--port=3307 --user=mysql --bind-address=192.168.146.150
root      7576 1482  0 19:33 pts/0    00:00:00 grep --color=auto mysqld_safe
[root@CentOS ~]# netstat -plnt|grep 3307
tcp        0      0 192.168.146.150:3307    0.0.0.0:*              LISTEN
7545/mysqld
[root@CentOS ~]# mysql -S /data/mysql_data_3307/mysql.sock  -u root
Welcome to the MySQL monitor.  Commands end with ; or \g.
Your MySQL connection id is 1
Server version: 8.0.21 MySQL Community Server (GPL)

Copyright (c) 2000, 2020, Oracle and/or its affiliates. All rights reserved.

Oracle is a registered trademark of Oracle Corporation and/or its
affiliates. Other names may be trademarks of their respective
owners.

Type 'help;' or '\h' for help. Type '\c' to clear the current input statement.

mysql> \s
--------------
mysql  Ver 8.0.21 for Linux on x86_64 (Source distribution)

Connection id:        8
Current database:
Current user:         root@localhost
SSL:              Not in use
Current pager:        stdout
Using outfile:        ''
Using delimiter:      ;
Server version:       8.0.21 Source distribution
Protocol version:     10
Connection:     Localhost via UNIX socket
Server characterset:  utf8mb4
Db     characterset:utf8mb4
Client characterset:  utf8mb4
Conn.  characterset:  utf8mb4
```

```
UNIX socket:          /var/lib/mysql/mysql.sock
Binary data as:       Hexadecimal
Uptime:          57 sec

Threads: 2  Questions: 5  Slow queries: 0  Opens: 118  Flush tables: 3  Open
tables: 36  Queries per second avg: 0.087
--------------
```

上述示例首先创建了启动 MySQL 服务需要的数据目录/data/mysql_data_3307，创建完成后，通过 chown 将目录权限赋给 mysql 用户和 mysql 用户组。

mysql_install_db 程序用于初始化 MySQL 系统表，比如权限管理相关的 mysql.user 表等，初始化完成以后利用 mysqld_safe 程序启动，由于此示例并没有使用配置文件，因此需要设置的参数通过命令行参数来指定，没有设置的参数则为默认值。

系统启动完成后，可以通过本地 socket 方式登录，另一种登录方式为 TCP 方式，这点将在下一节介绍，登录命令为 "mysql -S /data/mysql_data_3307/mysql.sock –u root"。登录完成后，MySQL 服务器依次输出欢迎信息以及 MySQL 服务给当前连接分配的连接 ID（ID 用于标识唯一的连接）。接着显示的是 MySQL 版本信息，然后是版权声明。同时给出了查看系统帮助的方法。"\s"命令显示了 MySQL 服务的基本信息，如字符集、启动时间、查询数量、打开表的数量等，更多的信息可以查阅 MySQL 帮助文档。

以上示例演示了如何通过 mysqld_safe 命令启动 MySQL 服务，如需停止，可以使用【示例 6-39】中的方法。

【示例 6-39】

```
[root@CentOS ~]# mysqladmin  -S /data/mysql_data/mysql.sock  -u root shutdown
130806 22:56:11 mysqld_safe mysqld from pid file /data/mysql_data/CentOS.pid
ended
[1]+  Done mysqld_safe --datadir=/data/mysql_data
--socket=/data/mysql_data/mysql.sock --port=3307 --user=mysql
```

通过命令 mysqladmin 可以方便地控制 MySQL 服务的停止。同时，mysqladmin 支持更多的参数，比如查看系统变量信息、查看当前服务的连接等，更多信息可以通过"mysqladmin –help"命令查看。

除了通过本地 socket 程序可以停止 MySQL 服务外，还可以通过远程 TCP 停止 MySQL 服务，前提是该账号具有 shutdown 权限，如【示例 6-40】所示。

【示例 6-40】

```
[root@CentOS ~]# mysql -S /data/mysql_data/mysql.sock  -u root
mysql> grant  all on *.* to admin@'192.168.146.150' identified by "pass123";
Query OK, 0 rows affected (0.00 sec)
[root@CentOS ~]# mysqladmin -uadmin -ppass123 -h192.168.146.150 -P3307
shutdown
[root@CentOS ~]# 130806 23:01:22 mysqld_safe mysqld from pid file
/data/mysql_data/CentOS.pid ended
[1]+  Done               mysqld_safe --datadir=/data/mysql_data
```

```
--socket=/data/mysql_data/mysql.sock --port=3307 --user=mysql
   [root@CentOS ~]# mysql -S /data/mysql_data/mysql.sock  -u root
   ERROR 2002 (HY000): Can't connect to local MySQL server through socket
'/data/mysql_data/mysql.sock' (2)
```

 由于具有 shutdown 等权限的用户可以远程停止 MySQL 服务，因此日常应用中应该避免分配具有此权限的账户。

6.3　PHP 的安装与配置

PHP 的安装同样可以使用 yum 命令，本节采用的 PHP 版本为 7.2.24，安装过程如【示例 6-41】所示。

【示例 6-41】

```
[root@CentOS ~]# yum -y install php php-mysqlnd php-fpm
```

其中 php 为 PHP 语言解释器，php-mysqlnd 为 PHP 的 MySQL 驱动程序，php-fpm 为 FastCGI 模块。

6.4　LAMP 集成安装、配置与测试实战

前面的章节已经分别介绍了 MySQL、Apache 的安装与设置。本节主要介绍 Linux 环境下 Apache、MySQL、PHP 的集成环境的配置过程。

1. Apache 和 PHP 的集成

目前，Apache 和 PHP 主要是通过 FastCGI 集成的。FastCGI 是为了改变传统的 CGI 程序性能低下而提出的一种新的 HTTP 服务器和脚本语言通信的框架。它是一个可伸缩、高速地在 HTTP 服务器和动态脚本语言间通信的接口，其主要优点是把动态语言和 HTTP 服务器分离开来。多数流行的 HTTP 服务器都支持 FastCGI，包括 Apache、Nginx 和 Lighttpd。

同时，FastCGI 也被许多脚本语言所支持，其中常见的是 PHP。从架构上讲，FastCGI 接口方式采用客户机/服务器架构，其中 HTTP 服务器作为客户端，而 FastCGI 作为脚本语言解释的服务器，如果用户请求的是动态脚本文件，HTTP 服务器就将请求转发给 FastCGI，由 FastCGI 负责解释和执行，并将执行结果返回给 HTTP 服务器。通过这种方式，将 HTTP 服务器和脚本解析服务器分开，同时在脚本解析服务器上启动一个或多个脚本解析守护进程。这种方式可以让 HTTP 服务器专一地处理静态请求或者将动态脚本服务器的结果返回给客户端，这在很大程度上提高了整个应用系统的性能。

PHP 的 FastCGI 实现方式就是 PHP-FPM，关于这个模块的安装方式前面已经介绍过了。下面主要介绍如何通过 PHP-FPM 实现 PHP 脚本文件的执行。

PHP-FPM 的配置为/etc/php-fpm.d/www.conf，这个文件的绝大部分内容都是注释，【示例 6-42】

的代码是将其中的注释行全部删除之后的内容。

【示例 6-42】

```
01  [www]
02  user = apache
03  group = apache
04  listen = /run/php-fpm/www.sock
05  listen.allowed_clients = 127.0.0.1
06  pm = dynamic
07  pm.max_children = 50
08  pm.start_servers = 5
09  pm.min_spare_servers = 5
10  pm.max_spare_servers = 35
11  php_value[session.save_handler] = files
12  php_value[session.save_path]    = /var/lib/php/session
13  php_value[soap.wsdl_cache_dir]  = /var/lib/php/wsdlcache
```

第 01 行定义了一个进程池，其名称为 www。第 02 行和第 03 行分别指定 PHP-FPM 服务进程使用的用户名和用户组。第 04 行非常重要，定义了 PHP-FPM 监听的文件套接字，Apache 就是通过这个套接字和 PHP-FPM 进行通信的。第 05 行指定了允许访问该服务的客户端 IP 地址。下面的几行主要定义了进程池的一些相关选项，不再详细介绍。

配置完成之后，用户就可以启动 PHP-FPM 服务了。【示例 6-43】将演示服务启动命令及服务状态的查看方法。

【示例 6-43】

```
[root@CentOS php-fpm.d]# systemctl start php-fpm
[root@CentOS php-fpm.d]# systemctl status php-fpm
  php-fpm.service - The PHP FastCGI Process Manager
   Loaded: loaded (/usr/lib/systemd/system/php-fpm.service; disabled; vendor
preset: disabled)
   Active: active (running) since Thu 2020-12-24 08:07:14 PST; 7s ago
 Main PID: 43498 (php-fpm)
   Status: "Ready to handle connections"
    Tasks: 6 (limit: 23800)
   Memory: 19.6M
   CGroup: /system.slice/php-fpm.service
           ├─43498 php-fpm: master process (/etc/php-fpm.conf)
           ├─43499 php-fpm: pool www
           ├─43500 php-fpm: pool www
           ├─43501 php-fpm: pool www
           ├─43502 php-fpm: pool www
           └─43503 php-fpm: pool www

Dec 24 08:07:14 CentOS systemd[1]: Starting The PHP FastCGI Process Manager…
Dec 24 08:07:14 CentOS systemd[1]: Started The PHP FastCGI Process Manager.
```

接下来介绍 Apache 的配置方法。Apache 关于 PHP 的配置文件为/etc/httpd/conf.d/php.conf。【示例 6-44】将显示该文件的内容。

【示例 6-44】

```
01  <Files ".user.ini">
02      Require all denied
03  </Files>
04  AddType text/html .php
05  DirectoryIndex index.php
06  <IfModule !mod_php5.c>
07    <IfModule !mod_php7.c>
08     # Enable http authorization headers
09     SetEnvIfNoCase ^Authorization$ "(.+)" HTTP_AUTHORIZATION=$1
10     <FilesMatch \.(php|phar)$>
11         SetHandler "proxy:unix:/run/php-fpm/www.sock|fcgi://localhost"
12     </FilesMatch>
13    </IfModule>
14  </IfModule>
15  <IfModule mod_php7.c>
16     <FilesMatch \.(php|phar)$>
17         SetHandler application/x-httpd-php
18     </FilesMatch>
19     php_value session.save_handler "files"
20     php_value session.save_path    "/var/lib/php/session"
21     php_value soap.wsdl_cache_dir  "/var/lib/php/wsdlcache"
22  </IfModule>
```

其中主要的是第 11 行，该行的功能是将后缀为.php 或者.phar 的文件交由/run/php-fpm/www.sock 处理。前面已经讲过，这个文件正是 PHP-FPM 监听的 UNIX 套接字文件。

接下来确认 Apache 的主配置文件/etc/httpd/conf/httpd.conf 是否将/etc/httpd/conf.d/php.conf 包含进去，如【示例 6-45】所示。

【示例 6-45】

```
[root@CentOS ~]# cat /etc/httpd/conf/httpd.conf
…
IncludeOptional conf.d/*.conf
…
```

从上面的输出可知,在该文件的最后一行通过 IncludeOptional 指令将 conf.d 目录下所有以 conf 为后缀的文件都包含进来。重启 Apache 服务，然后编辑测试脚本，如【示例 6-46】所示。

【示例 6-46】

```
[root@CentOS ~]# cat /var/www/html/test.php
<?php
phpinfo();
?>
```

　　然后就可以进行浏览器的测试了。输入 http://192.168.65.128/test.php，其中的 IP 地址为 CentOS
服务器的 IP 地址，浏览器中的显示界面如图 6.5 所示，说明 PHP 已经安装成功。

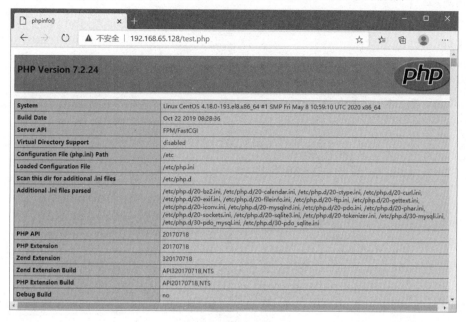

图 6.5　PHP 测试页面

2. MySQL 和 PHP 的集成

　　接下来介绍如何通过 PHP 访问 MySQL 数据库中的数据。实际上，PHP 开发者提供了多种连
接和访问 MySQL 数据库的方式，例如 mysql、mysqli 以及 pdo 等。现在，mysql 已经被弃用。

　　mysqli 和 pdo 的安装方式实际上前面已经在【示例 6-41】中介绍过了，当用户安装完
php-mysqlnd 软件包之后，这两个组件就已经被安装好了。

　　安装完成之后，访问【示例 6-46】中的 test.php 文件，如果出现如图 6.6 所示的界面，就表示
已经集成成功。

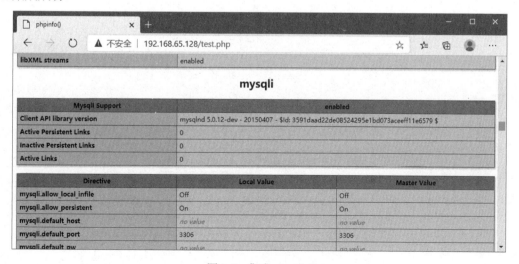

图 6.6　集成 mysqlnd

接下来通过一个具体的例子来说明 Apache、PHP 以及 MySQL 的集成。

【示例 6-47】

```
<!DOCTYPE html>
<html>
<head>
  <meta http-equiv='Content-Type' content='text/html; charset=utf-8' />
  <title>客户管理系统</title>
  <style type="text/css">
      .wrapper {width: 1000px;margin: 20px auto;}
      h2 {text-align: center;}
      td {text-align: center;}
  </style>
</head>
<body>
  <div class="wrapper">
      <h2>客户管理系统</h2>
      <table width="960" border="1">
          <tr>
              <th>ID</th>
              <th>姓名</th>
              <th>Email</th>
          </tr>
          <?php
01            //连接数据库
02            $conn = mysqli_connect('192.168.2.114', 'sakila', 'abc123',
'sakila');
03            if(!$conn){
04                die("数据库连接错误" . mysqli_connect_error());
05            }
06            $sql = 'select * from customer order by customer_id asc';
07            //查询时间
08            $result = mysqli_query($conn,$sql);
09            //输出数据
10            while($row = $result->fetch_assoc()) {
11                echo "<tr>";
12                echo "<td>{$row['customer_id']}</td>";
13               echo "<td>{$row['first_name']},{$row['last_name']}</td>";

14                echo "<td>{$row['email']}</td>";
15                echo "</tr>";
16            }
17            mysqli_close($conn);
18        ?>
19      </table>
20  </div>
```

```
21 </body>
22 </html>
```

【示例 6-47】演示了如何通过 mysqli 查询 MySQL 数据库。其中第 02 行通过 mysqli_connect()函数建立数据库连接，该函数接受 4 个参数，分别为 MySQL 服务器地址、数据库用户名、数据库密码以及数据库名称。第 06 行定义了一个 SQL 语句。第 08 行通过 mysqli_query()函数执行数据库查询，该函数接受两个参数，分别为数据库连接变量和 SQL 语句，查询结果保存在变量$result 中。第 10~16 行通过 white 语句输出数据，其中 fetch_assoc()函数将每一行取出保存为一个数据。第 17 行通过 mysqli_close()函数关闭数据库连接。【示例 6-47】的执行结果如图 6.7 所示。

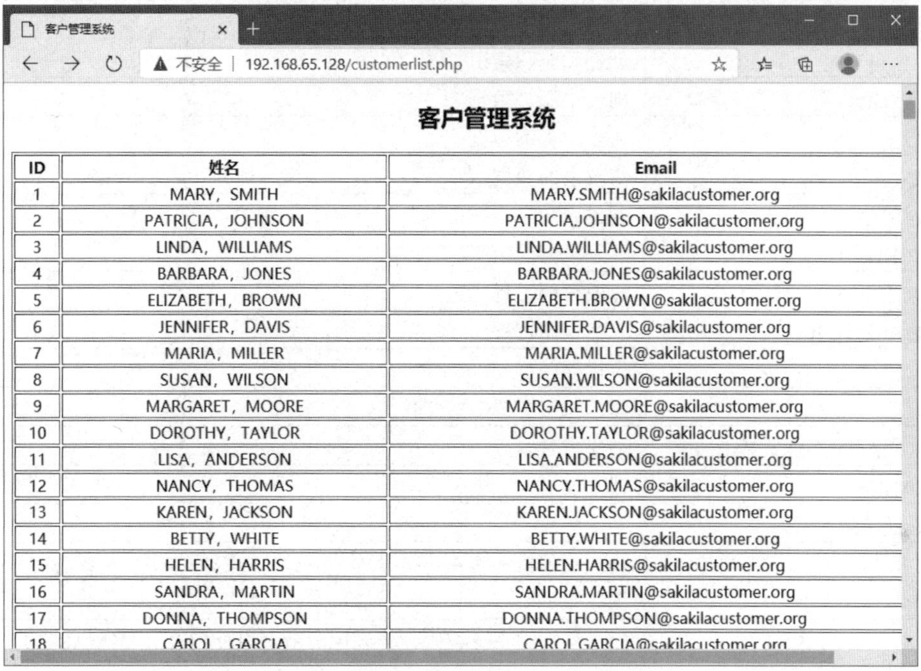

ID	姓名	Email
1	MARY，SMITH	MARY.SMITH@sakilacustomer.org
2	PATRICIA，JOHNSON	PATRICIA.JOHNSON@sakilacustomer.org
3	LINDA，WILLIAMS	LINDA.WILLIAMS@sakilacustomer.org
4	BARBARA，JONES	BARBARA.JONES@sakilacustomer.org
5	ELIZABETH，BROWN	ELIZABETH.BROWN@sakilacustomer.org
6	JENNIFER，DAVIS	JENNIFER.DAVIS@sakilacustomer.org
7	MARIA，MILLER	MARIA.MILLER@sakilacustomer.org
8	SUSAN，WILSON	SUSAN.WILSON@sakilacustomer.org
9	MARGARET，MOORE	MARGARET.MOORE@sakilacustomer.org
10	DOROTHY，TAYLOR	DOROTHY.TAYLOR@sakilacustomer.org
11	LISA，ANDERSON	LISA.ANDERSON@sakilacustomer.org
12	NANCY，THOMAS	NANCY.THOMAS@sakilacustomer.org
13	KAREN，JACKSON	KAREN.JACKSON@sakilacustomer.org
14	BETTY，WHITE	BETTY.WHITE@sakilacustomer.org
15	HELEN，HARRIS	HELEN.HARRIS@sakilacustomer.org
16	SANDRA，MARTIN	SANDRA.MARTIN@sakilacustomer.org
17	DONNA，THOMPSON	DONNA.THOMPSON@sakilacustomer.org
18	CAROL，GARCIA	CAROL.GARCIA@sakilacustomer.org

图 6.7　数据库查询结果

6.5　MySQL 日常维护

搭建好 LAMP 后，还要注意 MySQL 的日常维护，包含权限管理、日志管理、备份与恢复以及复制等。本节主要介绍这方面的知识。

6.5.1　MySQL 权限管理

MySQL 权限管理基于主机名、用户名和数据库表，可以根据不同的主机名、用户名和数据库表分配不同的权限。当用户连接至 MySQL 服务器后，权限即被确定，用户只能做权限内的操作。

MySQL 账户权限信息被存储在 MySQL 数据库的 user、db、host、tables_priv、columns_priv 和 procs_priv 表中，在 MySQL 启动时，服务器将这些数据库表内容读入内存。要修改一个用户的权限，可以直接修改上面的几个表，也可以使用 GRANT 和 REVOKE 语句，推荐使用后者。如需添加新账号，可以使用 GRANT 语句。MySQL 的常见权限说明如表 6.3 所示。

表6.3 MySQL权限说明

参 数	说 明
CREATE	创建数据库、表
DROP	删除数据库、表
GRANT OPTION	可以对用户授权的权限
REFERENCES	可以创建外键
ALTER	修改数据库、表的属性
DELETE	在表中删除数据
INDEX	创建和删除索引
INSERT	向表中添加数据
SELECT	从表中查询数据
UPDATE	修改表的数据
CREATE VIEW	创建视图
SHOW VIEW	显示视图的定义
ALTER ROUTINE	修改存储过程
CREATE ROUTINE	创建存储过程
EXECUTE	执行存储过程
FILE	读、写服务器上的文件
CREATE TEMPORARY TABLES	创建临时表
LOCK TABLES	锁定表格
CREATE USER	创建用户
PROCESS	管理服务器和客户连接进程
RELOAD	重载服务
REPLICATION CLIENT	授予复制用户该权限，复制用户就可以使用 SHOW MASTER STATUS、SHOW SLAVE STATUS 和 SHOW BINARY LOGS 等命令来确定复制状态
REPLICATION SLAVE	授予复制用户该权限，MySQL 复制才能真正工作
SHOW DATABASES	显示数据库
SHUTDOWN	关闭服务器
SUPER	超级用户

1. 分配账号

若主机 192.168.1.12 需要远程访问 MySQL 服务器的 account.users 表，权限为 SELECT 和 UPDATE，则可使用以下命令分配，操作过程如【示例 6-48】所示。

【示例 6-48】

```
#分配用户名、密码和对应权限
mysql> grant select,update  ON account.users TO  user1@192.168.1.12
IDENTIFIED by 'pass123456';
Query OK, 0 rows affected (0.00 sec)
mysql>flush privileges;
```

```
#账户创建成功后查看 MySQL 数据库表的变化
mysql> select * from user where user='user1'\G
*************************** 1. row ***************************
                  Host: 192.168.1.12
                  User: user1
              Password: *AB48367D337F60962B15F2DD7A6D005CE2793115
           Select_priv: N
           Insert_priv: N
           Update_priv: N
           Delete_priv: N
           Create_priv: N
             Drop_priv: N
           Reload_priv: N
         Shutdown_priv: N
          Process_priv: N
             File_priv: N
            Grant_priv: N
       References_priv: N
            Index_priv: N
            Alter_priv: N
          Show_db_priv: N
            Super_priv: N
 Create_tmp_table_priv: N
      Lock_tables_priv: N
          Execute_priv: N
       Repl_slave_priv: N
      Repl_client_priv: N
      Create_view_priv: N
        Show_view_priv: N
   Create_routine_priv: N
    Alter_routine_priv: N
      Create_user_priv: N
            Event_priv: N
          Trigger_priv: N
              ssl_type:
            ssl_cipher:
           x509_issuer:
          x509_subject:
         max_questions: 0
           max_updates: 0
       max_connections: 0
  max_user_connections: 0
1 row in set (0.00 sec)

mysql> select * from db where user='user1'\G
Empty set (0.00 sec)
```

```
mysql> select * from tables_priv where user='user1'\G
*************************** 1. row ***************************
       Host: 192.168.1.12
         Db: account
       User: user1
 Table_name: users
    Grantor: root@localhost
  Timestamp: 2020-06-18 23:38:03
 Table_priv: Select,Update
Column_priv:
1 row in set (0.00 sec)
```

上述示例为 MySQL 服务器给远程主机 192.168.1.12 分配了访问表 account.users 的查询和更新权限。当用户登录时，首先检查 user 表，发现对应记录，但由于各个权限都为 "N"，因此继续寻找 db 表中的记录，若没有，则继续寻找 tables_priv 表中的记录，通过对比发现当前连接的账户具有 account.users 表的 SELECT 和 UPDATE 权限，权限验证通过，用户成功登录。

> MySQL 权限按照 user→db→tables_priv→columns_priv 检查的顺序，如果 user 表中对应的权限为 "Y"，就不会检查后面表中的权限。

2. 查看或修改账户权限

如需查看当前用户的权限，可以使用 SHOW GRANTS FOR 命令，如【示例 6-49】所示。

【示例 6-49】

```
mysql> show grants for user1@192.168.1.12  \G
*************************** 1. row ***************************
Grants for user1@192.168.1.12: GRANT USAGE ON *.* TO 'user1'@'192.168.1.12'
IDENTIFIED BY PASSWORD '*AB48367D337F60962B15F2DD7A6D005CE2793115'
*************************** 2. row ***************************
Grants for user1@192.168.1.12: GRANT SELECT, UPDATE ON `bbs`.* TO
'user1'@'192.168.1.12'
*************************** 3. row ***************************
Grants for user1@192.168.1.12: GRANT SELECT, UPDATE ON `account`.`users` TO
'user1'@'192.168.1.12'
3 rows in set (0.00 sec)
```

上述示例通过查看指定账户和主机的权限，user1@192.168.1.12 具有的权限为三条记录的综合，密码为经过 MD5 算法加密后的结果。USAGE 权限表示当前用户只具有连接数据库的权限，但不能操作数据库表，其他记录表示该账户具有表 bbs.*和表 account.users 的查询和更新权限。

> MySQL 用户登录成功后,权限加载到内存中,此时如果在另一会话中更改该账户的权限,并不会影响之前会话中用户的权限,如需使用最新的权限,用户需要重新登录。

3. 回收账户权限

如需回收账户的权限，MySQL 提供了 REVOKE 命令，可以对应账户的部分或全部权限，注意此权限操作的账户需要具有 GRANT 权限。使用方法如【示例 6-50】所示。

【示例 6-50】

```
mysql> revoke  insert on *.* from test3@'%';
Query OK, 0 rows affected (0.00 sec)
mysql> revoke  ALL on *.* from test3@'%';
Query OK, 0 rows affected (0.00 sec)
```

账户所有权限回收后，用户仍然可以连接该 MySQL 服务器，如需彻底删除用户，可以使用 DROP USER 命令，如【示例 6-51】所示。

【示例 6-51】

```
mysql> show grants for test3@'%' ;
+-----------------------------------+
| Grants for test3@%                |
+-----------------------------------+
| GRANT USAGE ON *.* TO 'test3'@'%' |
+-----------------------------------+
1 row in set (0.00 sec)

mysql> drop user test3@'%';
Query OK, 0 rows affected (0.00 sec)

mysql>  show grants for test3@'%';
ERROR 1141 (42000): There is no such grant defined for user 'test3' on host '%'
```

6.5.2　MySQL 日志管理

MySQL 服务提供了多种日志，用于记录数据库的各种操作，通过日志可以追踪 MySQL 服务器的运行状态，及时发现服务运行中的各种问题。MySQL 服务支持的日志有二进制日志、错误日志、访问日志和慢查询日志。

1. 二进制日志

二进制日志也通常被称为 binlog，记录了数据库表的所有 DDL 和 DML 操作，但并不包括数据查询语句。

如需启用二进制日志，可以通过在配置文件中添加 "--log-bin=[file-name]" 选项指定二进制文件存放的位置（相对路径或绝对路径均可）。

binlog 以二进制方式存储，如需查看其内容，可通过 MySQL 提供的工具 mysqlbinlog 查看，如【示例 6-52】所示。

【示例 6-52】

```
[root@MySQL_192_168_19_230 binlog]# mysqlbinlog mysql-bin.000005|cat -n
   01  /*!40019 SET @@session.max_insert_delayed_threads=0*/;
   02  /*!50003 SET @OLD_COMPLETION_TYPE=@@COMPLETION_TYPE,
```

```
COMPLETION_TYPE=0*/;
    03  DELIMITER /*!*/;
    04  # at 4
    05  #130809 18:20:51 server id 1  end_log_pos 106   Start: binlog v 4, server
v 5.1.71-log created 130809 18:20:51
    06  # Warning: this binlog is either in use or was not closed properly.
    07  BINLOG '
    08  g8IEUg8BAAAAZgAAAGoAAAABAAQANS4xLjY2LWxvZwAAAAAAAAAAAAAAAAAAAAAAAAAAAAAAAA
    09  AAAAAAAAAAAAAAAAAAAAAAEzgNAAgAEgAEBAQEEgAAUwAEGggAAAAICAgC
    10  '/*!*/;
    11  # at 106
    12  #130809 18:21:25 server id 1  end_log_pos 228   Query   thread_id=3
exec_time=0     error_code=0
    13  use testDB_1/*!*/;
    14  SET TIMESTAMP=1376043685/*!*/;
    15  SET @@session.pseudo_thread_id=3/*!*/;
    16  SET @@session.foreign_key_checks=1, @@session.sql_auto_is_null=1,
@@session.unique_checks=1, @@session.autocommit=1/*!*/;
    17  SET @@session.sql_mode=0/*!*/;
    18  SET @@session.auto_increment_increment=1,
@@session.auto_increment_offset=1/*!*/;
    19  /*!\C latin1 *//*!*/;
    20  SET @@session.character_set_client=8,@@session.collation_connection=8,
@@session.collation_server=8/*!*/;
    21  SET @@session.lc_time_names=0/*!*/;
    22  SET @@session.collation_database=DEFAULT/*!*/;
    23  update users_myisam  set name="xxx" where name='petter'
    24  /*!*/;
    25  # at 228
    26  #130809 18:21:32 server id 1  end_log_pos 350   Query   thread_id=3
exec_time=0     error_code=0
    27  SET TIMESTAMP=1376043692/*!*/;
    28  update users_myisam  set name="xxx" where name='myisam'
    29  /*!*/;
    30  DELIMITER ;
    31  # End of log file
    32  ROLLBACK /* added by mysqlbinlog */;
    33  /*!50003 SET COMPLETION_TYPE=@OLD_COMPLETION_TYPE*/;
```

第 05 行记录了当前 MySQL 服务的 server-id、偏移量、binlog 版本、MySQL 版本等信息，第 26~28 行记录了执行的 SQL 及时间。

如需删除 binlog，可以使用 "purge binary logs" 命令，该命令可以指定删除的 binlog 序号或删除指定时间之前的日志，如【示例 6-53】所示。

【示例 6-53】

#删除指定序号之前的二进制日志

```
PURGE BINARY LOGS TO 'mysql-bin.010';
#删除指定时间之前的二进制日志
PURGE BINARY LOGS BEFORE '2020-04-02 22:46:26';
```

除了通过以上方法外，可以在配置文件中指定"expire_logs_days=#"参数来设置二进制文件的保留天数。此参数也可以通过 MySQL 变量进行设置，如需删除 7 天之前的 binlog，可以使用【示例 6-54】的命令。

【示例 6-54】

```
mysql> set global expire_logs_days=7;
Query OK, 0 rows affected (0.01 sec)
```

此参数设置了 binlog 日志的过期天数，此时 MySQL 可以自动清理指定天数之前的二进制日志文件。

2. 操作错误日志

MySQL 的操作错误日志记录了 MySQL 启动、运行至停止过程中的相关异常信息，在 MySQL 故障定位方面有着重要的作用。

可以通过在配置文件中设置"--log-error=[file-name]"指定错误日志存放的位置，若没有设置，则错误日志默认位于 MySQL 服务的 datadir 目录下。

一段错误日志如【示例 6-55】所示。

【示例 6-55】

```
[root@CentOS tmp]# cat /data/master/dbdata/CentOS.err
  01  130810 00:00:09 mysqld_safe Starting mysqld daemon with databases from
/data/master/dbdata
  02  /usr/libexec/mysqld: Can't find file: './mysql/plugin.frm' (errno: 13)
  03  130810  0:00:09 [ERROR] Can't open the mysql.plugin table. Please run
mysql_upgrade to create it.
  04  130810  0:00:09  InnoDB: Initializing buffer pool, size = 8.0M
  05  130810  0:00:09  InnoDB: Completed initialization of buffer pool
  06  InnoDB: The first specified data file ./ibdata1 did not exist:
  07  InnoDB: a new database to be created!
  08  130810  0:00:09  InnoDB: Setting file ./ibdata1 size to 10 MB
  09  InnoDB: Database physically writes the file full: wait…
  10  130810  0:00:09  InnoDB: Log file ./ib_logfile0 did not exist: new to
be
  created
  11  InnoDB: Setting log file ./ib_logfile0 size to 5 MB
  12  InnoDB: Database physically writes the file full: wait…
  13  130810  0:00:10  InnoDB: Log file ./ib_logfile1 did not exist: new to
be
  created
  14  InnoDB: Setting log file ./ib_logfile1 size to 5 MB
  15  InnoDB: Database physically writes the file full: wait…
```

```
16   InnoDB: Doublewrite buffer not found: creating new
17   InnoDB: Doublewrite buffer created
18   InnoDB: Creating foreign key constraint system tables
19   InnoDB: Foreign key constraint system tables created
20   130810  0:00:10  InnoDB: Started; log sequence number 0 0
21   130810  0:00:10 [ERROR] Can't start server: Bind on TCP/IP port: Address
already in use
22   130810  0:00:10 [ERROR] Do you already have another mysqld server running
on port: 3306 ?
23   130810  0:00:10 [ERROR] Aborting
24   130810  0:00:10  InnoDB: Starting shutdown…
25   130810  0:00:15  InnoDB: Shutdown completed; log sequence number 0 44233
26   130810  0:00:15 [Note] /usr/libexec/mysqld: Shutdown complete
27   130810 00:00:15 mysqld_safe mysqld from pid file
/data/master/dbdata/CentOS.pid ended
```

以上日志信息记录了第一次运行 MySQL 时的错误信息，其中第 02、03 行的错误信息说明在启动 MySQL 之前并没有初始化 MySQL 系统表，错误码 13 对应的错误提示可以使用命令"perror 13"来查看。第 21~23 行说明系统中已经启动了同样端口的实例，当前启动的 MySQL 实例将自动退出。

3. 访问日志

此日志记录了所有关于客户端发起的连接、查询和更新语句，由于其记录了所有操作，因此在相对繁忙的系统中建议将此设置关闭。

该日志可以通过在配置文件中设置"--log=[file-name]"指定访问日志存放的位置，也可以在登录 MySQL 实例后通过设置变量来启用，如【示例 6-56】所示。

【示例 6-56】

```
#启用该日志
mysql> set global general_log=on;
Query OK, 0 rows affected (0.01 sec)
#查询日志位置
mysql> show variables like '%general_log%';
+-----------------+------------------------------------------------+
| Variable_name   | Value                                          |
+-----------------+------------------------------------------------+
| general_log     | ON                                             |
| general_log_file | /data/slave/dbdata/MySQL_192_168_19_230.log   |
+-----------------+------------------------------------------------+
2 rows in set (0.00 sec)
#关闭该日志
mysql> set global general_log=off;
Query OK, 0 rows affected (0.01 sec)
```

如果没有指定[file-name]，默认将主机名（hostname）作为文件名，默认存放在数据目录中。文件记录内容如【示例 6-57】所示。

【示例 6-57】

```
[root@MySQL_192_168_19_230 ~]# cat -n /data/slave/dbdata/
MySQL_192_168_19_230.log
    01  /usr/libexec/mysqld, Version: 5.1.71-log (Source distribution).
started
  with:
    02  Tcp port: 3306  Unix socket: /data/slave/dbdata/mysql.sock
    03  Time             Id Command    Argument
    04  130809 18:43:20   5 Query      show variables like '%general_log%'
    05  130809 18:44:24   5 Query      update users_myisam  set name="xxx"
where
  name='petter'
    06  130809 18:44:31   5 Query      SELECT DATABASE()
    07                    5 Init DB    testDB_1
    08                    5 Query      show databases
    09                    5 Query      show tables
    10                    5 Field List         users_myisam
    11  130809 18:44:32   5 Query      update users_myisam  set name="xxx"
where
  name='petter'
    12  130809 18:44:33   5 Quit
    13  130809 18:45:00   6 Connect    root@localhost on
    14                    6 Query      select @@version_comment limit 1
    15  130809 18:45:05   6 Query      set global general_log=off
```

上述日志记录了所有客户端的操作，系统管理员可根据此日志发现异常信息，以便及时处理。

4. 慢查询日志

慢查询日志是记录了执行时间超过参数 long_query_time（单位是秒）所设定的值的 SQL 语句日志，对于 SQL 审核和开发者发现性能问题以便及时进行应用程序的优化具有重要意义。

如需启用该日志，可以在配置文件中设置 slow_query_log，用来指定是否开启慢查询。如果没有指定文件名，默认以 hostname-slow.log 为文件名，并存放在数据目录中。示例配置如下：

【示例 6-58】

```
[root@MySQL_192_168_19_101 ~]# cat /etc/master.cnf
[mysqld]
slow_query_log = 1
long_query_time = 1
log-slow-queries = /usr/local/mysql/data/slow.log
log-queries-not-using-indexes

[root@MySQL_192_168_19_101 ~]# cat /data/master/dbdata/
MySQL_192_168_19_101-slow.log
/usr/libexec/mysqld, Version: 5.1.71-log (Source distribution). started with:
Tcp port: 3306  Unix socket: /data/master/dbdata/mysql.sock
Time             Id Command    Argument
```

```
# Time: 130811  0:11:41
# User@Host: root[root] @ localhost []
# Query_time: 1.016963  Lock_time: 0.000000 Rows_sent: 1  Rows_examined: 0
SET timestamp=1376151101;
select sleep(1);
```

说明：

- long_query_time = 1：定义超过 1 秒的查询计数到变量 slow_queries。
- log-slow-queries = /usr/local/mysql/data/slow.log：定义慢查询日志路径。
- log-queries-not-using-indexes：未使用索引的查询也被记录到慢查询日志中（可选）。

MySQL 提供了慢查询日志分析工具 mysqldumpslow，可以按时间或出现次数统计慢查询的情况，常用参数如表 6.4 所示。

表6.4　mysqldumpslow参数说明

参　　数	说　　明
-s	排序参数，可选的有： ● al: 平均锁定时间 ● ar: 平均返回记录数 ● at: 平均查询时间
-t	只显示指定的行数

用此工具就可以分析系统中哪些 SQL 是性能的瓶颈，以便进行优化，比如加索引、优化应用程序等。

6.5.3　MySQL 备份与恢复

为了防止数据库数据丢失或被非法篡改时恢复数据，数据库的备份是非常重要的。MySQL 的备份方式有直接备份数据库文件或使用 mysqldump 命令将数据库数据导出到文本文件。直接备份数据库文件适用于 MyISAM 和 InnoDB 存储引擎，由于备份时数据库表正在读写，备份的文件可能损坏无法使用，不推荐直接使用此方法。还有一种实时备份的开源工具为 xtrabackup。本小节主要介绍这两种备份工具的使用。

1. 使用 mysqldump 进行 MySQL 的备份与恢复

mysqldump 是 MySQL 提供的数据导出工具，适用于大多数需要备份数据的场景。表数据可以导出成 SQL 语句或文本文件，常用的使用方法如【示例 6-59】所示。

【示例 6-59】

```
#导出整个数据库
[root@CentOS ~]# mysqldump -u root  test>test.sql
#导出一个表
[root@CentOS ~]# mysqldump -u root test TBL_2 >test.TBL_2.sql
#只导出数据库表结构
[root@CentOS ~]# mysqldump -u root  -d --add-drop-table test>test.sql
```

```
-d 没有数据 --add-drop-table 在每个 create 语句之前增加一个 drop table
#恢复数据库
[root@CentOS ~]# mysql -uroot  test<test.sql
#恢复数据的另一种方法
[root@CentOS ~]# mysql -uroot  test
mysql> source /root/test.sql
```

mysqldump 支持丰富的选项，部分选项说明如表 6.5 所示。

表6.5　mysqldump部分选项说明

参　　数	说　　明
-A	等同于--all-databases，导出全部数据库
--add-drop-database	每个数据库创建之前添加 drop 语句
--add-drop-table	每个数据表创建之前添加 drop 表语句，默认为启用状态
--add-locks	在每个表导出之前增加 LOCK TABLES，并且之后增加 UNLOCK TABLE，默认为启用状态
-c	等同于--complete-insert，导出时使用完整的 insert 语句
-B	等同于--databases，导出多个数据库
--default-character-set	设置默认字符集
-x	等同于--lock-all-tables，提交请求锁定所有数据库中的所有表，以保证数据的一致性
-l	等同于--lock-tables，开始导出前锁定所有表
-n	等同于--no-create-db，只导出数据，而不添加 CREATE DATABASE 语句
-t	等同于--no-create-info，只导出数据，而不添加 CREATE TABLE 语句
-d	等同于--no-data，不导出任何数据，只导出数据库表结构
--tables	此参数会覆盖--databases (-B)参数，指定需要导出的表名
-w	等同于--WHERE，只导出给定的 WHERE 条件选择的记录

表 6.5 只给出了 mysqldump 常用参数的说明，更多的参数含义说明可参考系统帮助 man mysqldump。

2. 使用 xtrabackup 在线备份

使用 mysqldump 进行数据库或表的备份非常方便，操作简单，使用灵活。如果数据量较小，备份和恢复时间可以接受；如果数据量较大，mysqldump 恢复的时间会很长，难以接受。xtrabackup 是一款高效的备份工具，备份时并不会影响原数据库的正常更新，新版本可以在 http://www.percona.com/downloads/下载。xtrabackup 提供了 Linux 下常见的安装方式，包括 RPM 安装、源码编译方式以及二进制版本安装。下面以源码安装 percona-xtrabackup-2.0.7 为例说明 xtrabackup 的使用方法，如【示例 6-60】所示。

【示例 6-60】

```
[root@CentOS soft]# tar xvf percona-xtrabackup-2.0.7.tar.gz
#查看编译帮助信息
[root@CentOS percona-xtrabackup-2.0.7]# ./utils/build.sh
Build an xtrabackup binary against the specified InnoDB flavor.
```

```
Usage: build.sh CODEBASE
where CODEBASE can be one of the following values or aliases:
    innodb50       | 5.0              build against innodb 5.1 builtin, but
should be compatible with MySQL 5.0
    innodb51_builtin | 5.1            build against built-in InnoDB in MySQL
5.1
    innodb51       | plugin           build against InnoDB plugin in MySQL 5.1
    innodb55       | 5.5              build against InnoDB in MySQL 5.5
    innodb56       | 5.6,xtradb56,    build against InnoDB in MySQL 5.6
                   | mariadb100
    xtradb51       | xtradb,mariadb51    build against Percona Server with
XtraDB 5.1
                   | mariadb52,mariadb53
    xtradb55       | galera55,mariadb55    build against Percona Server with
XtraDB 5.5
```

#编译针对 MySQL 5.1 版本的二进制文件
```
[root@CentOS percona-xtrabackup-2.0.7]# ./utils/build.sh innodb51_builtin
```
#编译完成后，二进制文件位于 percona-xtrabackup-2.0.7/src 目录下
```
[root@CentOS 5.1]# cd /data/xtrabackup/5.1
[root@CentOS 5.1]# cp
/data/soft/percona-xtrabackup-2.0.7/src/xtrabackup_51   .
[root@CentOS 5.1]# cp /data/soft/percona-xtrabackup-2.0.7/innobackupex   .
[root@CentOS 5.1]# export PATH=`pwd`:$PATH:.
[root@CentOS 5.1]#./innobackupex--defaults-file=/etc/my.cnf
--socket=/data/mysql_data/m
ysql.sock  --user=root --password=123456  --slave-info /data/backup/
```
#部分结果省略
```
130822 12:13:10  innobackupex: Starting mysql with options:
--defaults-file='/etc/my.cnf' --password=xxxxxxx --user='root'
--socket='/data/mysql_data/mysql.sock' --unbuffered --
   130822 12:13:10  innobackupex: Connected to database with mysql child process
(pid=41953)
   130822 12:13:16  innobackupex: Connection to database server closed
IMPORTANT: Please check that the backup run completes successfully.
        At the end of a successful backup run innobackupex
        prints "completed OK!".

innobackupex: Using mysql  Ver 14.14 Distrib 5.1.49, for unknown-linux-gnu
(x86_64) using  EditLine wrapper
   innobackupex: Using mysql server version Copyright (c) 2000, 2020, Oracle and/or
its affiliates. All rights reserved.

innobackupex: Created backup directory /data/backup/2020-08-22_12-13-16
   130822 12:13:16  innobackupex: Starting mysql with options:
--defaults-file='/etc/my.cnf' --password=xxxxxxx --user='root'
--socket='/data/mysql_data/mysql.sock' --unbuffered --
   130822 12:13:16  innobackupex: Connected to database with mysql child process
```

```
(pid=42688)
    130822 12:13:18  innobackupex: Connection to database server closed

    130822 12:13:18  innobackupex: Starting ibbackup with command: xtrabackup_51
--defaults-file="/etc/my.cnf" --defaults-group="mysqld" --backup
--suspend-at-end --target-dir=/data/backup/2020-08-22_12-13-16 --tmpdir=/tmp
    innobackupex: Waiting for ibbackup (pid=42935) to suspend
    innobackupex: Suspend file
'/data/backup/2020-08-22_12-13-16/xtrabackup_suspended'

    xtrabackup_51 version 2.0.7 for MySQL server 8.0.59 unknown-linux-gnu (x86_64)
(revision id: undefined)
    xtrabackup: uses posix_fadvise().
    xtrabackup: cd to /data/mysql_data
    xtrabackup: Target instance is assumed as followings.
    xtrabackup:   innodb_data_home_dir = ./
    xtrabackup:   innodb_data_file_path = ibdata1:10M:autoextend
    xtrabackup:   innodb_log_group_home_dir = ./
    xtrabackup:   innodb_log_files_in_group = 2
    xtrabackup:   innodb_log_file_size = 5242880
    >> log scanned up to (0 1089752)
    [01] Copying ./ibdata1 to /data/backup/2020-08-22_12-13-16/ibdata1
    [01]        …done

    130822 12:13:19  innobackupex: Continuing after ibbackup has suspended
    130822 12:13:19  innobackupex: Starting mysql with options:
--defaults-file='/etc/my.cnf' --password=xxxxxxx --user='root'
--socket='/data/mysql_data/mysql.sock' --unbuffered --
    130822 12:13:19  innobackupex: Connected to database with mysql child process
(pid=43055)
    130822 12:13:21  innobackupex: Starting to lock all tables…
    130822 12:13:32  innobackupex: All tables locked and flushed to disk

    130822 12:13:34  innobackupex: Starting to backup non-InnoDB tables and files
    innobackupex: in subdirectories of '/data/mysql_data'
    innobackupex: Backing up file '/data/mysql_data/test/test_1.frm'
    innobackupex: Backing up files
'/data/mysql_data/mysql/*.{frm,isl,MYD,MYI,MAD,MAI,MRG,TRG,TRN,ARM,ARZ,CSM,CSV
,opt,par}' (69 files)
    130822 12:13:34  innobackupex: Finished backing up non-InnoDB tables and files

    130822 12:13:34  innobackupex: Waiting for log copying to finish

    xtrabackup: The latest check point (for incremental): '0:1164431'
    xtrabackup: Stopping log copying thread.
    .>> log scanned up to (0 1164431)
```

```
xtrabackup: Transaction log of lsn (0 1059943) to (0 1164431) was copied.
130822 12:13:37  innobackupex: All tables unlocked
130822 12:13:37  innobackupex: Connection to database server closed

innobackupex: Backup created in directory '/data/backup/2020-08-22_12-13-16'
innobackupex: MySQL binlog position: filename 'mysql-bin.000001', position
144432
innobackupex: MySQL slave binlog position: master host '', filename '', position
130822 12:13:37  innobackupex: completed OK!
```

首先解压源码包，然后使用提供的./utils/build.sh 工具进行编译安装，编译时需要指定版本
的 MySQL 源码，比如 mysql-8.0.22.tar.gz。源码可以从 MySQL 官方网站下载，然后复制到指定
目录，执行编译。编译时可以指定 MySQL 8.0。编译完成后，二进制文件位于 src 目录下，复制
到指定位置。

通过设置环境变量 PATH 指定二进制文件的寻找路径，然后执行 innobackupex 脚本备份文件，
脚本执行时指定了 MySQL 实例的配置文件和登录方式，如该备份程序从库上运行，可以指定
--slave-info 参数，用于记录备份完成时同步的位置。当出现"innobackupex: completed OK!"时，
说明备份成功。文件位于/data/backup/2020-08-22_12-13-16 目录下。

恢复过程如【示例 6-61】所示。

【示例 6-61】

```
[root@CentOS 2020-08-22_12-13-16]# cat -n  /etc/new.cnf
     1  [mysqld]
     2  port         = 3308
     3  socket       = /data/mysql_new/mysql.sock
     4  datadir=/data/mysql_new
     5  log-bin=/data/mysql_new/mysql-bin
[root@CentOS 2020-08-22_12-13-16]# xtrabackup_51  --prepare
--target-dir=/data/backup/2020-08-22_12-
  2020-08-22_12-02-11/ 2020-08-22_12-07-20/ 2020-08-22_12-08-19/
2020-08-22_12-10-22/ 2020-08-22_12-13-16/
[root@CentOS 2020-08-22_12-13-16]# xtrabackup_51  --prepare
--target-dir=/data/backup/2020-08-22_12-10-22/
  xtrabackup_51 version 2.0.7 for MySQL server 5.1.59 unknown-linux-gnu (x86_64)
(revision id: undefined)
  xtrabackup: cd to /data/backup/2020-08-22_12-10-22/
  xtrabackup: This target seems to be not prepared yet.
  xtrabackup: xtrabackup_logfile detected: size=2097152, start_lsn=(0 703883)
  xtrabackup: Temporary instance for recovery is set as followings.
  xtrabackup:   innodb_data_home_dir = ./
  xtrabackup:   innodb_data_file_path = ibdata1:10M:autoextend
  xtrabackup:   innodb_log_group_home_dir = ./
  xtrabackup:   innodb_log_files_in_group = 1
  xtrabackup:   innodb_log_file_size = 2097152
  xtrabackup: Temporary instance for recovery is set as followings.
```

```
    xtrabackup:  innodb_data_home_dir = ./
    xtrabackup:  innodb_data_file_path = ibdata1:10M:autoextend
    xtrabackup:  innodb_log_group_home_dir = ./
    xtrabackup:  innodb_log_files_in_group = 1
    xtrabackup:  innodb_log_file_size = 2097152
    xtrabackup: Starting InnoDB instance for recovery.
    xtrabackup: Using 104857600 bytes for buffer pool (set by --use-memory
parameter)
    InnoDB: The InnoDB memory heap is disabled
    130822 13:28:19  InnoDB: Initializing buffer pool, size = 100.0M
    130822 13:28:19  InnoDB: Completed initialization of buffer pool
    InnoDB: Log scan progressed past the checkpoint lsn 0 703883
    130822 13:28:19  InnoDB: Database was not shut down normally!
    InnoDB: Starting crash recovery.
    InnoDB: Reading tablespace information from the .ibd files…
    InnoDB: Doing recovery: scanned up to log sequence number 0 765235 (3 %)
    130822 13:28:19  InnoDB: Starting an apply batch of log records to the database…
    InnoDB: Progress in percents: 54 55 56 57 58 59 60 61 62 63 64 65 66 67 68 69
70 71 72 73 74 75 76 77 78 79 80 81 82 83 84 85 86 87 88 89 90 91 92 93 94 95 96
97 98 99
    InnoDB: Apply batch completed
    130822 13:28:20  InnoDB: Started; log sequence number 0 765235

    [notice (again)]
     If you use binary log and don't use any hack of group commit,
     the binary log position seems to be:

    xtrabackup: starting shutdown with innodb_fast_shutdown = 1
    130822 13:28:20  InnoDB: Starting shutdown…
    130822 13:28:25  InnoDB: Shutdown completed; log sequence number 0 765235
    [root@CentOS 2020-08-22_12-13-16]# xtrabackup_51  --prepare
--target-dir=/data/backup/2020-08-22_12-10-22/
    xtrabackup_51 version 2.0.7 for MySQL server 5.1.59 unknown-linux-gnu (x86_64)
(revision id: undefined)
    xtrabackup: cd to /data/backup/2020-08-22_12-10-22/
    xtrabackup: This target seems to be already prepared.
    xtrabackup: notice: xtrabackup_logfile was already used to '--prepare'.
    xtrabackup: Temporary instance for recovery is set as followings.
    xtrabackup:  innodb_data_home_dir = ./
    xtrabackup:  innodb_data_file_path = ibdata1:10M:autoextend
    xtrabackup:  innodb_log_group_home_dir = ./
    xtrabackup:  innodb_log_files_in_group = 2
    xtrabackup:  innodb_log_file_size = 5242880
    xtrabackup: Temporary instance for recovery is set as followings.
    xtrabackup:  innodb_data_home_dir = ./
    xtrabackup:  innodb_data_file_path = ibdata1:10M:autoextend
    xtrabackup:  innodb_log_group_home_dir = ./
```

```
xtrabackup:    innodb_log_files_in_group = 2
xtrabackup:    innodb_log_file_size = 5242880
xtrabackup: Starting InnoDB instance for recovery.
xtrabackup: Using 104857600 bytes for buffer pool (set by --use-memory
parameter)
InnoDB: The InnoDB memory heap is disabled
130822 13:28:26  InnoDB: Initializing buffer pool, size = 100.0M
130822 13:28:26  InnoDB: Completed initialization of buffer pool
130822 13:28:26  InnoDB: Log file ./ib_logfile0 did not exist: new to be created
InnoDB: Setting log file ./ib_logfile0 size to 5 MB
InnoDB: Database physically writes the file full: wait…
130822 13:28:26  InnoDB: Log file ./ib_logfile1 did not exist: new to be created
InnoDB: Setting log file ./ib_logfile1 size to 5 MB
InnoDB: Database physically writes the file full: wait…
InnoDB: The log sequence number in ibdata files does not match
InnoDB: the log sequence number in the ib_logfiles!
130822 13:28:26  InnoDB: Database was not shut down normally!
InnoDB: Starting crash recovery.
InnoDB: Reading tablespace information from the .ibd files…
130822 13:28:26  InnoDB: Started; log sequence number 0 765452

[notice (again)]
  If you use binary log and don't use any hack of group commit,
  the binary log position seems to be:

xtrabackup: starting shutdown with innodb_fast_shutdown = 1
130822 13:28:26  InnoDB: Starting shutdown…
130822 13:28:32  InnoDB: Shutdown completed; log sequence number 0 765452
[root@CentOS ~]# mkdir -p /data/mysql_new
[root@CentOS ~]# chown -R mysql.mysql /data/mysql_new
/data/backup/2020-08-22_12-13-16/
[root@CentOS ~]# mv /data/backup/2020-08-22_12-13-16/* /data/mysql_new
[root@CentOS ~]# mysqld_safe --defaults-file=/etc/new.cnf --user=mysql &
[root@CentOS ~]# mysql  -S /data/mysql_new/mysql.sock  -p123456
mysql> select * from test.test_1  limit 3;
+--------+--------+
| a      | b      |
+--------+--------+
| 123450 | 123450 |
| 27175  | 22781  |
|  8802  |  2618  |
+--------+--------+
3 rows in set (0.00 sec)
```

6.5.4 MySQL 复制

借助 MySQL 提供的复制功能，应用者可以经济高效地提高应用程序的性能、扩展力和高可用性。全球许多流量大的网站都通过 MySQL 复制来支持数以亿计、呈指数级增长的用户群,其中不乏 eBay、Facebook、Tumblr、Twitter 和 YouTube 等互联网巨头。MySQL 复制既支持简单的主从拓扑,又可实现复杂、极具可伸缩性的链式集群。

> 当使用 MySQL 复制时,所有对复制中的表的更新必须在主服务器上进行,否则可能引起主服务器上的表更新与从服务器上的表更新产生冲突。

利用 MySQL 的复制有以下好处:

(1) 增加 MySQL 服务的健壮性

数据库复制功能实现了主服务器与从服务器之间数据的同步,增加了数据库系统的可用性。当主服务器出现问题时,数据库管理员可以马上让从服务器作为主服务器,以便接管服务。之后有充足的时间检查主服务器的故障。

(2) 实现负载均衡

通过在主服务器和从服务器之间实现读写分离,可以更快地响应客户端的请求,如主服务器上只实现数据的更新操作,包括数据记录的更新、删除、插入等操作,而不关心数据的查询请求。数据库管理员将数据的查询请求全部转发到从服务器中,同时通过设置多台从服务器,处理用户的查询请求。

通过将数据更新与查询分别放在不同的服务器上进行,既可以提高数据的安全性,又可以缩短应用程序的响应时间、提高系统的性能。用户可根据数据库服务的负载情况灵活、弹性地添加或删除实例,以便动态按需调整容量。

(3) 实现数据备份

首先通过 MySQL 实时复制数据从主服务器上复制到从服务器上,从服务器可以设置在本地,也可以设置在异地,从而增加了容灾的健壮性。为了避免异地传输速度过慢,MySQL 服务器可以通过设置参数 slave_compressed_protocol 启用 binlog 压缩传输,数据传输效率大大提高,通过异地备份增加了数据的安全性。

当使用 mysqldump 导出数据进行备份时,如果作用于主服务器,可能会影响主服务器的服务,而在从服务器进行数据的导出操作不但能达到数据备份的目的,而且不会影响主服务器上的客户请求。

MySQL 使用 3 个线程来执行复制功能,其中一个在主服务器上,另外两个在从服务器上。当执行 START SLAVE 时,主服务器创建一个线程,负责发送二进制日志。从服务器创建一个 I/O 线程,负责读取主服务器上的二进制日志,然后将该数据保存到从服务器数据目录的中继日志文件中。从服务器的 SQL 线程负责读取中继日志并重做日志中包含的更新,从而达到主从数据库数据的一致性。整个过程如【示例 6-62】所示。

【示例 6-62】

```
#在主服务器上,SHOW PROCESSLIST 的输出
mysql> show processlist \G
*************************** 1. row ***************************
```

```
      Id: 2
    User: rep
    Host: 192.168.19.102:43986
      db: NULL
 Command: Binlog Dump
    Time: 100
   State: Has sent all binlog to slave; waiting for binlog to be updated
    Info: NULL
#在从服务器上，SHOW PROCESSLIST 的输出
mysql> show processlist \G
*************************** 1. row ***************************
      Id: 5
    User: system user
    Host:
      db: NULL
 Command: Connect
    Time: 46
   State: Waiting for master to send event
    Info: NULL
*************************** 2. row ***************************
      Id: 6
    User: system user
    Host:
      db: NULL
 Command: Connect
    Time: 125
   State: Has read all relay log; waiting for the slave I/O thread to update it
    Info: NULL
2 rows in set (0.00 sec)
```

这里，线程 2 是一个连接从服务器的复制线程。该信息表示所有主要更新已经被发送到从服务器，主服务器正等待更多的更新出现。

该信息表示线程 5 是同主服务器通信的 I/O 线程，线程 6 是处理保存在中继日志中的更新的 SQL 线程。SHOW PROCESSLIST 运行时，两个线程均空闲，等待其他更新。

> Time 列的值可以显示从服务器比主服务器滞后多长时间。

6.5.5 MySQL 复制搭建过程

本小节的示例涉及的主 MySQL 服务器为 192.168.19.101:3306，从 MySQL 服务器为 192.168.19.102:3306。为了便于演示主从复制的部署过程，以上两个实例都为新部署的实例。

（1）确认主从服务器上安装了相同版本的数据库，本节以 MySQL 5.1.71 为例。

（2）确认主从服务器已经启动并正常提供服务。主从服务器的关键配置如下：

【示例 6-63】

```
[root@CentOS ~]# cat -n /etc/master.cnf
    01  [mysqld]
    02  bind-address = 192.168.19.101
    03  port        = 3306
    04  log-bin     = /data/master/binlog/mysql-bin
    05  server-id   = 1
    06  datadir     = /data/master/dbdata
[root@CentOS ~]# cat -n /etc/slave.cnf
    01  [mysqld]
    02  bind-address = 192.168.19.102
    03  port        = 3306
    04  log-bin     = /data/slave/binlog/mysql-bin
    05  server-id   = 2
    06  datadir     = /data/slave/dbdata
```

（3）在 MySQL 主服务器上，分配一个复制使用的账户给 MySQL 从服务器，并授予 replication slave 权限。

【示例 6-64】

```
mysql> grant replication slave on *.* to rep@192.168.19.102;
Query OK, 0 rows affected (0.00 sec)
```

（4）登录主服务器，得到当前 binlog 的文件名和偏移量。

【示例 6-65】

```
mysql> show master logs;
+-------------------+-----------+
| Log_name          | File_size |
+-------------------+-----------+
| mysql-bin.000001  |       125 |
| mysql-bin.000002  |       106 |
| mysql-bin.000003  |       106 |
| mysql-bin.000004  |       106 |
| mysql-bin.000005  |       233 |
+-------------------+-----------+
5 rows in set (0.01 sec)
```

（5）登录从服务器，设置主备关系。

对从数据库服务器进行相应的设置，指定复制使用的用户、主服务器的 IP、端口，开始执行复制的文件和偏移量等。

【示例 6-66】

```
mysql> change master to
    ->        master_host='192.168.19.101',
    ->        master_port=3306,
```

```
       ->          master_user='rep',
       ->          master_password='',
       ->          master_log_file='mysql-bin.000005',
       ->          master_log_pos=233;
Query OK, 0 rows affected (0.05 sec)
```

（6）登录从服务器，启动 slave 线程并检查同步状态。

【示例 6-67】

```
mysql> start slave;
Query OK, 0 rows affected (0.01 sec)

mysql> show slave status \G
*************************** 1. row ***************************
               Slave_IO_State: Waiting for master to send event
                  Master_Host: 192.168.19.101
                  Master_User: rep
                  Master_Port: 3306
                Connect_Retry: 60
              Master_Log_File: mysql-bin.000006
          Read_Master_Log_Pos: 106
               Relay_Log_File: CentOS-relay-bin.000004
                Relay_Log_Pos: 251
        Relay_Master_Log_File: mysql-bin.000006
             Slave_IO_Running: Yes
            Slave_SQL_Running: Yes
              Replicate_Do_DB:
          Replicate_Ignore_DB:
           Replicate_Do_Table:
       Replicate_Ignore_Table:
      Replicate_Wild_Do_Table:
  Replicate_Wild_Ignore_Table:
                   Last_Errno: 0
                   Last_Error:
                 Skip_Counter: 0
          Exec_Master_Log_Pos: 106
              Relay_Log_Space: 679
              Until_Condition: None
               Until_Log_File:
                Until_Log_Pos: 0
           Master_SSL_Allowed: No
           Master_SSL_CA_File:
           Master_SSL_CA_Path:
              Master_SSL_Cert:
            Master_SSL_Cipher:
               Master_SSL_Key:
        Seconds_Behind_Master: 0
```

```
Master_SSL_Verify_Server_Cert: No
              Last_IO_Errno: 0
              Last_IO_Error:
             Last_SQL_Errno: 0
             Last_SQL_Error:
1 row in set (0.01 sec)
```

Slave_IO_Running 和 Slave_SQL_Running 都为 YES，说明主从服务器已经正常工作。若其中一个为 NO，则需根据 Last_IO_Errno 和 Last_IO_Error 显示的信息定位主从同步失败的原因。

（7）主从同步测试。

【示例 6-68】

```
#登录主服务器执行
[root@CentOS ~]# mysql -S  /data/master/dbdata/mysql.sock
mysql> create database ms;
Query OK, 1 row affected (0.03 sec)
mysql> show master logs;
+------------------+-----------+
| Log_name         | File_size |
+------------------+-----------+
| mysql-bin.000001 |       125 |
| mysql-bin.000002 |       106 |
| mysql-bin.000003 |       106 |
| mysql-bin.000004 |       106 |
| mysql-bin.000005 |       360 |
| mysql-bin.000006 |       185 |
+------------------+-----------+
6 rows in set (0.00 sec)
#登录从服务器执行
mysql> show databases;
+--------------------+
| Database           |
+--------------------+
| information_schema |
| ms                 |
| mysql              |
| test               |
+--------------------+
4 rows in set (0.00 sec)

mysql> show slave status \G
*************************** 1. row ***************************
          Slave_IO_State: Waiting for master to send event
```

```
                Master_Host: 192.168.19.101
                Master_User: rep
                Master_Port: 3306
              Connect_Retry: 60
            Master_Log_File: mysql-bin.000006
        Read_Master_Log_Pos: 185
             Relay_Log_File: CentOS-relay-bin.000004
              Relay_Log_Pos: 330
      Relay_Master_Log_File: mysql-bin.000006
           Slave_IO_Running: Yes
          Slave_SQL_Running: Yes
            Replicate_Do_DB:
        Replicate_Ignore_DB:
         Replicate_Do_Table:
     Replicate_Ignore_Table:
    Replicate_Wild_Do_Table:
Replicate_Wild_Ignore_Table:
                 Last_Errno: 0
                 Last_Error:
               Skip_Counter: 0
        Exec_Master_Log_Pos: 185
            Relay_Log_Space: 758
            Until_Condition: None
             Until_Log_File:
              Until_Log_Pos: 0
         Master_SSL_Allowed: No
         Master_SSL_CA_File:
         Master_SSL_CA_Path:
            Master_SSL_Cert:
          Master_SSL_Cipher:
             Master_SSL_Key:
      Seconds_Behind_Master: 0
Master_SSL_Verify_Server_Cert: No
              Last_IO_Errno: 0
              Last_IO_Error:
             Last_SQL_Errno: 0
             Last_SQL_Error:
1 row in set (0.00 sec)
```

　　首先登录主数据库，然后创建表，同时此语句会写入主数据库的 binlog 日志中，从数据库的 IO 线程读取到该日志写入本地的中继日志，从数据库的 SQL 线程重新执行该语句，从而实现主从数据库数据的一致。

6.6　小　结

　　本章首先介绍了 HTTP 协议，通过此协议，读者可以了解 HTTP 的原理及其常见返回码代表的含义，返回码在日常程序调试中具有重要的作用。通过介绍 Apache 服务安装与配置，读者了解了 Apache 服务常见的 3 种虚拟主机配置方法，其中基于域名的虚拟主机配置是使用比较广泛的一种方法，需要重点掌握。通过 PHP 的安装与配置介绍了 PHP 如何与 Apache 服务集成，集成后就可以通过 Apache 访问 PHP 文件了，最后针对 MySQL 的日常维护给出了操作示例。

第 7 章

搭建 LNMP 服务

Web 服务除了常见的 LAMP（Linux + Apache + MySQL + PHP）架构外，另一种应用比较广泛的架构是 LNMP（Linux + Nginx + MySQL + PHP）。Nginx 是一款轻量级的 Web 服务软件，同时支持负载均衡和反向代理。因为 Nginx 并发能力很强，所以国内很多大型公司都使用 Nginx 作为 Web 服务器。

本章首先介绍 LNMP 涉及的相关软件的安装与管理，然后介绍 Nginx 的负载均衡和反向代理，接着介绍 Nginx 和 PHP 的两种集成方式，最后通过 PHP 操作 MySQL 的实战案例，使读者了解如何通过 PHP 实现 MySQL 数据库表的增、删、改、查功能。

本章主要涉及的知识点有：

- LNMP 服务的安装与管理
- Nginx 负载均衡与反向代理
- 掌握 Nginx 与 PHP 集成的两种方式
- 掌握如何通过 PHP 操作 MySQL 数据库

7.1　LNMP 服务的安装与管理

本节主要介绍常见的 LNMP 服务的安装与管理。与 Apache 相比，Nginx 的安装包更轻量级。

7.1.1　Nginx 的安装与管理

由于 CentOS 8 默认情况下并不包含 Nginx 的安装源，因此在安装之前，用户需要先为 Nginx 添加源。在/etc/yum.repo.d 目录下创建名称为 nginx.repo 的文件，命令如下：

```
[root@CentOS ~]# vi /etc/yum.repos.d/nginx.repo
```

然后输入以下信息：

```
[nginx-stable]
name=nginx stable repo
baseurl=http://nginx.org/packages/centos/$releasever/$basearch/
gpgcheck=1
enabled=1
gpgkey=https://nginx.org/keys/nginx_signing.key

[nginx-mainline]
name=nginx mainline repo
baseurl=http://nginx.org/packages/mainline/centos/$releasever/$basearch/
gpgcheck=1
enabled=0
gpgkey=https://nginx.org/keys/nginx_signing.key
```

将以上文件保存之后，使用 yum 命令安装 Nginx，如【示例 7-1】所示。

【示例 7-1】

```
[root@CentOS ~]# yum -y install nginx
```

Nginx 安装完后，主程序位于/usr/sbin 目录下，目录结构如【示例 7-2】所示。

【示例 7-2】

```
[root@CentOS ~]# ls -l /usr/sbin/nginx
-rwxr-xr-x. 1 root root 1264168 Oct  7  2019 /usr/sbin/nginx
[root@CentOS ~]# ls -l /etc/nginx/
total 68
drwxr-xr-x. 2 root root  26 Dec 24 06:46 conf.d
drwxr-xr-x. 2 root root  22 Dec 24 06:46 default.d
-rw-r--r--. 1 root root 1077 Oct  7  2019 fastcgi.conf
-rw-r--r--. 1 root root 1077 Oct  7  2019 fastcgi.conf.default
-rw-r--r--. 1 root root 1007 Oct  7  2019 fastcgi_params
-rw-r--r--. 1 root root 1007 Oct  7  2019 fastcgi_params.default
-rw-r--r--. 1 root root 2837 Oct  7  2019 koi-utf
-rw-r--r--. 1 root root 2223 Oct  7  2019 koi-win
-rw-r--r--. 1 root root 5170 Oct  7  2019 mime.types
-rw-r--r--. 1 root root 5170 Oct  7  2019 mime.types.default
-rw-r--r--. 1 root root 2469 Oct  7  2019 nginx.conf
-rw-r--r--. 1 root root 2656 Oct  7  2019 nginx.conf.default
-rw-r--r--. 1 root root  636 Oct  7  2019 scgi_params
-rw-r--r--. 1 root root  636 Oct  7  2019 scgi_params.default
-rw-r--r--. 1 root root  664 Oct  7  2019 uwsgi_params
-rw-r--r--. 1 root root  664 Oct  7  2019 uwsgi_params.default
-rw-r--r--. 1 root root 3610 Oct  7  2019 win-utf
[root@CentOS ~]# ls -l /var/log/nginx/
total 0
```

Nginx 服务的主要文件为/usr/sbin/nginx，此程序为 Nginx 主程序。Nginx 的主要配置文件为

/etc/nginx/nginx.conf，此文件类似于 Apache 服务的配置文件 httpd.conf。

Nginx 虚拟主机设置

与 Apache 类似，Nginx 支持多种虚拟主机配置方式，如基于端口的虚拟主机配置、基于 IP 的虚拟主机配置和基于域名的虚拟主机配置。下面主要以基于域名的虚拟主机配置为例说明如何在 Nginx 下完成基于域名的虚拟主机配置。详细的设置过程与配置文件如【示例 7-3】所示。

【示例 7-3】

```
[root@CentOS sbin]# cd /etc/nginx/conf.d/
#创建虚拟主机配置文件
[root@CentOS conf.d]# cat -n www.test.com.conf
01  server {
02          listen      192.168.19.101:80;
03          server_name  www.test.com;
04
05          access_log  /data/logs/www.test.com.log main;
06          error_log  /data/logs/www.test.com.error.log;
07
08          location / {
09              root    /data/www.test.com;
10              index  index.html index.htm;
11          }
12  }
#将虚拟主机配置文件包含进主文件
[root@CentOS conf.d]# tail ../nginx.conf
#部分内容省略
#在 http 段中找到以下内容并删除每行前面的"#"
    log_format  main  '$remote_addr - $remote_user [$time_local] "$request" '
                      '$status $body_bytes_sent "$http_referer" '
                      '"$http_user_agent" "$http_x_forwarded_for"';
#配置文件结尾的最后一个"}"加入以下语句
include /etc/nginx/conf.d/*.conf;
}
#创建日志文件，否则无法启动 Nginx
[root@CentOS vhost]# mkdir -p /data/logs
[root@CentOS vhost]# touch /data/logs/www.test.com.log
[root@CentOS vhost]# touch /data/logs/www.test.com.error.log
#先测试配置文件，然后启动 Nginx
[root@CentOS vhost]# cd ../../sbin/
[root@CentOS sbin]# ./nginx -t
nginx: the configuration file /usr/local/nginx/conf/nginx.conf syntax is ok
nginx: configuration file /usr/local/nginx/conf/nginx.conf test is successful
[root@CentOS sbin]# ./nginx
#配置 host 用于测试
[root@CentOS sbin]# tail /etc/hosts
192.168.19.101 www.test.com
```

```
#创建虚拟主机目录并创建测试文件 index.html
[root@CentOS vhost] mkdir -p /data/www.test.com
[root@CentOS vhost] echo "www.test.com.index">/data/www.test.com/index.html
#测试文件
[root@CentOS sbin]# curl www.test.com
www.test.com.index
```

该示例中首先创建了虚拟主机配置文件 www.test.com.conf，在此文件中采用了基于域名的虚拟主机配置。每行的主要含义如下：

- 第 01 行为虚拟主机配置标识，此标识类似于 Apache 服务中的 VirtualHost。
- 第 02 行指定了该虚拟主机监听的 IP 和端口。
- 第 03 行为虚拟主机对应的域名，如果配置多个域名，可以用空格分开。
- 第 05、06 行指定了 Nginx 的日志配置。
- 第 8~11 行指定了虚拟主机的主目录和默认文件。

7.1.2　PHP 的安装

PHP 的安装前面已经介绍过了，如【示例 7-4】所示。

【示例 7-4】

```
[root@CentOS ~]# yum -y install php php-mysqlnd php-fpm
```

在 Apache 中将 PHP 作为一个模块进行加载，而 Nginx 通常是将 PHP 请求发送给 FastCGI 进程处理，因此安装时需要使用上述参数。更多参数及更详细的定制方法，可以参考第 6 章中的相关章节。

 MySQL 安装方法与第 6 章中介绍的方法相同，此处不再赘述。

7.2　Nginx 负载均衡与反向代理

Nginx 是一款优秀的 Web 软件，同时支持负载均衡和反向代理功能。本节主要介绍 Nginx 的负载均衡和反向代理相关的设置。

7.2.1　Nginx 负载均衡设置

Nginx 除了作为 Web 服务器外，还支持多种负载均衡算法。常见的算法有轮询、权重、IP 哈希等。

（1）轮询算法：每次将请求顺序分配到不同的服务器，可以实现请求在多台机器之间的轮询转发。轮询算法的负载均衡配置如【示例 7-5】所示。

【示例 7-5】

```
[root@CentOS vhost]# cat -n www.test.com.conf
```

```
01  upstream  test_svr
02  {
03        server  192.168.19.78:8080;
04        server  192.168.19.79:8080;
05        server  192.168.19.80:8080;
06  }
07  server {
08        listen        192.168.19.101:80;
09        server_name  www.test.com;
10
11        access_log  /data/logs/www.test.com.log  main;
12        error_log  /data/logs/www.test.com.error.log;
13
14        locatior / {
15            proxy_pass        http://test_svr;
16            root   /data/www.test.com;
17            index  index.html index.htm;
18        }
19  }
```

在 nginx.conf 配置文件中，用 upstream 指令定义一组负载均衡后端服务器池。

（2）权重算法：将不同的后端服务器设置不同的权重，以便实现请求的按比例分配，当后端服务器故障时，可以自动剔除该服务器。此算法的配置方法如【示例 7-6】所示。

【示例 7-6】

```
01  upstream  test_svr
02  {
03      server  192.168.19.78:8080 weight=2 max_fails=1 fail_timeout=10s;
04      server  192.168.19.79:8080 weight=2 max_fails=1 fail_timeout=10s;
05      server  192.168.19.80:8080 weight=6 max_fails=1 fail_timeout=10s;
06  }
```

其中，test_svr 为服务器组名。weight 设置服务器的权重，默认值是 1，权重值越大，表示该服务器可以接收的请求越多。max_fails 和 fail_timeout 表示如果某台服务器在 fail_timeout 时间内出现了 max_fails 次连接失败，Nginx 就会认为该服务器已经故障，从而剔除该服务器。

（3）IP 哈希算法：根据用户的客户端 IP 将请求分配给后端的服务器。由于源 IP 相同的客户端经过 IP 哈希算法后的值相同，因此同一客户端的请求可以分配到后端的同一台服务器上。IP 哈希负载均衡主要通过指令 ip_hash 指定，如【示例 7-7】所示。

【示例 7-7】

```
01  upstream  test_svr
02  {
03      ip_hash;
04      server  192.168.19.78:8080;
```

```
05      server  192.168.19.79:8080;
06      server  192.168.19.80:8080;
07  }
```

7.2.2　Nginx 反向代理配置

反向代理方式与普通的代理方式有所不同，使用反向代理服务器可以根据指定的负载均衡算法将请求转发给后端的真实 Web 服务器，可以将负载均衡和代理服务器的高速缓存技术结合在一起，从而提升静态网页的访问速度，因此可以实现较好的负载均衡。如需设置反向代理，可在 conf 目录中建立文件 proxy.conf 并修改 www.test.com.conf，如【示例 7-8】所示。

【示例 7-8】

```
[root@CentOS conf]# cat -n proxy.conf
01  proxy_redirect off;
02  proxy_set_header Host $host;
03  proxy_set_header X-Forwarded-For $remote_addr;
04  client_max_body_size 10m;
05  client_body_buffer_size 128k;
06  proxy_connect_timeout 3;
07  proxy_send_timeout 3;
08  proxy_read_timeout 3;
09  proxy_buffer_size 32k;
10  proxy_buffers 4 32k;
11  proxy_busy_buffers_size 64k;
12  proxy_temp_file_write_size 64k;
13  proxy_next_upstream error timeout http_500 http_502 http_503 http_504;
[root@CentOS conf]# cat -n vhost/www.test.com.conf
01  upstream test_svr
02  {
03      server 192.168.19.78:8080 weight=2 max_fails=1 fail_timeout=10s;
04      server 192.168.19.79:8080 weight=2 max_fails=1 fail_timeout=10s;
05      server 192.168.19.80:8080 weight=2 max_fails=1 fail_timeout=10s;
06  }
07
08  server {
09      listen 192.168.19.101:80;
10      server_name www.test.com;
11
12      location /
13      {
14          proxy_pass http://test_svr;
15          include proxy.conf;
16      }
17      location ~* ^.+\.(js|css|ico|jpg|jpeg|gif|png|swf|rar|zip)$
18      {
19          root /data/www.test.com/htdocs;
```

```
20          expires 2d;
21          access_log /data/logs/www.test.com-access_log main;
22      }
23
24      location ~ \.php$
25      {
26          fastcgi_pass 127.0.0.1:9000;
27          fastcgi_index index.php;
28          fastcgi_param SCRIPT_FILENAME
$document_root$fastcgi_script_name;
29          include fastcgi_params;
30      }
31
32  access_log  /data/logs/www.test.com-access_log main;
33  error_log   /data/logs/www.test.com-error_log;
34  }
```

其中，第 14 行 "proxy_pass http://test_svr" 用于指定反向代理的服务器池；第 17 行表示请求的文件如果为指定的扩展名，就直接从指定目录读取；第 24 行表示如果是以 ".php" 为扩展名的文件，就转给本地的 FastCGI 处理。在 proxy.conf 文件中，第 3 行表示将客户端真实的 IP 传送给后端服务器，若后端服务器需要获取客户端的真实 IP，则可以从变量 X-Forwarded-For 中获取。

如需了解更多参数的相关介绍，可以参考 Nginx 的帮助手册。

7.3 集成 Nginx 与 PHP

Nginx 与 PHP 常见的集成方式有两种：一种是通过 spawn-fcgi，另一种是通过 php-frm。两种集成方式类似，并无太大区别。本节主要介绍如何通过这两种方式集成 Nginx 和 PHP。

7.3.1 spawn-fcgi 集成方式

使用 spawn-fcgi 与 PHP 集成首先要安装相应的软件，这里的版本为 spawn-fcgi-1.6.4.tar.gz。软件安装与设置主要经过以下几个步骤：

1. spawn-fcgi 软件安装

安装过程如【示例 7-9】所示。

【示例 7-9】

```
#下载解压源码包
[root@CentOS soft]# wget http://download.lighttpd.net/spawn-fcgi/
releases-1.6.x/spawn-fcgi-1.6.4.tar.gz
[root@CentOS soft]# tar xvf spawn-fcgi-1.6.4.tar.gz
[root@CentOS soft]# cd spawn-fcgi-1.6.4
#检查系统环境
[root@CentOS spawn-fcgi-1.6.4]# ./configure  --prefix=/usr/local/spawn-fcgi
#编译源码
```

```
[root@CentOS spawn-fcgi-1.6.4]# make
#安装
[root@CentOS spawn-fcgi-1.6.4]# make install
```

经过上面的步骤，需要的软件 spawn-fcgi 已经安装完成，位于/usr/local/spawn-fcgi 目录下。spawn-fcgi 安装完成后，需要安装 PHP，安装命令可参考【示例 7-4】。

spawn-fcgi 集成方式需要 PHP 的 FastCGI 程序位于/usr/local/php/bin/php-cgi，在编译 PHP 时需要使用选项 "--enable-fastcgi"。

2. 虚拟主机设置

这里主要进行虚拟主机的相关配置。www.test.com 对应的虚拟主机配置可参考 7.1.1 小节。这里需要的配置文件如【示例 7-10】所示。

【示例 7-10】

```
[root@CentOS vhost]# cat  -n www.test.com.conf
   01  server {
   02    listen 192.168.3.88:80;
   03    server_name  www.test.com;
   04    root  /data/www.test.com;
   05
   06    access_log  /data/logs/www.test.com.access.log  main;
   07    error_log  /data/logs/www.test.com.error.log;
   08    location ~ \.php$
   09    {
   10       fastcgi_pass   127.0.0.1:9000;
   11       fastcgi_index  index.php;
   12       fastcgi_param SCRIPT_FILENAME $document_root$fastcgi_script_name;
   13       include  fastcgi_params;
   14    }
   15
   16    location /
   17    {
   18      index  index.php index.html index.htm;
   19    }
   20  }
```

以上为虚拟主机 www.test.com 支持 PHP 的设置。

第 01 行指定虚拟主机配置的开始。

第 03 行指定虚拟主机对应的域名。如果有多个域名，可以使用空格分隔。

第 04 行指定虚拟主机对应的主目录。

第 08~14 行为 PHP 与 spawn-fcgi 集成的关键配置，表示如果访问的文件以 ".php" 扩展名结尾，就将请求转到本机 127.0.0.1 的 9000 端口去处理。其中，第 11 行指定了默认的首页文件，第 12 行指定了 PHP 对应的处理 CGI，第 13 行表示包含/usr/local/nginx/conf 目录下的 fastcgi_params 文件。

3. 启动 spawn-fcgi

经过上面的设置，相关配置已经完成。然后启动 spawn-fcgi，启动命令如【示例 7-11】所示。

【示例 7-11】

```
#启动 spawn-fcgi
[root@CentOS ~]# cd /usr/local/spawn-fcgi/bin/
[root@CentOS bin]# ./spawn-fcgi -a 127.0.0.1 -p 9000 -f
/usr/local/php/bin/php-cgi
#检查 spawn-fcgi 是否启动成功
[root@CentOS ~]# netstat -plnt|grep 9000
tcp      0      0 127.0.0.1:9000        0.0.0.0:*        LISTEN      5015/php-cgi
```

经过上面的步骤，spawn-fcgi 已经启动。"-a"表示服务启动时绑定的 IP，"-p"表示服务启动时监听的端口，"-f"指定了 php-cgi 文件所在的位置。

4. 编辑测试文件

编辑测试文件 index.php 并启动 Nginx，文件内容及启动命令如【示例 7-12】所示。

【示例 7-12】

```
#编辑测试文件
[root@CentOS ~]# cat -n /data/www.test.com/index.php
   01  <?php
   02      phpinfo();
   03  ?>
[root@CentOS ~]# cd /usr/local/nginx/sbin/
#启动 Nginx
[root@CentOS sbin]# ./nginx
#检查是否启动成功
[root@CentOS sbin]# netstat -plnt|grep 80
tcp    0     0 0.0.0.0:80          0.0.0.0:*          LISTEN      5125/nginx
```

5. 集成结果测试

Nginx 启动成功后，可以进行访问测试，测试结果如图 7.1 所示。

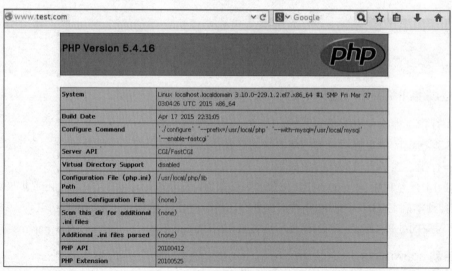

图 7.1　spawn-fcgi 集成方式测试

若正常出现上述输出，"Server API"栏显示为"CGI/FastCGI"，则表示 Nginx 通过 spawn-fcgi 与 PHP 集成，已经成功运行，然后就可以进行 PHP 程序的开发了。

7.3.2　php-fpm 集成方式

php-fpm 与 spawn-fcgi 类似，是 FastCGI 进程管理器，新的 PHP 版本已经集成 php-fpm 的源码。相对于 spawn-fcgi，php-fpm 的处理方式更高效，是推荐的集成方式。本小节主要介绍 php-fpm 集成过程与测试。

1. 安装 PHP

PHP 安装过程如【示例 7-13】所示。

【示例 7-13】

```
[root@CentOS ~]# yum -y install php-fpm
```

经过上面的步骤，PHP 软件已经安装完成，关键文件位于/usr/sbin/php-fpm。

2. 虚拟主机配置

这一步主要是进行虚拟主机的相关配置，www.test.com 对应的虚拟主机配置可参考 7.3.1 小节的内容。

3. 启动程序 php-fpm

配置完成后，可以启动 php-fpm，启动命令如【示例 7-14】所示。

【示例 7-14】

```
[root@CentOS ~]# systemctl start php-fpm
#检查启动结果
[root@CentOS ~]# systemctl status php-fpm
  php-fpm.service - The PHP FastCGI Process Manager
   Loaded: loaded (/usr/lib/systemd/system/php-fpm.service; disabled; vendor
preset: disabled)
   Active: active (running) since Fri 2020-12-25 06:23:45 PST; 1h 1min ago
 Main PID: 3828 (php-fpm)
   Status: "Processes active: 0, idle: 5, Requests: 2, slow: 0, Traffic:
0req/sec"
    Tasks: 6 (limit: 23800)
   Memory: 20.0M
   CGroup: /system.slice/php-fpm.service
           ├─3828 php-fpm: master process (/etc/php-fpm.conf)
           ├─3829 php-fpm: pool www
           ├─3830 php-fpm: pool www
           ├─3831 php-fpm: pool www
           ├─3832 php-fpm: pool www
           └─3833 php-fpm: pool www

Dec 25 06:23:45 CentOS systemd[1]: Stopped The PHP FastCGI Process Manager.
```

```
Dec 25 06:23:45 CentOS systemd[1]: Starting The PHP FastCGI Process Manager…
Dec 25 06:23:45 CentOS systemd[1]: Started The PHP FastCGI Process Manager.
```

经过上面的步骤,php-fpm 已经以系统服务的方式启动,启动时需要的配置采用了 php-fpm.conf 文件中的默认设置。

4. 测试

编辑测试文件 index.php 并启动 Nginx，文件内容及启动命令可参考 7.3.1 小节的对应内容。Nginx 启动成功后，测试结果如图 7.2 所示。

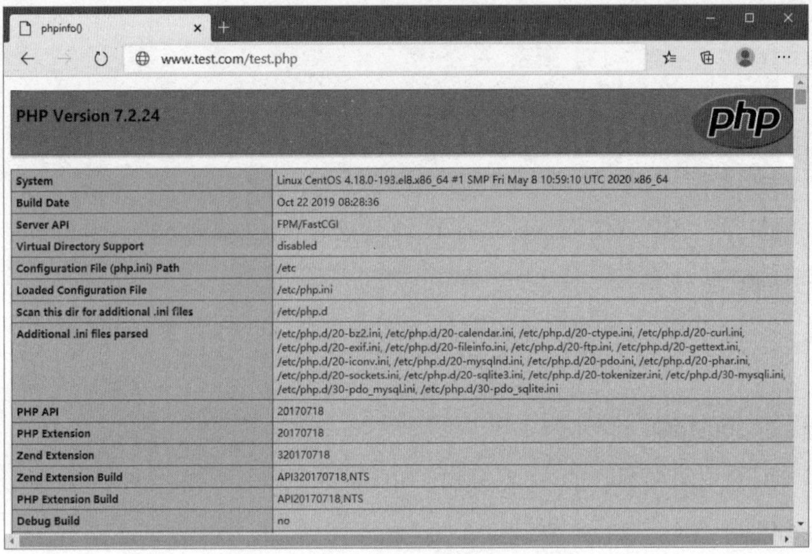

图 7.2 php-fpm 集成方式测试

若正常出现上述输出，"Server API"栏显示为"FPM/FastCGI"，则表示 Nginx 通过 php-fpm 与 PHP 集成，已经成功运行，然后就可以进行 PHP 程序的开发了。

7.4 LNMP 实战

PHP 提供了高级语言中的流程控制、循环、函数、类等功能，本节以一个简单的入门程序为例说明 PHP 程序的编写过程,然后介绍如何利用 PHP 实现 MySQL 表的查询、添加、修改和删除。

7.4.1 第一个 PHP 程序

本小节的示例比较简单，功能为在网页上显示字符串"Hello World！"，详细代码如【示例 7-15】所示。

【示例 7-15】

```
[root@CentOS BBS]# cat -n hello.php
    01  <html>
    02  <head>
```

```
03  <meta http-equiv="Content-Type" content="text/html; charset=UTF-8" />
04  <title>first PHP program</title>
05  <body>
06  <?php
07       echo "Hello World!";
08  ?>
09  </body>
10  </html>
```

第 01~04 行为 HTML 代码。PHP 代码以"<?php"标记开始、以"?>"标记结束。中间为 PHP 代码部分，如第 07 行的作用是使用 echo 命令显示字符串"Hello Word！"。

7.4.2　数据库连接

PHP 提供了一系列函数，用来操作 MySQL 数据库。本节主要介绍如何使用 PHP 程序连接 MySQL，主要代码如【示例 7-16】所示。

【示例 7-16】

```
[root@CentOS BBS]# cat  -n connect.php
    01  <?php
    02  #数据库 IP 地址
    03  $host = "192.168.19.101";
    04  #连接数据库的用户名
    05  $db_user = "bbs";
    06  #连接数据库的密码
    07  $db_pass = "bbs..com";
    08  #连接的数据库
    09  $db_name = "BBS";
    10  #指定时区
    11  $timezone = "Asia/Shanghai";
    12  #使用 mysql_connect 连接数据库
    13  $link = mysql_connect($host, $db_user, $db_pass);
    14  #判断是否连接成功
    15  if($link!=null)
    16  {
    17      echo "数据库连接成功";
    18  }
    19  else
    20  {
    21      echo "数据库连接失败！";
    22       exit();
    23  }
    24
    25  mysql_select_db($db_name, $link);
    26  mysql_query("SET names UTF8");
    27  #设置页面编码
```

```
28    header("Content-Type: text/html; charset=utf-8");
29    #设置默认时区
30    date_default_timezone_set($timezone);
31
32    ?>
```

上述示例首先设置了数据库的 IP 地址、用户名、密码和连接的数据库，然后调用 mysql_connect 函数连接数据库，并通过返回值判断连接是否成功。mysql_select_db 函数用于选择数据库，mysql_query 函数用于设置默认字符集编码，date_default_timezone_set 函数用于设置默认时区。

7.4.3　记录查询

上一小节介绍了如何使用 PHP 连接 MySQL，本小节主要介绍如何使用 PHP 查询数据库中的记录。这里涉及的数据库和表的创建语句如【示例 7-17】所示。

【示例 7-17】

```
mysql> CREATE DATABASE IF NOT EXISTS BBS;
Query OK, 1 row affected (0.00 sec)

mysql> USE BBS
Database changed
mysql> CREATE TABLE  IF NOT EXISTS `users` (
    -> `id` int(11) NOT NULL AUTO_INCREMENT,
    -> `uname` varchar(20) DEFAULT NULL,
    -> `address` varchar(200) DEFAULT NULL,
    ->  PRIMARY KEY (`id`)
    -> ) ENGINE=InnoDB DEFAULT CHARSET=utf8;
Query OK, 0 rows affected (0.00 sec)
mysql> INSERT INTO users(uname,address) VALUES('allen','BeiJing');
Query OK, 1 row affected (0.00 sec)

mysql> INSERT INTO users(uname,address) VALUES('cron','ShangHai');
Query OK, 1 row affected (0.00 sec)
```

以上创建了数据库 BBS，并创建了表 users，包含字段 id（INT 类型，该表的主键，自增）、字段 uname（表示用户名）、字段 address（表示地址）。INSERT 语句添加了测试数据。

查询表中的记录，首先需要连接数据库，然后使用 SELECT 语句查询出需要的记录，通过遍历将记录取出并显示到页面上。详细代码如【示例 7-18】所示。

【示例 7-18】

```
[root@CentOS BBS# cat -n users.php
01    <?php
02    include_once("connect.php");
03    ?>
04
05    <html>
06    <head>
07    <meta http-equiv="Content-Type" content="text/html; charset=UTF-8" />
```

```
08    <title>用户信息查询</title>
09    <link rel="stylesheet" type="text/css" href="css/main.css" />
10    <script language="javascript">
11    function check(form){
12        if(form.txt_keyword.value==""){
13            alert("查询关键字不能为空！");
14            form.txt_keyword.focus();
15            return false;
16        }
17    form.submit();
18    }
19    </script>
20    </head>
21
22    <body>
23    <table>
24        <tr>
25          <td height="30" align="center">
26              <form name="form1" method="get" action="">
27                  查询关键字 
28                  <input name="txt_keyword" type="text" id="txt_keyword"
      size="40">
29                  <input type="submit" name="Submit" value="搜索"
                  onClick="return check(form)">
30              </form>
31          </td>
32        </tr>
33    </table>
34    <table>
35        <thead>
36        <tr>
37          <td colspan="60"><span class="open"></span>用户信息查询</td>
38        </tr>
39        </thead>
40        <tbody>
41          <tr>
42              <td>用户 ID</td>
43              <td>用户名</td>
44              <td>地址</td>
45          </tr>
46          <?php
47              if($txt_keyword==null)
48              {
49                  $txt_keyword=$_GET["txt_keyword"];
50              }
51
52              $rs=mysql_query("select  id,uname,address from BBS.users  a
                  where  a.uname like '%$txt_keyword%'");
53              $count = mysql_num_rows ( $rs);
54              $i=1;
55              if($count==0)
```

```
56              {
57                  echo "<tr><td colspan=100 align=center><font color=red
                    size=3>没有查询到符合条件的记录! </td></tr>";
58                  exit;
59              }
60          while ( $row = mysql_fetch_row ( $rs ) )
61          {
62              $num=0;
63              ?>
64              <tr>
65              <td><?php echo $row[$num++]; ?></td>
66              <td><?php echo $row[$num++]; ?></td>
67              <td><?php echo $row[$num++]; ?></td>
68              </tr>
69              <?php
70          }
71          ?>
72      </tbody>
73  </table>
```

第 02 行使用 include 指令包含文件 connect.php。

第 10~19 行判断用户页面输入的参数，不允许输入的参数为空。

第 22 行开始为网页正文。

第 25~33 行是显示输入框，可以在页面上输入参数，单击【搜索】按钮后将参数传递给 MySQL 语句进行查询。

第 34 行指定接下来显示一个表格。

第 41~45 行为表格表头说明文字。

第 47~50 行判断当输入的参数为空时如何处理，若不输入任何参数，则显示表中所有符合条件的记录。

第 52 行将输入的关键词作为 MySQL 查询语句的参数，然后通过循环遍历结果集，并以表格的形式显示在页面上。

此示例的执行结果如图 7.3 所示。

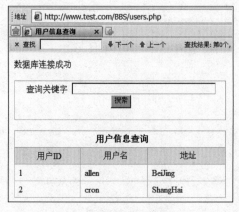

图 7.3 用户信息查询结果

7.4.4 增加分页

表中记录过多时，所有结果放在一页中会影响页面性能并影响浏览效果，通过分页可以优化显示效果。分页的方法有很多，本小节介绍一种简单的，查询时通过指定 MySQL 的 LIMIT 来实现指定范围记录的查询与显示。具体代码如【示例 7-19】所示。

【示例 7-19】

```
[root@CentOS BBS# cat -n users_page.php
    01    <?php
    02    include_once("connect.php");
    03    ?>
    04
    05    <html>
    06    <head>
    07    <meta http-equiv="Content-Type" content="text/html; charset=UTF-8" />
    08    <title>用户信息查询，带分页</title>
    09    <link rel="stylesheet" type="text/css" href="css/main.css" />
    10    <script language="javascript">
    11    function check(form){
    12        if(form.txt_keyword.value==""){
    13            alert("查询关键字不能为空！");
    14            form.txt_keyword.focus();
    15            return false;
    16        }
    17    form.submit();
    18    }
    19    </script>
    20    </head>
    21
    22    <body>
    23    <table>
    24        <tr>
    25            <td height="30" align="center">
    26                <form name="form1" method="get" action="">
    27                    查询关键字 
    28                    <input name="txt_keyword" type="text"
                           id="txt_keyword" size="40">
    29                    <input type="submit" name="Submit" value="搜索"
                           onClick="return check(form)">
    30                </form>
    31            </td>
    32        </tr>
    33    </table>
    34    <table algin="center">
    35        <thead>
    36        <tr>
```

```
37              <td colspan="60"><span class="open"></span>用户信息查询</td>
38          </tr>
39      </thead>
40      <tbody>
41          <tr>
42              <td>用户 ID</td>
43              <td>用户名</td>
44              <td>地址</td>
45          </tr>
46          <?php
47              if($txt_keyword==null)
48              {
49                  $txt_keyword=$_GET["txt_keyword"];
50              }
51              $page=$_GET["page"];
52
53              if ($page=="")
54              {
55                  $page=1;
56              }
57              $page_size=3;
58              $query="select count(*) as c from  BBS.users  a where
                    a.uname like '%$txt_keyword%'";
59              $rs_count=mysql_query($query);
60              $total_count=mysql_result($rs_count,0,"c");
61              $page_total=ceil($total_count/$page_size);
62              $offset=($page-1)*$page_size;
63
64              $rs=mysql_query("select  id,uname,address from BBS.users
a where a.uname like '%$txt_keyword%' limit $offset, $page_size");
65              $count = mysql_num_rows ( $rs);
66              $j=$offset+1;
67              $i=1;
68              if($count==0)
69              {
70                  echo "<tr><td colspan=100 align=center><font color=
                    red size=3>没有查询到符合条件的记录! </td></tr>";
71                  exit;
72              }
73              while ( $row = mysql_fetch_row ( $rs ) )
74              {
75                  $num=0;
76                  ?>
77                  <tr>
78                  <td><?php echo  $j++ ?></td>
79                  <td><?php echo $row[1]; ?></td>
80                  <td><?php echo $row[2]; ?></td>
```

```
81                    </tr>
82                    <?php
83            }
84         ?>
85     </tbody>
86  </table>
87
88  <table>
89     <tr>
90        <td>当前第<?php echo $page;?>页, 总共<?php echo $page_total;?>
           页, 总记录<?php echo $total_count;?>条</td>
91        <td>
92        <?php
93        if($page!=1)
94        {
95            echo  "<a href=users_page.php?page=1&txt_keyword=
              $txt_keyword>首页</a> ";
96            echo  "<a href=users_page.php?page=
              ".($page-1)."&txt_keyword=$txt_keyword>上一页</a> ";
97        }
98        if($page<$page_total)
99        {
100           echo  "<a href=users_page.php?page=
              ".($page+1)."&txt_keyword=$txt_keyword>下一页</a> ";
101           echo  "<a href=users_page.php?page=".$page_total."
              &txt_keyword=$txt_keyword>尾页</a> ";
102       }
103       ?>
104    </tr>
105 </table>
```

本示例与不带分页的示例的区别在于第 53~62 行。

第 53~56 行获取当前的页码编号, 如果为空, 用户首次浏览时就显示第一页内容。

第 57 行指定了每页可以显示记录的条数。

第 58~61 行主要执行查询并得到符合条件的记录总数。

第 62 行用于计算查询时需要的偏移量。

第 64 行根据计算的偏移量和每页显示的记录条数执行 LIMIT 查询。

第 88~105 行主要显示首页、下一页、上一页和尾页超链接, 并将查询关键字和页码编号传给指定的页码。

本例运行效果如图 7.4 所示。

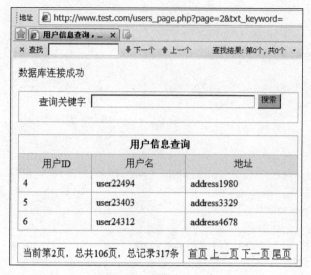

图 7.4　用户信息分页查询

7.4.5　添加记录

上一小节介绍了如何通过关键字查询符合条件的记录及如何分页，本小节介绍如何使用 PHP 添加 MySQL 记录。添加记录的代码如【示例 7-20】所示。

【示例 7-20】

```
[root@CentOS BBS]# cat -n  users_add.php
   01   <html>
   02   <head>
   03   <meta http-equiv="Content-Type" content="text/html; charset=UTF-8" />
   04   <title>用户信息添加</title>
   05   <link rel="stylesheet" type="text/css" href="css/main.css" />
   06   <script language="javascript">
   07   function check(form){
   08       if(form.uname.value=="")
   09       {
   10           alert("用户名不能为空！");
   11           form.uname.focus();
   12           return false;
   13       }
   14       form.submit();
   15   }
   16   </script>
   17   </head>
   18
   19   <body>
   20   <form name="users" method="GET" action="users_add_do.php">
   21       <table algin="center">
   22           <thead>
```

```
23          <tr>
24            <td    colspan=2>用户信息添加</td>
25          </tr>
26        </thead>
27        <tbody>
28            <tr>
29                <td>用户名</td><td><input name="uname" type="text"
                  id="uname" size="50"></td>
30            </tr>
31            <tr>
32                <td>地址</td><td><input name="address" type="text"
                  id="address" size="50"></td>
33            </tr>
34            <tr>
35            <td></td><td><input type="submit" name="submit" value="
              添加" onClick="return check(form)"> </td>
36            </tr>
37        </tbody>
38      </table>
39    </form>
```

运行效果如图 7.5 所示。

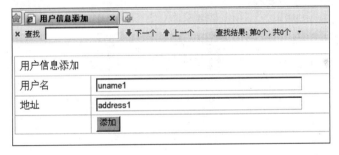

图 7.5　用户信息添加

　　输入用户信息，单击【添加】按钮后，需要由相应的处理程序将输入的信息添加到数据库中，代码如【示例 7-21】所示。

【示例 7-21】

```
[root@CentOS BBS]# cat -n users_add_do.php
   01   <?php
   02   include_once("connect.php");
   03   echo "<br>";
   04   $uname=$_GET["uname"];
   05   if($uname=="")
   06   {
   07       echo "用户名不能为空！";
   08   }
   09   else
```

```
10    {
11        $address=$_GET["address"];
12        $query=mysql_query("insert into BBS.users(uname,address)
          values('$uname','$address')");
13        if($query)
14        {
15            echo "记录添加成功";
16        }
17        else
18        {
19            echo "记录添加失败";
20        }
21    }
22    include("users_page.php");
23    ?>
```

运行效果如图 7.6 所示。

图 7.6　添加数据库记录

7.4.6　修改记录

如需修改数据库相关记录，首先需要根据该表的主键查询对应的记录，然后显示到修改页面，提交后保存到数据库中。

本小节介绍的修改功能对应的代码是在 users_page.php 的基础上修改的，主要是添加修改记录需要的超链接。超链接应该将当前记录的主键传到更新页面 users_update.php。users_page.php 所做的修改如【示例 7-22】所示。

【示例 7-22】

```
[root@CentOS BBS]# cat -n users_page.php
    01    #其余代码同 7.4.4 小节中的 user_page.php
    02        <tbody>
    03            <tr>
    04                <td>序号</td>
    05                <td>用户名</td>
```

```
06                    <td>地址</td>
07                    <td>操作</td>
08              </tr>
09
10    #其余代码同 7.4.4 小节中的 user_page.php
11                while ( $row = mysql_fetch_row ( $rs ) )
12                {
13                    $num=0;
14                    ?>
15                    <tr>
16                    <td><?php echo  $j++ ?></td>
17                    <td><?php echo $row[1]; ?></td>
18                    <td><?php echo $row[2]; ?></td>
19                    <td><a href=users_update.php?id=<?php echo
                    $row[0]; ?>>修改</a></td>
20                    </tr>
21                    <?php
22                }
23                ?>
24        </tbody>
25    </table>
26    #其余代码同 7.4.4 小节中的 user_page.php
```

以上代码的运行效果如图 7.7 所示。

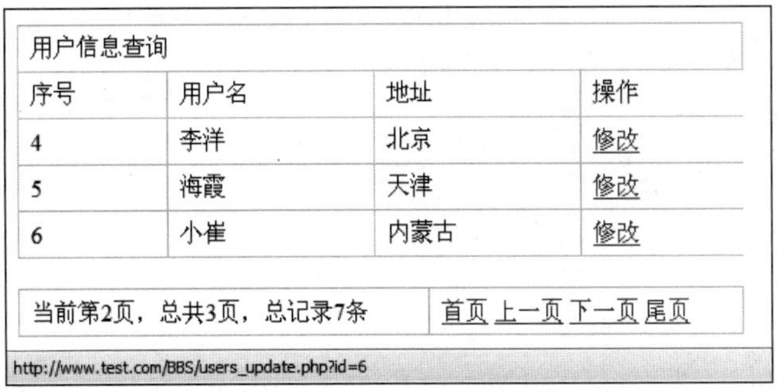

用户信息查询			
序号	用户名	地址	操作
4	李洋	北京	修改
5	海霞	天津	修改
6	小崔	内蒙古	修改

当前第2页，总共3页，总记录7条	首页 上一页 下一页 尾页

http://www.test.com/BBS/users_update.php?id=6

图 7.7　增加修改超链接

图 7.7 显示了修改需要的超链接，并将主键作为参数加入超链接中，以便更新页面可以通过指定的主键 ID 查找对应记录。

users_update.php 负责查询指定的记录并显示相关信息，详细代码如【示例 7-23】所示。

【示例 7-23】

```
[root@CentOS BBS]# cat -n users_update.php
  01    <?php
  02    include_once("connect.php");
  03    ?>
  04    <html>
  05    <head>
```

```
06    <meta http-equiv="Content-Type" content="text/html; charset=UTF-8" />
07    <title>用户信息修改</title>
08    <link rel="stylesheet" type="text/css" href="css/main.css" />
09    <script language="javascript">
10    function check(form){
11        if(form.uname.value=="")
12        {
13            alert("用户名不能为空！");
14            form.uname.focus();
15            return false;
16        }
17        form.submit();
18    }
19    </script>
20    </head>
21
22    <body>
23    <?php
24        $id=$_GET["id"];
25        $rs=mysql_query("select  id,uname,address from BBS.users  a where
          a.id=$id");
26        $count = mysql_num_rows ( $rs);
27        if($count==0)
28        {
29            echo "<tr><td colspan=100 align=center><font color=red size=3>
              没有查询到符合条件的记录！</td></tr>";
30            exit;
31        }
32        $row = mysql_fetch_row ( $rs )
33    ?>
34    <form name="users" method="GET" action="users_update_do.php">
35     <table algin="center">
36        <thead>
37        <tr>
38        <td   colspan=2>用户信息修改</td>
39        <input name="id" type="hidden" id="id" value=<?php echo
          $row[0]; ?> size="50">
40        </tr>
41        </thead>
42        <tbody>
43          <tr>
44           <td>用户名</td><td><input name="uname" type="text" id="uname"
              value="<?php echo $row[1]; ?>" size="50"></td>
45          </tr>
46          <tr>
47           <td>地址</td><td><input name="address" type="text" id=
```

```
                  "address" value="<?php echo $row[2]; ?>" size="50"></td>
    48          </tr>
    49          <tr>
    50            <td></td><td><input type="submit" name="submit" value="
                  修改" onClick="return check(form)">  </td>
    51          </tr>
    52        </tbody>
    53  </table>
    54  </form>
```

上述示例第 24 行得到记录的主键，第 25 行从数据库中查找对应的记录，第 32~54 行将查找到的记录以表单形式展现出来，显示效果如图 7.8 所示。

图 7.8　修改记录页面

在记录被修改后，可以通过单击"修改"按钮将更改后的数据传送给更新处理页面 users_update_do.php。该页面主要负责获取更新后的数据并更新到数据库中，详细代码如【示例 7-24】所示。

【示例 7-24】

```
[root@CentOS BBS]# cat -n users_update_do.php
    01  <?php
    02  include_once("connect.php");
    03  echo "<br>";
    04  //获取当前记录的 ID
    05  $id=$_GET["id"];
    06  //获取 uname
    07  $uname=$_GET["uname"];
    08  if($uname=="")
    09  {
    10      echo "用户名不能为空！";
    11  }
    12  else
    13  {
    14      //获取地址信息
    15      $address=$_GET["address"];
    16      $query=mysql_query("update  BBS.users set uname='$uname',
         address='$address' where id=$id");
    17      if($query)
    18      {
```

```
19          echo "记录修改成功";
20      }
21      else
22      {
23          echo "记录修改失败";
24      }
25  }
26  include("users_page.php");
27  ?>
```

此页面如果更新记录成功，就显示"记录修改成功"；如果修改失败，就显示"记录修改失败"。可根据此信息判断修改结果。

7.4.7　删除记录

要删除数据库中的记录时，首先获取当前记录的主键，然后在数据库中查找并删除。本小节的代码是在 7.4.4 小节中的 users_page.php 的基础上进行修改的，主要是添加删除记录需要的超链接。超链接应该将当前记录的主键传到更新页面 users_delete.php。完整的代码如【示例 7-25】所示。

【示例 7-25】

```
[root@CentOS BBS]# cat -n users_page.php
01  <?php
02  include_once("connect.php");
03  ?>
04
05  <html>
06  <head>
07  <meta http-equiv="Content-Type" content="text/html; charset=UTF-8" />
08  <title>用户信息查询</title>
09  <link rel="stylesheet" type="text/css" href="css/main.css" />
10  <script language="javascript">
11  function check(form){
12      if(form.txt_keyword.value==""){
13          alert("查询关键字不能为空！");
14          form.txt_keyword.focus();
15          return false;
16      }
17  form.submit();
18  }
19  function deleteCheck(){
20      if (confirm("真的要删除当前记录吗？"))
21      {
22          return true;
23      }
24      else
```

```
25              {
26                  return false;
27              }
28
29          }
30      </script>
31      </head>
32
33      <body>
34      <table>
35          <tr>
36              <td height="30" align="center">
37                  <form name="form1" method="get" action="">
38                      查询关键字 
39                      <input name="txt_keyword" type="text" id=
    "txt_keyword" size="40">
40                      <input type="submit" name="Submit" value="搜索"
    onClick="return check(form)">
41                  </form>
42              </td>
43          </tr>
44      </table>
45      <table algin="center">
46          <thead>
47          <tr>
48            <td colspan="60"><span class="open"></span>用户信息查询</td>
49          </tr>
50          </thead>
51          <tbody>
52              <tr>
53                  <td>用户 ID</td>
54                  <td>用户名</td>
55                  <td>地址</td>
56                  <td colspan=2>操作</td>
57              </tr>
58              <?php
59                  if($txt_keyword==null)
60                  {
61                      $txt_keyword=$_GET["txt_keyword"];
62                  }
63                  $page=$_GET["page"];
64
65                  if ($page=="")
66                  {
67                      $page=1;
68                  }
69                  $page_size=3;
```

```
70              $query="select count(*) as c from BBS.users  a where
      a.uname like '%$txt_keyword%'";
71              $rs_count=mysql_query($query);
72              $total_count=mysql_result($rs_count,0,"c");
73              $page_total=ceil($total_count/$page_size);
74              $offset=($page-1)*$page_size;
75
76              $rs=mysql_query("select  id,uname,address from BBS.users
      a where  a.uname like '%$txt_keyword%' order by id asc limit
      $offset, $page_size");
77              $count = mysql_num_rows ( $rs);
78              $j=$offset+1;
79              $i=1;
80              if($count==0)
81              {
82                  echo "<tr><td colspan=100 align=center><font color=
      red size=3>没有查询到符合条件的记录! </td></tr>";
83                  exit;
84              }
85              while ( $row = mysql_fetch_row ( $rs ) )
86              {
87                  $num=0;
88                  ?>
89                  <tr>
90                  <td><?php echo  $j++ ?></td>
91                  <td><?php echo $row[1]; ?></td>
92                  <td><?php echo $row[2]; ?></td>
93                  <td><a href=users_update.php?page=<?php echo
      $page;?>&id=<?php echo $row[0]; ?>>修改</a> 
94                      <a href=users_delete.php?page=<?php echo
      $page;?>&id=<?php echo $row[0]; ?> onClick="return
      deleteCheck()">删除</a>
95                  </td>
96                  </tr>
97                  <?php
98              }
99              ?>
100      </tbody>
101   </table>
102
103   <table>
104      <tr>
105          <td>当前第<?php echo $page;?>页, 总共<?php echo $page_total;?>
      页, 总记录<?php echo $total_count;?>条</td>
106          <td>
107          <?php
108          if($page!=1)
```

```
109                {
110                    echo  "<a href=users_page.php?page= 1&txt_keyword=
$txt_keyword>首页</a> ";
111                    echo  "<a href=users_page.php?page= ".($page-1).
"&txt_keyword=$txt_keyword>上一页</a> ";
112                }
113                if($page<$page_total)
114                {
115                    echo "<a href=users_page.php?page= ".($page+1).
"&txt_keyword=$txt_keyword>下一页</a> ";
116                    echo  "<a href=users_page.php?page= ".$page_total.
"&txt_keyword=$txt_keyword>尾页</a> ";
117                }
118                ?>
119            </tr>
120    </table>
```

运行效果如图 7.9 所示，底部的状态栏显示了超链接的内容。

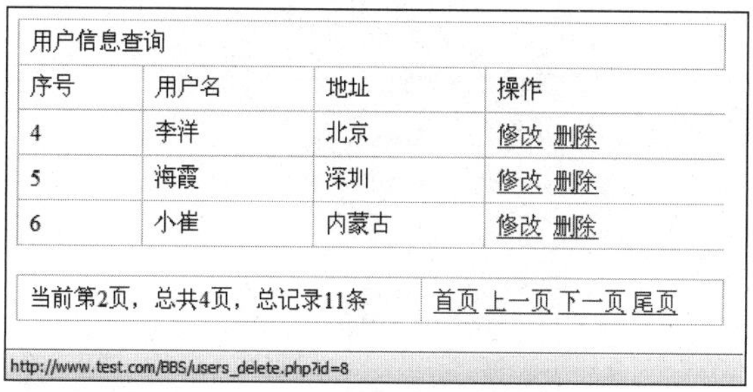

图 7.9　添加"删除"超链接

经过以上步骤，删除记录需要的主键 ID 已经加入超链接中，单击对应的超链接后，会弹出确认对话框，让用户确认是否真的删除，如图 7.10 所示。

图 7.10　确认对话框

单击"取消"按钮，将不进行记录删除操作；单击"确定"按钮，将进行记录删除操作。删除相关的代码如【示例 7-26】所示。

【示例 7-26】

```
[root@CentOS BBS]# cat -n users_delete.php
    01    <?php
    02    include_once("connect.php");
    03    echo "<br>";
```

```
04    //获取当前记录的ID
05    $id=$_GET["id"];
06    //获取 uname
07    $uname=$_GET["uname"];
08    if( $id == "" )
09    {
10        echo "ID不能为空！";
11    }
12    else
13    {
14        $query=mysql_query("delete from  BBS.users  where id=$id");
15        if($query)
16        {
17            echo "记录删除成功";
18        }
19        else
20        {
21            echo "记录删除失败";
22        }
23    }
24    include("users_page.php");
25    ?>
```

7.5　小　结

　　LNMP（Linux＋Nginx＋MySQL＋PHP）是一种应用比较广泛的Web服务架构。本章首先介绍了LNMP涉及的相关软件的安装与管理，然后介绍了Nginx的虚拟主机配置，接着介绍了Nginx和PHP的两种集成方式，最后通过实现数据库表的增、删、改、查功能介绍了Nginx＋PHP＋MySQL的应用。

第8章

Docker

Docker 是 Docker 公司基于 Apache 2.0 协议的开源软件，它可以把应用和环境打包到一起进行部署。比如，我们可以把 CentOS 8 和 MySQL 打包到一个 Docker 镜像中，然后就可以像运行一个程序一样来启动它。

Docker 的目标是加强部署环境的一致性，缩短开发、测试、部署、上线运行的时间。让我们开发的应用程序具备可移植性，易于构建。Docker 本身是客户机/服务器架构，服务器是在后台运行的，一般称之为 Docker 引擎，客户端是用来连接服务器的，一般称之为 Docker 命令。这样我们既可以在本地操作 Docker，又可以在其他机器上远程访问来操作 Docker。

本章主要涉及的知识点有：

- Docker 三大概念：镜像、仓库、容器
- Docker 安装
- Docker 基础使用命令
- Docker 搭建 LNMP 实战
- Docker Compose 介绍

8.1 Docker 三大概念——镜像、仓库、容器

1. Docker 镜像

Docker 镜像是我们把应用程序和运行环境打包在一起的文件，我们可以编写 Docker file 来告诉 Docker 如何把环境和应用打包到一起，形成一个镜像文件。

2. Docker 仓库

Docker 仓库是一台存放 Docker 镜像的服务器。我们可以把开发好的镜像上传到仓库中，也可以从仓库中拉取我们做好的镜像或者其他人共享出来的镜像。仓库分为官方仓库和私有仓库。官方仓库叫作 Docker Hub，访问 https://hub.docker.com，注册账号就可以使用了。私有仓库我们可以自己搭建。

3. Docker 容器

Docker 容器是启动之后的镜像实体。我们从仓库中拉取镜像以后，就可以通过镜像来启动容器了。一个镜像可以启动多个容器，就像我们可以启动多个记事本小应用程序一样。

8.2 安装 Docker

Docker 的安装比较简单，我们可以按照以下步骤来进行安装：

（1）检查 Docker 内核版本

安装 Docker 要求 Linux 的内核版本在 3.10 以上，CentOS 8 满足这个要求，可以用 uname -r 来检查一下：

```
[root@localhost ~]# uname -r
3.10.0-862.el7.x86_64
```

（2）添加 yum 仓库

这里我们使用 yum 的方式来安装 Docker。首先需要添加一个 yum 仓库。我们在/etc/yum.repos.d 下添加一个 docker.repo 文件：

```
vim /etc/yum.repos.d/docker.repo
```

添加下面的文本内容：

```
[dockerrepo]
name=Docker Repository
baseurl=https://yum.dockerproject.org/repo/main/centos/$releasever/
enabled=1
gpgcheck=1
gpgkey=https://yum.dockerproject.org/gpg
wq!退出保存一下
```

其中，baseurl 中的$releasever 的值代表的是当前系统的发行版本。这个值可以通过 rpm -qi centos-release 命令来查看：

```
[root@localhost ~]# rpm -qi centos-linux-release
Name        : centos-linux-release
Version     : 8.3
Release     : 1.2011.el8
Architecture: noarch
…
```

其中的 Version：8.3 就是系统的版本号。

（3）使用 yum 安装 Docker

添加好 Docker 的 repo 以后，就可以通过下面的命令来安装 Docker 了：

```
yum install -y docker-engine
```

（4）启动 Docker 并验证是否安装成功

安装完成以后，我们来启动 Docker 引擎，这里可以使用 systemctl 命令：

```
systemctl start docker.service
```

或者使用：

```
[root@localhost ~]# service docker start
Redirecting to /bin/systemctl start docker.service
```

验证是否成功：

```
[root@localhost ~]# docker version
Client:
 Version:     17.05.0-ce
 API version: 1.29
…

Server:
 Version:     17.05.0-ce
 API version: 1.29 (minimum version 1.12)
…
```

如果 Docker 服务器启动不了，可以更新一下再重新启动：

```
yum update
```

（5）设置 Docker 开机启动

我们使用 systemctl 命令来设置开机启动 Docker 引擎：

```
[root@localhost ~]# systemctl enable docker
Created symlink from /etc/systemd/system/multi-user.target.wants/docker.
service to /usr/lib/systemd/system/docker.service.
```

输入 reboot 命令重新启动 CentOS 8：

```
[root@localhost ~]# reboot
```

这次我们换成 docker info 命令来查看 Docker 的信息：

```
[root@localhost ~]# docker info
Containers: 1
 Running: 0
 Paused: 0
 Stopped: 1
Images: 2
Server Version: 17.05.0-ce
…
WARNING: bridge-nf-call-ip6tables is disabled
```

8.3　Docker 仓库和加速器

Docker 仓库其实跟 SVN 仓库、GIT 仓库比较类似，主要是用来存放 Docker 镜像文件的。Docker 官方搭建的仓库叫作 Docker Hub。我们也可以自己搭建私有仓库。

我们可以从 Docker 仓库中下载需要的镜像文件，但是由于显而易见的网络原因，拉取镜像的过程非常耗时，严重影响使用 Docker 的体验。此时需要使用加速器来加快镜像的下载。这里推荐 daocloud 提供的加速器。打开下面的网址：

```
https://www.daocloud.io/mirror#accelerator-doc
```

按照文档执行下面的命令配置加速器：

```
curl -sSL https://get.daocloud.io/daotools/set_mirror.sh | sh -s
http://f1361db2.m.daocloud.io

[root@localhost ~]# curl -sSL https://get.daocloud.io/daotools/set_mirror.sh
| sh -s http://f1361db2.m.daocloud.io
docker version >= 1.12
{"registry-mirrors": ["http://f1361db2.m.daocloud.io"]}
Success.
You need to restart docker to take effect: sudo systemctl restart docker
…
```

配置完之后记得重新启动 Docker 引擎：

```
[root@localhost ~]# systemctl restart docker
```

8.4　Docker 基础使用命令

Docker 的基础命令不是很多，本节以 MySQL 镜像为例来看看怎样拉取 MySQL 镜像，并成功运行在我们的机器上。

8.4.1　搜索镜像

调用 docker search 搜索 MySQL 镜像：

```
[root@localhost ~]# docker search mysql
NAME            DESCRIPTION                                   STARS    OFFICIAL   AUTOMATED
mysql           MySQL is a widely used, open-source relati…   7007     [OK]
mariadb         MariaDB is a community-developed fork of M…   2247     [OK]
```

在这里，我们看到有两个镜像：一个是 MySQL 的官方镜像，另一个是 MariaDB 的官方镜像。

8.4.2　拉取镜像

拉取 MySQL 5.7 官方镜像到本地：

```
[root@localhost ~]# docker pull mysql:5.7
5.7: Pulling from library/mysql
…
```

每一个镜像提交的时候都有一个标签。如果我们没有指定标签，默认会拉取最后一次的 MySQL 镜像版本，也就是 latest 标签对应的 MySQL。这里我们指定版本为 5.7。

8.4.3 查看本地镜像列表

查看本地镜像列表：

```
[root@localhost ~]# docker images |grep mysql
mysql              5.7            563a026a1511          4 weeks ago         372MB
```

我们可以看到 MySQL 是镜像的名称。5.7 是镜像的版本，563a026a1511 是镜像的 ID，372MB 指的是镜像的大小。

8.4.4 运行容器

我们先建立好 MySQL 的相关目录。这里先讲一个通用的概念，Docker 运行容器以后，会给容器分配一个唯一的标识（id）来标识这个容器。我们也可以给容器定义名称，如果有多台 MySQL 服务器，我们可以把名字定为 mysql001、mysql002，这里笔者只是先做一个示范，就定义为 mysql。有了 id 和名字以后，基本的启动、停止等操作就可以使用 id 或者名字来操作对应的容器了。

 id 可以略写，只要能够与其他容器的 id 或者名字进行区分就行。

比如 id 为 c8deda4a889aa635ffd673191c58fb6d1e89cf561dad20234e6a7c1232cf114d，实际操作的时候可以简写为 docker start c8d 等。

（1）创建 mysql 的配置文件目录：

```
mkdir -p /opt/mysql/conf
```

（2）创建 mysql 的日志文件目录：

```
mkdir -p /opt/mysql/logs
```

（3）创建数据文件目录：

```
mkdir -p /opt/mysql/data
```

（4）运行我们的 mysql 容器，首先进入配置好的 mysql 目录：

```
[root@localhost mysql]# cd /opt/mysql/
```

（5）启动容器：

```
[root@localhost mysql]# docker run -p 3306:3306 --name mysql -v
$PWD/conf:/etc/mysql/conf.d -v $PWD/logs:/logs -v $PWD/data:/var/lib/mysql -e
MYSQL_ROOT_PASSWORD=keep -d mysql:5.7
    c8deda4a889aa635ffd673191c58fb6d1e89cf561dad20234e6a7c1232cf114d
```

- -p: 表示程序启动的端口号，这里将容器的 3306 端口映射到了主机的 3306 端口。
- --name: 为运行的这个容器命名，这里的名称是 mysql。
- -v: 挂载虚拟卷，这里把创建的 3 个目录都挂载到了容器内部对应的 3 个目录中。
- -e: 初始化 root 密码。
- -d: deamon 运行。

最后的 mysql:5.7 表示运行的是 MySQL 镜像的 5.7 版本。

c8deda4a889aa635ffd673191c58fb6d1e89cf561dad20234e6a7c1232cf114d 是容器的 ID。

（6）查看容器：

```
[root@localhost mysql]# docker ps
CONTAINER ID      IMAGE     COMMAND     CREATED STATUS     PORTS            NAMES
c8deda4a889a      mysql:5.7 "docker-entrypoint…"  2 minutes ago      Up 2
minutes       0.0.0.0:3306->3306/tcp, 33060/tcp   mysql
```

8.4.5 停止容器

我们可以使用名称来停止容器：

```
[root@localhost mysql]# docker stop mysql
mysql
```

也可以使用 ID 来停止容器：

```
[root@localhost ~]# docker stop c8deda4a889a
```

8.4.6 重新运行容器

首先查看总共有哪些容器：

```
[root@localhost mysql]# docker ps -a
CONTAINER ID      IMAGE     COMMAND CREATED      STATUS   PORTS  NAMES
c8deda4a889a      mysql:5.7 "docker-entrypoint…"  4 minutes ago      Exited
(0) 56 seconds ago   mysql
```

使用名字或者 id 重新启动容器：

```
[root@localhost mysql]# docker start mysql
mysql
```

再次查看是否启动：

```
[root@localhost mysql]# docker ps
CONTAINER ID    IMAGE     COMMAND     CREATED STATUS      PORTS       NAMES
c8deda4a889a        mysql:5.7          "docker-entrypoint…"  31 minutes ago
Up 4 seconds        0.0.0.0:3306->3306/tcp, 33060/tcp   mysql
```

也可以使用 restart 命令重启：

```
[root@localhost mysql]# docker restart mysql
mysql
```

8.4.7 连接 MySQL 数据库

要使用 MySQL 自己的客户端连接 mysql，前提是连接到容器的 bash：

```
[root@localhost mysql]# docker exec -it mysql bash
root@42355706919d:/# mysql
```

进入 bash 以后，直接使用 MySQL 客户端命令进行连接：

```
root@42355706919d:/# mysql -pkeep
```

```
...

Type 'help;' or '\h' for help. Type '\c' to clear the current input statement.

mysql> create database qa;
Query OK, 1 row affected (0.09 sec)

mysql> show databases;
+--------------------+
| Database           |
+--------------------+
| information_schema |
| mysql              |
| performance_schema |
| qa                 |
| sys                |
+--------------------+
5 rows in set (0.01 sec)
```

在这里首先创建了一个数据库 qa，然后查看现在系统中有多少个数据库。使用 Windows 工具连接到容器（见图 8.1），打开 mysql 容器，可以看到 qa 数据库在列表中，如图 8.2 所示。

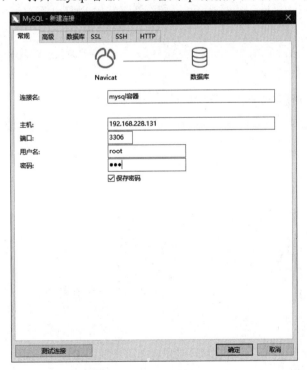

图 8.1　连接 mysql 容器

图 8.2 查看 mysql 容器

8.4.8 开机自动启动容器

开机自动启动容器，可以在 docker run 启动容器时使用--restart 参数来设置：

```
docker run -p 3306:3306 --name --restart=always mysql -v
$PWD/conf:/etc/mysql/conf.d -v $PWD/logs:/logs -v $PWD/data:/var/lib/mysql -e
MYSQL_ROOT_PASSWORD=keep -d mysql:5.7
```

如果开机的时候没有启动容器，也可以进行手动启动容器：

```
docker update --restart=always mysql
```

其中，mysql 是容器的名字。

8.4.9 删除容器

删除容器之前，需要先停止这个容器：

```
[root@localhost mysql]# docker stop mysql
mysql
```

再执行 rm 命令，这里可以使用容器的名称，也可以使用容器的 id。

```
[root@localhost mysql]# docker rm mysql
mysql
```

8.4.10 删除镜像

删除镜像之前，需要先删除所有使用该镜像的容器。
查看现在已经有的镜像：

```
[root@localhost ~]# docker images
REPOSITORY          TAG          IMAGE ID          CREATED          SIZE
mysql               5.7          563a026a1511      4 weeks ago      372MB
mysql               latest       6a834f03bd02      4 weeks ago      484MB
```

因为 MySQL 5.7 的镜像等一会儿还需要使用，所以这里删除 MySQL 的最新版本（latest）:

```
[root@localhost ~]# docker rmi 6a83
Untagged: mysql:latest
Untagged:
mysql@sha256:59e5ff6c9d6177d4b98432d055233502451da5c32c3481055b41942785df9e77
    Deleted: sha256:6a834f03bd02bb88cdbe0e289b9cd6056f1d42fa94792c524b4fddc474dab628
    Deleted: sha256:7c5fa90085d2a84db64c17365d10f5b53a5aa706268f638a907d1201e1bed152
    Deleted: sha256:6d0978f641c5d7d23caf78f1c9684a012e2ae57d470ece8445762c3477680de7
    Deleted: sha256:2f28bef8ce4a6d89c30b7ace59cfc5b588326c2557512ca407a30a757e536fbd
    Deleted: sha256:310bec32d59e1c6c90a0f4c626f82e4af855d2e62e08b5c57537024eb8913662
    Deleted: sha256:4156c6921920d628b3d2fcb90a9a42aae34aeb8a5ad633b360410c8b4d19f8be
```

这样镜像就删除完成了。再次运行 docker images 命令，会发现 latest 镜像已经没有了。

8.5　Docker 搭建 LNMP 实战

LNMP 指的是一个基于 Linux 的 Nginx、PHP、MySQL 整体框架。在搭建 LNMP 之前，先讲一下 Docker 中 link 的概念。

每次容器启动的时候，实际上容器的 IP 地址是容器的路由器自动分配的，也就是不固定的。这样的话，如果另一个容器 B 想访问容器 A 的服务，因为不知道 IP 地址，就会造成无法访问的问题。我们可以用容器的 link 命令让容器之间通过名字来访问。

为了实战演练方便，笔者设定这次的容器名称分别为 rc-mysql、rc-phpfpm、rc-nginx。rc 代表候选发布版本。

8.5.1　Docker 运行 MySQL

（1）建立 rc-mysql 对应的目录:

```
mkdir -p /opt/rc-mysql
cd /opt/rc-mysql/
mkdir -p /opt/rc-mysql/conf
mkdir -p /opt/rc-mysql/logs
mkdir -p /opt/rc-mysql/data
```

（2）拉取镜像:

```
docker pull mysql:5.7
```

（3）启动容器，名称设置为 rc-mysql:

```
cd /opt/rc-mysql/
```

```
docker run -d -p 3306:3306 --name rc-mysql --restart=always -v
$PWD/conf:/etc/mysql/conf.d -v $PWD/logs:/logs -v $PWD/data:/var/lib/mysql -e
MYSQL_ROOT_PASSWORD=keep  mysql:5.7
```

（4）修改数据库访问权限：

```
[root@localhost html]# docker exec -it rc-mysql /bin/bash
root@84f2a62d03ea:/# mysql -pkeep
Type 'help;' or '\h' for help. Type '\c' to clear the current input statement.

mysql> grant all privileges  on *.* to root@'%' identified by "keep";
Query OK, 0 rows affected, 1 warning (0.01 sec)

mysql> flush privileges;
Query OK, 0 rows affected (0.01 sec)
```

8.5.2　Docker 运行 PHP-FPM

这里需要与 MySQL 容器 rc-mysql 建立连接，可以使用 link 命令来实现这个连接。连接的语法为--link name:alias。其中 name 是源容器的名称，alias 是连接的这个容器的别名。

（1）建立 rc-phpfpm 对应的目录：

```
mkdir -p /opt/www/html
```

（2）拉取 PHP-FPM 和启动 PHP-FPM 在 9000 端口：

```
docker pull php:7.0-fpm
cd /opt/www
docker run -d -p 9000:9000 --name rc-phpfpm --restart=always -v
$PWD/html:/var/www/html --link rc-mysql:rc-mysql  php:7.0-fpm
```

（3）准备好测试 PHP 文件。

进入 html 目录：

```
cd /opt/www/html
vim index.php
```

输入内容：

```
<?php phpinfo(); ?>
```

保存。

（4）安装 MySQL 模块：

```
[root@localhost html]# docker exec -ti rc-phpfpm /bin/bash
root@15a2c5d150d9:/var/www/html# docker-php-ext-install pdo_mysql
Configuring for:
PHP Api Version:        20151012
…
Libraries have been installed in:
   /usr/src/php/ext/pdo_mysql/modules
```

...

8.5.3　Docker 运行 Nginx

Docker 运行 Nginx：

```
docker pull nginx

cd /opt/www/
docker run -d -p 80:80 --name rc-nginx -v $PWD/html:/var/www/html --link
rc-phpfpm:rc-phpfpm nginx
```

修改/etc/nginx.conf 配置文件，让 PHP 文件能够被 PHP-FPM 解析。因为容器中没有 vi 或者 vim 命令。我们把配置文件复制出来修改一下：

```
docker cp  rc-nginx:/etc/nginx/nginx.conf /opt/nginx/nginx.conf
```

使用 vim 命令修改：

```
server {
    listen      80;
      server_name  localhost;
      charset utf-8;
    location ~ \.php$ {
          root          /var/www/html;
        fastcgi_index  index.php;
        fastcgi_pass   rc-phpfpm:9000; # --link 进来的容器名称
        fastcgi_param  SCRIPT_FILENAME $document_root$fastcgi_script_name;
        include        fastcgi_params;
    }
    }
```

修改以后，再复制回去：

```
docker cp   /opt/nginx/nginx.conf rc-nginx:/etc/nginx/nginx.conf
```

重新启动容器：

```
docker restart rc-nginx
```

测试 PHP 连接 MySQL：

```
<?php
try {
    $con = new PDO('mysql:host=rc-mysql;dbname=sys', 'root', 'keep');
    $con->query('SET NAMES UTF8');
    $res = $con->query('select * from version');
    while ($row = $res->fetch(PDO::FETCH_ASSOC)) {
        echo "sys_version:{$row['sys_version']}
mysql_version:{$row['mysql_version']}";
    }
```

```
} catch (PDOException $e) {
    echo '错误原因: ' . $e->getMessage();
}

?>
```

8.6　认识 Docker Compose

Docker Compose 是用 Python 编写的，是一个用来定义和运行复杂应用的 Docker 工具。我们搭建的 LNMP 环境通常由多个容器组成，每次都需要启动多个容器。Docker Compose 可以通过一个配置文件来管理多个 Docker 容器，它允许用户通过一个单独的 docker-compose.yml 模板文件（YAML 格式）把一组相关联的应用容器定义为一个项目（Project）。在这个配置文件中，所有的容器通过 services 来定义，然后使用 docker-compose 脚本来启动、停止、重启应用和应用中的服务以及所有依赖服务的容器，非常适合组合使用多个容器进行开发的场景。

8.6.1　安装 Docker Compose

直接使用 yum 安装：

```
[root@localhost ~]# sudo yum install epel-release
…
已安装:
  epel-release.noarch 0:7-11
完毕!
[root@localhost ~]# sudo yum install -y python-pip
…
已安装:
  python2-pip.noarch 0:8.1.2-6.el7
完毕!
[root@localhost ~]# sudo pip install -U docker-compose
Collecting docker-compose
…
```

查看 Docker Compose 版本：

```
[root@localhost ~]# docker-compose version
docker-compose version 1.22.0, build f46880f
docker-py version: 3.5.0
CPython version: 2.7.5
OpenSSL version: OpenSSL 1.0.2k-fips  26 Jan 2017
```

8.6.2　Docker Compose 搭建 LNMP 实战

使用 Docker Compose 搭建 LNMP，我们还是一步一步来，先搭建 MySQL 进行测试。

（1）创建 lnmp 目录，在下面创建 mysql 的目录：

```
mkdir -p /opt/compose/lnmp
mkdir -p /opt/compose/lnmp/mysql
mkdir -p /opt/compose/lnmp/mysql/conf
mkdir -p /opt/compose/lnmp/mysql/data
mkdir -p /opt/compose/lnmp/mysql/logs
```

（2）编写 Docker Compose 的 yaml 文件。

在/opt/compose/lnmp 下编写 docker-compose.yml 文件。

```
[root@localhost lnmp]# vim docker-compose.yml
version: "1"
services:
  mysql:
    hostname: mysql
    image: mysql:5.7
    environment:
      - TZ=Asia/Shanghai
    ports:
      - 3306:3306
    networks:
      - lnmp
    volumes:
      - ./mysql/conf:/etc/mysql/conf.d
      - ./mysql/data:/var/lib/mysql
      - ./mysql/logs:/logs
    environment:
      MYSQL_ROOT_PASSWORD: keep
networks:
  lnmp:
```

在 services 中定义了 mysql 服务，hostname 名字为 mysql。

（3）启动 Docker Compose：

```
[root@localhost lnmp]# docker-compose up -d
Recreating lnmp_mysql_1 … done
```

（4）停止 Docker Compose：

```
[root@localhost lnmp]# docker-compose down
Stopping lnmp_mysql_1 … done
Removing lnmp_mysql_1 … done
Removing network lnmp_lnmp
```

（5）添加 PHP。

在 services 下再添加 PHP 对应的配置：

```
services:
  php:
    image: php:7.0-fpm
```

```
    networks:
      - lnmp
    ports:
      - 9000:9000
    volumes:
      - ./www/html:/var/www/html
    environment:
      - TZ=Asia/Shanghai
```

（6）添加 Nginx：

```
services:
  php:
    省略…
  nginx:
    image: nginx:1.13
    networks:
      - lnmp
    ports:
      - 80:80
    volumes:
      - .//www/html:/var/www/html
      - ./nginx/nginx.conf:/etc/nginx/nginx.conf
      - ./nginx/conf.d/default.conf:/etc/nginx/conf.d/default.conf
    environment:
      - TZ=Asia/Shanghai
    links:
      - php
```

（7）重新启动 Docker Compose 就完成了。

8.7 小 结

Docker 已经成为容器的主流，本章主要介绍了它的简单使用方法，并通过 8.5 节的实战方式，让读者可以亲自上手，真正学会 Docker。

第9章

LVS 集群

电子商务已经成为生活中不可缺少的一部分，可以给用户带来方便和效率。随着计算机硬件的发展，单台计算机的性能和可靠性越来越高，网络的飞速发展给网络带宽和服务器带来了巨大的挑战，网络带宽的增长远高于处理器速度和内存访问速度的增长，急剧膨胀的用户请求已经使单台计算机难以达到用户的需求。为了满足急剧增长的需求，使用集群技术负载均衡迫在眉睫。

本章首先介绍什么是集群技术及集群的体系结构，然后介绍集群软件 LVS（Linux Virtual Server，Linux 虚拟服务器）的负载调度算法，并结合各种调度算法给出实际案例。

本章主要涉及的知识点有：

- Linux 集群体系结构
- LVS 负载均衡调度算法
- LVS 负载均衡的安装与设置

 本章介绍的 LVS 负载均衡管理主要针对 Linux 系统下的负载均衡，在 Windows 领域软件层面尚没有匹配的开源软件支持负载均衡。

9.1 集群技术简介

如今互联网应用，尤其是 Web 服务已经越来越广泛。电子商务网站需要提供每天 24 小时不间断的服务，如发生硬件损坏导致服务中断将造成不可挽回的经济损失。越来越多的网站交互性不断增强，随着用户量的增长，需要更强的 CPU 和 IO 处理能力。在数据挖掘领域，需要在大量数据中找出有价值的信息，时间是必须考虑的因素。集群技术的出现顺利解决了这两种问题：高可用性集群和高性能集群。

集群通过一组相对廉价的设备实现服务的可伸缩性，当服务请求急剧增长时，服务依然可用，响应依然快速。集群可以允许部分硬件或软件发生故障，通过集群管理软件将故障屏蔽，从而提供

24 小时不间断的服务。相对于高端服务器的昂贵成本，使用廉价的设备组成集群所花费的经济成本相对可以承受。

高可用性集群可以提供负载均衡，通过把任务轮流分给多台服务器去完成，以避免某台服务器负载过高。同时，负载均衡是一种动态均衡，可以通过一些工具或软件实时地分析数据包，掌握网络中的数据流量状况，合理分配任务。

 比如在数据链路层可以根据数据包的 MAC 地址选择不同的路径，网络层则可以利用基于 IP 地址的分配方式将数据分配到多个节点。对于不同的应用环境，如计算负荷较大的电子商务网站、IP 读写频繁的数据库应用、网络传输量大的视频服务等各自都有对应的负载均衡算法。

9.2　LVS 集群介绍

LVS 针对高可伸缩、高可用网络服务的需求，中国的章文嵩博士给出了基于 IP 层和基于内容请求分发的负载均衡调度解决方案，并在 Linux 内核实现，将一组服务器构成一个实现可伸缩的、高可用的网络服务的虚拟服务器。虚拟服务器的体系结构如图 9.1 所示。

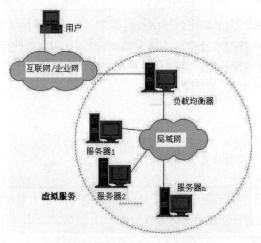

图 9.1　虚拟服务器的体系结构

一组服务器通过高速的局域网或地理分布的广域网相互连接，前端有一个负载均衡器（Load Balancer），有时简称为 LD。负载均衡器负责将网络请求调度到真实服务器（Real Server，RS）上，从而使得服务器集群的结构对应用是透明的。应用访问集群系统提供的网络服务就像访问一台高性能、高可用的服务器一样。集群的伸缩性可以通过在服务集群中动态地加入和删除服务器节点来实现。通过定期检测节点或服务进程状态可以动态地剔除故障的节点，从而使系统达到高可用性。

9.2.1　3 种负载均衡技术

在 LVS 框架中，提供了 IP 虚拟服务器软件（IPVS），包含 3 种 IP 负载均衡技术，通过此软件可以快速搭建高可伸缩、高可用的网络服务，管理也非常方便。

IPVS 软件实现的 3 种 IP 负载均衡技术及其原理介绍如下：

1. 通过网络地址转换实现虚拟服务器（Virtual Server via Network Address Translation，VS/NAT）

在这种技术中，前端负载均衡器通过重写请求数据包的目的地址实现网络地址转换，根据设定的负载均衡算法将请求分配给后端的真实服务器。真实服务器的响应数据包通过负载均衡器时，数据包的源地址被重写，然后返回给客户端，从而完成整个负载调度过程。由于 NAT 的每次请求接收和返回都要经过负载均衡器，因此对前端负载均衡器的性能要求较高，如业务请求量较大，负载均衡器可能成为瓶颈。LVS NAT 模式体系结构如图 9.2 所示。

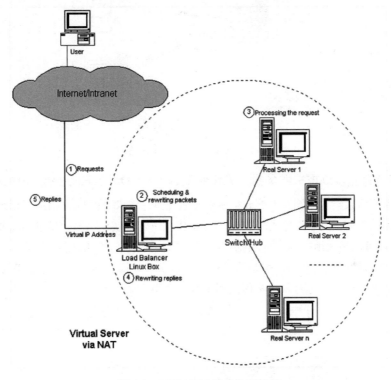

图 9.2　LVS NAT 模式体系结构

2. 通过 IP 隧道实现虚拟服务器（Virtual Server via IP Tunneling，VS/TUN）

LVS TUN 模式体系结构如图 9.3 所示。采用 NAT 技术时，由于请求和响应数据包都必须经过负载均衡器地址重写，当客户请求越来越多时，负载均衡器的处理能力可能成为瓶颈。为了解决这个问题，负载均衡器把请求数据包通过 IP 隧道转发至真实服务器，而真实服务器将响应直接返回给客户，这种技术负载均衡器只处理请求数据包。由于结果不需要经过负载均衡器，采用这种技术的集群吞吐能力也更强大，同时 LVS TUN 模式可以支持跨网段，并支持跨地域部署，使用非常灵活。

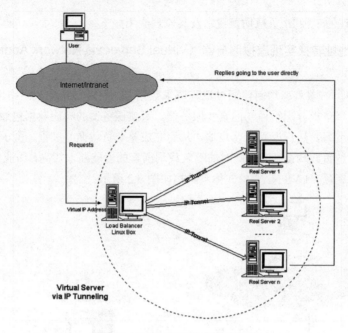

图 9.3　LVS TUN 模式体系结构

3. 通过直连路由实现虚拟服务器（Virtual Server via Direct Routing，VS/DR）

LVS DR 模式体系结构如图 9.4 所示。该模式通过改写请求数据包的 MAC 地址将请求发送到真实服务器，类似于 LVS TUN 模式。在 LVS DR 模式下，真实服务器将响应直接返回给客户端，因此 VS/DR 技术可以极大地提高集群系统的伸缩性。这种方法没有 IP 隧道的开销，真实服务器也没有必须支持 IP 隧道协议的要求，但是这种模式要求负载均衡器与真实服务器在同一个物理网段上。由于同一个网段机器数量有限，从而限制了其应用范围。

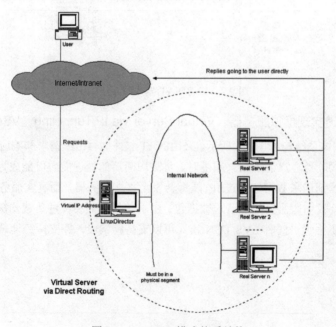

图 9.4　LVS DR 模式体系结构

9.2.2　负载均衡调度算法

针对不同的网络服务需求和服务器配置，IPVS 负载均衡器提供了如下几种负载调度算法：

（1）轮询算法

负载均衡器通过轮询算法（Round Robin，RR）将外部请求按顺序轮流分配到集群中的真实服务器上，每台后端的服务器都是平等无差别的。这种算法忽略了真实服务器的负载情况，需结合其他监控手段一起使用。

（2）加权轮询算法

负载均衡器通过加权轮询（Weighted Round Robin，WRR）算法根据真实服务器的不同处理能力来调度访问请求，从而让处理能力强的服务器处理更多的请求。负载均衡器可以自动问询真实服务器的负载情况，并动态地调整其权值，相比轮询模式，有更大的灵活性。

（3）最少链接算法

负载均衡器通过最少链接（Least Connections，LC）算法动态地将网络请求调度到已建立的链接数最少的服务器上。如果集群系统的真实服务器具有相近的系统性能，采用这种算法可以较好地均衡负载。

（4）加权最少链接算法

加权最少链接在集群系统中的服务器性能差异较大的情况下，负载均衡器采用加权最少链接（Weighted Least Connections，WLC）算法优化负载均衡的性能，具有较高权值的服务器将承受较大比例的活动链接负载。

（5）基于局部性的最少链接算法

基于局部性的最少链接（Locality-Based Least Connections，LBLC）算法是针对目标 IP 地址的负载均衡，该算法根据请求的目标 IP 地址找出该目标 IP 地址最近使用的服务器，若该服务器是可用的且没有超载，则将请求发送到该服务器；若服务器不存在或服务器超载，则用最少链接的原则选出一个可用的服务器，将请求发送到该服务器。

（6）带复制的基于局部性的最少链接算法

带复制的基于局部性的最少链接（Locality-Based Least Connections with Replication，LBLCR）算法是针对目标 IP 地址的负载均衡，与 LBLC 算法的不同之处是要维护从一个目标 IP 地址到一组服务器的映射。该算法根据请求的目标 IP 地址找出该目标 IP 地址对应的服务器组，按最小链接原则从服务器组中选出一台服务器，若服务器没有超载，则将请求发送到该服务器；若服务器超载，则按最小链接原则从这个集群中选出一台服务器，将该服务器加入服务器组中，将请求发送到该服务器。

（7）目标地址散列算法

目标地址散列（Destination Hashing，DH）算法根据请求的目的 IP 地址作为散列键，从静态分配的散列表找出对应的真实服务器，若该服务器是可用的且未超载，则将请求发送到该服务器，否则返回空。

（8）源地址散列算法

源地址散列（Source Hashing，SH）算法根据请求的源 IP 地址作为散列键，从静态分配的散列表找出对应的服务器，若该服务器是可用的且未超载，则将请求发送到该服务器，否则返回空。

9.3 LVS 集群的体系结构

LVS 集群采用 IP 负载均衡技术和基于内容请求的分发技术。负载均衡器具有很好的吞吐率，将请求均衡地转移到不同的服务器上执行，且负载均衡器自动屏蔽掉服务器的故障，从而将一组服务器构成一个高性能的、高可用的、可伸缩的虚拟服务器。整个服务器集群的结构对客户是透明的，而且无须修改客户端和服务器端的程序。为此，在设计时需要考虑系统的透明性、可伸缩性、高可用性和易管理性。一般来说，LVS 集群采用三层结构，其体系结构如图 9.5 所示。

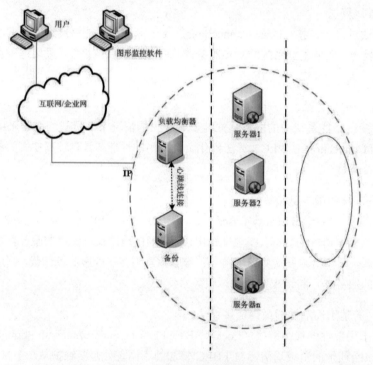

图 9.5　负载均衡通用体系结构

负载均衡集群的通用体系结构一般主要有 3 个组成部分，分别为：

（1）负载均衡器（Load Balancer，LD），是整个集群最外面的前端机，上面部署一个 VIP 服务，客户请求到达该 VIP 后，LD 负责将客户的请求发送到后端的真实服务器上执行，而客户认为服务是来自一个 IP 地址上的。

（2）真实服务器池（Real Server Pool），是一组真正执行客户请求的服务器，负责处理用户请求并返回结果。

（3）共享存储（Shared Storage），是可选组成部分，主要提供一个共享的存储区，从而使得服务器池拥有相同的内容，提供相同的服务。

9.4 LVS 负载均衡配置实例

如今 Web 应用已经非常广泛，本节主要以搭建一组 Web 服务器并实现 LVS 的负载均衡为例说明 LVS 负载均衡的配置方法。搭建 LVS 相关的服务器信息如表 9.1 所示。

表9.1 LVS实例相关信息

参　数	说　明
负载均衡器	192.168.32.100、192.168.32.200
虚拟 IP	192.168.32.150
后端真实服务器（RS）	192.168.32.1、192.168.32.2
测试域名	www.test.com

用户访问 www.test.com 时，会解析到 192.168.32.150，然后负载均衡器通过算法将请求转到后端的真实服务器 192.168.32.1 或 192.168.32.2 上，从而达到负载均衡的目的。

在开始所有配置之前，需要确认所有计算机上的 LVS 模块已加载（模块名为 ip_vs），防火墙、SELinux 等都做了妥善的设置，任何环节设置不合理都会导致整个 LVS 无法工作。

9.4.1 基于 NAT 模式的 LVS 的安装与配置

NAT（Network Address Translation）技术的出现有效缓解了 IPv4 地址空间不足的问题。通过重写请求数据包的 IP 地址（目标地址、源地址和端口等）将私有地址转换成合法的 IP 地址，从而实现一个局域网只需使用少量 IP 地址即可实现私有地址网络内所有计算机与互联网的通信需求。不同 IP 地址的服务器组也认为其是与客户直接相连的。由此可以用 NAT 方法将不同 IP 地址的并行网络服务变成在一个 IP 地址上的虚拟服务。根据上文提供的服务器信息介绍基于 NAT 的 Web 集群配置。

1. ipvsadm 软件安装

首先应该安装 LVS 管理工具 ipvsadm，本示例中采用的版本为 ipvsadm-1.26.tar.gz，安装过程如【示例 9-1】所示。

【示例 9-1】

```
#解压源码包，在下载源码包时注意内核版本，下载对应的配置工具
[root@CentOS soft]# tar xvf ipvsadm-1.26.tar.gz
#可直接编译
[root@CentOS ipvsadm-1.26]# make
#安装
[root@CentOS ipvsadm-1.26]# make install
#确认 ipvsadm 安装成功
[root@CentOS ipvsadm-1.26]# /sbin/ipvsadm -v
ipvsadm v1.26 2008/5/15 (compiled with popt and IPVS v1.2.1)
```

安装完毕后主要的程序有 3 个：

- /sbin/ipvsadm: LVS 主管理程序，负责真实服务器的添加、删除与修改。
- ipvsadm-save: 用户备份 LVS 配置。
- ipvsadm-restore: 用于恢复 LVS 配置。

ipvsadm 常用参数说明如表 9.2 所示。

表9.2　ipvsadm常用参数说明

参　　数	说　　明
-A	在内核的虚拟服务器表中添加一条新的虚拟服务器记录
-E	编辑内核虚拟服务器表中的一条虚拟服务器记录
-D	删除内核虚拟服务器表中的一条虚拟服务器记录
-C	清除内核虚拟服务器表中的所有记录
-R	恢复虚拟服务器规则
-S	保存虚拟服务器规则，输出为-R 选项可读的格式
-a	在内核虚拟服务器表的一条记录中添加一条新的真实服务器记录
-e	编辑一条虚拟服务器记录中的某条真实服务器记录
-d	删除一条虚拟服务器记录中的某条真实服务器记录
-L|-l	显示内核虚拟服务器表
-Z	虚拟服务表计数器清零（清空当前的连接数量等）
-set	设置 tcp、tcpfin 以及 udp 的超时值
--start-daemon	启动同步守护进程
--stop-daemon	停止同步守护进程
-h	显示帮助信息
-t	说明虚拟服务器提供的是 TCP 服务
-u	说明虚拟服务器提供的是 UDP 服务
-f	说明是经过 iptables 标记过的服务类型
-s	使用的调度算法，常见选项为 rr|wrr|lc|wlc|lblc|lblcr|dh|sh|sed|nq
-p	持久服务
-r	真实的服务器
-g	指定 LVS 的工作模式为直连路由模式
-i	指定 LVS 的工作模式为隧道模式
-m	指定 LVS 的工作模式为 NAT 模式
-w	真实服务器的权值
-c	显示 LVS 目前的连接数
-timeout	显示 tcp tcpfin udp 的超时值
--daemon	显示同步守护进程状态
--stats	显示统计信息
--rate	显示速率信息
--sort	对虚拟服务器和真实服务器排序输出
-n	输出 IP 地址和端口的数字形式

2. LVS 配置

首先在前端负载均衡器 192.168.32.100 进行相关设置，包含设置 VIP、添加 LVS 的虚拟服务器并添加真实服务器。操作步骤如【示例 9-2】所示。

【示例 9-2】

```
#启用路由转发功能
[root@LD_192_168_32_100 ~]# echo "1" >/proc/sys/net/ipv4/ip_forward
#清除 ipvsadm 表
[root@LD_192_168_32_100 ~]# ipvsadm  -C
#使用 ipvsadm 安装 LVS 服务
[root@LD_192_168_32_100 ~]# /sbin/ipvsadm -A -t 192.168.32.150:80
#增加第 1 台真实服务器
[root@LD_192_168_32_100 ~]# /sbin/ipvsadm -a -t 192.168.32.150:80 -r
192.168.32.1:80 -m -w 1
#增加第 2 台真实服务器
[root@LD_192_168_32_100 ~]# /sbin/ipvsadm -a -t 192.168.32.150:80 -r
192.168.32.2:80 -m -w 1
```

上述示例首先清除 ipvsadm 表，然后添加 LVS 虚拟服务，并指定 NAT 模式添加真实的服务器，各个真实服务器权重指定为 1，其他参数说明可参考表 9.2。

3. Apache 服务搭建

Apache 服务需要在真实服务器上部署，部署完毕后需要进行一些设置并启动，如【示例 9-3】所示。

【示例 9-3】

```
[root@RS_192_168_32_1 soft]# tar xvf httpd-2.2.17.tar.gz
[root@RS_192_168_32_1 soft]# cd httpd-2.2.17
[root@RS_192_168_32_1 httpd-2.2.17]# ./configure --prefix=/usr/local/apache2
[root@RS_192_168_32_1 httpd-2.2.17]# make
[root@RS_192_168_32_1 httpd-2.2.17]# make install
#编辑配置文件修改对应行并保存
[root@RS_192_168_32_1 httpd-2.2.17]# vim /usr/local/apache2/conf/httpd.conf
Listen 0.0.0.0:80
[root@RS_192_168_32_1 httpd-2.2.17]#cat
/usr/local/apache2/htdocs/index.html
echo welcome to 192.168.32.1
#启动服务
[root@RS_192_168_32_1 httpd-2.2.17]# /usr/local/apache2/bin/apachectl  -k
start
#测试服务
[root@RS_192_168_32_1 httpd-2.2.17]# curl http://192.168.32.1
welcome to 192.168.32.1
```

另一个节点 192.168.32.2 进行类似设置，不同之处在于首页内容为"welcome to 192.168.32.2"，其他情况相同。

4. 真实服务器的设置

如需 LVS 代理到后端的真实服务器，后端的真实服务器需要启动服务，并确认服务端口监听在 0.0.0.0 或 VIP 上，然后设置真实服务器的 VIP，设置 VIP 的网络接口可以选择 eth0 或 tunl0。步骤如【示例 9-4】所示。

【示例 9-4】

```
[root@CentOS ~]# cat -n tun.sh
01    # 设置 IP 转发
02    echo "0" >/proc/sys/net/ipv4/ip_forward
03    # 设置 VIP
04    /sbin/ifconfig tunl0 up
05    /sbin/ifconfig tunl0 192.168.32.150 broadcast 192.168.32.150 netmask
      255.255.255.255 up
06    # 避免 ARP 广播问题
07    echo 1 > /proc/sys/net/ipv4/conf/tunl0/arp_ignore
08    echo 2 > /proc/sys/net/ipv4/conf/tunl0/arp_announce
09    echo 1 > /proc/sys/net/ipv4/conf/all/arp_ignore
10  echo 2 > /proc/sys/net/ipv4/conf/all/arp_announce
    # 设置路由
    [root@CentOS ~]# /sbin/route add -host 192.168.32.150  dev tunl0
    # 检查相关设置
    [root@CentOS ~]# ifconfig tunl0
    tunl0     Link encap:IPIP Tunnel  HWaddr
          inet addr:192.168.32.150  Mask:255.255.255.255
          UP RUNNING NOARP  MTU:1480  Metric:1
          RX packets:0 errors:0 dropped:0 overruns:0 frame:0
          TX packets:0 errors:0 dropped:0 overruns:0 carrier:0
          collisions:0 txqueuelen:0
          RX bytes:0 (0.0 b)  TX bytes:0 (0.0 b)
```

当客户端访问 VIP 时，会产生 ARP 广播，由于前端负载均衡器 LD 和 Apache 真实的服务器 RS 都设置了 VIP，此时集群内的真实服务器会尝试回答来自客户端的请求，从而导致多台服务器都响应自己是 VIP。因此，为了达到负载均衡的目的，需要让真实服务器忽略来自客户端计算机的 ARP 广播请求。

5. LVS 测试

确认真实后端服务器已经启动并监听在 0.0.0.0，并且真实服务器上设置了 VIP，LVS 前端负载均衡器已经添加了虚拟服务，然后进行 LVS 的测试，测试过程如【示例 9-5】所示。

【示例 9-5】

```
[root@LD_192_168_32_100 ~]# curl http://192.168.32.150
welcome to 192.168.32.1
[root@LD_192_168_32_100 ~]# curl http://192.168.32.150
welcome to 192.168.32.2
[root@LD_192_168_32_100 ~]#
```

使用命令行测试，从上面的结果可以看出，LVS 服务器已经成功运行。

9.4.2　基于 DR 模式的 LVS 的安装与配置

在 VS/NAT 的集群系统中，请求和响应的数据数据包都需要通过负载均衡器，当真实服务器的数目在 10 台和 20 台之间时，若请求量不高，则运行良好，若请求量突增或响应数据包含大量的数据，则负载均衡器将成为整个集群系统的瓶颈。VS/DR 利用大多数 Internet 服务的非对称特点，负载均衡器中只负责调度请求，而服务器直接将响应返回给客户，可以极大地提高整个集群系统的吞吐量。

1. ipvsadm 软件安装

首先可以按前面提供的方法安装 ipvsadm 软件。

2. LVS 配置

首先在前端负载均衡器 192.168.32.100 进行相关设置，包含设置 VIP，添加 LVS 的虚拟服务器并添加真实服务器。操作步骤如【示例 9-6】所示。

【示例 9-6】

```
#启用路由转发功能
[root@LD_192_168_32_100 ~]# echo "1" >/proc/sys/net/ipv4/ip_forward
#清除 ipvsadm 表
[root@LD_192_168_32_100 ~]# ipvsadm  -C
#使用 ipvsadm 安装 LVS 服务
[root@LD_192_168_32_100 ~]# /sbin/ipvsadm -A -t 192.168.32.150:80
#增加第 1 台真实服务器
[root@LD_192_168_32_100 ~]# /sbin/ipvsadm -a -t 192.168.32.150:80 -r
192.168.32.1:80 -g -w 1
#增加第 2 台真实服务器
[root@LD_192_168_32_100 ~]# /sbin/ipvsadm -a -t 192.168.32.150:80 -r
192.168.32.2:80 -g -w 1
```

上述示例首先清除 ipvsadm 表，然后添加 LVS 虚拟服务，并指定用直连路由 DR 模式添加真实的服务器，各个真实服务器权重指定为 1，其他参数说明可参考表 9.2。

3. Apache 服务搭建

Apache 服务需要在真实服务器上部署，部署完毕后需要进行一些设置并启动，可以按 9.4.1 小节的方法安装和部署。

4. 真实服务器的设置

如需 LVS 代理到后端的真实服务器，后端真实服务器需要启动服务，并确认服务端口监听在 0.0.0.0 或 VIP 上，然后设置真实服务器的 VIP。设置 VIP 的网络接口可以选择 eth0 或 tunl0。步骤如【示例 9-7】所示。

【示例 9-7】

```
[root@CentOS ~]# cat -n  tun.sh
```

```
01   # 设置IP转发
02   echo "0" >/proc/sys/net/ipv4/ip_forward
03   # 设置VIP
04   /sbin/ifconfig tun0 up
05   /sbin/ifconfig tun0 192.168.32.150 broadcast 192.168.32.150 netmask
     255.255.255.255 up
06   # 避免ARP广播问题
07   echo 1 > /proc/sys/net/ipv4/conf/tun0/arp_ignore
08   echo 2 > /proc/sys/net/ipv4/conf/tun0/arp_announce
09   echo 1 > /proc/sys/net/ipv4/conf/all/arp_ignore
10   echo 2 > /proc/sys/net/ipv4/conf/all/arp_announce
     # 设置路由
     [root@CentOS ~]# /sbin/route add -host 192.168.32.150  dev tun0
     # 检查相关设置
     [root@CentOS ~]# ifconfig tun0
     tun0      Link encap:IPIP Tunnel  HWaddr
               inet addr:192.168.32.150  Mask:255.255.255.255
               UP RUNNING NOARP  MTU:1480  Metric:1
               RX packets:0 errors:0 dropped:0 overruns:0 frame:0
               TX packets:0 errors:0 dropped:0 overruns:0 carrier:0
               collisions:0 txqueuelen:0
               RX bytes:0 (0.0 b)  TX bytes:0 (0.0 b)
```

当客户端访问 VIP 时，会产生 ARP 广播，由于前端负载均衡器 LD 和 Apache 真实的服务器 RS 都设置了 VIP，此时集群内的真实服务器会尝试回答来自客户端的请求，从而导致多台服务器都响应自己是 VIP。因此，为了达到负载均衡的目的，需要让真实服务器忽略来自客户端计算机的 ARP 广播请求。

5. LVS 测试

确认真实后端服务器已经启动并监听在 0.0.0.0，并且真实服务器上设置了 VIP，LVS 前端负载均衡器已经添加了虚拟服务，然后进行 LVS 测试，测试过程如【示例 9-8】所示。

【示例 9-8】

```
[root@LD_192_168_32_100 ~]# curl http://192.168.32.150
welcome to 192.168.32.1
[root@LD_192_168_32_100 ~]# curl http://192.168.32.150
welcome to 192.168.32.2
```

使用浏览器或命令行测试，从上面的结果可以看出，LVS 服务器已经成功运行。

LVS DR 的工作流程如图 9.6 所示。负载均衡器根据各个服务器的负载情况动态地选择一台服务器，将数据帧的 MAC 地址改为选出服务器的 MAC 地址，再将修改后的数据帧在服务器组的局域网上发送。因为数据帧的 MAC 地址是选出的服务器，所以服务器肯定可以收到这个数据帧，从中可以获得该 IP 数据包。当服务器发现数据包的目标地址 VIP 在本地的网络设备上时，服务器就处理这个数据包，然后根据路由表将响应数据包直接返回给客户。

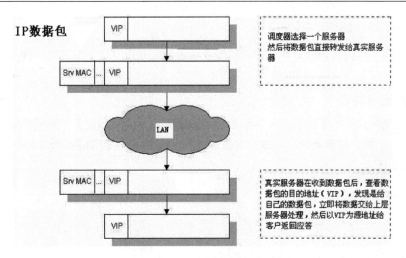

图 9.6 LVS DR 数据包流程

9.4.3 基于 IP 隧道模式的 LVS 的安装与配置

IP 隧道（IP Tunneling）是将一个 IP 数据包封装在另一个 IP 数据包的技术，这可以使得目标为一个 IP 地址的数据包能被封装和转发到另一个 IP 地址。IP 隧道技术亦称为 IP 封装技术（IP Encapsulation）。IP 隧道主要用于移动主机和虚拟私有网络（Virtual Private Network），其中的隧道都是静态建立的，隧道一端有一个 IP 地址，另一端也有唯一的 IP 地址。

1. ipvsadm 软件安装

首先可以按前面提供的方法安装 ipvsadm 软件。

2. LVS 配置

首先在前端负载均衡器 192.168.32.100 进行相关设置，包含设置 VIP、添加 LVS 的虚拟服务器并添加真实服务器。操作步骤如【示例 9-9】所示。

【示例 9-9】

```
#启用路由转发功能
[root@LD_192_168_32_100 ~]# echo "1" >/proc/sys/net/ipv4/ip_forward
#清除 ipvsadm 表
[root@LD_192_168_32_100 ~]# ipvsadm  -C
#使用 ipvsadm 安装 LVS 服务
[root@LD_192_168_32_100 ~]# /sbin/ipvsadm -A -t 192.168.32.150:80
#增加第 1 台真实服务器
[root@LD_192_168_32_100 ~]# /sbin/ipvsadm -a -t 192.168.32.150:80 -r
192.168.32.1:80 -i -w 1
#增加第 2 台真实服务器
[root@LD_192_168_32_100 ~]# /sbin/ipvsadm -a -t 192.168.32.150:80 -r
192.168.32.2:80 -i -w 1
```

上述示例首先清除 ipvsadm 表，然后添加 LVS 虚拟服务，并指定 IP 隧道模式添加真实的服务器，各个真实服务器的权重指定为 1，其他参数说明可参考表 9.2。

3. Apache 服务搭建

Apache 服务需要在真实服务器上部署，部署完毕后需要进行一些设置并启动，可以按前面的方法安装和部署。

4. 真实服务器设置

如需 LVS 代理到后端的真实服务器，后端真实服务器需要启动服务，并确认服务端口监听在 0.0.0.0 或 VIP 上，然后设置真实服务器的 VIP。设置 VIP 的网络接口可以选择 eth0 或 tunl0。步骤如【示例 9-10】所示。

【示例 9-10】

```
[root@CentOS ~]# cat -n tun.sh
01   # 设置 IP 转发
02   echo "0" >/proc/sys/net/ipv4/ip_forward
03   # 设置 VIP
04   /sbin/ifconfig tunl0 up
05   /sbin/ifconfig tunl0 192.168.32.150 broadcast 192.168.32.150 netmask
     255.255.255.255 up
06   # 避免 ARP 广播问题
07   echo 1 > /proc/sys/net/ipv4/conf/tunl0/arp_ignore
08   echo 2 > /proc/sys/net/ipv4/conf/tunl0/arp_announce
09   echo 1 > /proc/sys/net/ipv4/conf/all/arp_ignore
10   echo 2 > /proc/sys/net/ipv4/conf/all/arp_announce
     # 设置路由
     [root@CentOS ~]# /sbin/route add -host 192.168.32.150  dev tunl0
     # 检查相关设置
     [root@CentOS ~]# ifconfig tunl0
     tunl0    Link encap:IPIP Tunnel  HWaddr
          inet addr:192.168.32.150  Mask:255.255.255.255
          UP RUNNING NOARP  MTU:1480  Metric:1
          RX packets:0 errors:0 dropped:0 overruns:0 frame:0
          TX packets:0 errors:0 dropped:0 overruns:0 carrier:0
          collisions:0 txqueuelen:0
          RX bytes:0 (0.0 b)  TX bytes:0 (0.0 b)
```

当客户端访问 VIP 时，会产生 ARP 广播，由于前端负载均衡器 LD 和 Apache 真实服务器 RS 都设置了 VIP，此时集群内的真实服务器会尝试回答来自客户端的请求，从而导致多台服务器都响应自己是 VIP。因此，为了达到负载均衡的目的，需要让真实服务器忽略来自客户端计算机的 ARP 广播请求。

5. LVS 测试

确认真实后端服务器已经启动并监听在 0.0.0.0，并且真实服务器上设置了 VIP，LVS 前端负载均衡器已经添加了虚拟服务，然后进行 LVS 的测试，测试过程如【示例 9-11】所示。

【示例 9-11】

```
[root@LD_192_168_32_100 ~]# curl http://192.168.32.150
```

```
welcome to 192.168.32.1
[root@LD_192_168_32_100 ~]# curl http://192.168.32.150
welcome to 192.168.32.2
```

使用浏览器或命令行测试，从上面的结果可以看出，LVS 服务器已经成功运行。

LVS TUN 的工作流程如图 9.7 所示。负载均衡器根据各个服务器的负载情况动态地选择一台服务器，将请求数据包封装在另一个 IP 数据包中，再将封装后的 IP 数据包转发给选出的服务器；服务器收到数据包后，先将数据包解封获得原来目标地址为 VIP 的数据包，服务器发现 VIP 地址被配置在本地的 IP 隧道设备上，所以就处理这个请求，然后根据路由表将响应数据包直接返给客户。

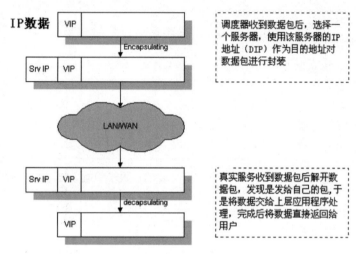

图 9.7　LVS TUN 模式数据包流程

9.5　利用集群搭建高可用 MySQL 平台

本节主要以高可用 MySQL 平台为例介绍负载均衡软件 LVS 和高可用软件 HA 在 MySQL 方面的应用。

9.5.1　高可用 MySQL 平台的功能

随着 MySQL 实例的增长，统一的监控系统是必要的，有效及时的监控告警可以保证及时发现系统中的问题，如主从同步状态、实例吞吐量、使用空间、慢查询数量、数据平均访问延迟等都需要及时了解，结合 Web 化的管理系统是一个有效手段。为了避免一些危险操作导致数据丢失或恶意篡改，在热备的基础上定期冷备是必要的，以便在突发情况下恢复数据，同时冷备数据的恢复需要进行定期演练，以便确认冷备份和恢复流程有效。

当 MySQL 实例增多时，需要有效的权限管理，MySQL 权限管理一般基于用户名和主机名，可按需分配增、删、改、查或更高级的权限，当 MySQL 实例增至上百或上千的规模，日常权限的管理和审计需要有流程化的运维工具支撑，同时 DROP、ALTER 等高级权限应该避免分配给开发者使用。

由于实例的增长，需要支撑的应用越来越多，如何避免应用开发者的 SQL 拖垮 MySQL 服务或耗时增加，SQL 审核尤其是数据库变更需要制定规范和流程保证。尽管有了 SQL 审核，但不可避免地存在数据库慢查询，开启慢查询日志是必要的，同时需要对慢查询日志进行按天的审计，通过此方法可以及时发现系统中的异常 SQL，以便及时优化。

由于实例的增长，服务器发生故障的可能性增加，如何在发生故障的情况下实现应用的快速切换是必须考虑的问题。一种是通知应用层切换，这种方法成本较高而且耗时较长；另一种是屏蔽 MySQL 实例的细节，由 MySQL 存储层完成切换，以便及时完成故障切换。同时，由于访问量急剧增长，因此需要考虑完善的扩容和数据迁移工具。

综上所述，完善的高可用 MySQL 平台应该包含以下功能：

● 有效的监控。
● 完善的容灾及故障切换。
● SQL 审核，慢查询审计。
● 有效的权限管理。
● 权限管理与审计。
● Web 化的管理系统。
● 扩容、迁移自动化。

基于以上需求，建设高可用 MySQL 平台是必要的。限于篇幅，接下来主要介绍容灾方面的可选方案。

9.5.2　可选方案对比

目前开源社区有很多优秀的代理方案，如 HAProxy、MySQL Proxy 和域名等，每种方案各有优缺点，在不同的场合可以使用不同的代理方案。下面主要对比这几种方案的优缺点。

1. HAProxy

HAProxy 提供高可用性、负载均衡以及基于 TCP 和 HTTP 应用的代理，支持虚拟主机，是一种免费、快速并且可靠的解决方案。HAProxy 比较适用于负载特别大的 Web 站点，同样可以代理 MySQL 等服务，HAProxy 可以支持数以万计的并发连接，并且可以很简单地整合进当前的业务架构中。HAProxy 可以使 Web 服务器不被暴露到公网上。

MySQL 主要使用了权限管理失效代理，MySQL 的权限管理基于用户名和主机名，由于是应用层代理，需要对 HAProxy 的主机分配权限，这样任何知道用户名、密码的用户都可以连接该 MySQL 示例，对于数据安全造成比较大的隐患。结合 iptables 防火墙，可以缓解此问题。

2. MySQL Proxy

MySQL Proxy 是一个处于客户端和 MySQL 服务端之间的代理程序，可以监测、分析或改变客户端与服务器端的通信。MySQL Proxy 使用灵活，没有限制，并且可以实现负载平衡、查询分析、查询过滤和修改等功能。MySQL Proxy 是一个连接池，负责将开发者应用层的连接请求转发给数据库，并且可以通过使用 Lua 脚本实现复杂的连接控制和过滤，从而实现读写分离和负载平衡。对于开发者来说是完全透明的，应用则只需要连接到 MySQL Proxy 的监听端口即可。

当然，这样 Proxy 机器可能成为单点失效，但完全可以使用多个 Proxy 机器作为冗余，开发者应用负责故障时的切换。MySQL Proxy 可以实现读写分离，基本原理是让主数据库处理写入操作，让从库处理读取操作。数据库复制被用来把事务性查询导致的变更同步到集群中的从库。其新版本可以在 http://dev.mysql.com/downloads/mysql-Proxy/获取。

3. 域名

域名方式类似于本机配置 hosts 的方式，在出现故障时通过更改域名指向可以快速将开发者应用切换到其他的 MySQL 服务器，此方案需要维护一套 DNS 系统，增加了维护成本，同时 DNS 服务需要主备部署，以便应对突发情况。

4. hosts 配置管理

本方法可以在主机上配置一系列的 hosts，通过批量管理工具（如 puppet）来实现 hosts 文件的统一配置管理，通过相关程序实现自动监控和 hosts 的自动修改，可以作为一种可选的解决问题的方法。需要注意的是，切换后要注意 MySQL 长链接的切换。

9.5.3　高可用 MySQL 平台实现方案

前面介绍了目前几种优秀的 MySQL 代理方案，如 HAProxy、MySQL Proxy 和域名等，每种方案各有优缺点，在不同的场合可以使用不同的代理方案，本项目实现的方案为 LVS + HA + PORT + iptables，其中 iptables 是可选的步骤。

LVS 集群采用 IP 负载均衡技术和基于内容请求的分发技术。调度器具有很好的吞吐率，将请求均衡地转移到不同的服务器上执行，且调度器自动屏蔽掉服务器的故障，从而将一组服务器构成一个高性能、高可用的虚拟服务器集群。整个服务器集群的结构对客户是透明的，而且无须修改客户端和服务器端的程序。在 MySQL 代理方面有不俗的表现，不失为一种优秀的代理方案。

本方案中，LVS 主要解决负载均衡和调度管理，HA 负责前端代理服务的高可用，在成百上千的 MySQL 应用中采用端口区分不同的应用，iptables 实现权限的控制与异常请求来源处理。

9.5.4　搭建 MySQL 集群

MySQL 集群涉及的资源信息如表 9.3 所示。

表9.3　MySQL集群资源信息说明

参　　数	说　　明
my.cnf	MySQL 实例启动时需要的配置文件模板
mysql.conf	MySQL 实例配置文件模板需要的参数设置，每行表示一个实例需要的参数
genInstance.sh	根据 mysql.conf 和 my.cnf 生成每个实例需要的配置文件并启动对应的实例，分配对应的管理账户
rep.conf	MySQL 实例主从配置，每行代表一对主从配置
rep.sh	根据 rep.conf 自动给对应的从库分配热备需要的用户名和密码
rebei.conf	MySQL 实例主从配置，与 rep.conf 配置文件对应
rebei.sh	根据 rebei.conf 读取主数据库的 binglog 位置并自动搭建主从关系
192.168.3.200	这台机器可以登录所有 MySQL 实例，以便进行日常管理
192.168.3.100	部署 MySQL 实例
192.168.3.101	部署 MySQL 实例
192.168.3.102	部署 MySQL 实例
192.168.3.103	部署 MySQL 实例

MySQL 实例较多时，端口分配需要遵守一定的规则，本方案统一采用 5 位端口号，单个 VIP 理论上可以容纳 5 万多个端口应用（10000~65535），可以满足绝大多数应用场景。其中，第 1 位表示是主数据库还是从数据库，1 表示主数据库，2 表示是主数据库的第一级从库，3 表示连接在第一级从库后面的从库，其他数值以此类推；后面两位用于标识每个开发者的应用；最后两位表示每个应用对应的 MySQL 实例编号，如 01 表示该应用的第一个数据库，如应用分库分表，可以直接向上累加，一直到 99。为了便于演示，本小节主要搭建两对 MySQL 主从实例，其基本信息如【示例 9-12】所示。

【示例 9-12】

```
主: 192.168.3.100 10101 从: 192.168.3.101 20101
主: 192.168.3.102 10201 从: 192.168.3.103 20201
```

本小节需要的实例采用脚本完成，不同的 MySQL 实例使用相同的 MySQL 配置文件模板，模板中设定了一些有关每个 MySQL 实例个性化的设置，然后通过主执行脚本读取该配置文件，然后完成 MySQL 实例的配置。

1. MySQL 的安装

MySQL 可以采用源码或 RPM 包安装，具体的安装过程可以参考第 6 章的有关内容，本小节主要采用源码安装的方法，如【示例 9-13】所示。

【示例 9-13】

```
[root@CentOS soft]# tar xvf mysql-5.1.49.tar.gz
[root@CentOS soft]# useradd mysql
[root@CentOS soft]# groupadd mysql
[root@CentOS soft]# cd mysql-5.1.49
[root@CentOS mysql-5.1.49]# ./configure --prefix=/usr/local/mysql/
--enable-local-infile --with-extra-charsets=all  --with-plugins=innobase
#编译
[root@CentOS mysql-5.1.49]#make
#安装
[root@CentOS mysql-5.1.49]#make install
```

本示例中的 MySQL 配置文件模板主要说明 MySQL 配置文件模板代表性的几个参数，更多配置参数含义可参考 MySQL 帮助文档。MySQL 实例配置文件模板的主要参数内容如【示例 9-14】所示。

【示例 9-14】

```
[root@CentOS ~]# cat -n my.cnf
01     # The MySQL server
02     [mysqld]
03     # MySQL 实例启动后绑定的 IP，因为需要 LVS 接入，所以需要绑定到 0.0.0.0 或 VIP
04     bind-address    = 0.0.0.0
05     # MySQL 实例的端口
06     port            = PORT
```

```
07      # MySQL 实例本地 socket 登录文件路径
08      socket          =  PATH/mysql.sock
09      # MySQL 实例数据文件所在位置
10      datadir         =  PATH
11      # SQL 执行时需要产生的临时文件位置
12      mpdir           =  PATH
13      # 用户标识唯一一个实例的 server-id，在设置主从同步时需要
14      server-id       =  SERVERID
15      # MySQL 实例 binlog 位置
16      log-bin=BINLOG/mysql-bin
17      # MySQL 实例 innodb 路径及 innodb_buffer_pool_size 大小设置
18      innodb_data_home_dir      =  PATH
19      innodb_log_group_home_dir =  PATH
20      innodb_buffer_pool_size   =  SIZEG
```

　　上述示例中的主要参数有 MySQL 实例启动时绑定的 IP，可以使用 0.0.0.0 或 VIP。本小节采用 LVS 3 种模式中的 TUN 模式，依据其原理，当请求包到达 MySQL 实例所在的网络接口时，由于数据包的目的 IP 是 VIP 和端口，因此如果 MySQL 服务器绑定本机 IP 或 127.0.0.1，数据包将会被丢弃，从而使客户端不能连接 MySQL 服务器。

　　与 MySQL 配置文件模板对应的是参数设置文件 mysql.conf，每行对应一个实例需要传入模板文件的参数，如【示例 9-15】所示。

【示例 9-15】

```
[root@CentOS ~]# cat mysql.conf
#IP            datadir           binlogdir          port
innodb_buffer_pool_size
   192.168.3.100 /data/dbdata10101 /data/binlog10101 10101 1
   192.168.3.101 /data/dbdata20101 /data/binlog20101 20101 1
   192.168.3.102 /data/dbdata10201 /data/binlog10201 10201 1
   192.168.3.103 /data/dbdata20201 /data/binlog20201 20201 1
```

需要设置的代表性参数有：

● 数据库数据目录 datadir，主要存放 MySQL 实例的数据文件、日志等。
● 二进制文件 binlog 的目录，binlog 是部署数据库主从服务器必需的文件。
● MySQL 实例启动后监听的端口。
● 每个 MySQL 实例需要 innodb 缓存参数 innodb_buffer_pool_size，MySQL 实例默认采用 innodb 引擎。

　　genInstance.sh 脚本的主要功能是读取 MySQL 配置文件模板 my.cnf 和参数设置文件 mysql.conf，通过一定的设置后启动相对应的 MySQL 示例。启动完毕后分配相关的用户名和密码，分配的管理账户用户名为 admin、密码为 admin、客户端 IP 为 192.168.3.200。脚本内容如【示例 9-16】所示。

【示例 9-16】

```
[root@CentOS ~]# cat -n genInstance.sh
```

```
01  #!/bin/sh
02
03  function LOG()
04  {
05      echo "["$(/bin/date +%Y-%m-%d" "%H:%M:%S -d "0 days ago")"]" "$1"
06  }
07
08  function setENV()
09  {
10      export PATH=/usr/local/mysql/bin:$PATH:.
11      export LOCAL_IP=`/sbin/ifconfig |grep -a1 eth0 |grep inet |awk
'{print $2}' |awk -F ":" '{print $2}' |head -1`
12  }
13
14
15  function process()
16  {
17      cat mysql.conf|awk -vLOCAL_IP=$LOCAL_IP '{if(LOCAL_IP==$1) print
$0}'>/tmp/.mysql.conf
18      while read  ip path binlog port size
19      do
20          LOG ==$ip==$path==$binlog==$port
21          if [ "$ip" != " " -a "$path" != "" -a "$binlog" != "" -a "$port" !=
"" -a "$size" != "" ]
22          then
23              mysqladmin --defaults-file=/etc/$port/my.cnf  -u root
shutdown
24              LOG "mkdir $path"
25              mkdir  -p $path
26              chmod -R a+r $path  $binlog
27              LOG  "mkdir $binlog"
28              mkdir  -p $binlog
29              chown -R mysql.mysql $path $binlog
30              find  $path $binlog -type d|xargs chmod a+x
31              find  $path $binlog -type f|xargs chmod a+r
32              ID=`date +%s`
33              LOG path=$path
34              LOG binlog=$binlog
35              mkdir -p /etc/$port
36              LOG SERVER_ID=$ID
37
38              cat my.cnf|sed "s|LOCAL_IP|$ip|g" |sed "s|PATH|$path|g"|sed
"s|BINLOG|$binlog|g"|sed "s|PORT|$port|g"|sed  "s|SERVERID|
$ID|g"|sed "s|SIZE|$size|g" >/etc/$port/my.cnf
39              mysql_install_db --defaults-file=/etc/$port/my.cnf
```

```
   --user=mysql
   40          mysqld_safe --defaults-file=/etc/$port/my.cnf --user=mysql
&
   41          sleep 30
   42          echo "GRANT ALL ON .* TO 'admin'@'192.168.3.200' IDENTIFIED
BY 'admin' WTTH GRANT OPTION; "|mysql -u root  -S
$path/mysql.sock
   43          echo "show databases"| mysql -u root -S $path/mysql.sock
   44          echo "select host,user from mysql.user"|mysql -u root  -S
$path/mysql.sock
   45          ls -lhtr $path
   46          sleep 2
   47          netstat -plnt
   48      fi
   49    done</tmp/.mysql.conf
   50
   51 }
   52
   53
   54 function main()
   55 {
   56    setENV
   57    process
   58 }
   59
   60 LOG "genInstance start"
   61 main
   62 LOG "genInstance end"
```

上述脚本主要包含 3 个函数：

- main 为主函数，通过调用其他函数完成脚本实现的功能。
- setENV 函数主要用于设置脚本需要的环境变量,如文件搜索路径 PATH、获取本机 IP 等。
- process 函数首先读取参数配置文件 mysql.conf，通过对比 IP 找出需要在本机启动的 MySQL 实例配置。然后依次读取每行参数，创建需要的数据目录 datadir、binlog，替换 my.cnf 中的参数，生成每个实例需要的配置文件，配置文件位于/etc 目录下。

第 39 行的功能为初始化 MySQL 实例需要的系统表，第 40 行的作用是启动 MySQL 实例并放入后台执行。MySQL 实例的启动需要一定时间，通过 sleep 30 秒等待实例启动完成，通过本地 socket 方式登录 MySQL 并分配用户管理的用户名和密码，192.168.3.200 是用于管理所有 MySQL 实例的主机。

经过以上步骤完成了 MySQL 单个实例的部署，接下来进行 MySQL 热备环境的部署。热备环境的部署主要经过两步：

（1）主 MySQL 实例给从 MySQL 分配热备需要的用户名和密码。

（2）由于 MySQL 实例是新部署的，没有应用数据，因此从数据库可以直接获取主 MySQL 的 binglog 位置，然后通过指定的命令连接到主 MySQL 实例。

2. 从库通过 start slave 启动 MySQL 热备并检查

各个实例之间的主从关系如【示例 9-17】所示。

【示例 9-17】

```
[root@CentOS ~]# cat rep.conf
192.168.3.100 10101 192.168.3.101 20101
192.168.3.102 10201 192.168.3.103 20201
```

上述配置文件每一行 4 列，每一行表示一对 MySQL 主从关系的设置。前两列表示主 MySQL 实例的服务器 IP 和端口，后两列表示从数据库的服务器 IP 和端口。

rep.sh 的功能是读取 rep.conf 的配置，然后在 MySQL 主服务器上分配从数据库搭建热备时需要的用户名和密码，用户名为 "rep"，密码为空。脚本源码如【示例 9-18】所示。

【示例 9-18】

```
[root@CentOS ~]# cat -n rep.sh
   01  #!/bin/sh
   02
   03  function LOG()
   04  {
   05      echo "["$(/bin/date +%Y-%m-%d" "%H:%M:%S -d "0 days ago")"]" "$1"
   06  }
   07
   08  function setENV()
   09  {
   10      export PATH=/usr/local/mysql/bin:$PATH:.
   11      export LOCAL_IP=`/sbin/ifconfig |grep -a1 eth0 |grep inet |awk
           '{print $2}' |awk -F ":" '{print $2}' |head -1`
   12  }
   13
   14
   15  function process()
   16  {
   17      cat rep.conf|awk -vLOCAL_IP=$LOCAL_IP  '{if(LOCAL_IP==$1) print
           $0}'>/tmp/.rep.conf
   18      while read  mip mport sip sport
   19      do
   20          if [ "$mip" != "" -a "$mport" != "" -a "$sip" != "" -a
           "$sport" != "" ]
   21          then
   22              LOG ==$mip==$mport==$sip== $sport
   23              sql='flush logs;GRANT FILE,REPLICATION SLAVE,REPLICATION
```

```
                     CLIENT,SUPER ON  "*.*" TO rep@"$sip" IDENTIFIED by "";flush
                     privileges;'
 24              LOG "$sql"
 25              mysql_cmd="mysql -u root  -S /data/dbdata$mport/mysql.sock"
 26              LOG "$mysql_cmd"
 27              echo $sql |$mysql_cmd
 28          fi
 29      done</tmp/.rep.conf
 30  }
 31
 32  function main()
 33  {
 34      setENV
 35      process
 36  }
 37
 38  LOG "grant rep start"
 39  main
 40  LOG "grant rep end"
```

此脚本在 MySQL 主实例所在的机器上运行，运行成功后会自动分配从数据库搭建热备需要的用户名和密码。

完成热备需要的用户名和密码后，接下来进行热备关系的搭建，热备关系的搭建也是通过脚本完成的。

rebei.conf 配置类似于 rep.conf，不同的是前两列是从库的服务器 IP 和端口，后两列为主服务器的服务器 IP 和端口。配置文件如【示例 9-19】所示。

【示例 9-19】

```
[root@CentOS ~]# cat rebei.conf
192.168.3.101 10101 192.168.3.100 20101
192.168.3.103 10201 192.168.3.102 20201
```

rebei.sh 的功能是读取 rebei.conf 的配置，然后在 MySQL 从服务器上得到主服务器当前的 binlog 文件名和位置，然后通过 change master 命令设置主从关系，设置成功后使用 start slave 开启热备。脚本源码如【示例 9-20】所示。

【示例 9-20】

```
[root@CentOS ~]# cat -n rebei.sh
 01  #!/bin/sh
 02
 03  function LOG()
 04  {
 05      echo "["$(/bin/date +%Y-%m-%d" "%H:%M:%S -d "0 days ago")"]" "$1"
 06  }
 07
```

```
08  function setENV()
09  {
10      export PATH=/usr/local/mysql/bin:$PATH:.
11      export LOCAL_IP=`/sbin/ifconfig |grep -a1 eth0 |grep inet |awk
'{print $2}' |awk -F ":" '{print $2}' |head -1`
12  }
13
14
15  function process()
16  {
17      cat rebei.conf|awk -vLOCAL_IP=$LOCAL_IP '{if(LOCAL_IP==$1) print
$0}'>/tmp/.rebei.conf
18      while read sip sport mip mport
19      do
20          if [ "$mip" != "" -a "$mport" != "" -a "$sip" != "" -a
"$sport" != "" ]
21          then
22              LOG ==$mip==$mport==$sip==$sport
23              LOG "stop slave"
24              mysql_cmd="mysql -S /data/dbdata$sport/mysql.sock -u root"
25              sql="stop slave"
26              echo $sql| $mysql_cmd
27              sleep 1
28              sql="show slave status \G"
29              echo $sql| $mysql_cmd
30              LOG "get master log pos"
31              sql="show master logs;"
32              mysql_cmd="mysql -urep -h$mip -P$mport"
33              LOG "$sql $mysql_cmd"
34              echo "$sql"| $mysql_cmd
35              TMP=`echo "$sql"| $mysql_cmd|tail -1`
36              MASTER_LOG_FILE=`echo $TMP|awk '{print $1}' `
37              MASTER_POS=`echo $TMP|awk '{print $2}' `
38              LOG MASTER_POS=$MASTER_POS
39              LOG MASTER_LOG_FILE=$MASTER_LOG_FILE
40              LOG "gen change master sql"
41              sql=" STOP SLAVE;change MASTER TO
42                  MASTER_HOST='MASTER_IP',
43                  MASTER_USER='rep',
44                  MASTER_PORT=MASTERS_PORT,
45                  MASTER_PASSWORD='',
46                  MASTER_LOG_FILE='MASTER_FILE',
47                  MASTER_LOG_POS=MASTER_POS;
48                  "
49              sql=`echo "$sql"|sed "s/MASTER_IP/$mip/g"|sed "s/
                MASTERS_PORT/$mport/g"|sed "s/MASTER_FILE/$MASTER_LOG_FILE/
                g"|sed "s/MASTER_POS/$MASTER_POS/g"`
```

```
50              LOG "$sql"
51              LOG "execute change sql"
52              mysql_cmd="mysql  -S /data/dbdata$sport/mysql.sock -u root"
53              LOG "$sql $mysql_cmd "
54              echo "$sql"| $mysql_cmd
55              LOG "start slave"
56              sql="start slave"
57              echo $sql| $mysql_cmd
58              sleep 1
59              LOG "check slave status"
60              sql="show slave status \G"
61              echo $sql| $mysql_cmd
62          fi
63      done</tmp/.rebei.conf
64  }
65
66  function main()
67  {
68      setENV
69      process
70  }
71
72  LOG "rebei start"
73  main
74  LOG "rebei end"
```

关键代码：第 31 行通过 show master logs 获取主数据库的 binlog 文件列表，然后取出最新的文件名和位置，对应文件列表结果的最后一行。设置主从关系的 CHANGE MASTER 命令的格式如【示例 9-21】所示。

【示例 9-21】

```
CHANGE MASTER TO option [, option] …
option:
  MASTER_HOST = 'host_name'
 | MASTER_USER = 'user_name'
 | MASTER_PASSWORD = 'password'
 | MASTER_PORT = port_num
 | MASTER_LOG_FILE = 'master_log_name'
 | MASTER_LOG_POS = master_log_pos
```

MASTER_HOST 为主 MySQL 数据库服务器的 IP 地址，MASTER_PORT 为主 MySQL 数据库服务器监听的端口，MASTER_USER 为主数据库服务器上分配给从数据库服务的用户名，MASTER_PASSWORD 为对应的密码，MASTER_LOG_FILE 表示指定从数据库服务器启动热备时读取的主数据库服务器 binlog 文件名，MASTER_LOG_POS 为对应的位置。

rebei.sh 在从数据库所在的机器上执行，经过上面的步骤，各个实例之间的主从关系已经设置完毕，脚本执行过程中如有问题，可以根据具体错误信息进行排查。

9.5.5 搭建负载均衡 LVS

LVS 集群涉及的资源信息如表 9.4 所示。

表9.4　LVS资源信息说明

参　　数	说　　明
192.168.3.87	LVS 前端 LD 主机
192.168.3.88	LVS 前端 LD 备机
192.168.3.118	LVS VIP
192.168.3.100	部署了 MySQL 实例主数据库，端口为 10101
192.168.3.101	部署了 MySQL 实例从数据库，端口为 20101
192.168.3.102	部署了 MySQL 实例主数据库，端口为 10201
192.168.3.103	部署了 MySQL 实例从数据库，端口为 20201
192.168.3.200	这台机器可以登录并管理所有 MySQL 实例

根据以上资源，搭建 LVS 的步骤主要分为资源规划、内核编译、LVS 软件安装、VIP 设置、真实服务器设置等步骤。LVS 采用 IP 隧道模式，可以跨网段并且配置灵活，以下为详细的操作步骤。

1. 资源规划

接下来要实现的是使用户通过 VIP 访问后端的 MySQL 服务器。正常情况下，VIP 设置在192.168.3.87 或 192.168.3.87 所在的机器。当前端访问 192.168.3.118 上的端口时，LVS 自动转接到后端对应的 MySQL 应用。LVS 代理信息说明如表 9.5 所示。

表9.5　LVS代理信息说明

实际 IP 地址	VIP	访问的 VIP 端口	MySQL 实例所在 IP	MySQL 实例端口
192.168.3.87	192.168.3.118	10101	192.168.3.100	10101
192.168.3.87	192.168.3.118	20101	192.168.3.101	20101
192.168.3.87	192.168.3.118	10201	192.168.3.102	10201
192.168.3.87	192.168.3.118	20201	192.168.3.103	20201

2. 内核编译升级

由于采用 LVS 模式中的 IP 隧道模式，因此要确认内核支持 IP 隧道，确认命令如【示例 9-22】所示，若不支持，则需要重新编译内核。

【示例 9-22】

```
# 确认系统是否加载了ipip 模块和tunnel 模块
[root@CentOS Packages]# lsmod|grep ipip
ipip                   8371  0
tunnel4                2943  1 ipip
# 若系统不支持tunnel，则继续重新编译升级内核
```

升级内核步骤如【示例 9-23】所示。

【示例 9-23】

```
[root@CentOS kernels]# cd linux-2.6.32.61
```

```
[root@CentOS linux-2.6.32.61]# make mrproper
[root@CentOS linux-2.6.32.61]# make menuconfig
  HOSTCC   scripts/basic/fixdep
  HOSTCC   scripts/basic/docproc
  HOSTCC   scripts/basic/hash
  HOSTCC   scripts/kconfig/conf.o
  HOSTCC   scripts/kconfig/kxgettext.o
  HOSTCC   scripts/kconfig/lxdialog/checklist
```

出现内核编译设置界面，选择 Networking support，然后选择 Networking options，选中<M> IP: tunneling，退出并保存设置。

【示例 9-23】续

```
#生成内核文件
[root@CentOS linux-2.6.32.61]# make bzImage
#编译内核模块
[root@CentOS linux-2.6.32.61]# make modules
#安装模块
[root@CentOS linux-2.6.32.61]# make modules_install
#安装内核
[root@CentOS linux-2.6.32.61]# make install
#生成内核映像文件
[root@CentOS linux-2.6.32.61]# mkinitrd /boot/initrd_2.6.32.img 2.6.32
[root@CentOS linux-2.6.32.61]# cp arch/x86/boot/bzImage /boot/vmlinuz-2.6.32
[root@CentOS linux-2.6.32.61]# cp System.map /boot/System.map-2.6.32
#修改 GRUB 引导文件/boot/grub/menu.lst，增加以下内容到文件结尾
[root@CentOS ~]# cat  /boot/grub/menu.lst
title CentOS (2.6.32-LVS-LD)
      root (hd0,0)
      kernel /vmlinuz-2.6.32 ro root=/dev/mapper/vg_centos-lv_root
      initrd /initrd_2.6.32.img
```

然后将文件保存，重启，进行系统引导时，选择 CentOS (2.6.32-LVS-LD)，即可使用编译好的内核。下一步进行 LVS 管理软件的安装。

3. ipvsadm 软件安装

ipvsadm 采用的版本为 ipvsadm-1.26.tar.gz，安装方式为从源码安装。安装过程如【示例 9-24】所示。

【示例 9-24】

```
[root@CentOS soft]# tar xvf ipvsadm-1.26.tar.gz
[root@CentOS ipvsadm-1.26]# make
[root@CentOS ipvsadm-1.26]# make install
```

安装完毕后主要的程序有 3 个：

- /sbin/ipvsadm: LVS 主管理程序，负责真实服务器的添加、删除和修改。
- ipvsadm-save: 用于备份 LVS 配置。
- ipvsadm-restore: 用于恢复 LVS 配置。

ipvsadm 常用参数说明如表 9.6 所示。

表9.6　ipvsadm常用参数说明

参　数	说　明
--help	查看帮助
-C	清空 ipvs 链表
-A	增加虚拟服务
-t	表示 TCP 服务
-a	表示添加某条链路服务至虚拟服务链路
-r	真实服务器地址
-e	编辑虚拟服务
-d	删除某条虚拟服务
-i	表示 IP 隧道服务

4. 配置虚拟 IP

客户端访问 MySQL 时，需要访问 VIP 和端口，然后 LVS 根据配置转到实际的 MySQL 服务器，而 MySQL 服务器的真实 IP 对客户端是不可见的。配置虚拟 IP 需要在一台 LD 和所有 MySQL 数据库服务器上配置。

LD 上的配置过程如【示例 9-25】所示。

【示例 9-25】

```
[root@CentOS ipvsadm-1.26]# ifconfig tunl0 192.168.3.118 netmask
255.255.255.255
[root@CentOS ipvsadm-1.26]# ifconfig tunl0
tunl0     Link encap:IPIP Tunnel  HWaddr
          inet addr:192.168.3.118  Mask:255.255.255.255
          UP RUNNING NOARP  MTU:1480  Metric:1
          RX packets:0 errors:0 dropped:0 overruns:0 frame:0
          TX packets:0 errors:0 dropped:0 overruns:0 carrier:0
          collisions:0 txqueuelen:0
          RX bytes:0 (0.0 b)  TX bytes:0 (0.0 b)
```

后端 MySQL 服务器设置命令如【示例 9-26】所示。

【示例 9-26】

```
[root@CentOS ~]# cat -n  tun.sh
    01  # 设置 IP 转发
    02  echo "0" >/proc/sys/net/ipv4/ip_forward
    03  # 设置 VIP
    04  /sbin/ifconfig tunl0 up
    05  /sbin/ifconfig tunl0 192.168.3.118  broadcast  192.168.3.118 netmask
        255.255.255.255 up
```

```
06   # 避免 ARP 广播问题
07   echo 1 > /proc/sys/net/ipv4/conf/tun10/arp_ignore
08   echo 2 > /proc/sys/net/ipv4/conf/tun10/arp_announce
09   echo 1 > /proc/sys/net/ipv4/conf/all/arp_ignore
10   echo 2 > /proc/sys/net/ipv4/conf/all/arp_announce
[root@CentOS ~]# ifconfig tun10
tun10    Link encap:IPIP Tunnel  HWaddr
         inet addr:192.168.3.118  Mask:255.255.255.255
         UP RUNNING NOARP MTU:1480 Metric:1
         RX packets:0 errors:0 dropped:0 overruns:0 frame:0
         TX packets:0 errors:0 dropped:0 overruns:0 carrier:0
         collisions:0 txqueuelen:0
         RX bytes:0 (0.0 b)  TX bytes:0 (0.0 b)
```

当客户端访问 VIP 时，会产生 ARP 广播，由于前端负载均衡器和 MySQL 真实的服务器都设置了 VIP，此时集群内的真实服务器会尝试回答来自客户端的请求，从而导致多台服务器都响应自己是 VIP，因此为了达到负载均衡的目的，需要让真实服务器忽略来自客户端计算机的 ARP 广播请求。

5. MySQL 实例配置

确认 VIP 在前端负载均衡器和后端真实服务器上设置完毕后，添加 MySQL 实例，添加的命令如【示例 9-27】所示。

【示例 9-27】

```
[root@CentOS ~]# cat -n mysql_lvs.sh
   01   ipvsadm -C
   02   #添加虚拟服务
   03   ipvsadm -A -t 192.168.3.118:10101 -s wrr
   04   ipvsadm -A -t 192.168.3.118:10201 -s wrr
   05   ipvsadm -A -t 192.168.3.118:20101 -s wrr
   06   ipvsadm -A -t 192.168.3.118:20201 -s wrr
   07   #添加虚拟服务对应的真实服务器，每个虚拟服务后可跟多个一样的真实服务器
   08   ipvsadm -a -t 192.168.3.118:10101 -r  192.168.3.100:10101  -i -w 9999
   09   ipvsadm -a -t 192.168.3.118:20101 -r  192.168.3.101:20101  -i -w 9999
   10   ipvsadm -a -t 192.168.3.118:10201 -r  192.168.3.101:10201  -i -w 9999
   11   ipvsadm -a -t 192.168.3.118:20201 -r  192.168.3.101:20201  -i -w 9999
[root@CentOS bin]# ipvsadm  -Ln --sort
IP Virtual Server version 1.2.1 (size=4096)
Prot LocalAddress:Port Scheduler Flags
  -> RemoteAddress:Port          Forward Weight ActiveConn InActConn
TCP 192.168.3.118:10101 wrr
  -> 192.168.3.100:10101         Local  9999   0          0
TCP 192.168.3.118:10201 wrr
  -> 192.168.3.101:10201         Tunnel 9999   0          0
TCP 192.168.3.118:20101 wrr
  -> 192.168.3.101:20101         Tunnel 9999   0          0
```

```
TCP  192.168.3.118:20201 wrr
  -> 192.168.3.101:20201          Tunnel  9999  0          0
```

经过以上步骤，MySQL 服务在 LVS 中的设置就完成了，随后，进行 MySQL 实例的测试。可登录 192.168.3.200，测试过程如【示例 9-28】所示。

【示例 9-28】

```
[root@CentOS ~]# mysql -uadmin -padmin -h192.168.3.118 -P10101
Welcome to the MySQL monitor.  Commands end with ; or \g.
Your MySQL connection id is 7429710

mysql> show databases;
+--------------------+
| Database           |
+--------------------+
| information_schema |
| test               |
+--------------------+
2 rows in set (0.00 sec)
```

经过上面的步骤，使用 LVS 代理 MySQL 的步骤就完成了，通过 LVS 访问 MySQL 的需求也就实现了。每个 LVS 虚拟服务后可以添加多台 MySQL 实例，比如有两台或更多的从库部署在不同的服务器上，数据相同，提供的是相同的服务，可以添加到共同的 LVS 虚拟服务中，这样便可以实现 MySQL 访问的负载均衡。

如果需要更高的可用性，需要对前端的负载均衡器做双机热备，常见的方案有 Heartbeat 和 Keepalive。接下来将采用 Heartbeat 作为双机热备的方案，可以做到在主节点出现故障时备节点迅速接管服务。具体步骤将在下一小节介绍。

9.5.6 搭建双机热备 HA

经过上一小节的配置，LVS 已经可以正常提供服务，但为了保证更高的可用性，需要对前端的复杂均衡器做双机热备，常见的方案有 Heartbeat 或 Keepalive。本节以 Heartbeat 为例说明双机热备的部署过程。

新版本的 Heartbeat 可以支持前端负载均衡器的集群部署，本小节的示例以 Heartbeat 双机热备为例介绍部署过程。HA 的部署要经过软件安装、配置文件设置、配置 haresources、配置 authkeys 和配置资源管理脚本几个步骤。

1. HA 相关软件的安装

这里采用的 Heartbeat 版本为 2.1.4，首先安装 HA 需要的依赖库，然后安装 HA 软件，安装过程如【示例 9-29】所示。

【示例 9-29】

```
#安装依赖软件
[root@CentOS ha]# tar xvf libnet-1.1.6.tar.gz
```

```
[root@CentOS ha]# cd libnet-1.1.6
[root@CentOS libnet-1.1.6]# make
[root@CentOS libnet-1.1.6]# make install
#安装依赖
[root@CentOS ha]# tar xvf libxml2-2.7.7.tar.gz
[root@CentOS ha]# cd libxml2-2.7.7
[root@CentOS libxml2-2.7.7]# ./configure
[root@CentOS libxml2-2.7.7]# make
[root@CentOS libxml2-2.7.7]# make install
[root@CentOS ha]# tar xvf Heartbeat-2-1-STABLE-2.1.4.tar.bz2
[root@CentOS ha]# cd  Heartbeat-2-1-STABLE-2.1.4]
[root@CentOS Heartbeat-2-1-STABLE-2.1.4]# ./ConfigureMe  configure
[root@CentOS Heartbeat-2-1-STABLE-2.1.4]# make
[root@CentOS Heartbeat-2-1-STABLE-2.1.4]# make install
```

以上步骤若没有什么错误提示，则完成了 HA 软件的安装，备节点部署过程与主节点部署过程相同。

2. 两台负载均衡器配置 hosts

配置 HA 所需的 hosts，其中主机名需要与 hostname 输出相同。主备节点需要进行同样的设置，如【示例 9-30】所示。

【示例 9-30】

```
[root@LD_192_168_3_87 ~]# cat /etc/hosts
192.168.3.87 LD_192_168_3_87
192.168.3.88 LD_192_168_3_88
```

3. 配置/etc/ha.d/ha.cf

/etc/ha.d/ha.cf 是 HA 服务的主配置文件，此文件指定了故障接管时的一些条件和参数，此配置文件中有关主备节点的内容可以一致。文件内容如【示例 9-31】所示。

【示例 9-31】

```
[root@LD_192_168_3_87 ~]#  cat /etc/ha.d/ha.cf
   01  # heartbeat 的日志存放位置
   02  logfile /var/log/ha-log
   03  #利用 rsyslog 记录日志
   04  logfacility     local0
   05  #指明心跳时间为1秒，即每1秒钟发送一次广播
   06  keepalive 1
   07  #指定在10秒内没有心跳信号，就立即切换服务
   08  deadtime 10
   09  #若5秒钟内备份机不能联系上主机，则把警告写入日志
   10  warntime 5
   11  #在某些系统上，系统启动或重启之后，需要经过一段时间，网络才能正常工作，该选项用于
解决这种情况产生的时间间隔。取值至少为 deadtime 的两倍
   12  initdead 20
```

```
13  #指明心跳方式使用以太网广播方式，并且在 eth1 接口上进行广播
14  bcast eth1
15  #指定集群节点间的通信端口
16  udpport 10694
17  #当主节点恢复后，是否自动切回
18  auto_failback  no
19  #集群中机器的主机名，与 "uname -n" 的输出相同
20  node LD_192_168_3_87
21  node LD_192_168_3_88
```

4. 配置/etc/ha.d/haresources

/etc/ha.d/haresources 指定了需要备节点接管的资源，如 IP 资源、共享存储或其他主节点故障时需要转移到备节点的资源。

【示例 9-32】

```
[root@CentOS ~]# cat /etc/ha.d/haresources
#文件的末尾加上以下代码
LD_192_168_3_87 192.168.3.118  myop.sh
```

上述示例指定了 192.168.3.87 为主节点，主节点故障时需要备节点接管的资源有虚拟 IP 192.168.3.118，然后执行 myop.sh 脚本，其中 myop.sh 为一个可以接收 start 和 stop 的服务。这个配置主备节点一致即可。

5. 配置/etc/ha.d/authkeys

/etc/ha.d/authkeys 的作用是设置数字签名密钥和算法，两个节点的设置完全一样，设置步骤如【示例 9-33】所示。

【示例 9-33】

```
[root@LD_192_168_3_87 ~]# cat  /etc/ha.d/authkeys
#auth 1 代表使用的索引。与下一条键值对应，各个节点指定的相同索引的字符要相同
auth 1
1 crc
#更改文件的权限
[root@LD_192_168_3_87 ~]#  chmod 600 /etc/ha.d/authkeys
```

文件权限设置为 600，表示只有 root 用户可以操作此文件，若此文件属性未被正确配置，则 Heartbeat 程序将不能启动，同时打印错误信息。

6. 资源管理脚本

HA 在资源接管时需要执行特定的脚本，以便初始化相关资源，如 IP 地址等 HA 提供了脚本可直接调用，如需接管其他资源，则需要编写程序辅助。本示例中的 LVS 设置属于这种情况。编写的脚本为可以接收 start 和 stop 的脚本，用于初始化资源和取消相关设置。脚本内容如【示例 9-34】所示。

【示例 9-34】

```
[root@LD_192_168_3_87 resource.d]# cat -n myop.conf
    01  #!/bin/sh
    02  export VIP=192.168.3.118
    03  export broadcast=192.168.3.255
    04  export netmask=255.255.255.0
    [root@LD_192_168_3_87 resource.d]# cat -n myop.sh
    01  #!/bin/sh
    02
    03  #vip conf
    04  . /etc/ha.d/resource.d/myop.conf
    05
    06  if [ "$1" == "start" ]
    07  then
    08      /sbin/ifconfig tun10 $VIP broadcast $broadcast netmask $netmask
    09      #add rs
    10      /sbin/ipvsadm -C
    11      ipvsadm -A -t $VIP:10101 -s wrr
    12      ipvsadm -A -t $VIP:10201 -s wrr
    13      ipvsadm -A -t $VIP:20101 -s wrr
    14      ipvsadm -A -t $VIP:20201 -s wrr
    15      ipvsadm -a -t $VIP:10101 -r 192.168.3.100:10101 -i -w 9999
    16      ipvsadm -a -t $VIP:20101 -r 192.168.3.101:20101 -i -w 9999
    17      ipvsadm -a -t $VIP:10201 -r 192.168.3.101:10201 -i -w 9999
    18      ipvsadm -a -t $VIP:20201 -r 192.168.3.101:20201 -i -w 9999
    19  elif [ "$1" == "stop" ]
    20  then
    21          /sbin/ifconfig tun10 down
    22          /sbin/ipvsadm -C
    23  else
    24          echo $0 "start|stop"
    25  fi
```

上述示例中的脚本 myop.sh 用于控制 VIP 和 LVS 虚拟服务的配置，接收 start 和 stop 参数。

7. 启动 HA 服务

经过上面的配置，HA 服务已经搭建完成，需要分别在两个节点上启动 HA 服务，启动后可以用 ps 命令查看是否启动成功，启动命令如【示例 9-35】所示。

【示例 9-35】

```
[root@LD_192_168_3_87 resource.d]#  service heartbeat start
#启动后使用 ps 命令查看是否启动成功
[root@LD_192_168_3_87 resource.d]# ps -ef|grep heartbeat
root    15137 15075 0 16:11 pts/3   00:00:00 grep heartbeat
root    19726    1  0 2012 ?        00:02:08 heartbeat: master control
process
```

```
nobody    19728 19726  0  2012 ?       00:00:00 heartbeat: FIFO reader
nobody    19729 19726  0  2012 ?       00:07:32 heartbeat: write: ucast eth0
nobody    19730 19726  0  2012 ?       00:10:57 heartbeat: read: ucast eth0
```

若没有错误提示，则正常启动了 HA 服务，接下来将进行 HA 的测试。

9.5.7 项目测试

经过上面的配置，LVS 可以正常提供服务，HA 已经生效，测试过程如下：

1. LVS 测试

设置完毕后，登录 192.168.3.200 进行 MySQL 实例的登录测试，模拟用户的登录请求，登录的用户名为 admin、密码为 admin，用户名和密码已经在安装 MySQL 实例时分配。

【示例 9-36】

```
[root@CentOS ~]# mysql -u admin -p admin -h 192.168.3.118 -P 10101
Welcome to the MySQL monitor.  Commands end with ; or \g.

mysql> show databases;
+--------------------+
| Database           |
+--------------------+
| information_schema |
| test               |
+--------------------+
2 rows in set (0.00 sec)
```

2. HA 测试

HA 测试可以通过模拟故障停止 Heartbeat 进程或直接重启主机，然后观察备机是否接管了主机的资源，测试过程如【示例 9-37】所示。

【示例 9-37】

```
#分别在主机启动 Heartbeat 服务并验证服务是否正常
[root@LD_192_168_3_87~]# /etc/init.d/heartbeat  start
[root@LD_192_168_3_87 ~]# /etc/init.d/heartbeat  status
heartbeat OK [pid 26545 et al] is running on ld_192_168_3_87 [ld_192_168_3_87] …
#在备机上启动 Heartbeat 服务并验证服务是否正常
[root@LD_192_168_3_88 ~]# /etc/init.d/heartbeat  start
[root@LD_192_168_3_88 ~]# /etc/init.d/heartbeat  status
heartbeat OK [pid 25073 et al] is running on ld_192_168_3_88 [ld_192_168_3_88] …
```

此时 VIP 位于主机 192.168.3.87，LVS 配置正常，重启主机 192.168.3.87，观察备机 192.168.3.88 的日志。

【示例 9-38】

```
heartbeat[10414]: 2020/06/16_01:48:13 info: Received shutdown notice from
```

```
'ld_192_168_3_87'.
   heartbeat[10414]: 2020/06/16_01:48:13 info: Resources being acquired from
ld_192_168_3_87.
   ResourceManager[10480]: 2020/06/16_01:48:14 info: Running
/etc/ha.d/resource.d/IPaddr 192.168.3.118 start
   #部分结果省略
   #接管 IP 资源
   IPaddr[10583]:  2020/06/16_01:48:14 INFO: Using calculated nic for
192.168.3.118: eth0
   IPaddr[10583]:  2020/06/16_01:48:14 INFO: eval ifconfig eth0:0 192.168.3.118
netmask 255.255.255.0 broadcast 192.168.3.255
   #部分结果省略
   #接管其他资源
   ResourceManager[10768]: 2020/06/16_01:48:15 info: Running
/etc/ha.d/resource.d/myop.sh  start
   heartbeat[10414]: 2020/06/16_01:48:15 info: mach_down takeover complete.
   #检测到主机故障
   heartbeat[10414]: 2020/06/16_01:48:25 WARN: node ld_192_168_3_87: is dead
```

在以上日志中，首先备机检测到了主机故障，然后根据预先的设置接管资源，并执行自定义的 LVS 脚本。检查命令如【示例 9-39】所示。

【示例 9-39】

```
#备机已经接管 IP 资源
[root@LD_192_168_3_88 ha.d]# ifconfig
eth0      Link encap:Ethernet  HWaddr 00:0C:29:7F:08:9D
          inet addr:192.168.3.88 Bcast:192.168.3.255  Mask:255.255.255.0
          inet6 addr: fe80::20c:29ff:fe7f:89d/64 Scope:Link
          UP BROADCAST RUNNING MULTICAST  MTU:1500  Metric:1
          RX packets:7704 errors:0 dropped:0 overruns:0 frame:0
          TX packets:30369 errors:0 dropped:0 overruns:0 carrier:0
          collisions:0 txqueuelen:1000
          RX bytes:871992 (851.5 KiB)  TX bytes:9247215 (8.8 MiB)
eth0:0    Link encap:Ethernet  HWaddr 00:0C:29:7F:08:9D
          inet addr:192.168.3.118 Bcast:192.168.3.255  Mask:255.255.255.0
          UP BROADCAST RUNNING MULTICAST  MTU:1500  Metric:1
#LVS 资源已经接管
[root@LD_192_168_3_88 ha.d]# ipvsadm -Ln --sort
IP Virtual Server version 1.2.1 (size=4096)
Prot LocalAddress:Port Scheduler Flags
  -> RemoteAddress:Port          Forward Weight ActiveConn InActConn
TCP  192.168.3.118:10101 wrr
  -> 192.168.3.100:10101         Tunnel 9999  0          0
TCP  192.168.3.118:10201 wrr
  -> 192.168.3.101:10201         Tunnel 9999  0          0
TCP  192.168.3.118:20101 wrr
```

```
  -> 192.168.3.101:20101         Tunnel  9999  0        0
TCP  192.168.3.118:20201 wrr
  -> 192.168.3.101:20201         Tunnel  9999  0        0
```

其他故障情况下的接管方式可根据实际情况进行测试。至此，MySQL 平台的高可用部分已经介绍完毕。若对其他方面感兴趣，读者可参考相关资料。

9.6 小　结

集群技术已经成为目前应用的热点，本章主要介绍了传统的集群软件及集群的体系结构。本章以集群软件 LVS 及其负载调度算法为例介绍了高可用集群的部署过程及其应用。LVS 提供了 3 种负载均衡方式，NAT 由于所有请求都需要经过前端的负载均衡器，限制了集群的扩展；DR 模式则需要集群中的真实服务器位于同一局域网，同样限制了其使用范围；相比而言，隧道模式是最灵活的一种，可以跨网段，甚至跨地域，需要重点掌握。

MySQL 因开源和容易使用的特点被众多开发者或大型公司所采用。随着 MySQL 实例的急剧增长会带来一系列的问题，监控与容灾更需要平台化。本章最后以上百个 MySQL 实例作为应用场景，从需求分析、可选方案、项目实现、项目测试等方面介绍 LVS 和 HA 在 MySQL 方面的应用。IIA 主要用于主节点故障情况下的资源接管，LVS 主要保证日常访问的负载均衡。

第10章

Kubernetes 集群搭建

Kubernetes 是容器技术快速发展的产物。Kubernetes 的出现使得大规模的服务器运维变得便捷、简单起来。目前，国内外大部分的主流云服务提供商都提供了对于 Kubernetes 的支持，包括谷歌、微软、亚马逊以及国内的腾讯和阿里。因此，了解和掌握 Kubernetes 相关技术是目前 CentOS 运维人员的必备技能。

本章首先介绍 Kubernetes 的基础知识，然后介绍如何在 CentOS 上快速搭建一个可用的 Kubernetes 集群。

本章主要涉及的知识点有：

* Kubernetes 集群
* 安装 Kubernetes 所需要的软硬件环境
* 部署 Master 节点
* 部署 Node 节点
* 集群检测
* 通过 Dashboard 管理集群

10.1   Kubernetes 集群

在第 8 章中，我们详细介绍了 Docker。Docker 技术的应用使得人们可以快速地部署自己的应用，并且提高了应用的可移植性。但是当容器的数量达到一定的规模时，如何有效地管理这些容器就成为系统管理员所面临的巨大问题。

10.1.1   什么是 Kubernetes

Kubernetes 这个词来自于希腊语，其含义为舵手或者飞行员，这个词非常形象地描述出了 Kubernetes 的核心功能。

简单地讲，Kubernetes 是一套自动化容器运维的开源平台，这些运维操作包括部署、调度和节点集群间扩展。Kubernetes 是建立在 Docker 技术之上的，Docker 是 Kubernetes 内部使用的低级别的组件，而 Kubernetes 则是管理 Docker 容器的工具。如果把 Docker 的容器比作飞机，Kubernetes 则是飞机场、飞行员或者调度员。

10.1.2　Kubernetes 集群能解决什么问题

Kubernetes 是一个自动化部署、伸缩和操作应用程序容器的开源平台。使用 Kubernetes，用户可以快速、高效地管理应用程序。Kubernetes 的应用可以满足用户以下需求：

- 快速精准地部署应用程序。
- 即时伸缩用户的应用程序。
- 为每个应用定制所需的资源量。

Kubernetes 具有以下明显的优势：

- 可移动：支持公有云、私有云、混合云、多态云。
- 可扩展：模块化、插件化、可挂载、可组合。
- 自修复：自动部署、自动重启、自动复制、自动伸缩。

的 Kubernetes 能在实体机或虚拟机集群上调度和运行程序容器。而且，Kubernetes 也能让开发者斩断联系着实体机或虚拟机的"锁链"，从以主机为中心的架构跃至以容器为中心的架构。该架构最终提供给开发者诸多内在的优势和便利。Kubernetes 为基础架构提供真正的以容器为中心的开发环境。

此外，Kubernetes 满足了一系列产品内运行程序的普通需求，诸如：

- 服务发现和负载均衡。
- 存储编排。
- 自动部署和回滚。
- 自动完成装箱计算。
- 自我修复。
- 密钥与配置管理。
- 负载均衡。

10.1.3　Kubernetes 体系架构

在 Kubernetes 集群中，节点分为 Master 和 Node 两种，其中 Master 节点主要负责整个集群的管理和任务调度，Node 节点又称为工作节点，主要负责各种计算任务。Kubernetes 的体系架构如图 10.1 所示。

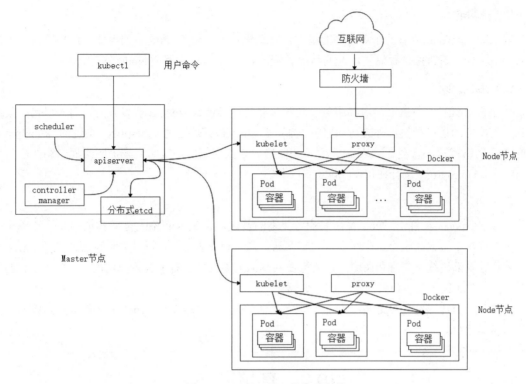

图 10.1　Kubernetes 的体系架构

从图 10.1 可以看出，无论是 Master 节点还是普通的 Node 节点，上面都运行着多个服务组件。Kubernetes 主要由以下几个核心组件组成：

1. Kubernetes API Server

该组件提供了 Kubernetes 集群中所有资源操作的唯一入口，用户创建或者删除集群中的资源都要通过 Kubernetes API Server 提供的各种 REST 接口。Kubernetes API Server 的存在使得集群资源的管理与关系型数据库的操作非常相似。除了资源管理之外，Kubernetes API Server 还提供了认证、授权、访问控制、API 注册和发现等功能。该组件运行在 Master 节点上。

2. controller manager

controller manager 负责维护集群的状态，例如故障检测、自动扩展、滚动更新等。该组件也运行在 Master 节点上。

3. scheduler

scheduler 负责集群中各种资源的调度，按照预定的调度策略将 Pod 调度到相应的节点上。scheduler 也运行在 Master 节点上。

4. etcd

etcd 是一个分布式数据库系统，它保存了整个集群的状态，即集群的各种配置选项都存储在一个 etcd 实例中。etcd 支持两种部署方式，可以运行在 Master 节点上，作为 Master 节点的一部分，也可以是外部 etcd 集群。

5. kubelet

kubelet 是 Node 节点上非常重要的组件，它负责管理 Pod 和 Pod 中的容器，维护容器的生命周期，同时也负责镜像、存储卷以及网络的管理。kubelet 运行在每个 Node 节点上。

6. kube-proxy

该组件负责当前节点上的内部服务发现和负载均衡。kube-proxy 管理服务的访问入口包括集群内 Pod 到服务的访问和集群外的访问服务，例如 Cluster IP 就是通过 kube-proxy 实现的。kube-proxy 负责 Pod 网络代理，它会定时从 etcd 服务获取信息来实现相应的策略，维护网络规则和四层负载均衡工作。kube-proxy 运行在每个 Node 节点上。

7. Pod

在 Kubernetes 集群中，Pod 是所有业务类型的基础，也是 Kubernetes 管理的最小计算单位，它是一个或多个容器的组合。这些容器共享存储、网络和命名空间，以及如何运行的规范。在 Pod 中，所有容器都被统一安排和调度，并运行在共享的上下文中。对于具体应用而言，Pod 是它们的逻辑主机，Pod 包含业务相关的多个应用容器。

除了以上几个核心组件之外，每个节点上当然都要运行 Docker。Docker 负责所有具体的镜像下载和容器运行。

10.2　环境准备

在正式安装 Kubernetes 之前，用户需要根据自己的实际需求准备软硬件环境。主要包括节点数量、操作系统类型以及存储设备等。

10.2.1　硬件配置

Kubernetes 可以在多种软硬件平台上面部署，同时也支持物理机或者虚拟机部署，如果是在生产环境中安装，建议用户使用物理机作为节点；如果只是为了体验或者测试，则可以使用虚拟机作为节点。

在本例中，我们使用 3 台虚拟机作为节点，其中 1 台作为 Master 节点，另外两台作为 Node 节点。各个节点的具体硬件配置和 IP 地址分配如表 10.1 所示。

表10.1　节点硬件配置及IP地址

主机名	IP 地址	角　色	CPU	内　存	磁　盘
master1	192.168.2.3	Master	≥2 核	≥2GB	≥20GB
node1	192.168.2.4	Node	≥2 核	≥2GB	≥20GB
node2	192.168.2.5	Node	≥2 核	≥2GB	≥20GB

10.2.2　设置主机名

由于在注册各个工作节点时，Kubernetes 会将节点的主机名发送给 Master 节点的 apiserver，因此集群中的节点的主机名不能重复。为了便于标识各个节点，用户应该尽量根据节点的功能为每个节点指定有意义的主机名。

在 CentOS 中，设置主机名可以使用 hostnamectl 命令完成，该命令的基本语法如下：

```
hostnamectl {COMMAND}
```

其中 COMMAND 参数为子命令，其中设置主机名使用 set-hostname 子命令，其语法如下：

```
set-hostname name
```

参数 name 为要设置的主机名。接下来用户需要为 3 个节点分别指定主机名，这个操作需要在 3 个节点上分别执行，操作方法如【示例 10-1】、【示例 10-2】和【示例 10-3】所示。

【示例 10-1】

```
[root@localhost ~]# hostnamectl set-hostname master
[root@master ~]# hostname
master
```

以上命令在 master 节点上执行。

【示例 10-2】

```
[root@localhost ~]# hostnamectl set-hostname node1
[root@master ~]# hostname
node1
```

以上命令在 node1 节点上执行。

【示例 10-3】

```
[root@localhost ~]# hostnamectl set-hostname node2
[root@master ~]# hostname
```

以上命令在 node2 节点上执行。

其中 hostname 命令可以显示当前主机的主机名。

10.2.3　设置主机名解析

设置好各个节点的主机名之后，每个节点现在还是只能识别自己的主机名，不能识别集群中其他节点的主机名。为了能够使得集群中的各个主机相互识别各自的主机名，用户需要配置主机名的解析，实现主机名到 IP 地址的转换。

在 CentOS 中，配置文件/etc/hosts 保存了本地主机名和 IP 地址的对应关系。该文件为文本文件，用户可以直接修改，添加相应的记录即可。由于 3 台主机都需要配置相同的主机名解析记录，因此 3 台主机的设置命令完全相同。设置主机名解析的方法如【示例 10-4】所示。

【示例 10-4】

```
[root@master ~]# cat << EOF >>/etc/hosts
192.168.2.3 master
192.168.2.4 node1
192.168.2.5 node2
```

```
EOF
```

以上命令需要在 3 个节点上分别执行，【示例 10-4】只演示了在 master 节点上的执行过程。

cat 命令的功能是合并多个文件，并且显示在屏幕上，通常用来显示文本文件的内容。<<和>>为 Linux 重定向操作符，箭头指向的方向即为重定向的方向。EOF 为定界符，前后两个定界符之间为要处理的文本。因此，上述命令的功能是将 EOF 之间的文本作为 cat 命令的输入内容，然后将 cat 命令的输出重定向到/etc/hosts 文件中，从而实现对/etc/hosts 文件的修改。

设置完成之后，3 个节点之间就可以通过主机名访问了。【示例 10-5】将演示在 master 节点上通过 ping 命令测试是否可以通过主机命令访问 node1 和 node2。

【示例 10-5】

```
[root@master ~]# ping node1
PING node1 (192.168.2.4) 56(84) bytes of data.
64 bytes from node1 (192.168.2.4): icmp_seq=1 ttl=64 time=0.887 ms
64 bytes from node1 (192.168.2.4): icmp_seq=2 ttl=64 time=0.192 ms
64 bytes from node1 (192.168.2.4): icmp_seq=3 ttl=64 time=0.232 ms
64 bytes from node1 (192.168.2.4): icmp_seq=4 ttl=64 time=0.198 ms
^C
--- node1 ping statistics ---
4 packets transmitted, 4 received, 0% packet loss, time 67ms
rtt min/avg/max/mdev = 0.192/0.377/0.887/0.295 ms
[root@master ~]# ping node2
PING node2 (192.168.2.5) 56(84) bytes of data.
64 bytes from node2 (192.168.2.5): icmp_seq=1 ttl=64 time=0.303 ms
64 bytes from node2 (192.168.2.5): icmp_seq=2 ttl=64 time=0.321 ms
64 bytes from node2 (192.168.2.5): icmp_seq=3 ttl=64 time=0.201 ms
^C
--- node2 ping statistics ---
3 packets transmitted, 3 received, 0% packet loss, time 50ms
rtt min/avg/max/mdev = 0.201/0.275/0.321/0.052 ms
```

从上面的输出结果可知，master 节点已经可以通过 node1 和 node2 这两个主机名访问这两个节点了。在 node1 和 node2 这两个节点上进行测试也可以得到相同的结果，不再重复演示。

10.2.4　关闭防火墙、SELinux 和交换分区

由于 Kubernetes 本身有着比较复杂的虚拟化网络，节点的防火墙会影响各组件之间的网络通信，因此用户需要关闭所有节点上的防火墙。SELinux 本身是为了增强 Linux 的安全性，但是它也会影响 Kubernetes 组件的运行，因而所有节点的 SELinux 服务也需要关闭。如果节点的交换分区启用，某些 Kubernetes 组件会启动失败，所以所有节点的交换分区也必须关闭。

所有节点的命令是完全相同的，【示例 10-6】只演示 master 节点上的操作步骤，用户需要自己在 node1 和 node2 上执行相同的命令。

【示例 10-6】

```
[root@master ~]# systemctl stop firewalld
```

```
[root@master ~]# systemctl disable firewalld
Removed /etc/systemd/system/multi-user.target.wants/firewalld.service.
Removed /etc/systemd/system/dbus-org.fedoraproject.FirewallD1.service.
[root@master ~]# setenforce 0
[root@master ~]# cd /etc/selinux/
[root@master selinux]# sed -i 's/SELINUX=enforcing/SELINUX=disabled/g' config
[root@master ~]# swapoff -a
[root@master ~]# sed -i '/ swap / s/^\(.*\)$/#\1/g' /etc/fstab
```

第 1 条和第 2 条命令分别用来停止 firewalld 服务和禁用 firewalld 服务。第 3 条命令临时禁用 SELinux，第 4 条和第 5 条命令通过修改/etc/selinux/config 配置文件永久禁用 SELinux，其中的 sed 命令是一个功能非常强大的文本处理命令，关于该命令的使用方法不再详细说明，读者可以参考 Linux 的命令手册。第 6 条命令通过 swapoff 禁用交换分区，第 7 条命令修改 Linux 的文件系统配置文件/etc/fstab 以禁止挂载交换分区。

10.2.5　配置内核参数，将桥接的 IPv4 流量传递到 iptables 链

由于 kube-proxy 的服务发现是通过 iptables 实现的，因此在所有节点上都需要配置网络参数，使得各个节点上的网桥在转发数据包时，也交由 iptables 的相应链来处理。内核参数的配置方法如【示例 10-7】所示。

【示例 10-7】

```
[root@master ~]# cat >/etc/sysctl.d/k8s.conf <<EOF
net.bridge.bridge-nf-call-ip6tables =1
net.bridge.bridge-nf-call-iptables =1
EOF
```

以上命令的功能是创建一个新的配置文件/etc/sysctl.d/k8s.conf，然后将 EOF 之间的两行规则追加到该文件中。

然后使用以下命令使得上面的配置生效：

```
[root@master ~]# sysctl --system
* Applying /usr/lib/sysctl.d/10-default-yama-scope.conf …
kernel.yama.ptrace_scope = 0
* Applying /usr/lib/sysctl.d/50-coredump.conf …
kernel.core_pattern = |/usr/lib/systemd/systemd-coredump %P %u %g %s %t %c %h %e
* Applying /usr/lib/sysctl.d/50-default.conf …
kernel.sysrq = 16
kernel.core_uses_pid = 1
kernel.kptr_restrict = 1
net.ipv4.conf.all.rp_filter = 1
net.ipv4.conf.all.accept_source_route = 0
net.ipv4.conf.all.promote_secondaries = 1
net.core.default_qdisc = fq_codel
fs.protected_hardlinks = 1
fs.protected_symlinks = 1
```

```
* Applying /usr/lib/sysctl.d/50-libkcapi-optmem_max.conf …
net.core.optmem_max = 81920
* Applying /usr/lib/sysctl.d/50-pid-max.conf …
kernel.pid_max = 4194304
* Applying /etc/sysctl.d/99-sysctl.conf …
* Applying /etc/sysctl.d/k8s.conf …
* Applying /etc/sysctl.conf .
```

以上示例只是在 master 节点上执行，node1 和 node2 这两个节点也需要执行同样的命令，不再重复介绍。

10.2.6 配置国内的软件源

在默认情况下，CentOS 使用国外的软件源来安装软件包，通常情况下，软件包的下载速度会比较慢。为了加快安装速度，用户可以修改 CentOS 的软件源配置文件，改为国内的镜像站点。

【示例 10-8】以 master 节点为例演示如何配置国内的软件源镜像，用户需要在其余的节点上进行同样的操作。

【示例 10-8】

```
[root@master ~]# yum install -y wget
[root@master ~]# mkdir /etc/yum.repos.d/bak && mv /etc/yum.repos.d/*.repo
/etc/yum.repos.d/bak
[root@master ~]# wget -O /etc/yum.repos.d/CentOS-Base.repo
http://mirrors.cloud.tencent.com/repo/centos8_base.repo
```

CentOS 在国内的镜像站点有很多，例如阿里云官方镜像站、网易开源镜像站、腾讯软件源以及清华大学开源软件镜像站等，用户可以根据自己的网络情况选择不同的站点。在本例中，使用腾讯软件源。

第 1 条命令安装 wget 下载工具，该工具没有包含在默认的软件包中。第 2 条命令的功能是备份当前 CentOS 默认的软件源配置文件，将其转移到名称为 bak 的目录中。第 3 条命令通过 wget 工具从腾讯软件源上下载配置文件，并且保存为/etc/yum.repos.d/CentOS-Base.repo。

除了 CentOS 本身的软件源之外，用户还需要配置 Kubernetes 和 Docker 的国内镜像站点。【示例 10-9】将演示配置 Kubernetes 国内软件源镜像站点的方法。

【示例 10-9】

```
[root@master ~]# cat <<EOF >/etc/yum.repos.d/kubernetes.repo
[kubernetes]
name=Kubernetes
baseurl=https://mirrors.aliyun.com/kubernetes/yum/repos/kubernetes-el7-x86
_64/
enabled=1
gpgcheck=1
repo_gpgcheck=1
gpgkey=https://mirrors.aliyun.com/kubernetes/yum/doc/yum-key.gpg
https://mirrors.aliyun.com/kubernetes/yum/doc/rpm-package-key.gpg
```

```
EOF
```

在【示例 10-9】中，使用阿里云的 Kubernetes 镜像站点作为安装源。

Docker 的国内镜像站点的配置方法如【示例 10-10】所示。

【示例 10-10】

```
[root@master ~]#wget
https://mirrors.aliyun.com/docker-ce/linux/centos/docker-ce.repo -O
/etc/yum.repos.d/docker-ce.repo
```

在上面的命令中，将阿里云的 Docker 镜像站点作为安装源。

上面所有的软件源都配置完成之后，用户需要清理本地的软件包缓存，命令如下：

```
[root@master ~]# yum clean all && yum makecache
```

10.3　软件安装

接下来开始正式安装各种软件包，主要有 Docker 和 Kubernetes 的各种管理工具。以下操作需要在所有的节点上执行，此处只以 master 节点为例介绍各种组件的安装方法，读者只需要在其余的节点上执行同样的操作即可。

10.3.1　安装 Docker 引擎

首先在 master 节点上安装 Docker 引擎，如【示例 10-11】所示。

【示例 10-11】

```
[root@master ~]# yum install -y docker-ce
```

如果在安装过程中出现以下错误：

```
Error:
 Problem: cannot install the best candidate for the job
  - nothing provides container-selinux >= 2:2.74 needed by
docker-ce-3:20.10.1-3.el7.x86_64
  (try to add '--skip-broken' to skip uninstallable packages or '--nobest' to
use not only best candidate packages)
```

用户就需要升级当前节点的 container-selinux 软件包，以满足 Docker 的依赖要求。安装完成之后，使用以下命令启用 Docker，并启动 Docker 服务：

```
[root@master ~]# systemctl enable docker
Created symlink /etc/systemd/system/multi-user.target.wants/docker.service
→ /usr/lib/systemd/system/docker.service.
[root@master ~]# systemctl start docker
```

然后查看 Docker 服务的状态，命令如下：

```
[root@master ~]# systemctl status docker
docker.service - Docker Application Container Engine
  Loaded: loaded (/usr/lib/systemd/system/docker.service; disabled; vendor
preset: disabled)
  Active: active (running) since Sat 2020-12-26 15:27:06 CST; 5s ago
    Docs: https://docs.docker.com
Main PID: 13010 (dockerd)
   Tasks: 10
  Memory: 41.8M
  CGroup: /system.slice/docker.service
          └─13010 /usr/bin/dockerd -H fd://
--containerd=/run/containerd/containerd.sock

 Dec 26 15:27:03 master dockerd[13010]:
time="2020-12-26T15:27:03.620207896+08:00" level=info msg="ClientConn switching
balancer to \"pick_first\"" module=grpc
 Dec 26 15:27:06 master dockerd[13010]:
time="2020-12-26T15:27:06.213690171+08:00" level=warning msg="Your kernel does
not support cgroup blkio weight"
 Dec 26 15:27:06 master dockerd[13010]:
time="2020-12-26T15:27:06.213710296+08:00" level=warning msg="Your kernel does
not support cgroup blkio weight_device"
 Dec 26 15:27:06 master dockerd[13010]:
time="2020-12-26T15:27:06.213827164+08:00" level=info msg="Loading containers:
start."
 Dec 26 15:27:06 master dockerd[13010]:
time="2020-12-26T15:27:06.478930696+08:00" level=info msg="Default bridge
(docker0) is assigned with an IP address 172.17.0.0/16. Daemon option --bip can
be used to set a preferred IP address"
 Dec 26 15:27:06 master dockerd[13010]:
time="2020-12-26T15:27:06.598579877+08:00" level=info msg="Loading containers:
done."
 Dec 26 15:27:06 master dockerd[13010]:
time="2020-12-26T15:27:06.613978062+08:00" level=info msg="Docker daemon"
commit=5eb3275d40 graphdriver(s)=overlay2 version=19.03.14
 Dec 26 15:27:06 master dockerd[13010]:
time="2020-12-26T15:27:06.614089182+08:00" level=info msg="Daemon has completed
initialization"
 Dec 26 15:27:06 master dockerd[13010]:
time="2020-12-26T15:27:06.635812450+08:00" level=info msg="API listen on
/var/run/docker.sock"
 Dec 26 15:27:06 master systemd[1]: Started Docker Application Container Engine.
```

以上输出表示 Docker 服务已经正常启动。

10.3.2 安装 Kubernetes 组件

接下来安装 Kubernetes 的管理工具，如【示例 10-12】所示。

【示例 10-12】

```
[root@master ~]# yum install -y kubelet kubeadm kubectl
```

其中 kubelet 负责与其他节点通信，并负责管理本节点 Pod 和容器生命周期。Kubeadm 是 Kubernetes 的自动化部署工具，可以降低部署应用的难度，提高效率。Kubectl 是 Kubernetes 集群管理工具。

10.4 部署 Master 节点

安装完所需要的软件包之后，接下来进行集群的部署。这个过程分为两个步骤，首先进行 Master 节点的部署，然后进行其余工作节点的部署。接下来介绍 Master 节点的部署。

10.4.1 初始化集群

集群的初始化只需要在 Master 节点上进行，初始化命令为 kubeadm，初始化的方法如【示例 10-13】所示。

【示例 10-13】

```
[root@master ~]# kubeadm init --kubernetes-version=1.20.1
--apiserver-advertise-address=192.168.2.3 --image-repository
registry.aliyuncs.com/google_containers --service-cidr=192.1.0.0/16
--pod-network-cidr=192.244.0.0/16
[init] Using Kubernetes version: v1.20.1
[preflight] Running pre-flight checks
        [WARNING IsDockerSystemdCheck]: detected "cgroupfs" as the Docker cgroup
driver. The recommended driver is "systemd". Please follow the guide at
https://kubernetes.io/docs/setup/cri/
        [WARNING FileExisting-tc]: tc not found in system path
…
[addons] Applied essential addon: CoreDNS
[addons] Applied essential addon: kube-proxy

Your Kubernetes control-plane has initialized successfully!

To start using your cluster, you need to run the following as a regular user:

  mkdir -p $HOME/.kube
  sudo cp -i /etc/kubernetes/admin.conf $HOME/.kube/config
  sudo chown $(id -u):$(id -g) $HOME/.kube/config

Alternatively, if you are the root user, you can run:
```

```
    export KUBECONFIG=/etc/kubernetes/admin.conf

You should now deploy a pod network to the cluster.
Run "kubectl apply -f [podnetwork].yaml" with one of the options listed at:
    https://kubernetes.io/docs/concepts/cluster-administration/addons/

Then you can join any number of worker nodes by running the following on each
as root:

kubeadm join 192.168.2.3:6443 --token uiytz9.g6wlgkbbkcgs3uu3 \
    --discovery-token-ca-cert-hash
sha256:72d1d233ad4e712bcd3420dfda9b1dfac4a89fecb002cd28d57962aad89fad16
```

其中 init 命令表示进行集群的初始化。--kubernetes-version 指定 Kubernetes 的版本，此处为 1.20.1。--apiserver-advertise-address 指定 apiserver 的地址，此处为 Master 节点的 IP 地址。 --image-repository 指定系统容器镜像仓储的地址，此处使用阿里云的容器仓储镜像。--service-cidr 指定服务所在的网络，此处为 192.1.0.0/16，后面的 16 表示子网掩码为 255.255.0.0。--pod-network-cidr 指定 Pod 所在的网络，此处为 192.244.0.0/16。

这一步很关键，由于 kubeadm 默认从 Kubernetes 的官网 k8s.grc.io 下载所需的镜像，国内无法访问，因此需要通过--image-repository 选项指定阿里云镜像仓库地址，很多人初次部署都卡在此环节，无法进行后续配置。

10.4.2 配置 kubectl 工具

当初始化成功之后，kubeadm 会输出一系列有用的信息。其中重要的有两项，一项是当前节点的用户环境变量的配置，用户只需要根据提示进行操作即可，如【示例 10-14】所示。

【示例 10-14】

```
[root@master ~]# mkdir -p $HOME/.kube
[root@master ~]# cp -i /etc/kubernetes/admin.conf $HOME/.kube/config
[root@master ~]# chown $(id -u):$(id -g) $HOME/.kube/config
```

另一项是工作节点的初始化命令，在本例中为：

```
kubeadm join 192.168.2.3:6443 --token uiytz9.g6wlgkbbkcgs3uu3 \
    --discovery-token-ca-cert-hash
sha256:72d1d233ad4e712bcd3420dfda9b1dfac4a89fecb002cd28d57962aad89fad16
```

用户需要记住以上命令，然后在 Node 节点上以 root 身份执行，以完成 Node 节点的初始化，并加入集群中。

下面用户就可以使用 kubectl 命令管理集群了。【示例 10-15】将演示查看当前集群节点的方法。

【示例 10-15】

```
[root@master ~]# kubectl get nodes
```

```
NAME        STATUS      ROLES                        AGE      VERSION
master      NotReady    control-plane,master         39m      v1.20.1
```

【示例 10-16】将演示如何查看当前集群的 Pod 的状态。

【示例 10-16】

```
[root@master ~]# kubectl get pods --all-namespaces
NAMESPACE      NAME                              READY   STATUS    RESTARTS   AGE
kube-system    coredns-7f89b7bc75-8xz6f          0/1     Pending   0          35m
kube-system    coredns-7f89b7bc75-mxk8g          0/1     Pending   0          35m
kube-system    etcd-master                       1/1     Running   0          35m
kube-system    kube-apiserver-master             1/1     Running   0          35m
kube-system    kube-controller-manager-master    1/1     Running   0          35m
kube-system    kube-proxy-nlj2z                  1/1     Running   0          35m
kube-system    kube-scheduler-master             1/1     Running   0          35m
```

其中--all-namespaces 选项表示查看所有命名空间的 Pod，否则 kubectl get pods 命令只显示当前命名空间的 Pod。

从上面的输出可以得知，除了 coredns 之外，其余的 Pod 都是运行状态。这是因为我们还没有安装部署网络，等安装好网络之后，这两个 Pod 就会自动改变状态。

10.4.3　部署网络

Kubernetes 的网络组件非常多，其中比较常用的有 Flannel 和 Calico。而 Calico 是目前稳定性较好，性能也非常高的一种。【示例 10-17】使用 Calico 来进行讲解。以下操作只需要在 master1 这一个 Master 节点上执行就可以了，不需要在每个 Master 节点上执行。

【示例 10-17】

```
[root@master ~]# kubectl apply -f
https://docs.projectcalico.org/manifests/calico.yaml
```

安装完成之后，再查看 Pod 的状态，命令如下：

```
[root@master ~]# kubectl get pods --all-namespaces
NAMESPACE      NAME                              READY   STATUS    RESTARTS   AGE
kube-system    calico-kube-controllers-7         0/1     Running   0          2m13s
kube-system    calico-node-fv6kl                 1/1     Running   0          2m14s
kube-system    coredns-7f89b7bc75-8xz6f          1/1     Running   0          50m
kube-system    coredns-7f89b7bc75-mxk8g          1/1     Running   0          50m
kube-system    etcd-master                       1/1     Running   0          50m
kube-system    kube-apiserver-master             1/1     Running   0          50m
kube-system    kube-controller-manager-master    1/1     Running   0          50m
kube-system    kube-proxy-nlj2z                  1/1     Running   0          50m
kube-system    kube-scheduler-master             1/1     Running   0          50m
```

可以发现，目前所有的组件都已经处于运行状态。

到目前为止，Master 节点上的操作都已经完成了，Kubernetes 集群也已经运行起来了。

10.5 部署 Node 节点

Node 节点承载着计算任务，一个集群中可以包含多个 Node 节点，并且可以自由地扩容。下面详细介绍 Node 节点的操作方法。

10.5.1 部署 Node 节点并加入集群

在初始化 Master 节点的时候，kubeadm 命令的最后给出了一条加入 Node 节点的命令。在本例中该命令为：

```
kubeadm join 192.168.2.3:6443 --token uiytz9.g6wlgkbbkcgs3uu3 \
    --discovery-token-ca-cert-hash
sha256:72d1d233ad4e712bcd3420dfda9b1dfac4a89fecb002cd28d57962aad89fad16
```

其中 join 表示加入集群，--token 选项指定当前集群的令牌，--discovery-token-ca-cert-hash 选项指定当前集群认证的 SHA256 加密字符串。这两个选项是加入集群的凭证，因此必须指定。

用户需要分别在 node1 和 node2 上以 root 身份执行以上命令，如【示例 10-18】和【示例 10-19】所示。

【示例 10-18】

```
[root@node1 ~]# kubeadm join 192.168.2.3:6443 --token uiytz9.g6wlgkbbkcgs3uu3 \
    --discovery-token-ca-cert-hash
sha256:72d1d233ad4e712bcd3420dfda9b1dfac4a89fecb002cd28d57962aad89fad16
```

【示例 10-19】

```
[root@node2 ~]# kubeadm join 192.168.2.3:6443 --token uiytz9.g6wlgkbbkcgs3uu3 \
    --discovery-token-ca-cert-hash
sha256:72d1d233ad4e712bcd3420dfda9b1dfac4a89fecb002cd28d57962aad89fad16
```

当节点加入成功之后，会输出一系列消息，如下所示：

```
[preflight] Running pre-flight checks
        [WARNING IsDockerSystemdCheck]: detected "cgroupfs" as the Docker cgroup
driver. The recommended driver is "systemd". Please follow the guide at
https://kubernetes.io/docs/setup/cri/
        [WARNING FileExisting-tc]: tc not found in system path
        [WARNING Service-Kubelet]: kubelet service is not enabled, please run
'systemctl enable kubelet.service'
    [preflight] Reading configuration from the cluster…
    [preflight] FYI: You can look at this config file with 'kubectl -n kube-system
get cm kubeadm-config -o yaml'
    [kubelet-start] Writing kubelet configuration to file
"/var/lib/kubelet/config.yaml"
    [kubelet-start] Writing kubelet environment file with flags to file
"/var/lib/kubelet/kubeadm-flags.env"
    [kubelet-start] Starting the kubelet
```

```
[kubelet-start] Waiting for the kubelet to perform the TLS Bootstrap…

This node has joined the cluster:
* Certificate signing request was sent to apiserver and a response was received.
* The Kubelet was informed of the new secure connection details.

Run 'kubectl get nodes' on the control-plane to see this node join the cluster.
```

10.5.2 查看节点

用户可以在 master 节点上查看集群中的节点状态，如【示例 10-20】所示。

【示例 10-20】

```
[root@master ~]# kubectl get nodes
NAME      STATUS    ROLES                  AGE     VERSION
master    Ready     control-plane,master   65m     v1.20.1
node1     Ready     <none>                 4m17s   v1.20.1
node2     Ready     <none>                 94s     v1.20.1
```

从上面的输出可知，node1 和 node2 已经成功加入集群中，并且它们的状态都是 Ready，即可用状态。

10.6 部署应用

当所有节点都运行正常之后，用户就可以在集群上部署自己的应用程序了。本节将以 Nginx 为例介绍在 Kubernetes 集群中部署应用的方法。

10.6.1 通过 deployment 部署应用

在 Kubernetes 中，创建资源的方法有多种，此处主要介绍如何通过 deployment 来部署 Nginx 系统。关于 Nginx 的情况，在前面已经详细介绍过了，此处不再重复介绍。Nginx 的部署方法如【示例 10-21】所示。

【示例 10-21】

在 master 节点上执行以下命令：

```
[root@master ~]# kubectl create deployment nginx --image=nginx
```

其中 kubectl create 命令表示创建一个资源，deployment 表示当前命令所创建的资源类型为 deployment。后面的 nginx 为 deployment 的名称，--image 选项用来指定容器所使用的镜像。

在以上命令执行的过程中，kubectl 命令会自动下载名称为 nginx 的镜像文件，然后创建一系列的资源。等待几分钟之后，在 master 节点上查看 deployment 的状态，如【示例 10-22】所示。

【示例 10-22】

```
[root@master ~]# kubectl get deployment
NAME     READY    UP-TO-DATE     AVAILABLE     AGE
nginx    1/1      1              1             3m8s
```

从上面的输出可知，所创建的 deployment 已经处于可用状态。

再查询当前集群的 Pod 状态，如【示例 10-23】所示。

【示例 10-23】

```
[root@master ~]# kubectl get pod -o wide
NAME                          READY    STATUS   RESTARTS    AGE
IP              NODE          NOMINATED    NODE          READINESS   GATES
nginx-6799fc88d8-pl8d9        1/1      Running 0           5m45s
192.244.104.1   node2         <none>                     <none>
```

Kubernetes 会自动为 Pod 指定一个名称，在本例中为 nginx-6799fc88d8-pl8d9。该 Pod 的状态为运行状态，位于名称为 node2 的节点上。

10.6.2　通过服务访问应用

部署完 Nginx 之后，接下来要解决的是如何使得外部系统能够访问 Nginx 的问题。在解决这个问题之前，用户需要理解 Kubernetes 中的网络结构。

在前面初始化集群的时候，我们指定了两个网络，其中一个是为服务提供的，即 192.1.0.0/16；另一个是为 Pod 提供的，即 192.244.0.0/16。除了这两个网络之外，还有一个网络是 Node 节点所在的网络，这 3 个网络之间是互通的，这是由 iptables 底层实现的。

尽管 Kubernetes 集群中的 3 个网络都是互通的，但是除了 Node 节点所在的网络之外，其余两个网络通常都是内部网络，外部系统无法直接访问。

Kubernetes 提供了服务（Service）这种资源类型，用来实现外部系统访问 Pod 中的应用系统。服务主要包括 NodePort 和负载均衡两种类型，其中 NodePort 是最为便捷的一种方式。

顾名思义，NodePort 的实现方式就是在 Pod 所在的 Node 节点上监听一个端口，当外部系统访问这个 Node 的相应端口时，节点会将用户的请求转发给 Pod 中的应用系统的服务端口。【示例 10-24】将演示如何通过 NodePort 实现外部系统访问 Nginx 服务。

【示例 10-24】

在 master 节点上通过以下命令创建服务：

```
[root@master ~]# kubectl expose deployment nginx --port=80 --type=NodePort
service/nginx exposed
```

其中 kubectl expose deployment 表示暴露一个 deployment 类型的资源，后面的 nginx 为要暴露的 deployment 的名称，--port 选项指定 Pod 中 nginx 的服务端口为 80，--type 选项指定服务的类型为 NodePort。

如果用户不清楚容器中应用系统的服务端口，可以通过 docker inspect 命令来查看，如【示例 10-25】所示。

【示例 10-25】

```
[root@node2 ~]# docker inspect nginx
[
    {
        "Id":
"sha256:ae2feff98a0cc5095d97c6c283dcd33090770c76d63877caa99aefbbe4343bdd",
        "RepoTags": [
            "nginx:latest"
        ],
        "RepoDigests": [

"nginx@sha256:4cf620a5c81390ee209398ecc18e5fb9dd0f5155cd82adcbae532fec94006fb9"
        ],
        "Parent": "",
        "Comment": "",
        "Created": "2020-12-15T20:21:00.007674532Z",
        "Container":
"4cc5da85f27ca0d200407f0593422676a3bab482227daee044d797d1798c96c9",
        "ContainerConfig": {
            "Hostname": "4cc5da85f27c",
            "Domainname": "",
            "User": "",
            "AttachStdin": false,
            "AttachStdout": false,
            "AttachStderr": false,
            "ExposedPorts": {
                "80/tcp": {}
            },
    …
    }
]
```

docker inspect 命令是 Docker 的一个管理命令，其功能是查看镜像的描述信息，后面的 nginx 参数为镜像名称。在上面的输出中，我们可以看到其中的 ExposedPorts 属性为 80/tcp，表示其暴露的服务端口为 80，并且其协议为 TCP。

接下来通过以下命令查看当前集群中的服务状态：

```
[root@master ~]# kubectl get svc
NAME          TYPE        CLUSTER-IP      EXTERNAL-IP    PORT(S)        AGE
kubernetes    ClusterIP   192.1.0.1       <none>         443/TCP        163m
nginx         NodePort    192.1.12.178    <none>         80:30184/TCP   7m51s
```

其中第 2 行名称为 nginx 的服务就是以上命令所创建的服务，其类型为 NodePort，端口为 80:30184/TCP，表示 Pod 的端口为 80，而 Node 节点上监听的端口为 30184。

在【示例 10-23】中，我们可以得知该 Pod 位于 node2 节点上，所以在 node2 节点上执行以下命令，查看端口 30184 是否正在被监听：

```
[root@node2 ~]# netstat -tlanp
Active Internet connections (servers and established)
```

```
Proto Recv-Q Send-Q Local Address      Foreign Address   State     PID/Program name
tcp    0      0      0.0.0.0:179        0.0.0.0:*         LISTEN    18631/bird
tcp    0      0      0.0.0.0:22         0.0.0.0:*         LISTEN    860/sshd
tcp    0      0      127.0.0.1:36037    0.0.0.0:*         LISTEN    15958/kubelet
tcp    0      0      0.0.0.0:30184      0.0.0.0:*         LISTEN    16449/kube-proxy
...
```

在上面的输出中，第 1 列为协议名称，第 4 列为本地地址和端口。由此得知，本机的 30184 正在监听中。

打开浏览器，访问以下地址：

```
http://192.168.2.5:30184/
```

其中的 IP 地址为 node2 的 IP 地址，显示结果如图 10.2 所示。

图 10.2　访问 Nginx 服务

从图 10.2 可知，用户已经可以成功访问前面部署的 Nginx 服务了。

10.7　部署图形化管理工具 Dashboard

Dashboard 是一个图形化的管理工具，用户可以通过它对 Kubernetes 集群进行管理，这在很大程度上提高了管理的效率和直观性。

10.7.1　创建 Dashboard 的 YAML 配置文件

部署 Dashboard 是在 master 节点上进行的。对于 Dashboard，Kubernetes 官方有一个标准的 YAML 配置文件，其新版的网址为：

```
https://raw.githubusercontent.com/kubernetes/dashboard/v2.1.0/aio/deploy/recommended.yaml
```

因此，通常情况下，用户只要在 master 节点上执行以下命令即可：

```
[root@master ~]# kubectl apply -f
https://raw.githubusercontent.com/kubernetes/dashboard/v2.1.0/aio/deploy/recommended.yaml
```

但是对于很多用户，以上网址访问不到。以下代码对该文件进行了删减，去掉了其中账户、证书以及角色等资源，只保留了一部分核心的代码，如下所示：

```
01  apiVersion: v1
02  kind: Namespace
03  metadata:
04    name: kubernetes-dashboard
05  ---
06  kind: Service
07  apiVersion: v1
08  metadata:
09    labels:
10      k8s-app: kubernetes-dashboard
11    name: kubernetes-dashboard
12    namespace: kubernetes-dashboard
13  spec:
14    ports:
15      - port: 443
16        targetPort: 8443
17        nodePort: 30002
18    type: NodePort
19    selector:
20      k8s-app: kubernetes-dashboard
21  ---
22  kind: Deployment
23  apiVersion: apps/v1
24  metadata:
25    labels:
26      k8s-app: kubernetes-dashboard
27    name: kubernetes-dashboard
28    namespace: kubernetes-dashboard
29  spec:
30    replicas: 1
31    revisionHistoryLimit: 10
32    selector:
33      matchLabels:
34        k8s-app: kubernetes-dashboard
35    template:
36      metadata:
37        labels:
38          k8s-app: kubernetes-dashboard
39      spec:
40        containers:
41          - name: kubernetes-dashboard
42            image: kubernetesui/dashboard:v2.1.0
43            imagePullPolicy: Always
44            ports:
45              - containerPort: 8443
46                protocol: TCP
47            args:
```

```
48              - --auto-generate-certificates
49              - --namespace=kubernetes-dashboard
50            volumeMounts:
51            - name: kubernetes-dashboard-certs
52              mountPath: /certs
53              # Create on-disk volume to store exec logs
54            - mountPath: /tmp
55              name: tmp-volume
56            livenessProbe:
57              httpGet:
58                scheme: HTTPS
59                path: /
60                port: 8443
61              initialDelaySeconds: 30
62              timeoutSeconds: 30
63            securityContext:
64              allowPrivilegeEscalation: false
65              readOnlyRootFilesystem: true
66              runAsUser: 1001
67              runAsGroup: 2001
68          volumes:
69          - name: kubernetes-dashboard-certs
70            secret:
71              secretName: kubernetes-dashboard-certs
72          - name: tmp-volume
73            emptyDir: {}
74          serviceAccountName: kubernetes-dashboard
75          nodeSelector:
76            "kubernetes.io/os": linux
77          tolerations:
78          - key: node-role.kubernetes.io/master
79            effect: NoSchedule
```

其中第 01~04 行为 Dashboard 专门创建一个命名空间，其名称为 kubernetes-dashboard。第 06~20 创建了一个服务，该服务将用来访问 Dashboard。在原来的代码中，该服务的类型为 ClusterIP。为了便于使用，第 17、18 行将其改为 NodePort，其端口为 30002。第 22~79 行创建了一个名称为 kubernetes-dashboard 的 Deployment。

完整的源代码可参考本书附件 kubernetes-dashboard.yaml 文件。

10.7.2 部署 Dashboard

接下来通过 kubectl create 部署 Dashboard，如【示例 10-26】所示。

【示例 10-26】

```
[root@master ~]# kubectl create -f kubernetes-dashboard.yaml
namespace/kubernetes-dashboard created
serviceaccount/kubernetes-dashboard created
service/kubernetes-dashboard created
secret/kubernetes-dashboard-certs created
```

```
secret/kubernetes-dashboard-csrf created
secret/kubernetes-dashboard-key-holder created
configmap/kubernetes-dashboard-settings created
role.rbac.authorization.k8s.io/kubernetes-dashboard created
clusterrole.rbac.authorization.k8s.io/kubernetes-dashboard created
rolebinding.rbac.authorization.k8s.io/kubernetes-dashboard created
clusterrolebinding.rbac.authorization.k8s.io/kubernetes-dashboard created
deployment.apps/kubernetes-dashboard created
service/dashboard-metrics-scraper created
deployment.apps/dashboard-metrics-scraper created
```

部署完成之后，用户就可以查看相关服务的状态了。下面通过【示例 10-27】查看
kubernetes-dashboard 命名空间中的 Deployment 状态。

【示例 10-27】

```
[root@master ~]# kubectl get deployment kubernetes-dashboard -n kubernetes-dashboard
NAME                    READY   UP-TO-DATE  AVAILABLE    AGE
kubernetes-dashboard    1/1     1           1            51s
```

从上面的输出可以得知，该命名空间中有一个名称为 kubernetes-dashboard 的 Deployment，其
状态为可用。

下面通过【示例 10-28】查看命名空间 kubernetes-dashboard 中的 Pod 的状态。

【示例 10-28】

```
[root@master ~]# kubectl get pods -n kubernetes-dashboard -o wide
NAME                                        READY   STATUS RESTARTS
AGE     IP              NODE    NOMINATED NODE  READINESS GATES
dashboard-metrics-scraper-79c5968bdc-tvhjw 1/1     Running 0
4m17s   192.244.166.132 node1   <none>          <none>
kubernetes-dashboard-7448ffc97b-26sfz       1/1     Running 0
4m17s   192.244.166.133 node1   <none>          <none>
```

从上面的输出可知，该命名空间中包含两个 Pod，其状态都为运行中。

下面通过【示例 10-29】查看该命名空间中的服务的状态。

【示例 10-29】

```
[root@master ~]# kubectl get services -n kubernetes-dashboard
NAME                      TYPE      CLUSTER-IP      EXTERNAL-IP
PORT(S)           AGE
dashboard-metrics-scraper NodePort 192.1.66.135    <none>
8000:30001/TCP    8m42s
kubernetes-dashboard      NodePort 192.1.52.68     <none>
443:30002/TCP     8m42s
```

由此可知，该命名空间中包含两个服务，其中 kubernetes-dashboard 的端口为 30002，这个端
口就是访问 Dashboard 的端口号。

10.7.3 访问 Dashboard

接下来通过浏览器访问 Dashboard。在前面的部署过程中，我们已经知道 Dashboard 对应的服务端口为 30002，所以在浏览器中输入以下网址：

```
https://192.168.2.3:30002/#/login
```

其中 192.168.2.3 为 master 节点的 IP 地址。

出现如图 10.3 所示的界面。

图 10.3　Dashboard 登录界面

从图 10.3 可知，Dashboard 有两种登录方式。在本例中使用 Token 来登录。关于如何获取 Token，可以参考【示例 10-30】。

【示例 10-30】

```
[root@master ~]# kubectl describe secrets -n kube-system $(kubectl -n
kube-system get secret | awk '/kubernetes-dashboard/{print $1}')
Type:  kubernetes.io/service-account-token

Data
====
namespace:  11 bytes
token:
eyJhbGciOiJSUzI1NiIsImtpZCI6IjNKTklYTmVnYU5SN2NKSlRHNmVHZmZBRFNZNWxSWHFhc2ZLQz
FBQk1FdUEifQ.eyJpc3MiOiJrdWJlcm5ldGVzL3NlcnZpY2VhY2NvdW50Iiwia3ViZXJuZXRlcy5pb
y9zZXJ2aWNlYWNjb3VudC9uYW1lc3BhY2UiOiJrdWJlLXN5c3RlbSIsImt1YmVybmV0ZXMuaW8vc2V
ydmljZWFjY291bnQvc2VjcmV0Lm5hbWUiOiJ0dGdwtY29udHJvbGxlci10b2tlbi1yaGRzaiIsImt1Y
mVybmV0ZXMuaW8vc2VydmljZWFjY291bnQvc2VydmljZS1hY2NvdW50Lm5hbWUiOiJ0dGdwtY29udHJ
vbGxlciIsImt1YmVybmV0ZXMuaW8vc2VydmljZWFjY291bnQvc2VydmljZS1hY2NvdW50LnVpZCI6I
mZlNDhmY2UxLTU3NmUtNDQ5Yi05OWIyLTVhODc4OWNlYWY1MiIsInN1YiI6InN5c3RlbTpzZXJ2aWN
lYWNjb3VudDprdWJlLXN5c3RlbTp0dGgwtY29udHJvbGxlciJ9.EV-p7I3qzzBFNb_V_742XyRCAL-o
98TzTcgZVVjM85iF7I10r2m2B7E0Nf2Z8uND9OHqT6pUvSZ3C5Nih1v8Nij9xGjGNot8bINkhs5UHx
reZdH4tDt99c54FUd5gAOTYvHa_zQwoEKL0brEVHskK1wXU50-KZrwQ3njCsdH3Lzi3dNXB3LyQRn8
uCtP-y5NjF605ECO3bZz67WbhSVkHPZr7jC9Uk-igiPtt9Je70oCeoqI43cpyzdZbE8858GWjuAFT_
TmMEiKfPHE0TopvCoUjcVKCfWfhsMc-LaIQMuMuGuuiqrmJURYBrDWM-o8rGfTpisZDqV-MlSM9bkd
```

```
dg
    ca.crt:      1066 bytes
```

在上面的命令中，kubernetes-dashboard 为 kubernetes-dashboard.yaml 配置文件中创建的 ServiceAccount 资源。

复制 token 后面的字符串，粘贴到"输入 token"文本框中，然后单击"登录"按钮，即可登录 Dashboard，如图 10.4 所示。

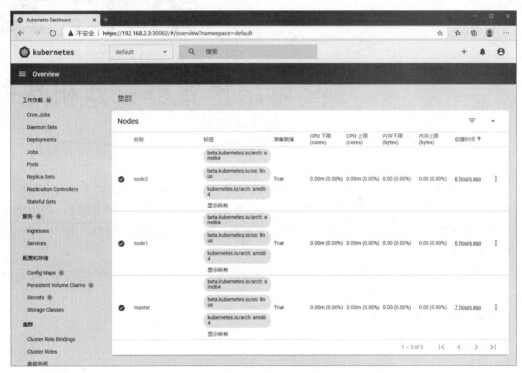

图 10.4　登录 Dashboard

10.8　小　结

如果读者还不熟悉 Kubernetes，那么务必多复习几遍本章的内容。因为本章不仅仅是从 Kubernetes 的作用讲起，还一步一步教会读者去实践 Kubernetes，是真正的理论与实战相结合，相信读者多操作几遍后就能彻底学会 Kubernetes 了。

第11章

高可用性集群：双机热备

在互联网高速发展的今天，尤其是电子商务的发展，要求服务器能够提供不间断的服务。在电子商务中，如果服务器宕机，造成的损失是不可估量的。要保证服务器不间断服务，就需要对服务器实现冗余。在众多的实现服务器冗余的解决方案中，Pacemaker 为我们提供了廉价、可伸缩的高可用集群方案。

本章首先介绍高可用性集群技术，然后介绍高可用集群软件 Pacemaker 和 Keepalived 的搭建与应用。

本章主要涉及的知识点有：

● 高可用性集群技术
● 双机热备软件 Pacemaker 的应用
● 双机热备软件 Keepalived 的应用

11.1 高可用性集群技术

互联网目前已经成为人们生活中的一部分，人们对网络的依赖不断增加，电子商务使得订单一天 24 小时不间断地进行成为可能。如果服务器宕机，造成的损失是不可估量的。每一分钟的宕机都意味着收入、生产和利润的损失，甚至市场地位的削弱。要保证服务器不间断服务，就需要对服务器实现冗余。新的网络应用使得各个服务的提供者对计算机的要求达到了空前的程度，电子商务需要越来越稳定可靠的服务系统。

11.1.1 可用性和集群

可用性是指一个系统保持在线并且可供访问，有很多因素会造成系统宕机，包括为了维护而有计划地宕机以及意外故障等，高可用性方案的目标就是使宕机时间以及故障恢复时间最小化。高可用性集群（High Availability Cluster，HA Cluster）是指以减少服务中断（宕机）时间为目的的服务器集群技术。

所谓集群，是提供相同网络资源的一组计算机系统。其中的每一台提供服务的计算机可以称为节点。当一个节点不可用或来不及处理客户的请求时，该请求将会转到另外的可用节点来处理。对于客户端应用来说，不必关心资源调度的细节，所有这些故障处理流程集群系统可以自动完成。

集群中的节点能够以不同的方式来运行，比如同时提供服务或只有其中一些节点提供服务，另外一些节点处于等待状态。同时提供服务的节点，所有服务器都同时处于活动状态，也就是在所有节点上同时运行应用程序，当一个节点出现故障时，监控程序可以自动剔除此节点，而客户端觉察不到这些变化。处于激活状态的节点在故障时由备节点随时接管，由于平时只有一些节点提供服务，可能会影响应用的性能。在正常操作时，另一个节点处于备用状态，只有当活动的节点出现故障时，该备用节点才会接管工作，但这并不是一个很经济的方案，因为应用必须同时采用两个服务器来完成同样的事情。虽然当出现故障时不会对应用程序产生任何影响，但这种方案的性价比并不高。

11.1.2　集群的分类

从工作方式出发，集群分为以下 3 种：

（1）主/主

这是常见的集群模型，提供了高可用性。这种集群必须保证在只有一个节点时可以提供服务，提供客户可以接受的性能。该模型充分利用服务器的软硬件资源，每个节点都通过网络对客户机提供网络服务，每个节点都可以在故障转移时临时接管另一个节点的工作。所有的服务在故障转移后仍保持可用，而客户端并不用关心后端的实现，所有后端的工作对客户端是透明的。

（2）主/从

与主/主模型不同，限于业务特性，主/从模型需要一个节点处于正常服务状态，而另一个节点处于备用状态。主节点处理客户机的请求，而备用节点处于空闲状态，当主节点出现故障时，备用节点会接管主节点的工作，继续为客户机提供服务，并且不会有任何性能上的影响。

（3）混合型

混合型是上面两种模型的结合，可以实现只针对关键应用进行故障转移，这样可以对这些应用实现可用性的同时让非关键的应用在正常运作时也可以在服务器上运行。当出现故障时，出现故障的服务器上不太关键的应用就不可用了，但是那些关键的应用会转移到另一个可用的节点上，从而达到性能和容灾两方面的平衡。

11.2　双机热备开源软件 Pacemaker

随着应用的用户量增长，或在一些系统关键应用中，为了提供不间断的服务，保证系统的高可用性是非常必要的。Pacemaker 就是一个用于保证系统的高可用性的组件，在行业内得到了广泛应用。本节将简要介绍 Pacemaker 的安装与使用。

11.2.1 Pacemaker 概述

Pacemaker 是一个集群资源管理器，可以利用管理员喜欢的集群基础构件所提供的消息和成员管理能力来探测节点或资源故障，并从故障中恢复，从而实现集群资源的高可用性。与之前广泛使用的 Heartbeat 相比，Pacemaker 配置更为简单，并且支持的集群模式多样，资源管理的方式也更加灵活。

Pacemaker 是一个相当庞大的软件，其内部结构如图 11.1 所示。

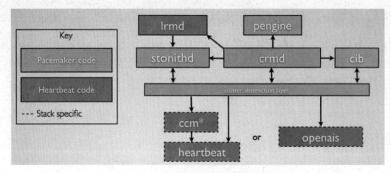

图 11.1　Pacemaker 的内部结构

Pacemaker 的主要组件及作用如下：

- stonithd: 心跳程序，主要用于处理与心跳相关的事件。
- lrmd: 本地资源管理程序，直接调配系统资源。
- pengine: 政策引擎，依据当前集群状态计算下一步应该执行的操作等。
- CIB: 集群信息库，主要包含当前集群中所有的资源及资源之间的关系等。
- CRMD: 集群资源管理守护进程。

Pacemaker 工作时会根据 CIB 中记录的资源，由 pengine 计算出集群的最佳状态，及如何达到这个最佳状态，最后建立一个 CRMD 实例，由 CRMD 实例来做出所有集群决策。这是 Pacemaker 的简要工作过程，读者如需详细了解其工作过程，可参考相关文档。

11.2.2 Pacemaker 的安装与配置

为了保证系统更高的可用性，常常需要对重要的关键业务做双机热备，比如一个简单的 Web 服务需要做双机热备，常见的方案有 Keepalived、Pacemaker 等。本节以 Pacemaker 为例说明双机热备的部署过程。

在本示例中，Pacemaker 双机热备信息如表 11.1 所示。

表11.1　Heartbeat双机热备信息说明

参　数	说　明
192.168.3.87	主节点
192.168.3.88	备节点
192.168.3.118	虚拟 IP

示例实现的功能为：正常情况下由 192.168.3.87 提供服务，客户端可以根据主节点提供的 VIP

访问集群内的各种资源，当主节点故障时，备节点可以自动接管主节点的 IP 资源，即 VIP 为 192.168.3.118。

　　HA 的部署要经过软件安装、环境配置、资源配置等几个步骤，本小节将简单介绍软件安装和环境配置。

　　（1）安装 Pacemaker 新的 CentOS 8 已全面支持 Pacemaker，可以通过 yum 进行安装，安装过程如【示例 11-1】所示。

【示例 11-1】

```
#与之前的 LVS 配置相同，先要对防火墙和 SELinux 进行配置
#在本例中将关闭防火墙和 SELinux
#以下命令用于禁用和关闭防火墙
[root@localhost ~]# systemctl disable firewalld
[root@localhost ~]# systemctl stop firewalld
#以下命令用于关闭 SELinux，但重启后失效
[root@localhost ~]# setenforce 0
#要在重启后生效，可以修改以下文件中的语句
#修改为 disabled 重启即可
[root@localhost ~]# cat /etc/sysconfig/selinux
SELINUX=disabled
#利用 yum 工具安装 Pacemaker
[root@localhost ~]# yum install -y fence-agents-all corosync pacemaker pcs
Loaded plugins: fastestmirror, langpacks
Loading mirror speeds from cached hostfile
 * base: mirrors.sina.cn
 * extras: mirrors.btte.net
 * updates: mirrors.sina.cn
...
```

　　经过以上步骤完成 Pacemaker 软件的安装，主要的软件包及作用如表 11.2 所示。

表11.2　Pacemaker软件包说明

参　　数	说　　明
fence-agents-all	fence 设备代理
pacemaker	集群资源管理器
corosync	集群引擎和应用程序接口
pcs	Pacemaker 配置工具

　　（2）两个节点配置主机名和/etc/hosts。

　　配置集群时，通常会使用主机名来标识集群中的节点，因此需要修改 hostname。如果使用 DNS 解析集群中的节点，解析延时会导致整个集群响应缓慢，因此任何集群都建议使用 hosts 文件进行解析，而不是 DNS，如【示例 11-2】所示。

【示例 11-2】

```
#此处在 node1（即 192.168.3.87）上进行配置，在 192.168.3.88 上则修改为 node2
```

```
[root@localhost ~]# cat /etc/hostname
node1
#两个节点上的/etc/hosts 文件内容相同
[root@localhost ~]# cat /etc/hosts
127.0.0.1   localhost localhost.localdomain localhost4
localhost4.localdomain4
::1         localhost localhost.localdomain localhost6 localhost6.localdomain6
192.168.3.87 node1
192.168.3.88 node2
#修改完成后，分别重启两个节点上的 network 服务
[root@localhost ~]# systemctl restart network.service
```

网络服务重启后，可以通过重新登录的方式查看命令提示符的变化。

（3）配置 SSH 密钥访问。

集群节点之间的通信是通过 SSH 进行的，但 SSH 访问需要密码，因此需要配置密钥访问，如【示例 11-3】所示。

【示例 11-3】

```
#生成密钥
[root@node1 ~]# SSH-keygen -t rsa -P ''
Generating public/private rsa key pair.
Enter file in which to save the key (/root/.SSH/id_rsa):
Created directory '/root/.SSH'.
Your identification has been saved in /root/.SSH/id_rsa.
Your public key has been saved in /root/.SSH/id_rsa.pub.
The key fingerprint is:
cb:80:4c:bf:48:62:9e:fb:88:fa:27:93:a6:2d:c5:92 root@node1
The key's randomart image is:
+--[ RSA 2048]----+
|                 |
|                 |
|      .          |
|   o o           |
| oo + o S        |
|Eoo+ . + .       |
| oo.. . o        |
|.o=o.            |
|====.            |
+-----------------+
#以上命令将生成一对公钥和私钥
#使用以下命令将公钥发送给 node2
[root@node1 ~]# SSH-copy-id -i /root/.SSH/id_rsa.pub root@node2
The authenticity of host 'node2 (172.16.45.13)' can't be established.
ECDSA key fingerprint is 89:d7:26:24:04:1e:a9:a5:47:3e:ef:b9:ce:a5:84:bc.
Are you sure you want to continue connecting (yes/no)? yes
/usr/bin/SSH-copy-id: INFO: attempting to log in with the new key(s), to filter
```

```
out any that are already installed
    /usr/bin/SSH-copy-id: INFO: 1 key(s) remain to be installed -- if you are
prompted now it is to install the new keys
    #此处需要输入 node2 的 root 密码
    root@node2's password:

    Number of key(s) added: 1

    Now try logging into the machine, with:  "SSH 'root@node2'"
    and check to make sure that only the key(s) you wanted were added.
```

接下来在 node2 上重复上述操作，让 node1 和 node2 之间均可以使用密钥访问。

（4）配置集群用户。

Pacemaker 使用的用户名为 hacluster，软件安装时此用户已创建，但还没有设置密码，此时需要为此用户设置密码，如【示例 11-4】所示。

【示例 11-4】

```
#修改用户 hacluster 的密码
[root@node1 ~]# passwd hacluster
Changing password for user hacluster.
New password:
Retype new password:
passwd: all authentication tokens updated successfully.
```

在 node1 上修改 hacluster 的密码之后，还要修改 node2 上的 hacluster 用户密码，此处需要注意两个节点上的 hacluster 密码应该相同。

（5）配置集群节点之间的认证。

接下来应该启动 pcsd 服务，并配置各节点之间的认证，让节点之间可以互相通信，如【示例 11-5】所示。

【示例 11-5】

```
#启动 pcsd 服务并设置自启动
#需要在两个节点上都开启 pcsd 服务
[root@node1 ~]# systemctl start pcsd.service
[root@node1 ~]# systemctl enable pcsd.service
ln -s '/usr/lib/systemd/system/pcsd.service'
'/etc/systemd/system/multi-user.target.wants/pcsd.service'
#配置节点间的认证
#以下命令仅需要在 node1 上执行即可
[root@node1 ~]# pcs cluster auth node1 node2
#需要输入用户名 hacluster 及密码
Username: hacluster
Password:
node1: Authorized
```

```
node2: Authorized
```

配置完节点间的认证后，环境配置就完成了。接下来就可以新建集群并向集群中添加资源了。

11.2.3 Pacemaker 资源配置

Pacemaker 可以为多种服务提供支持，例如 Apache、MySQL、Xen 等，可使用的资源类型有 IP 地址、文件系统、服务、Fence 设备等。本小节将以简单的 Apache 为例介绍如何添加集群和资源。

 Fence 设备国内通常称为远程控制卡，在节点失效后，集群可以通过 Fence 设备将失效的节点服务器重启。不同厂商的 Fence 设备使用方法不同，使用之前需要阅读相关的硬件文档。

（1）配置 Apache

在节点 node1 和 node2 上配置 Apache，如【示例 11-6】所示。

【示例 11-6】

```
#安装 Apache
[root@node1 ~]# yum install -y httpd
#在配置文件 Apache 最后加入以下内容
[root@node1 ~]# tail /etc/httpd/conf/httpd.conf
#配置监听地址和服务器名
Listen 0.0.0.0:80
ServerName www.test.com

#设置服务器状态页面，以便集群检测
<Location /server-status>
   SetHandler server-status
   Require all granted
</Location>
#设置一个简单的页面示例并测试
[root@node1 ~]# echo "welcome to node1" >/var/www/html/index.html
[root@node1 ~]# systemctl start httpd.service
[root@node1 ~]# curl http://192.168.3.87
welcome to node1
```

Pacemaker 可以控制 httpd 服务的启动和关闭，因此在 node1 和 node2 上配置完 Apache 并测试，之后要关闭 httpd 服务。

（2）新建并启动集群

完成以上准备工作后，可以在节点 node1 上新建一个集群并启动，如【示例 11-7】所示。

【示例 11-7】

```
#新建一个名为mycluster的集群
```

```
#集群节点包括 node1 和 node2
[root@node1 ~]# pcs cluster setup --name mycluster node1 node2
Shutting down pacemaker/corosync services…
Redirecting to /bin/systemctl stop  pacemaker.service
Redirecting to /bin/systemctl stop  corosync.service
Killing any remaining services…
Removing all cluster configuration files…
node1: Succeeded
node2: Succeeded
#启动集群并设置集群自启动
[root@node1 ~]# pcs cluster start --all
node2: Starting Cluster…
node1: Starting Cluster…
[root@node1 ~]# pcs cluster enable --all
node1: Cluster Enabled
node2: Cluster Enabled
#查看集群状态
[root@node1 ~]# pcs status
Cluster name: mycluster
WARNING: no stonith devices and stonith-enabled is not false
Last updated: Sat Apr 25 18:43:29 2020
Last change: Sat Apr 25 18:41:40 2020
Stack: corosync
Current DC: node1 (1) - partition with quorum
Version: 1.1.12-a14efad
2 Nodes configured
0 Resources configured


Online: [ node1 node2 ]


Full list of resources:


PCSD Status:
  node1: Online
  node2: Online

Daemon Status:
  corosync: active/enabled
  pacemaker: active/enabled
  pcsd: active/enabled
```

　　从上述命令可以看到在 node1 上新建集群之后，所有的设置都会同步到 node2 上，而在集群状态中可以看到 node1 和 node2 均已在线，集群使用的服务都已激活并启动。

（3）为集群添加资源

从第（2）步集群状态中的 Full list of resources 中可以看到集群还没有任何资源，接下来将为集群添加 VIP 和服务，如【示例 11-8】所示。

【示例 11-8】

```
#添加一个名为 VIP 的 IP 地址资源
#使用 Heartbeat 作为心跳检测
#集群每隔 30 秒检查该资源一次
[root@node1 ~]# pcs resource create VIP ocf:heartbeat:IPaddr2 ip=192.168.3.118
cidr_netmask=24 op monitor interval=30s
#添加一个名为 Web 的 Apache 资源
#检查该资源通过访问 http://127.0.0.1/server-status 来实现
[root@node1 ~]# pcs resource create Web ocf:heartbeat:apache
configfile=/etc/httpd/conf/httpd.conf
statusurl="http://127.0.0.1/server-status" op monitor interval=30s
[root@node1 ~]# pcs status
Cluster name: mycluster
WARNING: no stonith devices and stonith-enabled is not false
…
Online: [ node1 node2 ]
#以下为资源池情况
Full list of resources:

 VIP    (ocf::heartbeat:IPaddr2):         Stopped
 Web    (ocf::heartbeat:apache):          Stopped

PCSD Status:
  node1: Online
  node2: Online
…
```

（4）调整资源

添加资源后，还需要对资源进行调整，让 VIP 和 Web 这两个资源"捆绑"在一起，以免出现 VIP 在节点 node1 上，而 Apache 运行在 node2 上的情况。另一种情况是有可能集群先启动 Apache，再启用 VIP，这是不正确的。调整如【示例 11-9】所示。

【示例 11-9】

```
#方式一：使用组的方式"捆绑"资源
#将 VIP 和 Web 添加到 myweb 组中
[root@node1 ~]# pcs resource group add myweb VIP
[root@node1 ~]# pcs resource group add myweb Web
#方式二：使用托管约束
[root@node1 ~]# pcs constraint colocation add Web VIP INFINITY
#设置资源的启动停止顺序
#先启动 VIP，再启动 Web
```

```
[root@node1 ~]# pcs constraint order start VIP then start Web
```

（5）优先级

如果 node1 与 node2 的硬件配置不同，那么应该调整节点的优先级，让资源运行于硬件配置较高的服务器上，待其失效后再转移至较低配置的服务器上。这就需要配置优先级（Pacemaker 中称为 Location），此配置为可选，如【示例 11-10】所示。

【示例 11-10】

```
#调整 Location
#数值越大，表示优先级越高
[root@node1 ~]# pcs constraint location Web prefers node1=10
[root@node1 ~]# pcs constraint location Web prefers node2=5
[root@node1 ~]# crm_simulate -sL

Current cluster status:
Online: [ node1 node2 ]

 Resource Group: myweb
     VIP        (ocf::heartbeat:IPaddr2):       Started node1
     Web        (ocf::heartbeat:apache):        Started node1

Allocation scores:
group_color: VIP allocation score on node1: 0
group_color: VIP allocation score on node2: 0
group_color: Web allocation score on node1: 20
group_color: Web allocation score on node2: 10
native_color: VIP allocation score on node1: 40
native_color: VIP allocation score on node2: 20
native_color: Web allocation score on node1: 20
native_color: Web allocation score on node2: -INFINITY
```

在本例中并没有设置 Fence 设备，集群在启动时可能会提示一些错误，可以使用命令 pcs property set stonith-enabled=false 禁用 Fence 设备。读者也可以在 Linux 上的虚拟机中使用虚拟 Fence 设备。关于虚拟 Fence 设备的使用方法可参考相关文档。

11.2.4　Pacemaker 测试

经过上面的配置，Pacemaker 集群已经配置完成，重新启动集群所有设置可以生效，启动过程如【示例 11-11】所示。

【示例 11-11】

```
#停止所有集群
[root@node1 ~]# pcs cluster stop --all
node1: Stopping Cluster (pacemaker)…
node2: Stopping Cluster (pacemaker)…
```

```
node2: Stopping Cluster (corosync)…
node1: Stopping Cluster (corosync)…
#启动所有集群
[root@node1 ~]# pcs cluster start --all
node1: Starting Cluster…
node2: Starting Cluster…
#查看集群状态
[root@node1 ~]# pcs status
Cluster name: mycluster
Last updated: Sat Apr 25 23:13:26 2020
Last change: Sat Apr 25 23:04:27 2020
Stack: corosync
Current DC: node2 (2) - partition with quorum
Version: 1.1.12-a14efad
2 Nodes configured
2 Resources configured
…
Full list of resources:

 Resource Group: myweb
     VIP        (ocf::heartbeat:IPaddr2):       Started node1
     Web        (ocf::heartbeat:apache):        Started node1

PCSD Status:
  node1: Online
  node2: Online
…
#验证 VIP 是否启用
[root@node1 ~]# ip address show
1: lo: <LOOPBACK,UP,LOWER_UP> mtu 65536 qdisc noqueue state UNKNOWN
…
2: eno16777736: <BROADCAST,MULTICAST,UP,LOWER_UP> mtu 1500 qdisc pfifo_fast
state UP qlen 1000
    link/ether 00:0c:29:a0:3e:e5 brd ff:ff:ff:ff:ff:ff
    inet 192.168.3.87/24 brd 192.168.3.255 scope global dynamic eno16777736
       valid_lft 25521sec preferred_lft 25521sec
    inet 192.168.3.118/24 brd 192.168.3.255 scope global secondary eno16777736
…
#验证 Apache 是否启动
[root@node1 ~]# ps aux | grep httpd
root     51300 0.0 1.2 237896  6196 ?        Ss   23:13   0:00 /sbin/httpd
-DSTATUS -f /etc/httpd/conf/httpd.conf -c PidFile /var/run//httpd.pid
…
[root@node1 ~]# curl http://192.168.3.118
welcome to node1
```

启动后，正常情况下，VIP 设置在主节点 192.168.3.87 上。若主节点故障，则节点 node2 自动接管服务，方法是直接重启节点 node1，然后观察备节点是否接管了主机的资源，测试过程如【示例 11-12】所示。

【示例 11-12】

```
#在节点 node1 上执行重启操作
[root@node1 ~]# reboot
[root@node2 ~]# pcs status
Cluster name: mycluster
Last updated: Sat Apr 25 23:23:41 2020
…
Online: [ node2 ]
OFFLINE: [ node1 ]

Full list of resources:

 Resource Group: myweb
    VIP        (ocf::heartbeat:IPaddr2):        Started node2
    Web        (ocf::heartbeat:apache):         Started node2

PCSD Status:
  node1: Offline
  node2: Online

Daemon Status:
  corosync: active/enabled
  pacemaker: active/enabled
  pcsd: active/enabled
```

当节点 node1 故障时，节点 node2 收不到心跳请求，超过设置的时间后，节点 node2 启用资源接管程序，上述命令输出中说明 VIP 和 Web 已经被节点 node2 成功接管。如果节点 node1 恢复且设置了优先级，VIP 和 Web 又会重新被节点 node1 接管。

11.3　双机热备软件 Keepalived

关于 HA，目前有多种解决方案，比如 Heartbeat、Keepalived 等，各有优缺点。本节主要以 Keepalived 为例说明其使用方法。

11.3.1　Keepalived 概述

Keepalived 的作用是检测后端 TCP 服务的状态。如果有一台提供 TCP 服务的后端节点死机或工作出现故障，Keepalived 将及时检测到并将有故障的节点从系统中剔除。当提供 TCP 服务的节点恢复并且正常提供服务后，Keepalived 自动将提供 TCP 服务的节点加入集群中。这些工作全部由 Keepalived 自动完成，不需要人工干涉，需要人工做的只是修复故障的服务器。

Keepalived 可以工作在 TCP/IP 协议栈的 IP 层、TCP 层及应用层。

（1）IP 层

Keepalived 使用 IP 的方式工作时，会定期向服务器群中的服务器发送一个 ICMP 的数据包，如果发现某台服务的 IP 地址没有激活，Keepalived 便会报告这台服务器异常，并将其从集群中剔除。常见的场景为某台机器网卡损坏或服务器被非法关机。IP 层的工作方式是以服务器的 IP 地址是否有效作为服务器工作正常与否的标准。

（2）TCP 层

这种工作模式主要以 TCP 后台服务的状态来确定后端服务器是否工作正常。例如 MySQL 服务默认端口一般为 3306，如果 Keepalived 检测到 3306 无法登录或拒绝连接，就认为后端服务异常，Keepalived 将把这台服务器从集群中剔除。

（3）应用层

若 Keepalived 工作在应用层，则 Keepalived 将根据用户的设定检查服务器程序的运行是否正常。如果与用户的设定不相符，Keepalived 将把服务器从集群中剔除。

以上几种方式可以通过 Keepalived 的配置文件来实现。

11.3.2　Keepalived 的安装与配置

本小节实现的功能为访问 192.168.3.118 的 Web 服务时，自动代理到后端的真实服务器 192.168.3.1 和 192.168.3.2，Keepalived 主机为 192.168.3.87，备机为 192.168.3.88。

新的版本可以在 http://www.keepalived.org 上获取，本示例采用的版本为 1.2.16，安装过程如【示例 11-13】所示。

【示例 11-13】

```
[root@node1 ~]# tar xvf keepalived-1.2.16.tar.gz
[root@node1 ~]# cd keepalived-1.2.16
#安装依赖软件
[root@node1 keepalived-1.2.16]# yum install -y openssl openssl-devel
[root@node1 keepalived-1.2.16]# ./configure  --prefix=/usr/local/keepalived
[root@node1 keepalived-1.2.16]# make
[root@node1 keepalived-1.2.16]# make install
[root@node1 keepalived-1.2.16]# ln -s /usr/local/keepalived/etc/keepalived /etc/
```

经过上面的步骤，Keepalived 已经安装完成，安装路径为/usr/local/keepalived，备节点操作步骤同主节点。接下来进行配置文件的设置，如【示例 11-14】所示。

【示例 11-14】

```
#主节点配置文件
[root@node1 ~]# cat -n /etc/keepalived/keepalived.conf
   01  ! Configuration File for keepalived
   02
   03  vrrp_instance VI_1 {
   04      #指定该节点为主节点，备用节点上需设置为 BACKUP
   05      state MASTER
   06      #绑定虚拟 IP 的网络接口
```

```
07        interface eno1677736
08        #VRRP 组名，两个节点的设置一样，以指明各个节点属于同一个 VRRP 组
09        virtual_router_id 51
10        #主节点的优先级，数值在 1~254，注意从节点必须比主节点优先级低
11        priority  50
12        ##组播信息发送间隔，两个节点的设置一样
13        advert_int 1
14        ##设置验证信息，两个节点需一致
15        authentication {
16            auth_type PASS
17            auth_pass 1234
18        }
19        #指定虚拟 IP，两个节点的设置一样
20        virtual_ipaddress {
21            192.168.3.118
22        }
23    }
24        #虚拟 IP 服务
25    virtual_server 192.168.3.118 80 {
26        #设定检查实际服务器的间隔
27        delay_loop 6
28        #指定 LVS 算法
29        lb_algo rr
30        #指定 LVS 模式
31        lb_kind nat
32
33        nat_mask 255.255.255.255
34        #持久连接设置，会话保持时间
35        persistence_timeout 50
36        #转发协议为 TCP
37        protocol TCP
38        #后端实际 TCP 服务配置
39        real_server 192.168.3.1 80 {
40            weight 1
41        }
42        #后端实际 TCP 服务配置
43        real_server 192.168.3.2 80 {
44            weight 1
45        }
46    }
```

备节点配置大部分同主节点，不同之处如【示例 11-15】所示。

【示例 11-15】

```
[root@node2 ~]# cat  -n /etc/keepalived/keepalived.conf
    #不同于主节点，备机 state 设置为 BACKUP
    4     state BACKUP
    #优先级低于主节点
    7     priority  50
    #其他配置和主节点相同
```

/etc/keepalived/keepalived.conf 为 Keepalived 的主配置文件。以上配置 state 表示主节点为
192.168.3.87，备节点为 192.168.3.88。虚拟 IP 为 192.168.3.118，后端的真实服务器有 192.168.3.1
和 192.168.3.2，当通过 192.168.3.118 访问 Web 服务时，自动转到后端的真实节点，后端节点的权
重相同，类似于轮询的模式。Apache 服务的部署可参考其他章节，此处不再赘述。

11.3.3 Keepalived 的启动与测试

经过上面的步骤，Keepalived 已经部署完成。接下来进行 Keepalived 的启动与故障模拟测试。

1. 启动 Keepalived

安装完毕后，Keepalived 可以设置为系统服务启动，也可以直接通过命令行启动。命令行启动
方式如【示例 11-16】所示。

【示例 11-16】

```
#主节点启动 Keepalived
[root@node1 ~]# export PATH=/usr/local/keepalived/sbin:$PATH:.
[root@node1 ~]# keepalived -D -f /etc/keepalived/keepalived.conf
#查看服务状态
[root@node1 ~]# ip addr list
    inet 192.168.3.87/24 brd 172.16.45.255 scope global dynamic eno16777736
        valid_lft 40807sec preferred_lft 40807sec
    inet 192.168.3.118/32 scope global eno16777736
        valid_lft forever preferred_lft forever
#备节点启动 Keepalived
[root@node2 ~]# /usr/local/keepalived/sbin/keepalived -D -f
/etc/keepalived/keepalived.conf
[root@node2 ~]# ip addr list
    inet 192.168.3.88/24 brd 172.16.45.255 scope global dynamic eno16777736
```

分别在主备节点上启动 Keepalived，然后通过 ip 命令查看服务状态，在主节点 eth0 接口上绑
定了 192.168.3.118 这个 VIP，而备节点处于监听的状态。Web 服务可以通过 VIP 直接访问，如【示
例 11-17】所示。

【示例 11-17】

```
[root@node1 conf]# curl http://192.168.3.118
Hello 192.168.3.1
[root@node1 conf]# curl http://192.168.3.118
Hello 192.168.3.2
```

2. 测试 Keepalived

故障模拟主要分为主节点重启、服务恢复，此时备节点正常服务，当主节点恢复后，主节点
重新接管资源正常服务。测试过程如【示例 11-18】所示。

【示例 11-18】

```
#主节点服务终止
[root@node1 keepalived]# reboot
#备节点接管服务
```

```
[root@node1 conf]# ip addr list
#部分结果省略
    inet 192.168.3.118/32 scope global eno16777736
#查看备节点日志
[root@node2 conf]# tail -f /var/log/messages
  Jun 16 07:12:46 LD_192_168_3_88 keepalived_vrrp[54537]: VRRP_Instance(VI_1)
Transition to MASTER STATE
  Jun 16 07:12:47 LD_192_168_3_88 keepalived_vrrp[54537]: VRRP_Instance(VI_1)
Entering MASTER STATE
  Jun 16 07:12:47 LD_192_168_3_88 keepalived_vrrp[54537]: VRRP_Instance(VI_1)
setting protocol VIPs.
  Jun 16 07:12:47 LD_192_168_3_88 keepalived_vrrp[54537]: VRRP_Instance(VI_1)
Sending gratuitous ARPs on eth0 for 192.168.3.118
  Jun 16 07:12:47 LD_192_168_3_88 keepalived_healthcheckers[54536]: Netlink
reflector reports IP 192.168.3.118 added
  Jun 16 07:12:52 LD_192_168_3_88 keepalived_vrrp[54537]: VRRP_Instance(VI_1)
Sending gratuitous ARPs on eth0 for 192.168.3.118
#主节点恢复后查看服务情况
[root@node1 keepalived]# ip addr list
    inet 192.168.3.118/32 scope global eno16777736
#查看主节点日志
[root@node1 log]# tail /var/log/messages
  Jun 16 07:16:43 LD_192_168_3_87 keepalived_vrrp[26012]: VRRP_Instance(VI_1)
Transition to MASTER STATE
  Jun 16 07:16:44 LD_192_168_3_87 keepalived_vrrp[26012]: VRRP_Instance(VI_1)
Entering MASTER STATE
  Jun 16 07:16:44 LD_192_168_3_87 keepalived_vrrp[26012]: VRRP_Instance(VI_1)
setting protocol VIPs.
  Jun 16 07:16:44 LD_192_168_3_87 keepalived_vrrp[26012]: VRRP_Instance(VI_1)
Sending gratuitous ARPs on eth1 for 192.168.3.118
  Jun 16 07:16:49 LD_192_168_3_87 keepalived_vrrp[26012]: VRRP_Instance(VI_1)
Sending gratuitous ARPs on eth1 for 192.168.3.118
```

当主节点故障时，备节点首先将自己设置为 MASTER 节点，然后接管资源并对外提供服务，主节点故障恢复时，备节点重新设置为 BACKUP 模式，主节点继续提供服务。Keepalived 还提供了其他丰富的功能，如故障检测、健康检查、故障后的预处理等，更多信息可以查阅帮助文档。

11.4　小　结

互联网业务的发展要求服务器能够提供不间断的服务，为了避免服务器宕机而造成损失，需要对服务器实现冗余。在众多实现服务器冗余的解决方案中，开源高可用软件 Pacemaker 和 Keepalived 是目前使用比较广泛的高可用集群软件。本章分别介绍了 Pacemaker 和 Keepalived 的部署及应用。两者的共同点是都可以实现节点的故障探测及故障节点资源的接管，在使用方面并没有实质性的区别，读者可根据实际情况进行选择。

第12章

KVM 虚拟化和 oVirt 虚拟化管理平台

虚拟化是最近几年来兴起的一个比较实用的技术。从各企业的使用来看，虚拟化带来了许多好处，例如细化资源管理、低成本投入等。CentOS 是较早支持虚拟化的 Linux 发行版之一。早期的 CentOS 支持 Xen 虚拟化，但随着 Red Hat 公司收购 KVM 虚拟化，CentOS 主要的虚拟化软件由 Xen 过渡为 KVM。本章将简要介绍 KVM 虚拟化及 oVirt 虚拟化管理平台的使用。

本章主要涉及的知识点有：

- KVM 虚拟化简介
- CentOS 中 KVM 虚拟化使用方法
- oVirt 虚拟化管理平台简介
- oVirt 虚拟化管理平台的安装和使用

12.1　KVM 虚拟化

KVM（Kernel-based Virtual Machine）是一个基于内核的系统虚拟化模块，从 Linux 内核版本 2.6.20 开始，各大 Linux 发行版就已经将其集成于发行版中。与 Xen 等虚拟化相比，KVM 是需要硬件支持的完全虚拟化（Xen 的早期产品是基于软件的半虚拟化产品）。KVM 由内核加载，并使用 Linux 系统的调试器进行管理，因此 KVM 对资源的管理效率相对较高。在基于 Linux 操作系统的虚拟化产品中占有较大份额，本节将简要介绍 CentOS 8 中 KVM 的安装和使用。

12.1.1　安装 KVM 虚拟化

同之前的 CentOS 7 一样，CentOS 8 也将 KVM 作为虚拟化的基础部件之一，因此可以直接通过 yum 工具安装。本小节简要介绍如何使用 yum 工具安装 KVM 虚拟化。

（1）环境配置

由于 KVM 使用的是基于硬件支持的虚拟化，因此 CPU 必须包含相关的指令集。可以在 Linux

系统中查看 CPU 是否包含了相关指令集，如【示例 12-1】所示。

【示例 12-1】

```
[root@localhost ~]# egrep '(vmx|svm)' /proc/cpuinfo
  flags           : fpu vme de pse tsc msr pae mce cx8 apic sep mtrr pge mca cmov
pat pse36 clflush dts acpi mmx fxsr sse sse2 ss ht tm pbe syscall nx rdtscp lm
constant_tsc arch_perfmon pebs bts rep_good nopl xtopology nonstop_tsc aperfmperf
eagerfpu pni pclmulqdq dtes64 monitor ds_cpl vmx est tm2 ssse3 cx16 xtpr pdcm pcid
sse4_1 sse4_2 popcnt tsc_deadline_timer xsave avx lahf_lm arat epb xsaveopt pln
pts dtherm tpr_shadow vnmi flexpriority ept vpid
  ......
```

查看 CPU 支持之后，还需要修改 SELinux 设置，将文件 /etc/sysconfig/selinux 中的
"SELINUX=enforcing" 修改为 "SELINUX=disabled" 并重启系统。

 如果在系统中查看 CPU 支持没有相应标志，可能需要修改 BIOS 相关设置以获得支持。
关于修改 BIOS 设置，读者可自行阅读相关文档修改。

（2）安装 KVM

由于使用 yum 工具安装，因此必须正确设置 IP 地址、DNS 等信息，确保网络畅通。安装过
程如【示例 12-2】所示。

【示例 12-2】

```
#安装 KVM 相关软件包
[root@localhost ~]# yum -y install qemu-kvm libvirt virt-install bridge-utils
正在安装：
 libvirt      x86_64    3.9.0-14.el7_5.8         updates    174 k
 virt-install noarch    1.4.3-3.el7              base       94 k
正在更新：
 qemu-kvm     x86_64    10:1.5.3-156.el7_5.5     updates    1.9 M
......
#检查 KVM 模块是否加载
[root@localhost ~]# lsmod | grep kvm
kvm_intel          174841  0
kvm                578518  1 kvm_intel
irqbypass          13503   1 kvm
```

（3）开启服务

安装完成后还需要开启 libvirtd，以开启相关支持：

```
[root@localhost ~]# systemctl start libvirtd
[root@localhost ~]# systemctl enable libvirtd
```

（4）桥接网络

在虚拟机的网络连接中，使用最多的莫过于桥接网络。所谓桥接网络，是指将物理网络连接

到虚拟机中。新安装的 KVM 还没有桥接网络，需要手动添加。添加过程如【示例 12-3】所示。

【示例 12-3】

```
#本例中物理网卡名为 ens33
[root@localhost ~]# cd /etc/sysconfig/network-scripts/
[root@localhost network-scripts]# cat ifcfg-ens33
TYPE="Ethernet"
DEVICE="enp5s0"
ONBOOT="yes"
BRIDGE="br0"
#新建一个名为 br0 的桥接网卡并设置 IP 地址等信息，vi 编辑后，wq 保存
[root@localhost network-scripts]# vi ifcfg-br0
TYPE="Bridge"
BOOTPROTO="yes"
IPADDR="172.16.45.35"
PREFIX=24
GATEWAY="172.16.45.1"
DEVICE=br0
ONBOOT="yes"
#重启网络服务
[root@localhost ~]# systemctl restart network
[root@localhost ~]# ifconfig
br0: flags=4163<UP,BROADCAST,RUNNING,MULTICAST>  mtu 1500
        inet 172.16.45.35  netmask 255.255.255.0  broadcast 172.16.45.255
        inet6 fe80::eea8:6bff:fea4:49fa  prefixlen 64  scopeid 0x20<link>
        ether ec:a8:6b:a4:49:fa  txqueuelen 0  (Ethernet)
        RX packets 131  bytes 8307 (8.1 KiB)
        RX errors 0  dropped 0  overruns 0  frame 0
        TX packets 22  bytes 1823 (1.7 KiB)
        TX errors 0  dropped 0  overruns 0  carrier 0  collisions 0

ens33: flags=4163<UP,BROADCAST,RUNNING,MULTICAST>  mtu 1500
        inet 192.168.228.131  netmask 255.255.255.0  broadcast 192.168.228.255
        inet6 fe80::a59b:2612:be11:ccbd  prefixlen 64  scopeid 0x20<link>
        ether 00:0c:29:8c:1e:52  txqueuelen 1000  (Ethernet)
        RX packets 5105  bytes 4724557 (4.5 MiB)
        RX errors 0  dropped 0  overruns 0  frame 0
        TX packets 3077  bytes 336722 (328.8 KiB)
        TX errors 0  dropped 0  overruns 0  carrier 0  collisions 0
......
```

桥接网络设置完后，KVM 就安装完成了。

12.1.2 KVM 虚拟机的管理方法

安装完 Linux 系统后，就可以管理 KVM 虚拟机了。管理 KVM 虚拟机通常可以使用两种方法，

其一是使用 Linux 系统图形界面下的虚拟系统管理器，其二是使用命令的方式。本小节将分别介绍这两种方式。

1. 虚拟系统管理器

虚拟系统管理器由软件包 virt-manager 提供，可以使用 yum 工具安装"yum install virt-manager"。安装完成后，可以先单击桌面右上角的"应用程序"，然后依次单击"系统工具"和"虚拟系统管理器"，弹出"虚拟系统管理器"界面，如图 12.1 所示。

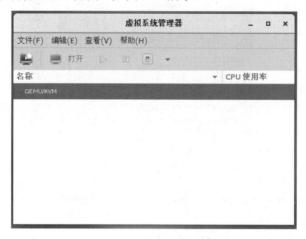

图 12.1 "虚拟系统管理器"界面

由于没有新建任何 KVM 虚拟机，因此在虚拟系统管理器中没有看到任何虚拟机。虚拟系统管理器可以用来创建、删除虚拟机，还可以管理虚拟机电源、硬件等，几乎所有功能都可以在虚拟系统管理器中实现。

2. 命令方式

除了图形界面工具虚拟系统管理器之外，KVM 还提供了一些命令工具，使用这些命令工具也可以达到管理虚拟机的目的，常见的命令形式如表 12.1 所示。

表12.1 管理虚拟机的常见命令形式

命令形式	作　　用
virt-install	用于创建虚拟机，具体选项可参考其手册页了解
virsh list --all	查看所有虚拟机
virsh start name	启动名为 name 的虚拟机
virsh destroy name	停止名为 name 的虚拟机
virsh undefine name	删除名为 name 的虚拟机
virsh console name	连接到名为 name 的虚拟机的控制台

除以上列举的命令形式之外，还有许多其他形式的用途各异的命令，读者可自行阅读 virsh 的手册页了解，此处不再赘述。

12.1.3 使用图形工具创建虚拟机

安装完 KVM 虚拟机之后，就可以创建虚拟机并安装操作系统了。创建虚拟机可以使用图形界面中的虚拟系统管理工具，也可以使用 virt-install 命令。本小节将以虚拟系统管理工具创建 Linux 虚拟机为例介绍如何创建虚拟机。

打开虚拟系统管理器，确保主界面中的"(QEMU/KVM)"处于连接状态，并在其上右击，在弹出的快捷菜单中选择"新建(N)"选项，将弹出"新建虚拟机"向导，如图 12.2 所示。

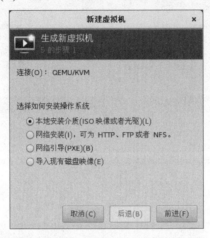

图 12.2 "新建虚拟机"向导

"新建虚拟机"向导要求选择安装介质的位置，从图 12.2 中可以看到 KVM 支持本地安装、网络安装、PXE 引导安装（需要操作系统支持）及使用现在硬盘文件几种方式。此处使用 ISO 光盘映像文件来安装，因此选择"本地安装介质"，单击"前进"按钮，向导要求输入 ISO 光盘映像文件路径或使用光驱，如图 12.3 所示。

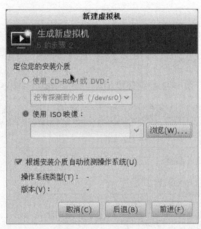

图 12.3 选择光盘映像和操作系统类型

此时选择"使用 ISO 映像"并单击后面的"浏览"按钮，将弹出"选择存储卷"界面，如图 12.4 所示。

图 12.4　"选择存储卷"界面

单击左下角的"本地浏览"按钮，在弹出的界面正确选择 Linux 安装光盘 ISO 映像所在的位置，并返回选择光盘映像和操作系统类型界面。软件可能不能正确识别 ISO 映像的操作系统，因此可以取消选择"根据安装介质自动侦测操作系统类型"选项，并在之后的"操作系统类型"和"版本"中正确选择。在本例中将安装 CentOS 8，由于 CentOS 是 RHEL 的重编译版，二者之间的区别很小，因此此处可选择 Linux 及 Red Hat Enterprise Linux 8。然后单击"前进"按钮，进入内存和 CPU 设置界面，如图 12.5 所示。

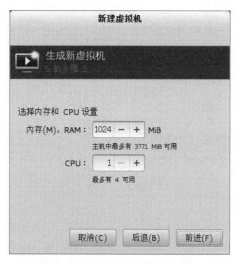

图 12.5　内存和 CPU 设置界面

在内存和 CPU 设置界面需要对虚拟机的内存容量及 CPU 数量进行设置，通常情况下内存容量越大，CPU 数量越多，表示虚拟机性能越好。此处可以按需要进行设置，如果没有特殊需求，也可以保持默认设置。设置完成后，单击"前进"按钮，进入存储设置界面，如图 12.6 所示。

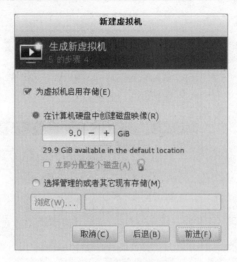

图 12.6　存储设置界面

　　在存储设置界面需要为虚拟机设置合适的磁盘空间，此处按需要进行设置即可。需要注意的是，如果需要使用迁移功能，此时需要将硬盘映像的存储位置选择到远程存储上，而不是本地磁盘中。选择合适的磁盘容量后，单击"前进"按钮，接下来向导要求用户确认配置，如图 12.7 所示。

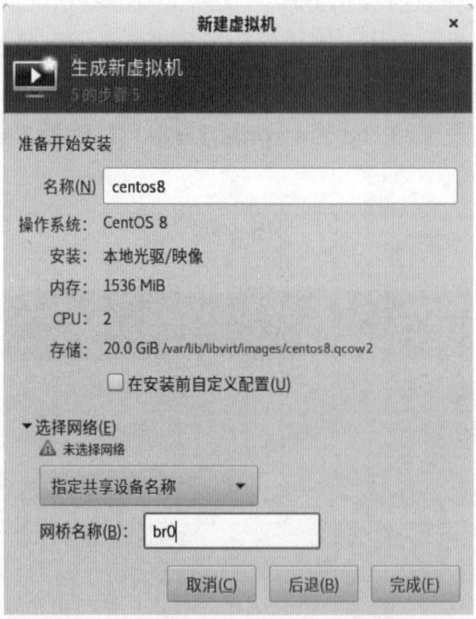

图 12.7　确认设置

　　在确认设置界面，向导会将之前的设置罗列出来，并自动为虚拟机命名（由于之前的虚拟机类型中选择为 RHEL 8，此处向导自动命名为 RHEL 8，我们可将它更改为 CentOS 8），然后添加网卡。在高级选项中可以定义虚拟机网络，此处选择之前设置的桥接网络 br0。确认所有设置都正确后，单击"完成"按钮即可完成虚拟机的创建工作。

　　在向导完成虚拟机创建之后，虚拟系统管理器会立即打开虚拟机电源，并显示虚拟机的控制台，如图 12.8 所示。

图 12.8　虚拟机控制台

　　由于新的虚拟机还没有安装操作系统，因此虚拟机使用了之前指定的 ISO 光盘映像引导，此时只需要将操作系统正确安装就可以使用虚拟机了。

12.1.4　使用 virt-install 创建虚拟机

　　使用图形界面创建虚拟机只适合能接触到系统桌面的情况，无论是直接在物理机上操作还是通过 VNC 远程操作均可。但有许多计算机可能并没有安装桌面，用户可能更希望通过远程的方式访问虚拟机，就像 VMware 的 ESX 那样通过客户端远程操作虚拟机。这时可行的方法通常有两种：其一是使用 VNC，其二是使用 SPICE 协议。本小节将以不使用图形界面为例介绍如何通过上述方法创建和访问虚拟机。

1. VNC 远程访问

　　由于 virt-install 的选项和参数众多，因此在使用 virt-install 创建虚拟机之前建议先阅读手册页详细了解其参数和选项的使用方法。此处仍以 CentOS 8 做示例，其创建命令如【示例 12-4】所示。

【示例 12-4】

```
[root@localhost ~]# virt-install -n centos8 -r 1024 \
> --disk /var/lib/libvirt/images/centos8.img,size=5\
> --network bridge=br0 --os-type=linux --os-variant=rhel8 \
> --cdrom /iso/CentOS-8-x86_64-DVD-1804.iso \
> --graphics vnc,port=5910,listen='0.0.0.0',password='redhat'

Starting install...
```

```
Allocating 'centos8.img'                              |  5 GB     00:00
Creating domain...                                    |  0 B      00:00
Cannot open display:
Run 'virt-viewer --help' to see a full list of available command line options
Domain installation still in progress. You can reconnect to
the console to complete the installation process.
[root@localhost ~]# netstat -tunlp | grep 5910
tcp      0   0 0.0.0.0:5910              0.0.0.0:*              LISTEN
7435/qemu-kvm
```

【示例 12-4】创建虚拟机时使用的选项及参数如下：

- 常规设置：选项 n 和 r 分别指定了虚拟机的名称和内存容量。
- 磁盘设置：选项 disk 用于设置磁盘参数。参数/var/lib/libvirt/images/CentOS 8.img 表示磁盘文件名及存放路径，size 参数则用于设置磁盘容量。
- 网络选项：选项 network 用于设置虚拟机的网络。参数 bridge=br0 表示使用桥接网络 br0。
- 操作系统类型：选项 os-type 用于设置操作系统类型，os-variant 表示操作系统的版本。
- 光驱设置：选项 cdrom 在此示例中用于设定 ISO 光盘映像的路径。
- 图形选项：选项 graphics 用于设置图形、监视器等。参数 vnc,port=5910,listen='0.0.0.0', password=keep 表示使用 VNC 作为监视器，端口为 5910（对应的桌面号为 10），访问密码为 keep，listen='0.0.0.0'表示在物理机的所有接口上监听。

 以上均为较简单的设置，使用其他的参数还可以进行更为复杂的设置，例如设置硬件的厂商和类型等，读者可自行参考相关文档，此处不再赘述。

从【示例 12-4】的两条命令输出中可以看到，虚拟机已经建立并在 5910 端口监听。此时可以在远程的 Windows 计算机上打开 VNC Viewer 访问，如图 12.9 所示。

图 12.9　VNC Viewer

在 VNC Viewer 中输入服务器的 IP 地址和桌面号（注意不是端口号），单击"确定"按钮，并输入建立虚拟机时设置的密码就可以访问建立的虚拟机了，如图 12.10 所示。

使用 VNC Viewer 访问虚拟机时，VNC Viewer 也支持向虚拟机发送按键指令。发送按键指令时在窗口上方的标题栏中右击，即可弹出快捷菜单，如图 12.11 所示。

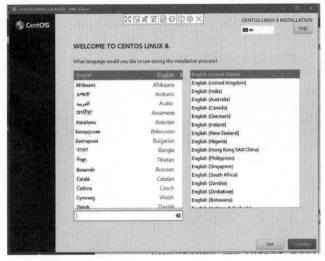

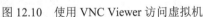

图 12.10　使用 VNC Viewer 访问虚拟机　　　　　图 12.11　指令菜单

从图 12.11 中可以看到，指令菜单中有一些 VNC Viewer 无法捕获的快捷键（使用这些快捷键会被 Windows 或其他软件捕获），单击相应的菜单项就可以向虚拟机发送快捷键。

2. SPICE 远程访问

与 VNC 远程访问相比，SPICE 访问更加优秀，除了完全实现 VNC 的功能，SPICE 还可以支持视频播放 GPU 加速、音频传输、连接加密、多桌面及 USB 设备远程传输等。但 SPICE 的缺点也比较明显，SPICE 的配置相对比较复杂。

（1）安装软件

在使用 SPICE 之前，必须确保系统中已经安装了 spice-server 等软件包，如果没有安装，可参考【示例 12-5】。

【示例 12-5】

```
[root@localhost ~]# yum install -y spice-gtk3 spice-server spice-protocol
Loaded plugins: fastestmirror, langpacks
Loading mirror speeds from cached hostfile
 * base: mirrors.sina.cn
 * extras: centos.ustc.edu.cn
 * updates: mirrors.sina.cn
......
```

示例所示的软件包中，spice-gtk3 是一个 SPICE 客户端，spice-server 和 spice-protocol 用于实现 SPICE 服务器。

（2）生成证书

由于 SPICE 协议是可以加密的，因此必须要为其生成证书才能使用，生成证书如【示例 12-6】

所示。

【示例 12-6】

```
#生成证书的过程相对比较麻烦，此处仅为简单示例
#创建证书目录
[root@localhost ~]# mkdir /etc/pki/libvirt-spice
[root@localhost ~]# cd /etc/pki/libvirt-spice/
#创建 CA 并生成证书
[root@localhost libvirt-spice]# umask 077
[root@localhost libvirt-spice]# openssl genrsa 2048 > ca-key.pem
Generating RSA private key, 2048 bit long modulus
.................................+++
...+++
e is 65537 (0x10001)
[root@localhost libvirt-spice]# openssl req -new -x509 -nodes -days 1095 \
> -key ca-key.pem -out ca-cert.pem
You are about to be asked to enter information that will be incorporated
into your certificate request.
What you are about to enter is what is called a Distinguished Name or a DN.
There are quite a few fields but you can leave some blank
For some fields there will be a default value,
If you enter '.', the field will be left blank.
-----
Country Name (2 letter code) [XX]:CN
State or Province Name (full name) []:Sichuan
Locality Name (eg, city) [Default City]:Chengdu
Organization Name (eg, company) [Default Company Ltd]:Example, Inc.
Organizational Unit Name (eg, section) []:
Common Name (eg, your name or your server's hostname) []:vt.example.com
Email Address []:
[root@localhost libvirt-spice]# openssl req -newkey rsa:2048 -days 1095 \
> -nodes -keyout server-key.pem -out server-req.pem
Generating a 2048 bit RSA private key
.................................................................................
.......+++
...............................+++
writing new private key to 'server-key.pem'
-----
You are about to be asked to enter information that will be incorporated
into your certificate request.
What you are about to enter is what is called a Distinguished Name or a DN.
There are quite a few fields but you can leave some blank
For some fields there will be a default value,
If you enter '.', the field will be left blank.
-----
```

```
Country Name (2 letter code) [XX]:CN
State or Province Name (full name) []:Sichuan
Locality Name (eg, city) [Default City]:Chengdu
Organization Name (eg, company) [Default Company Ltd]:Example, Inc.
Organizational Unit Name (eg, section) []:
Common Name (eg, your name or your server's hostname) []:vt.example.com
Email Address []:

Please enter the following 'extra' attributes
to be sent with your certificate request
A challenge password []:
An optional company name []:
[root@localhost libvirt-spice]# openssl rsa -in server-key.pem -out
server-key.pem
writing RSA key
[root@localhost libvirt-spice]# openssl x509 -req -in server-req.pem \
> -days 1095 -CA ca-cert.pem \
> -CAkey ca-key.pem -set_serial 01 \
> -out server-cert.pem
Signature ok
subject=/C=CN/ST=Sichuan/L=Chengdu/O=Example, Inc./CN=vt.example.com
Getting CA Private Key
```

本小节中的证书生成及使用过程仅为参考，并不具备在生产环境中使用的条件。由于本书并不讨论安全问题，因此关于证书的安全性、证书的使用等问题并不涉及，读者可自行参考相关资料了解。

（3）修改配置文件

接下来需要修改配置文件 qemu.conf，启用 SPICE 的加密功能，修改过程如【示例 12-7】所示。

【示例 12-7】

```
#以下文件内容开始于文件的第 112 行
[root@localhost ~]# cat /etc/libvirt/qemu.conf
……
# Enable use of TLS encryption on the SPICE server.
#
# It is necessary to setup CA and issue a server certificate
# before enabling this.
#
spice_tls = 1    #将此行的注释取消

#以下为关于证书文件名称的相关说明
#如果需要使用证书，必须确保文件名相同
# Use of TLS requires that x509 certificates be issued. The
# default it to keep them in /etc/pki/libvirt-spice. This directory
```

```
# must contain
#
#   ca-cert.pem - the CA master certificate
#   server-cert.pem - the server certificate signed with ca-cert.pem
#   server-key.pem  - the server private key
#
# This option allows the certificate directory to be changed.
......
#在执行以下命令之前，最好确保虚拟机已经关机
#重启 libvirtd 服务让配置文件生效
[root@localhost ~]# systemctl restart libvirtd
```

（4）创建虚拟机

使用 SPICE 协议时，创建虚拟机的过程与 VNC 几乎相同，不同的是此处需要指定控制台为
SPICE，如【示例 12-8】所示。

【示例 12-8】

```
[root@localhost ~]# virt-install -n centos8 -r 1024 \
> --disk /var/lib/libvirt/images/centos8.img,size=5\
> --network bridge=virbr0 --os-type=linux --os-variant=rhel8 \
> --cdrom /iso/CentOS-8-x86_64-DVD-1804.iso \
> --graphics spice,port=5931,listen='0.0.0.0',password='redhat'

Starting install...
Creating domain...                                     |   0 B      00:00
Cannot open display:
Run 'virt-viewer --help' to see a full list of available command line options
Domain installation still in progress. You can reconnect to
the console to complete the installation process.
[root@localhost ~]# netstat -tunlp | grep 5931
tcp     0    0 0.0.0.0:5931               0.0.0.0:*              LISTEN
9944/qemu-kvm
```

 由于在本例中使用的是自建证书，因此在创建虚拟机的命令选项中，并没有使用加密的
SPICE。创建完虚拟机之后，就可以使用 SPICE 客户端访问虚拟机了。

（5）SPICE 客户端访问

SPICE 为 Windows 用户开发了相应的客户端程序，读者可以从其官方网上下载。客户端下载
地址为 http://www.spice-space.org/download.html。

目前官方网站推荐使用 Windows 版的 Virt Viewer 来连接 SPICE 服务端，安装过程比较简单，
根据官方网站上的说明下载安装即可。

使用 Virt Viewer 访问时，会要求输入链接地址，链接地址形如 spice://ipaddress:port，例如本
例中应输入"spice://192.168.228.132:5931"。输入链接地址后就可以连接到远程虚拟机，如图 12.12
所示。

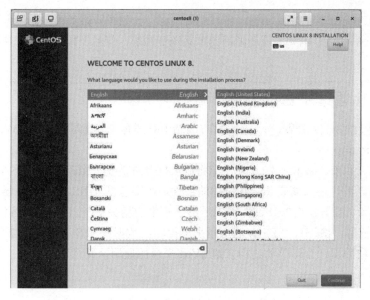

图 12.12　Virt Viewer 远程连接

使用 Virt Viewer 连接 SPICE 服务端，用户可以传输虚拟机的音频、使用本地 USB 设备等，与 VMware 公司的 ESX 客户端相同。

　读者可以阅读相关文档了解 Virt Viewer 的更多使用方法，此处不再赘述。

12.2　oVirt 虚拟化管理平台

oVirt 是 Red Hat 公司下的 RHEV（Red Hat Enterprise Virtualization，红帽企业虚拟化）的开源版本，主要用来管理和部署虚拟化主机。oVirt 由两部分组成，客户端称为 oVirt Node，与 VMware 公司的 ESXi 类似，主要用来实现主机的虚拟化；另一部分称为 oVirt-engine，类似于 VMware vCenter，主要用来管理虚拟化主机。本节将介绍如何在 CentOS 8 中安装和使用 oVirt 虚拟化管理平台。

12.2.1　oVirt-engine 虚拟化管理平台概述

时至今日，KVM 虚拟化可以说已经深入人心，包括 IBM、Ubuntu、Red Hat 在内的许多 Linux 发行版都将其作为默认的 kypervisor。而 oVirt 虚拟化管理平台正是 Red Hat 公司下的 RHEV 的开源版本，可以说是为小型企业应用环境量身定制的。oVirt 提供了一个 Web 管理工具，利用 Web 管理工具可以实现许多功能：

● 与 vCenter 类似，oVirt 也可以完成虚拟机的基本管理，包括创建虚拟机、快照功能、虚拟机模板克隆等。

● 高可用的在线或离线迁移虚拟机（需要存储支持）。

● 查看、统计虚拟机、宿主机的性能。

● 多样化的网络连接。

oVirt 虚拟化管理平台的功能还有许多，此处不再一一列举，读者可自行参考相关资料了解。尽管 oVirt 还有许多缺点，例如不能精细地调节系统资源等，但由于其成本低、使用方便，深受小型企业用户喜爱。

12.2.2　oVirt 管理平台的安装

oVirt 管理平台的安装过程十分简便，官方网站上对其有十分详尽的说明。oVirt 官方网站网址为 http://www.ovirt.org/Home。

oVirt 管理平台目前的版本为 4.4.6，本小节将以 4.4.6 版本为例介绍其在 CentOS 8 上的安装过程。

在开始安装之前，还需要安装一些额外的部件，主要包括 DNS 域名服务器、iSCSI 存储和 NFS 存储。DNS 域名服务器的安装过程可参考第 3 章中的相关章节，目标是能解析 oVirt-engine、Node 及 NFS 存储等。iSCSI、NFS 存储可用来虚拟相关数据，NFS 存储还需要用来存储 ISO 光盘映像。本小节将采用一个简单的结构介绍 oVirt 平台的使用，其主要的主机、IP 地址等信息如表 12.2 所示。

表12.2　oVirt平台示例主机信息

域　名	IP 地址	说　明
ovirt.abc.com	192.168.2.130	用于安装 oVirt-engine
node01.abc.com	192.168.2.131	用于安装 oVirt Node
无	192.168.2.132	iSCSI 存储
ovirt.abc.com	192.168.2.133	NFS 存储，用于建立 ISO 域

在本示例中，NFS 存储、DNS 域名服务器、oVirt 管理平台为同一台主机，为了减少延迟，在实际使用过程中 NFS 存储直接使用 IP 地址而不是域名。与 VMware 的 ESXi 相同，oVirt 也支持包括 Vlan 内的多种网络，但在本示例中并不会涉及。

（1）安装软件仓库

由于 oVirt 在 RHEL 及 CentOS 中推荐使用 yum 的方式安装，因此首先要安装 yum 仓库包：

```
[root@localhost ~]# dnf install
https://resources.ovirt.org/pub/yum-repo/ovirt-release44.rpm
```

以上命令将从官方网站上直接下载包含有仓库配置文件、Key 等文件的安装包，并进行安装，安装完成后可以从目录/etc/yum.repos.d 中查看到软件仓库配置文件。

（2）安装 oVirt-engine

在管理机上安装 oVirt-engine 之前，确保已经设置好 IP 地址，系统软件已全部为新版本等信息，网络接口上最好使用静态 IP 地址。接下来就可以安装 oVirt-engine 了，安装过程如【示例 12-9】所示。

【示例 12-9】

```
#启用 dnf 相关模块
[root@ovirt ~]# dnf module -y enable javapackages-tools
[root@ovirt ~]# dnf module -y enable pki-deps
```

```
[root@ovirt ~]# dnf module -y enable postgresql:12
#安装 OVirt-engine
[root@ovirt ~]# dnf -y install ovirt-engine
```

由于【示例 12-9】所示的命令需要从 oVirt 官方网站上下载近 900MB 的数据，因此整个安装过程可能要持续约 1 小时，需耐心等待。

（3）配置 oVirt-engine

安装完成之后，用户还需要对 oVirt-engine 进行必要的配置才可以访问。配置命令如下：

```
[root@ovirt ~]# engine-setup
```

配置的选项比较多，通常情况下，用户只需要选择默认值即可。需要注意的是，用户需要设置 oVirt-engine 管理平台的密码，使用这个密码在接下来的操作中登录管理平台。

配置完成后即可在浏览器中输入地址 "https://ovirt.abc.com" 访问管理平台，如图 12.13 所示。

图 12-13　登录 oVirt-engine 管理平台

输入默认的管理员账号 admin 以及在配置过程中设置的管理员密码，然后单击"登录"按钮即可进入管理平台。

管理平台分为三个功能门户区，功能分别是管理门户、虚拟机门户以及监控门户，如图 12-14 所示。

图 12.14　oVirt 管理平台

12.2.3　oVirt Node 安装

oVirt Node 的作用与 VMware 的 ESXi 相似，也是一个基于 Linux 的操作系统，主要用来实现虚拟机运行和基本管理。oVirt Node 的官方下载地址为 https://resources.ovirt.org/pub/。

在官方提供的下载地址中，有多个版本的 oVirt-node 可供下载，本例中将采用 ovirt-node-ng-installer-4.4.6-2021051809.el8 作为示例进行介绍。

下载 oVirt Node 光盘映像并刻录为光盘后，就可以使用光盘引导系统。引导系统后，其引导菜单如图 12.15 所示。

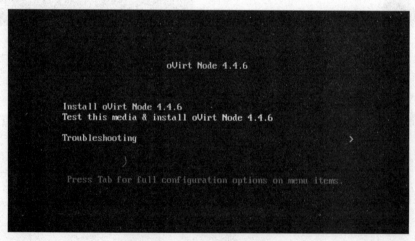

图 12.15　oVirt-node 引导菜单

oVirt Node 的引导菜单中提供了比较丰富的功能选项。需要注意的是，如果选择重新安装，就必须输入原系统的密码。在本例中选中 Install oVirt Node 4.4.6，并按 Enter 键进入下一步安装。接下来选择安装过程中使用的语言，如图 12.16 所示。

图 12.16　安装语言选择界面

在图 12.16 中选择安装过程中的语言，本例中选择 English(United States)。然后单击 Continue 按钮继续安装。接下来是一个安装摘要对话框，如图 12.17 所示。

图 12.17　安装摘要

用户可以设置语言、时区、安装位置、网络以及 root 用户密码等，这个对话框与 CentOS 8 基本相同，不再详细介绍。

设置完成之后，单击 Begin Installation 按钮开始安装，如图 12.18 所示。

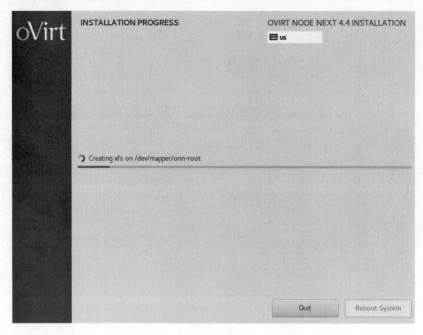

图 12.18　安装过程

　　整个安装过程根据计算机性能的不同而有所不同，大约需要 3~10 分钟。安装完成后，安装程序会要求用户重新启动计算机，如图 12.19 所示。

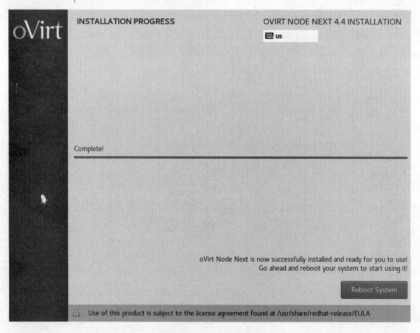

图 12.19　安装完成

　　此时按 Enter 键即可重新启动系统，系统重启后界面如图 12.20 所示。

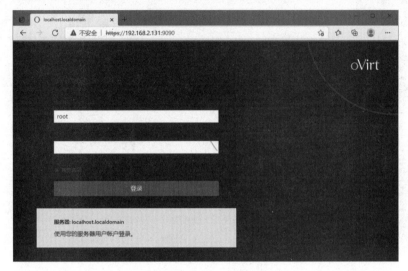

图 12.20　oVirt Node 启动界面

此时输入 root 账号及其密码即可进入 oVirt Node。

oVirt Node 还提供了一个基于浏览器的控制台，其默认端口为 9090。用户可以在浏览器中访问 oVirt Node 节点的 IP 地址及其 9090 端口，即可打开控制台登录界面，如图 12.21 所示。

图 12.21　oVirt Node 控制台

在"用户名"文本框中输入 root，然后输入 root 用户的密码，单击"登录"按钮，进入控制台，如图 12.22 所示。

图 12.22　oVirt Node 控制台

12.2.4 oVirt Node 设置

oVirt Node 安装完成后, 还需要对其进行设置, 主要包括 IP 地址、DNS 域名、管理密码等。进入 oVirt Node 控制台系统, 选择主界面左侧的"网络", 此时右侧界面将显示网络配置界面, 如图 12.23 所示。

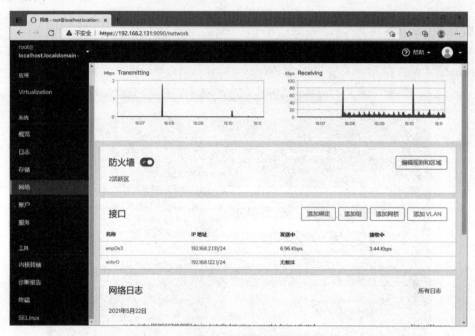

图 12.23 网络配置界面

在网络接口列表选择需要配置的网络接口, 打开网络接口详细信息界面, 如图 12.24 所示。

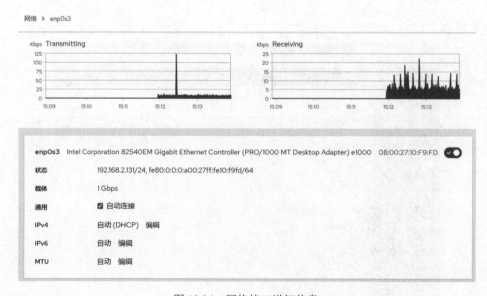

图 12.24 网络接口详细信息

单击 IPv4 右边的"编辑"按钮，打开网络接口配置界面，如图 12.25 所示。在"地址"一栏中，选择"手动"下拉菜单，然后在 3 个文本框中分别输入 IP 地址、子网掩码以及网关。在 DNS 文本框中输入域名服务器的地址。

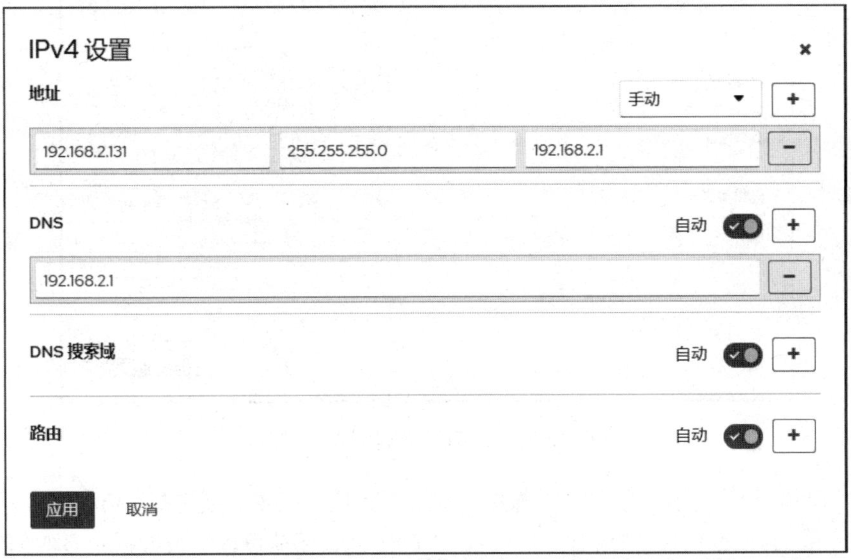

图 12.25　网络接口配置界面

最后单击"应用"按钮退出即可生效。

12.2.5　oVirt 虚拟化管理平台设置

完成前面几个小节的内容之后，就可以将相关的资源添加到 oVirt Engine 管理平台，并使用这些资源建立虚拟机。本小节将简单介绍如何添加资源及管理平台设置等内容。

> oVirt Engine 管理平台可以在 Linux 或 Windows 下的 IE、Firefox 等浏览器访问，但各版本安装的软件并不相同，可通过单击管理平台主界面中的"控制台客户资源"了解，此处不再赘述。

（1）创建数据中心

在 oVirt 中，一台或几台版本相同的 oVirt Node 组成一个集群。在同一集群内，位于不同 oVirt Node 上的虚拟机可以互为冗余，即其中一台 Node 宕机，其上的虚拟机会自动在别的 Node 上运行。多个集群又可以组成数据中心，数据中心内的集群将共用中心的资源，如存储、ISO 域等均可共用，因此 oVirt 虚拟化平台管理的第一步是创建数据中心。

本小节将采用一个单节点 Node 作为示例，介绍如何使用 oVirt 平台。首先登录 oVirt 虚拟化管理平台，选择"计算"→"数据中心"菜单，然后单击右侧的"新建"，此时将弹出"新建数据中心"窗口，如图 12.26 所示。

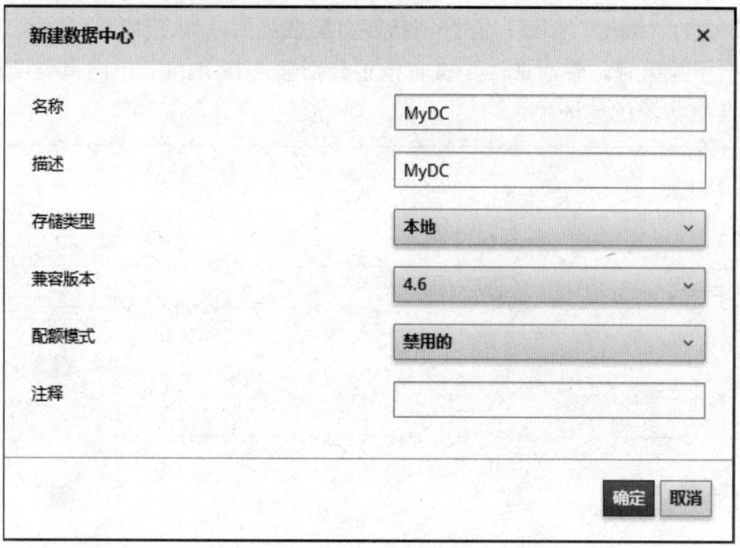

图 12.26　"新建数据中心"窗口

在名称后面输入数据中心名，类型选择"本地"，兼容版本需要选择 oVirt Node 的版本，在本例中选择 4.6，其他设置保持默认即可，单击"确定"按钮就可以完成数据中心的创建。

（2）创建集群

完成数据中心的创建后，管理平台会弹出向导窗口，要求用户配置一个新的集群，单击配置集群就可以弹出创建集群界面。如果没有弹出向导窗口，可以在左侧单击新建的数据中心名，然后在右侧选择集群选项卡，单击选项卡中的"新建"即可弹出"新建集群"窗口，如图 12.27 所示。

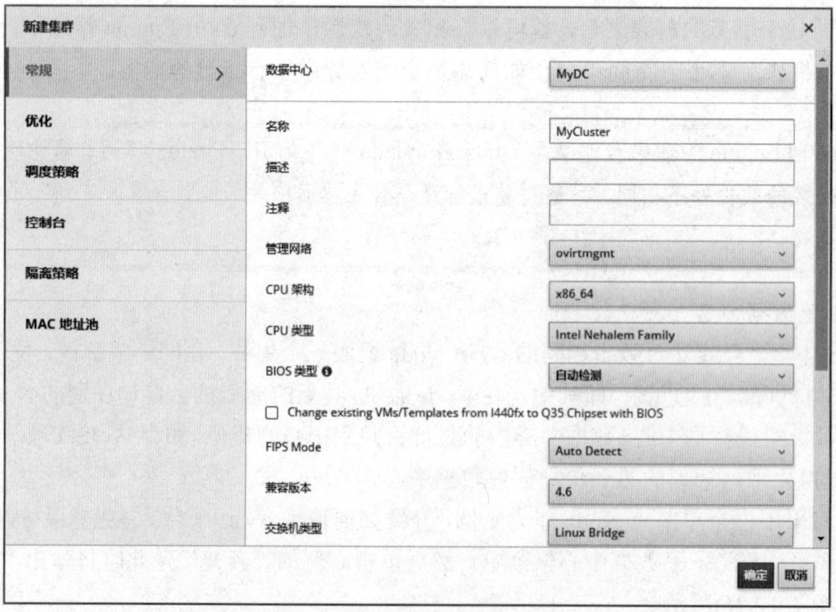

图 12.27　"新建集群"窗口

在"新建集群"窗口的"常规"设置中，选择"数据中心"（系统已自动选择），输入集群名，并选择 Node 使用的 CPU 类型、版本信息，然后在优化设置中为虚拟机设置合适的优化策略。由于本示例中采用单节点 Node，因此集群策略可略过，单击"确定"按钮就可以完成集群创建。

（3）为集群添加主机

oVirt Node 在管理平台中称为主机，创建完集群后，管理平台将弹出向导提示用户添加或选择主机。如果没有弹出向导，可在左侧窗口中依次选择新建的数据中心、集群名称，在右侧的主机选项卡中选择"新建"，即可弹出"新建主机"窗口，如图 12.28 所示。

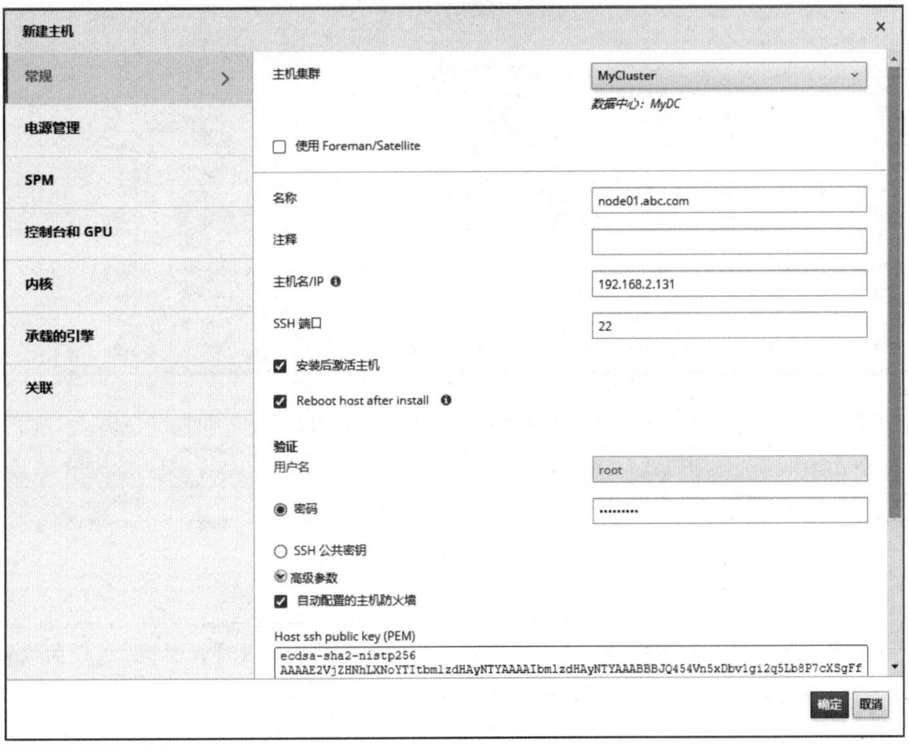

图 12.28　"新建主机"窗口

在新建主机窗口中选择主机所属的数据中心和集群，然后在名称、地址、SSH 端口中正确输入 oVirt Node 的相应信息，最后在验证中输入主机的 root 用户密码。如果需要验证输入是否正确，可在高级参数中的"Host ssh public key(PEM)"下单击"获取"超链接，如果此时显示 SSH 公共密钥，则说明主机信息输入正确，否则需要检查上述输入。由于本示例中采用单节点，因此电源管理等选项可略过（电源管理选项主要用于多节点集群中），单击"确定"按钮就可以完成主机添加。

主机添加完成后，管理平台会立即要求主机初始化并安装启动相关服务，因此在添加完成后的一段时间内，主机将处于不可用状态，直到上述步骤完成。当主机完成初始化、安装等步骤后，会立即将其状态更新为 Up，如图 12.29 所示。

图 12.29　主机状态

在主机"状态"一栏中显示为 Up，表明主机已初始化完成并可用。如果主机状态不可用，用户可以单击主机名，进入主机的详细信息界面，然后在"事件"标签页中查看完整的日志事件，如图 12.30 所示。

计算 › 主机 › **node01.abc.com** ⇄

常规　虚拟机　网络接口　主机设备　主机 Hook　权限　关联标签　勘误　事件

	时间	信息	关联 Id	起源	自定义事件 ID
✓	2021年5月23日 上午12:56:51	Status of host node01.abc.com was set to Up.	3cc6776a	oVirt	
✓	2021年5月23日 上午12:56:50	No faulty multipath paths on host node01.abc.com		oVirt	
✓	2021年5月23日 上午12:56:46	Host node01.abc.com installed	7bf0f79c	oVirt	
✓	2021年5月23日 上午12:56:46	Host node01.abc.com was restarted using SSH by the engine.	2d03046d	oVirt	
✓	2021年5月23日 上午12:46:39	Ansible host-deploy playbook execution has successfully finished on host node01.abc.com.		oVirt	
✓	2021年5月23日 上午12:46:36	Installing Host node01.abc.com. Check if post tasks file exists.	7bf0f79c	oVirt	
✓	2021年5月23日 上午12:46:36	Installing Host node01.abc.com. set failed validation.	7bf0f79c	oVirt	
✓	2021年5月23日 上午12:46:36	Installing Host node01.abc.com. restart libvirtd.	7bf0f79c	oVirt	
✓	2021年5月23日 上午12:46:20	Installing Host node01.abc.com. Set logging_collector as rsyslog.	7bf0f79c	oVirt	
✓	2021年5月23日 上午12:46:20	Installing Host node01.abc.com. Gather the rpm package facts.	7bf0f79c	oVirt	
✓	2021年5月23日 上午12:46:20	Installing Host node01.abc.com. Install Rsyslog packages.	7bf0f79c	oVirt	
✓	2021年5月23日 上午12:46:17	Installing Host node01.abc.com. Set elasticsearch_host if undefined and fluentd_elasticsearch_host is de...	7bf0f79c	oVirt	
✓	2021年5月23日 上午12:46:17	Installing Host node01.abc.com. Update fluentd_elasticsearch_host.	7bf0f79c	oVirt	
✓	2021年5月23日 上午12:46:17	Installing Host node01.abc.com. Check logging collectors.	7bf0f79c	oVirt	
✓	2021年5月23日 上午12:46:17	Installing Host node01.abc.com. Include oVirt metrics config.yml.d vars directory.	7bf0f79c	oVirt	
✓	2021年5月23日 上午12:46:17	Installing Host node01.abc.com. Check if oVirt metrics config.yml file exist.	7bf0f79c	oVirt	
✓	2021年5月23日 上午12:46:14	Installing Host node01.abc.com. Run initial validations sub-role.	7bf0f79c	oVirt	
✓	2021年5月23日 上午12:46:14	Installing Host node01.abc.com. Run metrics role if RPM package installed.	7bf0f79c	oVirt	
✓	2021年5月23日 上午12:46:14	Installing Host node01.abc.com. Gather the rpm package facts.	7bf0f79c	oVirt	
✓	2021年5月23日 上午12:46:11	Installing Host node01.abc.com. Start ovirt-vmconsole-host-sshd.	7bf0f79c	oVirt	
✓	2021年5月23日 上午12:46:08	Installing Host node01.abc.com. Populate service facts.	7bf0f79c	oVirt	
✓	2021年5月23日 上午12:46:08	Installing Host node01.abc.com. Remove temp file.	7bf0f79c	oVirt	

图 12.30　主机日志事件

在创建数据中心和集群时，一定要注意 oVirt Node 的版本及硬件类型，错误的设置将会因主机与数据中心和集群信息不匹配而导致主机添加失败。

12.2.6　配置资源

经过前面几个小节的配置，oVirt 平台已经可以正常使用，但虚拟平台的最终目标是建立虚拟机，还需要存储等资源，本小节将简要介绍如何配置资源。

（1）使用 oVirt Node 本地存储

oVirt 可供使用的存储方案有多种，例如 Node 本地存储、NFS、iSCSI 等。本地存储虽然有诸多限制（例如不能使用故障迁移），但其配置简单，特别适合单节点使用。配置本地存储可在管理界面左侧单击"存储"菜单，然后在右侧选择存储并单击新建域，将弹出"新建域"窗口，如图 12.31 所示。

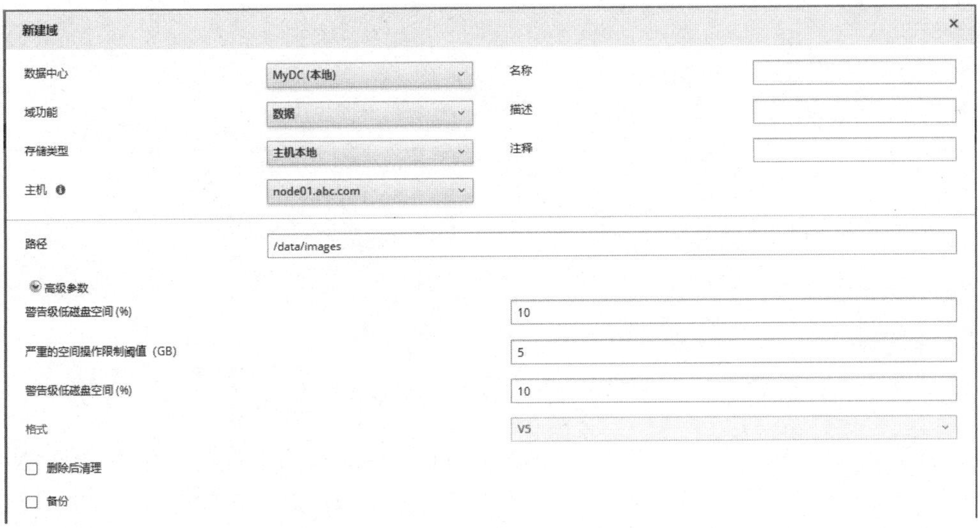

图 12.31　新建本地存储域

选择正确的数据中心，并在"域功能/存储类型"中选择"主机本地"，系统会自动在使用主机和路径中填入相应的参数，最后单击"确定"按钮即可添加完成。需要注意的是，仅当安装 oVirt Node 时添加了数据分区时，本地存储选项才可用，否则将无法使用本地存储。

（2）建立 NFS 域

NFS 域是由所有数据中心共享使用的存储资源，其作用是为虚拟机提供安装光盘映像。在 12.2.2 小节的安装过程中，跳过了 NFS 域的配置，因此必须手动建立 NFS，建立过程如【示例 12-11】所示。

【示例 12-11】

```
#此处略过 NFS 安装过程
[root@localhost ~]# mkdir -p /export/iso
#此配置并没有考虑安全等因素，读者可参考 NFS 安全相关文档了解
[root@localhost ~]# cat /etc/exports
/export/iso *(rw,sync,no_subtree_check,all_squash,anonuid=36,anongid=36)
[root@localhost ~]# chmod -R 777 /export/iso
[root@localhost ~]# systemctl start nfs
#确认配置
[root@localhost ~]# showmount -e ma.example.com
Export list for node01.abc.com:
/export/iso *
```

建立 NFS 共享之后就可以在管理平台上添加 NFS 域了。单击平台左侧的"系统"，然后在右侧依次选择"存储"→"新建域"，将弹出"新建域"窗口，如图 12.32 所示。

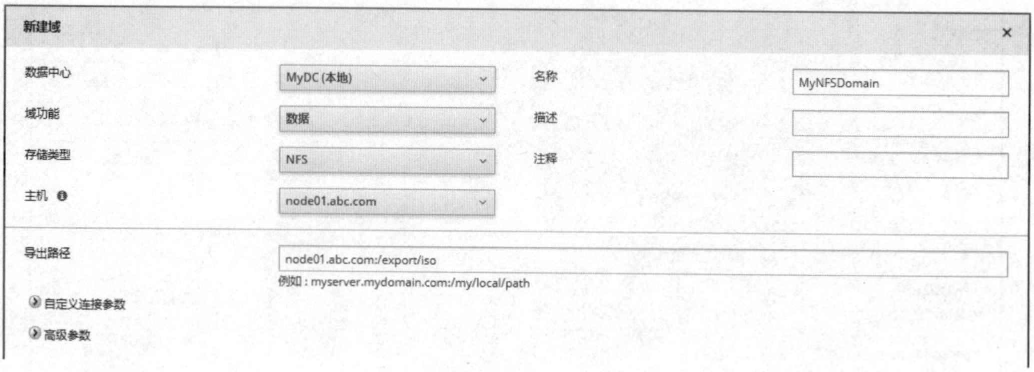
新建域
数据中心
MyDC (本地)
名称
MyNFSDomain
域功能
数据
描述
存储类型
NFS
注释
主机
node01.abc.com
导出路径
node01.abc.com:/export/iso
例如：myserver.mydomain.com:/my/local/path
自定义连接参数
高级参数

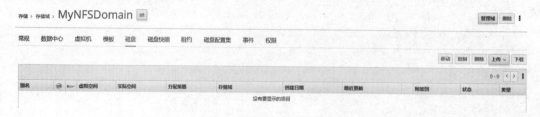

图 12.32　添加 NFS 域

在“新建域”窗口中填入名称，选择当前的数据中心，并在“域功能/存储类型”中选择“NFS”，最后在导出路径中输入 NFS 共享路径，单击“确定”按钮完成添加。添加完成后，NFS 域还需要初始化，因此需要等待一段时间之后才可用。

添加完 NFS 域之后，还需要在 NFS 域中添加光盘映像才能使用，添加过程需要在 oVirt 管理平台上完成，其过程如【示例 12-12】所示。

【示例 12-12】

① 在 oVirt 管理平台中选择“存储”→“域”菜单，打开存储域列表，如图 12.33 所示。

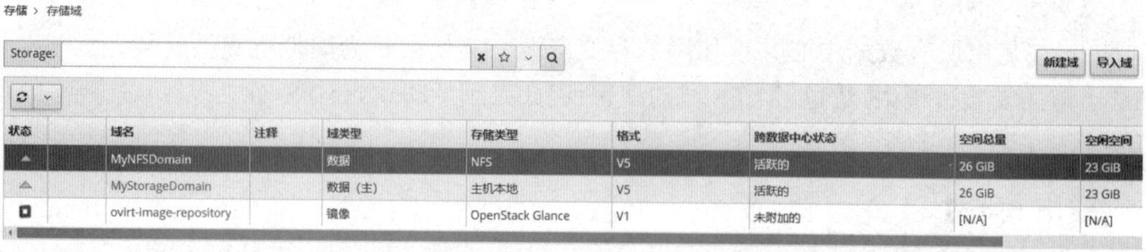
存储 › 存储域
Storage:
新建域
导入域
状态
域名
注释
域类型
存储类型
格式
跨数据中心状态
空间总量
空闲空间
MyNFSDomain
数据
NFS
V5
活跃的
26 GiB
23 GiB
MyStorageDomain
数据 (主)
主机本地
V5
活跃的
26 GiB
23 GiB
ovirt-image-repository
镜像
OpenStack Glance
V1
未附加的
[N/A]
[N/A]

图 12.33　存储域列表

② 在列表中单击刚刚创建的 NFS 域的名称 MyNFSDomain，打开存储域的详细信息界面，如图 12.34 所示。

存储 › 存储域 › MyNFSDomain
管理域
删除
常规
数据中心
虚拟机
模板
磁盘
磁盘快照
租约
磁盘配置集
事件
权限
移动
复制
删除
上传
下载
别名
虚拟空间
实际空间
分配策略
存储域
创建日期
最近更新
附加到
状态
类型
没有要显示的项目

图 12.34　存储域的详细信息

③ 选择“磁盘”标签页，选择右侧的“上传”→“开始”菜单，打开“上传镜像”对话框，如图 12.35 所示。单击“选择文件”按钮，选择要上传的镜像文件，然后单击“确定”按钮完成上传。

图 12.35　"上传镜像"对话框

完成上述步骤后，就可以在管理平台的存储中查看 NFS 域，并在其下的映像选项卡中查看到上传的光盘映像。

在旧版本的 oVirt 中，还有一种与 NFS 域功能类似的存储域，称为 ISO 域。

（3）iSCSI 存储

iSCSI 无疑是应用广泛的存储解决方案之一，oVirt 也支持 iSCSI 作为其数据存储。添加 iSCSI 存储，首先选中左侧的"系统"，然后在右侧的存储选项中单击"新建域"，将弹出"新建域"窗口，如图 12.36 所示。

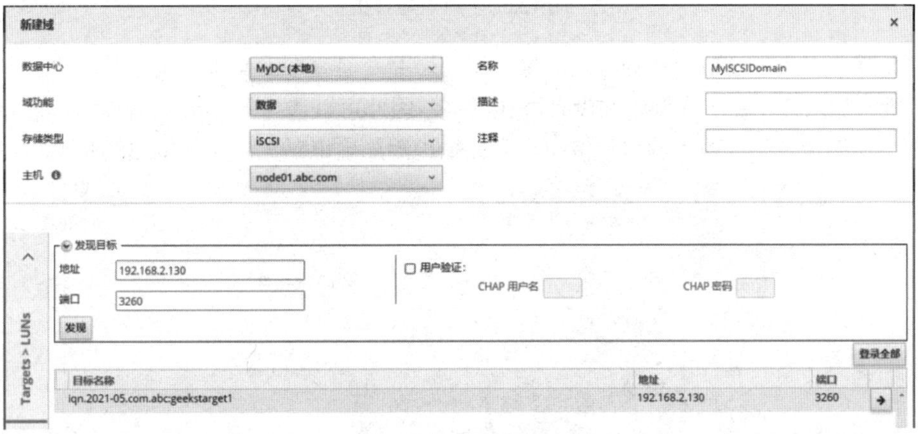

图 12.36　添加 iSCSI 存储

在名称中输入 iSCSI 名称，"数据中心"选择"MyDC(本地)"，"域功能"选择"数据"，"存储类型"选择"iSCSI"，此时窗口将自动显示发现目标按钮。单击发现目标并输入地址和端口号，然后单击"发现",窗口将自动显示发现结果。此时需要单击右侧的"登录全部"按钮,并单击发现的 LUN 之前的"+",显示全部磁盘信息,选中相应磁盘并单击"确定"按钮就可以添加完毕。

 iSCSI 存储通常是全局性的,只有附加到某个数据中心上才能使用。附加时需要注意只有当数据中心的类型为共享并且拥有活动主机的情况下才能附加。

12.2.7 建立虚拟机

在前面几个小节中介绍了如何建立一个基本的 oVirt 单节点平台,在确认所有资源都可用的情况下就可以建立虚拟机了。在左侧窗口中选择"计算"→"虚拟机",然后在右侧的虚拟机列表中单击"新建"按钮,将弹出"新建虚拟机"窗口,如图 12.37 所示。

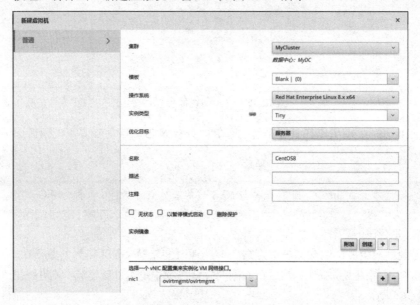

图 12.37 新建虚拟机

在"新建虚拟机"窗口中选择合适的操作系统,并在名称中为操作系统命名,然后在 nic1 后面为虚拟机添加网卡。由于本例中并没有添加网络,因此可以选择 ovirtmgmt 使用管理网络。

单击"实例镜像"中的"创建"按钮,为虚拟机添加虚拟磁盘,如图 12.38 所示。

图 12.38 添加虚拟磁盘

在"添加虚拟磁盘"窗口中，直接输入磁盘大小并选择相应的存储域即可完成添加，也可选择"直接 LUN"将 iSCSI 存储作为虚拟磁盘使用。

完成常规设置后，需要单击"显示高级选项"按钮为虚拟机设置合适的内存大小、CPU 数量及时区。由于是第一次配置，因此还需要在引导选项中为新系统添加安装光盘映像，如图 12.39 所示。

图 12.39　添加光盘引导

在引导序列中勾选"附加 CD"选项，并在之后的选择框中选择合适的光盘映像，完成所有步骤之后，即可单击"确定"按钮完成创建。

添加完虚拟磁盘后，虚拟机就已经添加完成了。选择虚拟机，然后右击，在弹出的菜单中选择"运行"，即可打开虚拟机电源。打开虚拟机电源后，再次右击，在弹出的菜单中选择"控制台"，即可打开虚拟机的控制台，如图 12.40 所示。

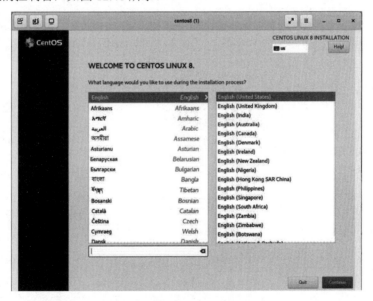

图 12.40　虚拟机的控制台

关于虚拟机控制台程序的安装说明，可参考 oVirt 主界面链接"控制台客户资源"中的相关内容，此处不再赘述。

12.3 小 结

当今的互联网以云计算和虚拟化技术为主体，CentOS 8 在发布之初就已经吸收整合了 RHEL 7 的虚拟化技术。本章以 KVM 虚拟化为起点，介绍了 CentOS 8 中的 KVM 虚拟化解决方案，及当前新的 oVirt 管理平台。虽然在大型企业中，这些平台应用较少，但在经费紧张的小型企业中却应用得非常广泛。

第 13 章

GlusterFS 存储

GlusterFS 是近年来兴起的一个开源分布式文件系统，其在开源社区活跃度很高，互联网通常称其与 MooseFS、CEPH、Lustre 为四大开源分布式文件系统。国外有众多互联网从业者在研究、测试并使用 GlusterFS，而国内目前正处于起步阶段。本章将简要介绍 GlusterFS 的部署与应用。

本章主要涉及的内容有：

- GlusterFS 存储结构简介
- GlusterFS 部署与应用

13.1　GlusterFS 介绍

GlusterFS 最早由 Gluster 公司开发，其目标是开发出一个能为客户提供全局命名空间、分布式前端及高达数百拍字节（PB）级别的扩展性的开源分布式文件系统。相比其他分布式文件系统，GlusterFS 具有高扩展性、高可用性、高性能、可横向扩展等特点，并且其没有元数据服务器的设计，让整个服务没有单点故障的隐患。正是由于 GlusterFS 拥有众多优秀的特点，红帽公司于 2011 年收购 Gluster 公司，并将 GlusterFS 作为其大数据解决方案的一部分。本节将简单介绍分布式文件系统及 GlusterFS。

13.1.1　分布式文件系统

分布式文件系统是指文件系统管理的物理存储资源并不直接与本地节点相连（非直连式存储），而是分布于计算机网络中的一个或多个节点计算机上。目前意义上的分布式文件系统大多是由多个节点计算机构成的，结构上是典型的客户机/服务器模式。流行的模式是当客户机需要存储数据时，服务器指引其将数据分散地存储到多个存储节点上，以提供更快的速度、更大的容量及更好的冗余特性。

目前流行的分布式文件系统有许多，如 MooseFS、OpenAFS、GoogleFS 等。下面将简要介绍一些常见的分布式文件系统。

1. MooseFS

MooseFS 主要由管理服务器（Master）、元日志服务器（Metalogger）、数据存储服务器（Chunkservers）构成。管理服务器的主要作用是管理数据存储服务器、文件读写控制、空间管理及节点间的数据备份等；元日志服务器主要用来备份管理服务器的变化日志，以便在管理服务器出问题时能恢复工作；数据存储服务器的主要工作是听从管理服务器的调度，提供存储空间，接收或传输客户数据等。MooseFS 读数据的过程如图 13.1 所示。

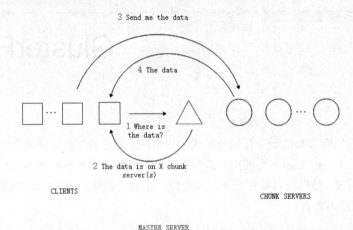

图 13.1　MooseFS 读数据的过程

如图 13.1 所示的读数据的过程，客户首先向 Master 询问数据存放在哪些数据存储服务器上，然后向数据存储服务器请求并获得数据。其写数据的过程与读数据的过程正好相反，如图 13.2 所示。

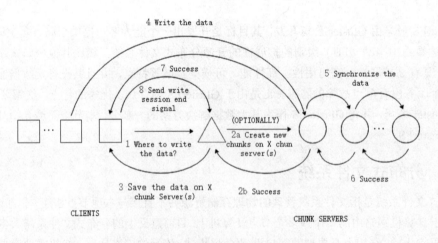

图 13.2　MooseFS 写数据的过程

写数据时，客户先向 Master 发出请求，Master 查询剩余空间后，将存储位置返回给客户，由客户将数据分散地存放在数据存储服务器上，最后向 Master 发出写入结束信号。

MooseFS 结构简单，适合初学者理解分布式文件系统的工作过程，但也存在较大问题，MooseFS

具有单点故障隐患，一旦 Master 无法工作，整个分布式文件系统都将停止工作。

2. Lustre

Lustre 是一个比较典型的高性能面向对象的文件系统，其结构相对比较复杂，如图 13.3 所示。

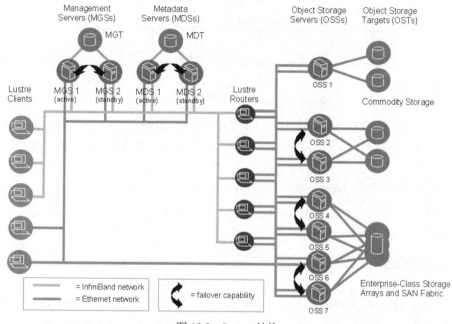

图 13.3　Lustre 结构

Lustre 由元数据服务器（Metadata Servers，MDSs）、对象存储服务器（Object Storage Servers，OSSs）和管理服务器（Management Servers，MGSs）组成。与 MooseFS 类似，当客户端读取数据时，主要的操作集中在 MDSs 和 OSSs 之间；写入数据时，就需要 MGSs、MDSs 及 OSSs 共同参与操作。

Lustre 主要面对的是海量级的数据存储，支持多达 10000 个节点、PB 级的数据存储、100Gb/s 以上的传输速度。Lustre 在气象、石油等领域应用十分广泛，是目前比较成熟的解决方案之一。

3. Ceph

Ceph 的目标是建立一个容量可扩展至 PB 级、高可靠性并且支持多种工作负载的高性能分布式文件系统，其结构如图 13.4 所示。

Ceph 主要由元数据服务器（MDSs）、对象存储集群（OSDs）和集群监视器组成。元数据服务器主要用来缓存和同步分布式元数据；对象存储集群用来存储数据和元数据；集群监视器则用来监视整个集群。Ceph 在文件一致性、容错性、高性能、扩展性等方面都有显著的优势，特别适合云计算。

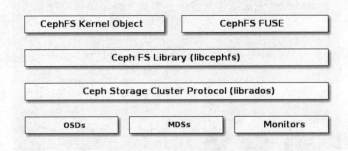

图 13.4　Ceph 结构

本小节简单介绍了具有代表性的几个分布式文件系统,目前成熟的分布式文件系统还有许多,例如 GridFS、mogileFS、TFS、FastDFS 等。读者可自行参考相关资料,此处不再赘述。

13.1.2　GlusterFS 概述

GlusterFS 与其他分布式文件系统相比,在扩展性、高性能、维护性等方面都具有独特优势。本小节将简要介绍 GlusterFS 存储的特点。

1. 无元数据设计

元数据用来描述一个文件或给定区块在分布式文件系统中所在的位置,简而言之就是某个文件或某个区块存储的位置。传统的分布式文件系统大都会设置元数据服务器或功能相近的管理服务器,主要作用就是用来管理文件与数据区块之间的存储位置关系。与其他分布式文件系统相比,GlusterFS 并没有集中或分布式的元数据的概念,取而代之的是弹性哈希算法(即散列算法)。集群中的任何服务器、客户端都可以利用哈希算法、路径及文件名进行计算,可以对数据进行定位,并执行读写访问操作。

这种设计带来的好处是极大地提高了扩展性,同时也提高了系统的性能和可靠性;另一显著的特点是如果给定确定的文件名,查找文件位置会非常快。但如果需要列出文件或目录,性能会大幅下降,因为列出文件或目录时,需要查询所在节点并对各节点中的信息进行聚合。此时有元数据服务的分布式文件系统的查询效率反而会高许多。

2. 服务器间的部署

在之前的版本中,服务器间的关系是对等的,也就是说每个节点服务器都掌握了集群的配置信息。这样做的好处是每个节点都拥有节点的配置信息,高度自治,所有信息都可以在本地查询。每个节点的信息更新都会向其他节点通告,保证节点间信息的一致性。但如果集群规模较大,节点众多,信息同步的效率就会下降,节点间信息的非一致性概率就会大大提高。因此,GlusterFS 未来的版本有向集中式管理变化的趋势。

GlusterFS 还支持多种集群模式,组成诸如磁盘阵列状的结构,让用户在数据可靠性、冗余程度等方面自行取舍。

3. 客户端访问

当客户端访问 GlusterFS 存储时,其流程如图 13.5 所示。

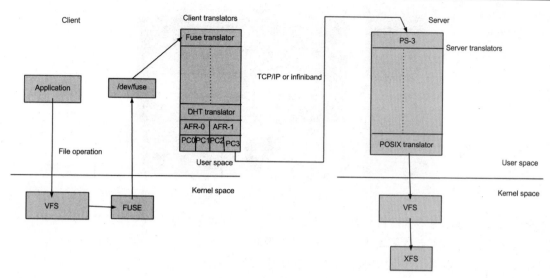

图 13.5　客户端访问流程

首先程序通过访问挂载点的形式读写数据，对于用户和程序而言，集群文件系统是透明的，用户和程序根本感觉不到文件系统是在本地还是在远端服务器上。读写操作将会被交给 VFS（Virtual File System，虚拟文件系统）来处理，VFS 会将请求交给 FUSE 内核模块，而 FUSE 又会通过设备/dev/fuse 将数据交给 GlusterFS Client。最后经过 GlusterFS Client 的计算，最终经过网络将请求或数据发送到 GlusterFS Server 上。

4. 可管理性

GlusterFS 不仅提供了一套基于 Web 的图形化管理工具，还提供了一套基于分布式体系协同合作的命令行工具，结合使用这二者就可以完成 GlusterFS 的管理工作。由于整套系统都是基于 Linux 系统的，因此在懂得 Linux 管理知识的基础之上，再加上 2~3 小时的学习就可以完成 GlusterFS 的日常管理工作。这对一套分布式文件系统而言，GlusterFS 的管理工作无疑是非常简便的。

作为一款获得红帽公司青睐的开源分布式文件系统，GlusterFS 无疑有许多值得关注的地方。本小节只介绍了其中一部分，其他方面的特点还有许多，此处不再赘述，读者可自行参阅相关文档。

13.1.3　GlusterFS 集群的模式

GlusterFS 集群的模式是指数据在集群中的存放结构，类似于磁盘阵列中的级别。GlusterFS 支持多种集群模式，本小节将简要介绍几种常见的模式。

1. 分布式 GlusterFS 卷

分布式 GlusterFS 卷（Distributed GlusterFS Volume）是一种比较常见的松散式结构，如图 13.6 所示。

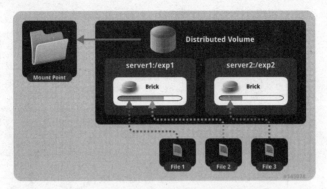

图 13.6 分布式 GlusterFS 卷

分布式 GlusterFS 卷的结构相对比较简单,存放文件时并没有特别的规则,仅仅是将文件存放到组成分布式卷的所有服务器上。创建分布式卷时,如果没有特别指定,将默认使用分布式GlusterFS。这种卷的好处是非常便于扩展,且组成卷的服务器容量可以不必相同,缺点是没有任何冗余功能,任何一个节点失败都会导致数据丢失。分布式 GlusterFS 卷需要在底层硬件上实现数据冗余功能,例如磁盘阵列 RAID 等。

2. 复制 GlusterFS 卷

复制 GlusterFS 卷(Replicated GlusterFS Volume)与 RAID 1 类似,所有组成卷的服务器中存放的内容都完全相同,其结构如图 13.7 所示。

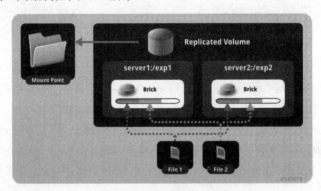

图 13.7 复制 GlusterFS 卷

复制 GlusterFS 卷的原理是将文件复制到所有组成分布式卷的服务器上。在创建分布式卷时需要指定复制的副本数量,通常是 2 或者 3,但副本数量一定要小于或等于组成卷的服务器数量。由于复制 GlusterFS 卷会在不同的服务器上保存数据的副本,当其中一台服务器失效后,可以从另一台服务器读取数据,因此复制 GlusterFS 卷在提高了数据可靠性的同时,还提供了数据冗余功能。

3. 分布式复制 GlusterFS 卷

分布式复制 GlusterFS 卷(Distributed Replicated GlusterFS Volume)结合了分布式 GlusterFS卷和复制 GlusterFS 卷的特点,其结构如图 13.8 所示。

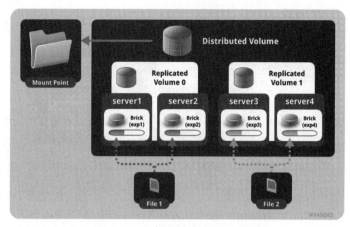

图 13.8　分布式复制 GlusterFS 卷

分布式复制 GlusterFS 卷的结构看起来类似 RAID 10，其实不同，RAID 10 的实质是条带化，但分布式复制 GlusterFS 卷则没有。这种卷实际上是针对数据冗余和可靠性要求都非常高的环境而开发的。

4. 条带化 GlusterFS 卷

条带化 GlusterFS 卷（Striped GlusterFS Volume）是专门针对大文件、多客户端而设置的，如图 13.9 所示。

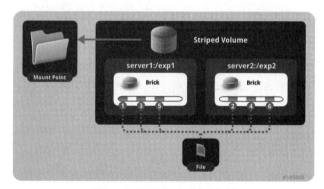

图 13.9　条带化 GlusterFS 卷

当 GlusterFS 被用来存储一些较大的文件时，如果仅保存在某台服务器上，当客户端较多时，性能就会急剧下降。此时使用条带化 GlusterFS 就可以解决这个问题，条带化 GlusterFS 允许将较大的文件分拆并存放到多台服务器上，当客户端进行访问时就能分散压力，效果如同负载均衡。条带化 GlusterFS 卷的缺点是不能提供数据冗余功能。

5. 分布式条带化 GlusterFS 卷

分布式条带化 GlusterFS 卷（Distributed Striped GlusterFS Volume）被用来处理"体型"十分巨大的文件，其结构如图 13.10 所示。

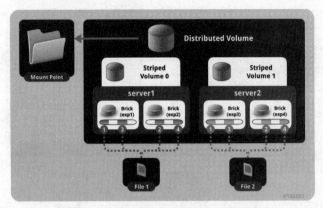

图 13.10   分布式条带化 GlusterFS 卷

当单个文件的"体型"十分巨大、客户端数量更多时，条带化 GlusterFS 卷已无法满足需要，此时将分布式与条带化结合起来是一个比较好的选择。需要注意的是，无论是条带化 GlusterFS 还是分布式条带化 GlusterFS，其性能都与服务器的数量有关。

> 本书并没有涉及大文件方面的内容，读者可阅读其官方网站的相关说明以了解更多关于条带化 GlusterFS 卷和分布式条带化 GlusterFS 卷的内容，此处不再赘述。

13.2   GlusterFS 部署和应用

GlusterFS 有扩展性强、高可靠性、高性能等诸多优点，同时又有红帽公司的大力支持，使得当下许多 Linux 发行版和软件都已经包含并支持 GlusterFS。本节将简要介绍 GlusterFS 在 CentOS 8 中的部署和应用。

13.2.1   GlusterFS 的安装

在开始安装 GlusterFS 之前，建议将系统升级至最新，以减少软件中的 Bug，有利于增加软件的兼容性。由于 GlusterFS 需要使用网络，因此还必须事先根据环境设置防火墙规则、SELinux 规则等，本示例虽不涉及这些设置，但在生产环境中应该特别注意。

在下面的示例中将采用 3 台服务器，演示如何在 CentOS 8 中安装 GlusterFS。3 台服务器的信息如表 13.1 所示。

表13.1   示例服务器信息

服 务 器	IP 地址	域 名
server1	172.16.45.43	server1.example.com
server2	172.16.45.44	server2.example.com
server3	172.16.45.45	server3.example.com

由于此处仅为演示，因此硬件等方面几乎没有特殊要求，但在生产环境中使用时，应该尽量选用性能相近的硬件配置，以避免个别服务器性能较差引发的短板效应。

344 章 GlusterFS 存储 | 343

1. 环境设置

由于 GlusterFS 并没有服务器与元数据等概念，因此所有服务器的设置都相同。此处仅以一台服务器的设置作为示例，其他服务器仅进行 IP 地址、域名方面的修改即可。

首先需要进行域名方面的设置，使用 DNS 作为解析手段有一定的延时，这在集群环境中可能会带来一些问题，因此推荐使用 hosts 文件进行解析。服务器名设置及 hosts 文件解析内容如【示例 13-1】所示。

【示例 13-1】

```
[root@server1 ~]# cat /etc/hostname
server1.example.com
[root@server1 ~]# cat /etc/hosts
127.0.0.1    localhost localhost.localdomain localhost4
localhost4.localdomain4
::1          localhost localhost.localdomain localhost6 localhost6.localdomain6
172.16.45.43 server1 server1.example.com
172.16.45.44 server2 server2.example.com
172.16.45.45 server3 server3.example.com
```

2. 时钟同步

另一个问题是集群内部的时间非常重要，如果服务器间的时间有误差，就可能会给集群间的通信带来麻烦，进而导致集群失效。如果服务器能连接到互联网或内部的授时服务器，可以使用网络同步时钟的方法。网络同步时钟使用命令 ntpdate，如【示例 13-2】所示。

【示例 13-2】

```
#参数 time.windows.com 是微软的授时服务器
[root@server1 ~]# ntpdate time.windows.com
22 Jun 15:22:52 ntpdate[1989]: adjust time server 23.101.187.68 offset 0.069146
sec
```

手动使用命令同步比较麻烦，可以使用 cron 自动任务调度的方法。在进行自动任务调度时，执行命令"crontab -e"，会打开 vi 编辑器，在其中输入【示例 13-3】所示的内容，之后保存并退出即可。

【示例 13-3】

```
#命令输出即为需要输入的内容
#其含义为每天早上 8 点整执行后面的命令以同步系统时间和硬件时钟
[root@server1 ~]# crontab -l
0 8 * * * /usr/sbin/ntpdate time.windows.com &> /dev/null; /usr/sbin/clock -w
```

3. 建立 yum 仓库

在 GlusterFS 的官方网站（地址为 http://www.gluster.org/）上介绍了安装 GlusterFS 的详尽过程，读者可以参考。由于 GlusterFS 提供了 yum 源，因此可以在 CentOS 8 中使用 yum 的方式安装，本例将采用这种方法安装，安装过程如【示例 13-4】所示。

【示例 13-4】

```
#下载源到目录/etc/yum.repos.d/
[root@server1 ~]# wget -P /etc/yum.repos.d/ \
> http://download.gluster.org/pub/gluster/glusterfs/LATEST/CentOS/
glusterfs-epel.repo
--2020-06-22 15:43:08--  http://download.gluster.org/pub/gluster/glusterfs/
LATEST/CentOS/glusterfs-epel.repo
Resolving download.gluster.org (download.gluster.org)… 50.57.69.89
Connecting to download.gluster.org (download.gluster.org)|50.57.69.89|:80…
connected.
HTTP request sent, awaiting response… 200 OK
Length: 1055 (1.0K) [text/plain]
Saving to: '/etc/yum.repos.d/glusterfs-epel.repo'

100%[====================================>] 1,055      --.-K/s   in 0s

2020-06-22 15:43:16 (112 MB/s) - '/etc/yum.repos.d/glusterfs-epel.repo' saved
[1055/1055]
#安装支持软件包
[root@server1 ~]# rpm -ivh \
> http://dl.fedoraproject.org/pub/epel/6/x86_64/epel-release-6-8.noarch.rpm
Retrieving
http://dl.fedoraproject.org/pub/epel/6/x86_64/epel-release-6-8.noarch.rpm
warning: /var/tmp/rpm-tmp.l3qxVt: Header V3 RSA/SHA256 Signature, key ID
0608b895: NOKEY
Preparing…                       ################################ [100%]
Updating / installing…
   1:epel-release-6-8            ################################ [100%]
```

4. 安装 GlusterFS

完成之前的环境设置、设置源等步骤后，就可以开始安装 GlusterFS 了，其安装过程如【示例 13-5】所示。

【示例 13-5】

```
#部分安装过程省略
[root@server1 ~]# yum install -y glusterfs glusterfs-fuse glusterfs-server
Loaded plugins: fastestmirror
Loading mirror speeds from cached hostfile
 * base: mirrors.btte.net
 * epel: mirrors.neusoft.edu.cn
 * extras: mirrors.btte.net
 * updates: mirrors.sina.cn
Resolving Dependencies
--> Running transaction check
---> Package glusterfs.x86_64 0:3.7.1-1.el7 will be installed
--> Processing Dependency: glusterfs-libs = 3.7.1-1.el7 for package:
```

```
glusterfs-3      .7.1-1.el7.x86_64
   --> Processing Dependency: libglusterfs.so.0()(64bit) for package:
glusterfs-3.7      .1-1.el7.x86_64
   …
```

至此，GlusterFS 的安装就完成了。需要说明的是，安装过程需要在每台服务器上都进行一次。

13.2.2　配置服务和集群

安装完 GlusterFS 之后，还不能立即使用，需要对服务进行配置。本小节将简单介绍如何配置 GlusterFS。

首先需要在 3 台服务器上分别启动相应的服务，如【示例 13-6】所示。

【示例 13-6】

```
[root@server1 ~]# systemctl enable glusterd
ln -s '/usr/lib/systemd/system/glusterd.service'
'/etc/systemd/system/multi-user.target.wants/glusterd.service'
[root@server1 ~]# systemctl start glusterd
```

在两台服务器上启动服务后，就可以开始配置集群了。在配置集群之前，最好对各个服务器执行命令 ping（即 ping 后跟各个服务器的主机名），以确保域名与 IP 地址都已正确设置。配置集群过程如【示例 13-7】所示。

【示例 13-7】

```
#将节点 server1 和 server2 加入集群
[root@server1 ~]# gluster peer probe server1
peer probe: success. Probe on localhost not needed
[root@server1 ~]# gluster peer probe server2
peer probe: success.
[root@server1 ~]# gluster peer probe server3
peer probe: success.
#查看集群状态
[root@server1 ~]# gluster peer status
Number of Peers: 2

Hostname: server2
Uuid: 26f40e95-935a-4445-b6e7-ea9e3fb34e2d
State: Peer in Cluster (Connected)

Hostname: server3
Uuid: 85c9bdcc-68a4-4a43-bd4c-a16d95d02c76
State: Peer in Cluster (Connected)
```

从上面的示例输出中可以看到服务和集群都已经配置完成。

13.2.3 添加磁盘到集群

接下来就需要为集群添加磁盘了，需要注意的是，各集群节点上的磁盘容量应该尽量相同。添加磁盘到集群首先需要对磁盘分区，创建文件系统，如【示例 13-8】所示。

【示例 13-8】

```
#对 sda 分区
#此处仅以 server2 为例
#其他节点也应进行相同操作
[root@server2 ~]# fdisk /dev/sda
Welcome to fdisk (util-linux 2.23.2).

Changes will remain in memory only, until you decide to write them.
Be careful before using the write command.

#分区方案为 sda1，容量为 50GB
Command (m for help): n
Partition type:
   p   primary (0 primary, 0 extended, 4 free)
   e   extended
Select (default p): p
Partition number (1-4, default 1): 1
First sector (2048-209715199, default 2048):
Using default value 2048
Last sector, +sectors or +size{K,M,G} (2048-209715199, default 209715199): +50G
Partition 1 of type Linux and of size 50 GiB is set
#建立第二个分区，剩余容量都分配给 sda2
Command (m for help): n
Partition type:
   p   primary (1 primary, 0 extended, 3 free)
   e   extended
Select (default p): p
Partition number (2-4, default 2): 2
First sector (104859648-209715199, default 104859648):
Using default value 104859648
Last sector, +sectors or +size{K,M,G} (104859648-209715199, default
209715199):
Using default value 209715199
Partition 2 of type Linux and of size 50 GiB is set
#写入分区方案
Command (m for help): w
The partition table has been altered!

Calling ioctl() to re-read partition table.
Syncing disks.
#创建文件系统
```

```
[root@server2 ~]# mkfs.xfs /dev/sda1
meta-data=/dev/sda1                isize=256    agcount=4, agsize=3276800 blks
         =                         sectsz=512   attr=2, projid32bit=1
         =                         crc=0        finobt=0
data     =                         bsize=4096   blocks=13107200, imaxpct=25
         =                         sunit=0      swidth=0 blks
naming   =version 2                bsize=4096   ascii-ci=0 ftype=0
log      =internal log             bsize=4096   blocks=6400, version=2
         =                         sectsz=512   sunit=0 blks, lazy-count=1
realtime =none                     extsz=4096   blocks=0, rtextents=0
[root@server2 ~]# mkfs.xfs /dev/sda2
meta-data=/dev/sda2                isize=256    agcount=4, agsize=3276736 blks
         =                         sectsz=512   attr=2, projid32bit=1
         =                         crc=0        finobt=0
...
#创建挂载点目录
[root@server2 ~]# mkdir -p /data/myDC
[root@server2 ~]# mkdir -p /data/mainDC
#挂载 sda1 和 sda2
[root@server2 ~]# mount /dev/sda1 /data/myDC/
[root@server2 ~]# mount /dev/sda2 /data/mainDC/
#创建集群挂载点
#由于不能使用磁盘的挂载点,因此此处选择在磁盘挂载点下新建挂载点
[root@server2 ~]# mkdir -p /data/myDC/brick1
[root@server2 ~]# mkdir -p /data/mainDC/brick2
```

以上步骤需要在 3 台服务器上进行操作,磁盘可以不同,但建议分区方案挂载点名称等都应该相同。

在本例中并没有将挂载信息写入/etc/fstab 中,实际应用中应该写入配置文件,以便在重新启动后可用。

创建完磁盘之后,就可以为集群添加磁盘了,添加过程如【示例 13-9】所示。

【示例 13-9】

```
#在 server1 上添加磁盘
#此处创建了一个名为 myDC_disk 的 GlusterFS 卷
[root@server1 ~]# gluster volume create myDC_disk \
> server1:/data/myDC/brick0 \
> server2:/data/myDC/brick0 \
> server3:/data/myDC/brick0
volume create: myDC_disk: success: please start the volume to access data
#查看新建卷的情况
[root@server1 ~]# gluster volume info

Volume Name: myDC_disk
```

```
Type: Distribute
Volume ID: eb747bf6-f923-4b15-b6a7-2cbd79e33666
Status: Created
Number of Bricks: 3
Transport-type: tcp
Bricks:
Brick1: server1:/data/myDC/brick0
Brick2: server2:/data/myDC/brick0
Brick3: server3:/data/myDC/brick0
Options Reconfigured:
performance.readdir-ahead: on
#启动磁盘
[root@server1 ~]# gluster volume start myDC_disk
volume start: myDC_disk: success
#为磁盘访问设置权限
#允许 172.16.45.0、24 网络访问
[root@server1 ~]# gluster volume set myDC_disk auth.allow 172.16.45.*
volume set: success
```

13.2.4　添加不同模式的 GlusterFS 磁盘

为了应用于不同的环境，GlusterFS 定义了多种模式，13.1.3 小节简要介绍了 GlusterFS 的各种模式及应用环境，在本小节中将简要介绍如何创建各种模式的 GlusterFS 卷。

（1）分布式 GlusterFS 卷

创建 GlusterFS 卷时，如果不添加任何参数，就默认创建分布式 GlusterFS 卷，如【示例 13-9】所示。

（2）复制 GlusterFS 卷

创建复制 GlusterFS 卷时，需要指定一个 replica 参数，即指定每个文件在 GlusterFS 卷中复制的份数。由于此数值将决定文件在不同服务器中存放的份数，因此不能大于组成卷的服务器的数量。创建复制 GlusterFS 卷如【示例 13-10】所示。

【示例 13-10】

```
#指定文件在服务器中存放的份数为 3
[root@server1 ~]# gluster volume create myDC_disk replica 3 \
> server1:/data/myDC/brick0 \
> server2:/data/myDC/brick0 \
> server3:/data/myDC/brick0
```

由于指定的份数为 3 且服务器数量为 3，因此可以预见 3 台服务器中存放的文件是相同的。

（3）分布式复制 GlusterFS 卷

创建分布式复制 GlusterFS 卷同样需要指定 replica 参数。参照前面的图 13.8 可以看出，当 replica 参数为 2 时，需要的服务器数量至少为 4 台；当 replica 参数增加时，服务器数量也需要相应地增加。创建命令如【示例 13-11】所示。

【示例 13-11】

```
[root@server1 ~]# gluster volume create myDC_disk replica 2 transport tcp \
> server1:/data/myDC/brick0 \
> server2:/data/myDC/brick0 \
> server3:/data/myDC/brick0 \
> server4:/data/myDC/brick0
```

（4）条带化 GlusterFS 卷

创建条带化 GlusterFS 卷时，需要指定条带化参数 stripe，与磁盘阵列中的条带化不同，此处指定的是将文件分成几份存放，而不是每份的大小。创建条带化 GlusterFS 卷至少需要两台服务器，创建命令如【示例 13-12】所示。

【示例 13-12】

```
[root@server1 ~]# gluster volume create myDC_disk stripe 2 transport tcp \
> server1:/data/myDC/brick0 \
> server2:/data/myDC/brick0
```

（5）分布式条带化 GlusterFS 卷

分布式条带化 GlusterFS 卷与分布式复制 GlusterFS 卷类似，stripe 值为 2 时，至少需要 4 台服务器。创建命令如【示例 13-13】所示。

【示例 13-13】

```
[root@server1 ~]# gluster volume create myDC_disk stripe 2 transport tcp \
> server1:/data/myDC/brick0 \
> server2:/data/myDC/brick0 \
> server3:/data/myDC/brick0 \
> server4:/data/myDC/brick0
```

13.2.5　在 Linux 中使用 GlusterFS 存储

在 Linux 系统中使用 GlusterFS 存储时，需要安装 GlusterFS 相关的软件包。在 CentOS 7 和 RHEL 7 之前的版本中，用户可以直接使用 yum 命令安装 GlusterFS 相关的软件包。在 CentOS 8 和 RHEL 8 中，用户需要从 GlusterFS 的官方网站下载软件源文件，然后使用 yum 命令安装，其他 Linux 系统可通过编译源码的安装方式安装 GlusterFS 相关的软件包。具体安装方法可参考 GlusterFS 的官方网站。

1. 安装软件包

此处采用 CentOS 8 安装作为示例，其安装过程如【示例 13-14】所示。

【示例 13-14】

```
#下载软件源及安装支持的软件包
[root@server4 ~]# wget -P /etc/yum.repos.d/ \
>
http://download.gluster.org/pub/gluster/glusterfs/LATEST/CentOS/glusterfs-epel
```

```
.repo
[root@server4 ~]# rpm -ivh \
http://dl.fedoraproject.org/pub/epel/6/x86_64/epel-release-6-8.noarch.rpm
#安装glusterfs及glusterfs-fuse
[root@server4 ~]# yum install -y glusterfs glusterfs-fuse
Loaded plugins: fastestmirror
epel/x86_64/metalink                                | 2.7 KB    00:00
epel                                              | 4.4 KB    00:00
glusterfs-epel                                    | 2.5 KB    00:00
glusterfs-noarch-epel                             | 2.9 KB    00:00
(1/4): glusterfs-epel/7/x86_64/primary_db              | 13 KB    00:00
(2/4): glusterfs-noarch-epel/7/primary_db              | 2.5 KB   00:00
(3/4): epel/x86_64/group_gz                           | 149 KB   00:13
…
```

2. 挂载远程存储

安装完相关的软件包之后，就可以把远程存储挂载到本地了，挂载过程如【示例13-15】所示。

【示例13-15】

```
#创建挂载点
[root@server4 ~]# mkdir -p /mnt/data
#挂载远程存储
[root@server4 ~]# mount -t glusterfs server1:myDC_disk /mnt/data
#想看挂载情况
[root@server4 ~]# df -h
Filesystem              Size  Used Avail Use% Mounted on
/dev/mapper/centos-root  13G  1.1G  12G   9% /
devtmpfs                488M    0  488M   0% /dev
tmpfs                   497M    0  497M   0% /dev/shm
tmpfs                   497M  6.6M 491M   2% /run
tmpfs                   497M    0  497M   0% /sys/fs/cgroup
/dev/vda1               497M 139M 359M  28% /boot
server1:myDC_disk       150G  97M 150G   1% /mnt/data
```

3. 将挂载信息写入文件

【示例13-15】所示的挂载存储将在系统重新启动后消失，如需让挂载存储继续生效，可将挂载信息写入文件/etc/fstab：

```
#挂载信息
[root@server4 ~]# cat /etc/fstab
#
# /etc/fstab
# Created by anaconda on Thu Jun 25 08:34:58 2020
…
server1:myDC_disk        /mnt/data            glusterfs       defaults      0 0
#按文件/etc/fstab重新挂载
[root@server4 ~]# mount -a
```

```
#查看挂载是否成功
[root@server4 ~]# df -h
Filesystem              Size  Used Avail Use% Mounted on
…
server1:myDC_disk       150G   97M  150G   1% /mnt/data
```

 由于挂载时使用的是域名，因此需要在 server4 的/etc/hosts 中写入其他 GlusterFS 服务器的相关信息，或者使用能解析的 DNS。

13.3 小 结

GlusterFS 拥有高扩展性的同时，还兼具高可靠性、高性能等优势，是中小型企业在分布式存储方面的又一选择。本章介绍了分布式存储及其特点、GlusterFS 及其特点，并着重介绍了 GlusterFS 的部署和应用。

第14章

配置 OpenStack 私有云

OpenStack 既是一个社区，又是一个项目和一个开源软件，提供了一个部署云的操作平台或工具集。其宗旨在于为组织和运行虚拟计算或存储服务的云提供帮助，既为公有云、私有云，又为大云、小云提供可扩展的、灵活的云计算。

本章主要涉及的知识点有：

- OpenStack 概况
- OpenStack 的系统架构
- OpenStack 的主要部署工具
- 通过 RDO 部署 OpenStack
- 管理 OpenStack

14.1 OpenStack 概况

OpenStack 是一个免费的、开放源码的云计算平台，用户可以将其部署为一个基础设施即服务（IaaS）的解决方案。OpenStack 不是一个单一的项目，而是由多个相关的项目组成的，包括 Nova、Swift、Glance、Keystone 以及 Horizon 等。这些项目分别实现不同的功能，例如弹性计算服务、对象存储服务、虚拟机磁盘镜像服务、安全统一认证服务以及管理平台等。OpenStack 是以 Apache 许可证授权的开源项目。

OpenStack 最早开始于 2010 年，是美国国家航空航天局和 Rackspace 合作研发的云计算软件项目。目前，OpenStack 由 OpenStack 基金会管理。该基金会是一个非营利组织，创立于 2012 年。现在已经有超过 200 家公司参与了该项目，包括 Arista Networks、AT&T、AMD、Cisco、Dell、EMC、HP、IBM、Intel、NEC、NetApp 以及 Red Hat 等大型公司。

OpenStack 发展非常迅速，已经发布了 11 个版本，每个版本都有代号，分别为 Austin、Bexar、Cactus、Diablo、Essex、Folsom、Grizzly、Havana、Icehouse、Juno 以及新的 Kilo。

除了 OpenStack 之外，还有其他的一些云计算平台，例如 Eucalyptus、AbiCloud、OpenNebula 等，这些云计算平台都有自己的特点，关于它们之间具体的区别，读者可参考相关资料，此处不再详细说明。

14.2　OpenStack 的系统架构

由于 OpenStack 由多个组件组成，因此其系统架构相对比较复杂。但是，只有了解 OpenStack 的系统架构，才能够成功地部署和管理 OpenStack。本节将对 OpenStack 的整体系统架构进行介绍。

14.2.1　OpenStack 的体系架构

OpenStack 由多个服务模块构成，如表 14.1~表 14.4 所示。

表14.1　基本模块

项目名称	说　明
Horizon	提供了基于 Web 的控制台，以此来展示 OpenStack 的功能
Nova	OpenStack 云计算架构的基础项目，是基础架构即服务（IaaS）中的核心模块。它负责管理在多种 Hypervisor 上的虚拟机的生命周期
Neutron	提供云计算环境下的虚拟网络功能

表14.2　存储模块

项目名称	说　明
Swift	提供了弹性可伸缩、高可用的分布式对象存储服务，适合存储大规模非结构化数据
Cinder	提供块存储服务

表14.3　共享服务

名　称	说　明
Keystone	为其他的模块提供认证和授权
Glance	存储和访问虚拟机磁盘镜像文件
Ceilometer	为计费和监控以及其他服务提供数据支撑

表14.4　其他服务

名　称	说　明
Heat	实现弹性扩展，自动部署
Trove	提供数据库即服务功能

图 14.1 描述了 OpenStack 中各子项目及其功能之间的关系。

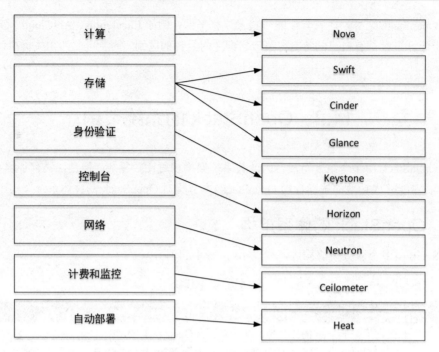

图 14.1　各子项目与功能

图 14.2 描述了 OpenStack 各功能模块之间的关系。

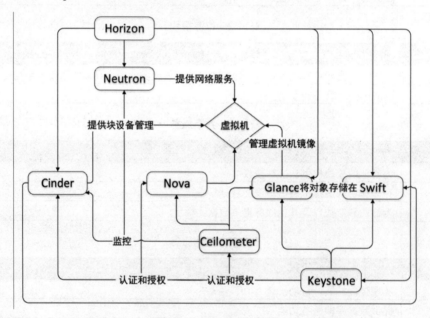

图 14.2　OpenStack 架构

14.2.2　OpenStack 的部署方式

　　针对不同的计算、网络和存储环境，用户可以非常灵活地配置 OpenStack 来满足自己的需求。图 14.3 显示了含有 3 个节点的 OpenStack 的部署方案。

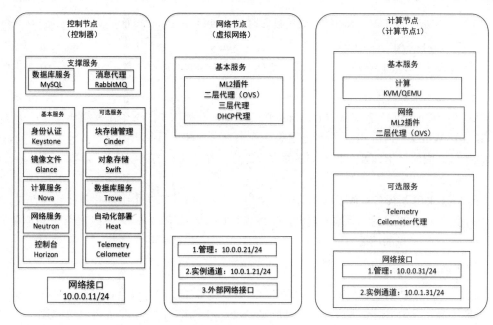

图 14.3　含有 3 个节点的 OpenStack 的部署方案

在图 14.3 中，使用 Neutron 作为虚拟网络的管理模块，包含控制节点、网络节点和计算节点。这 3 个节点的功能分别描述如下：

1. 控制节点

基本控制节点运行身份认证服务、镜像文件服务、计算节点和网络接口的管理服务、虚拟网络插件以及控制台等。另外，还运行一些基础服务，例如 OpenStack 数据库、消息代理以及网络时间 NTP 服务等。

控制节点还可以运行某些可选服务，例如部分的块存储管理、对象存储管理、数据库服务、自动部署（Orchestration）以及 Telemetry（Ceilometer）。

2. 网络节点

网络节点运行虚拟网络插件、二层网络代理以及三层网络代理。其中，二层网络服务包括虚拟网络和隧道技术，三层网络服务包括路由、网络地址转换（NAT）以及 DHCP 等。此外，网络节点还负责虚拟机与外部网络的连接。

3. 计算节点

计算节点运行虚拟化监控程序（Hypervisor），管理虚拟机或者实例。默认情况下，计算节点采用 KVM 作为虚拟化平台。除此之外，计算节点还可以运行网络插件以及二层网络代理。通常情况下，计算节点会有多个。

14.2.3　计算模块 Nova

Nova 是 OpenStack 系统的核心模块，其主要功能是负责虚拟机实例的生命周期管理、网络管理、存储卷管理、用户管理以及其他的相关云平台管理。从能力上讲，Nova 类似于 Amazon EC2。Nova 逻辑结构中的大部分组件可以划分为以下两种自定义的 Python 守护进程：

（1）接收与处理 API 调用请求的 Web 服务器网关接口（Python Web Server Gateway Interface，WSGI），例如 Nova-API 和 Glance-API 等。

（2）执行部署任务的 Worker 守护进程，例如 Nova-Compute、Nova-Network 以及 Nova-Schedule 等。

消息队列（Queue）与数据库（Database）作为 Nova 架构中的两个重要组成部分，虽然不属于 WSGI 或者 Worker 进程，但是两者通过系统内消息传递和信息共享的方式实现任务之间、模块之间以及接口之间的异步部署，在系统层面大大简化了复杂任务的调度流程与模式，是 Nova 的核心模块。

由于 Nova 采用无共享和基于消息的灵活架构，因此 Nova 的 7 个组件有多种部署方式。用户可以将每个组件单独部署到一台服务器上，也可以根据实际情况将多个组件部署到一台服务器上。

下面给出几种常见的部署方式。

1. 单节点

在这种方式下，所有的 Nova 服务都集中在一台服务器上，同时也包含虚拟机实例。由于这种方式的性能不高，因此不适合生产环境，但是部署起来相对比较简单，非常适合初学者练习或者相关开发。

2. 双节点

这种部署方式由两台服务器构成，其中一台作为控制节点，另一台作为计算节点。控制节点运行除 Nova-Compute 服务之外的所有其他服务，计算节点运行 Nova-Compute 服务。双节点部署方式适合规模较小的生产环境或者开发环境。

3. 多节点

这种部署方式由用户根据业务性能需求，实现多个功能模块的灵活安装，包括控制节点的层次化部署和计算节点规模的扩大。多节点部署方式适合各种对于性能要求较高的生产环境。

14.2.4　分布式对象存储模块 Swift

Swift 是 OpenStack 系统中的对象存储模块，其目标是使用标准化的服务器来创建冗余的、可扩展且存储空间达到 PB 级的对象存储系统。简单地讲，Swift 类似于 AWS 的 S3 服务。它并不是传统意义上的文件系统或者实时数据存储系统，而是长期静态数据存储系统。

Swift 主要由以下 3 种服务组成：

（1）代理服务：提供数据定位功能，充当对象存储系统中的元数据服务器的角色，维护账户、容器以及对象在环（Ring）中的位置信息，并且向外提供 API，处理用户访问请求。

（2）对象存储：作为对象存储设备，实现用户对象数据的存储功能。

（3）身份认证：提供用户身份鉴定认证功能。

OpenStack 中的对象由存储实体和元数据组成，相当于文件的概念。当向 Swift 对象存储系统上传文件的时候，文件并不经过压缩或者加密，而是和文件存放的容器名、对象名以及文件的元数据组成对象，存储在服务器上。

14.2.5　虚拟机镜像管理模块 Glance

Glance 项目主要提供虚拟机镜像服务，其功能包括虚拟机镜像、存储和获取关于虚拟机镜像的元数据、将虚拟机镜像从一种格式转换为另一种格式。

Glance 主要包括两个组成部分，分别是 Glance API 和 Glance Registry。Glance API 主要提供接口，处理来自 Nova 的各种请求。Glance Registry 用来和 MySQL 数据库进行交互，存储或者获取镜像的元数据。这个模块本身不存储大量的数据，需要挂载后台存储 Swift 来存放实际的镜像数据。

14.2.6　身份认证模块 Keystone

Keystone 是 OpenStack 中负责身份验证和授权的功能模块。Keystone 类似于一个服务总线，或者说是整个 OpenStack 框架的注册表，其他服务通过 Keystone 来注册其服务的端点（Endpoint），任何服务之间相互的调用都需要经过 Keystone 的身份验证获得目标服务的端点来找到目标服务。

Keystone 包含以下基本概念：

1. 用户（User）

用户代表可以通过 Keystone 进行访问的人或程序。用户通过认证信息（如密码、API Keys 等）进行验证。

2. 租户（Tenant）

租户是各个服务中一些可以访问的资源集合。例如，在 Nova 中，一个租户可以是一些机器；在 Swift 和 Glance 中，一个租户可以是一些镜像存储；在 Quantum 中，一个租户可以是一些网络资源。默认情况下，用户总是绑定到某些租户上。

3. 角色（Role）

角色代表一组用户可以访问的资源权限，例如 Nova 中的虚拟机、Glance 中的镜像。用户可以被添加到任意一个全局的或租户内的角色中。在全局的角色中，用户的角色权限作用于所有的租户，即可以对所有的租户执行角色规定的权限；在租户内的角色中，用户仅能在当前租户内执行角色规定的权限。

4. 服务（Service）

OpenStack 中包含许多服务，如 Nova、Glance、Swift。根据前三个概念，即用户、租户和角色，一个服务可以确认当前用户是否具有访问其资源的权限。但是当一个用户尝试着访问其租户内的服务时，该用户必须知道这个服务是否存在以及如何访问这个服务，这里通常使用一些不同的名称表示不同的服务。

5. 端点（Endpoint）

所谓端点，是指某个服务的 URL。如果需要访问一个服务，就必须知道该服务的端点。因此，在 Keystone 中包含一个端点模板，这个模板提供了所有存在服务的端点信息。一个端点模板包含一个 URL 列表，列表中的每个 URL 都对应一个服务实例的访问地址，并且具有 public、private 和 admin 三种权限。其中，public 类型的端点可以被全局访问，私有 URL 只能被局域网访问，admin 类型的 URL 被从常规的访问中分离。

14.2.7 控制台 Horizon

Horizon 为用户提供了一个管理 OpenStack 的控制面板，使得用户可以通过浏览器以图形界面的方式进行相应的管理任务，避免去记忆烦琐、复杂的命令。Horizon 几乎提供了所有的操作功能，包括 Nova 虚拟机实例的管理和 Swift 存储管理等。图 14.4 显示了 Horizon 的主界面。关于 Horizon 的详细功能将在后面的内容中介绍。

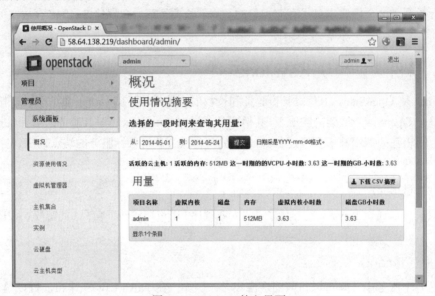

图 14.4　Horizon 的主界面

14.3　OpenStack 的主要部署工具

前面已经介绍过，OpenStack 的体系架构比较复杂，对于初学者来说，逐个使用命令来安装各个组件是一项非常困难的事情。幸运的是，为了简化 OpenStack 的安装操作，许多部署工具已经被开发出来。通过这些工具，用户可以快速地搭建出一个 OpenStack 的学习环境。本节将对主要的 OpenStack 部署工具进行介绍。

14.3.1 Fuel

Fuel 是一个端到端一键部署 OpenStack 设计的工具，主要包括裸机部署、配置管理、OpenStack 组件以及图形界面等部分。下面分别进行简单介绍。

1. 裸机部署

的 Fuel 支持裸机部署，该项功能由 HP 的 Cobbler 提供。Cobbler 是一个快速网络安装 Linux 的服务，该工具使用 Python 开发，小巧轻便，使用简单的命令即可完成 PXE 网络安装环境的配置，同时还可以管理 DHCP、DNS 以及 yum 包镜像。

 PackStack 不包括此功能。

2. 配置管理

配置管理采用 Puppet 实现。Puppet 是一个非常有名的云环境自动化配置管理工具，采用 XML 语言定义配置。Puppet 提供了一个强大的框架，简化了常见的系统管理任务，大量细节交给 Puppet 去完成，管理员只要集中精力在业务配置上。系统管理员使用 Puppet 的描述语言来配置，这些配置便于共享。Puppet 伸缩性强，可以管理成千上万台机器。

3. OpenStack 组件

除了可灵活选择安装 OpenStack 核心组件以外，还可以安装 Monitoring 和 HA 组件。Fuel 还支持心跳检查。

4. 图形界面

Fuel 提供了基于 Web 的管理界面 Fuel Web，可以使用户非常方便地部署和管理 OpenStack 的各个组件。

14.3.2　TripleO

TripleO 是另一套 OpenStack 部署工具，TripleO 又称为 OpenStack 上的 OpenStack（OpenStack Over OpenStack）。通过使用 OpenStack 运行在裸机上的自有设施作为该平台的基础，这个项目可以实现 OpenStack 的安装、升级和操作流程的自动化。

在使用 TripleO 的时候，需要先准备一个 OpenStack 控制器的镜像，然后用这个镜像通过 OpenStack 的 Ironic 功能去部署裸机，再通过 HEAT 在裸机上部署 OpenStack。

14.3.3　RDO

RDO（Red Hat Distribution of OpenStack）是由红帽公司推出的部署 OpenStack 集群的一个基于 Puppet 的部署工具，可以很快地通过 RDO 部署一套复杂的 OpenStack 环境。如果用户想在 REHL 上部署 OpenStack，最便捷的方式就是 RDO。在本书中，采用 RDO 来介绍 OpenStack 的安装。

14.3.4　DevStack

DevStack 实际上是一个 Shell 脚本，可以用来快速搭建 OpenStack 的运行和开发环境，特别适合 OpenStack 开发者下载新的 OpenStack 代码后，迅速在自己的笔记本电脑上搭建一个开发环境。正如 DevStack 官方所强调的，DevStack 不适合用在生产环境中。

14.4　通过 RDO 部署 OpenStack

尽管 OpenStack 已经拥有许多部署工具，但是在 RHEL 或者 CentOS 等操作系统上部署 OpenStack，RDO 仍然是首选方案。尤其对于初学者来说，使用 RDO 可以大大降低部署的难度。本节将对使用 RDO 部署 OpenStack 进行详细介绍。

14.4.1 部署前的准备

OpenStack 对于软硬件环境都有一定的要求，其中 RHEL 是官方推荐的版本。另外，用户也可以选择其他基于 RHEL 的发行版，例如 CentOS 8 及之后的版本（包括 CentOS 8）、Scientific Linux 6.5 或者 Fedora 20 以上。为了避免 PackStack 域名解析出现问题，需要把主机名设置为完整的域名来代替短主机名（注意，如果不使用自建的 DNS 服务器，那么同时也要修改/etc/hosts）。

硬件方面，OpenStack 至少需要 2GB 的内存，CPU 也需要支持硬件虚拟化。此外，至少有一块网卡。

14.4.2 配置安装源

为了保证当前系统的所有软件包都是新的，需要使用 yum 命令进行更新操作，命令如下：

```
[root@localhost ~]# yum -y update
```

执行以上命令之后，yum 软件包管理器会查询安装源，以验证当前系统中的软件包是否有更新，如果存在更新，就会自动进行安装。由于系统中的软件包通常会非常多，因此上面的更新操作可能会花费较长的时间。

接下来配置 OpenStack 安装源，目前 RDO 的新版本为 IceHouse。Red Hat 提供了一个 RPM 软件包来帮助用户设置 RDO 安装源，其 URL 为：

```
http://rdo.fedorapeople.org/openstack-icehouse/rdo-release-icehouse.rpm
```

用户只要安装以上软件包即可，命令如下：

```
[root@localhost ~]# yum install -y
http://rdo.fedorapeople.org/openstack-icehouse/rdo-release-icehouse.rpm
```

执行以上命令之后，会为当前系统添加 Foreman、Puppet Labs 和 RDO 安装源，命令如下：

```
[root@localhost ~]# ll /etc/yum.repos.d/
total 32
…
-rw-r--r--.      1     root     root     707      May 24 14:38        foreman.repo
-rw-r--r--.      1     root     root         1220     May 24 14:38
puppetlabs.repo
-rw-r--r--.      1     root     root     248      May 24 14:38
rdo-release.repo
…
```

 在正式开始安装之前，还需要妥善处理 SELinux 和防火墙等，以免安装过程中出现问题或导致安装完成后无法访问。

14.4.3 安装 PackStack

在使用 RDO 安装 OpenStack 的过程中，需要 PackStack 来部署 OpenStack，所以必须提前安装 PackStack 软件包。PackStack 的底层也是基于 Puppet 的，通过 Puppet 可以部署 OpenStack 各个组

件。PackStack 的安装命令如下：

```
[root@localhost ~]# yum -y install openstack-packstack
```

14.4.4　安装 OpenStack

PackStack 提供了多种方式来部署 OpenStack，包括单节点和多节点等，其中单节点部署最简单。在单节点部署方式中，OpenStack 所有的组件都被安装在同一台服务器上。用户还可以选择控制器加多个计算节点的方式或者其他的部署方式。为了简化操作，本小节将选择单节点部署方式。

PackStack 提供了一个名称为 packstack 的命令来执行部署操作。该命令支持非常多的选项，用户可以通过以下命令来查看这些选项及其含义：

```
[root@localhost ~]# packstack --help
```

从大的方面来说，packstack 命令的选项主要分为全局选项、vCenter 选项、MySQL 选项、AMQP 选项、Keystone 选项、Glance 选项、Cinder 选项、Nova 选项、Neutron 选项、Horizon 选项、Swift 选项、Heat 选项、Ceilometer 选项以及 Nagios 选项等。可以看出 packstack 命令非常灵活，几乎为所有的 OpenStack 都提供了相应的选项。下面对常用的选项进行介绍。

（1）--gen-answer-file

该选项用来创建一个应答文件（Answer File），应答文件是一个普通的纯文本文件，包含 PackStack 部署 OpenStack 所需的各种选项。

（2）--answer-file

该选项用来指定一个已经存在的应答文件，packstack 命令将从该文件中读取各选项的值。

（3）--install-hosts

该选项用来指定一批主机，主机之间用逗号隔开。列表中的第 1 台主机将被部署为控制节点，其余的部署为计算节点。如果只提供了一台主机，那么所有的组件都将被部署在该主机上。

（4）--allinone

该选项用来执行单节点部署。

（5）--os-mysql-install

该选项的值为 y 或者 n，用来指定是否安装 MySQL 服务器。

（6）--os-glance-install

该选项的值为 y 或者 n，用来指定是否安装 Glance 组件。

（7）--os-cinder-install

该选项的值为 y 或者 n，用来指定是否安装 Cinder 组件。

（8）--os-nova-install

该选项的值为 y 或者 n，用来指定是否安装 Nova 组件。

（9）--os-neutron-install

该选项的值为 y 或者 n，用来指定是否安装 Neutron 组件。

（10）--os-horizon-install

该选项的值为 y 或者 n，用来指定是否安装 Horizon 组件。

（11）--os-swift-install

该选项的值为 y 或者 n，用来指定是否安装 Swift 组件。

（12）--os-ceilometer-install

该组件的值为 y 或者 n，用来指定是否安装 Ceilometer 组件。

除了以上选项之外，对于每个具体的组件，PackStack 也提供了许多选项，这里不再详细介绍。
如果用户想在一个节点上快速部署 OpenStack，可以使用--allinone 选项，命令如下：

```
[root@localhost ~]# packstack --allinone
```

如果想要单独指定其中的某个选项，例如下面的命令将采用单节点部署，并且虚拟网络采用
Neutron：

```
[root@localhost ~]# packstack --allinone --os-neutron-install=y
```

PackStack 的选项非常多，为了便于使用，packstack 命令还支持将选项及其值写入一个应答文
件中。用户可以通过--gen-answer-file 选项来创建应答文件，命令如下：

```
[root@localhost ~]# packstack --gen-answer-file openstack.txt
```

应答文件为一个普通的纯文本文件，包含 PackStack 部署 OpenStack 所需的各种选项，如下所
示：

```
[root@localhost ~]# cat openstack.txt | more
[general]

# Path to a Public key to install on servers. If a usable key has not
# been installed on the remote servers the user will be prompted for a
# password and this key will be installed so the password will not be
# required again
CONFIG_SSH_KEY=

# Set to 'y' if you would like Packstack to install MySQL
CONFIG_MYSQL_INSTALL=y

# Set to 'y' if you would like Packstack to install OpenStack Image
# Service (Glance)
CONFIG_GLANCE_INSTALL=y

# Set to 'y' if you would like Packstack to install OpenStack Block
# Storage (Cinder)
```

```
CONFIG_CINDER_INSTALL=y
…
```

　　用户可以根据自己的需要来修改生成的应答文件，以确定某个组件是否需要安装，以及相应的安装选项。修改完成之后，使用以下命令进行安装部署：

```
[root@localhost ~]# packstack --answer-file openstack.txt
```

　　如果没有设置 SSH 密钥，在部署之前，PackStack 会询问参与部署的各主机的 root 用户的密码，用户输入相应的密码即可。下面的代码是部分安装过程：

```
[root@localhost ~]# packstack --answer-file openstack.txt
Welcome to Installer setup utility
Packstack changed given value  to required value /root/.SSH/id_rsa.pub

Installing:
Clean Up                                    [ DONE ]
root@58.64.138.219's password:
Setting up SSH keys                         [ DONE ]
Discovering hosts' details                  [ DONE ]
Adding pre install manifest entries         [ DONE ]
Adding MySQL manifest entries               [ DONE ]
Adding AMQP manifest entries                [ DONE ]
Adding Keystone manifest entries            [ DONE ]
Adding Glance Keystone manifest entries     [ DONE ]
Adding Glance manifest entries              [ DONE ]
Installing dependencies for Cinder          [ DONE ]
…
```

整个安装过程需要花费较长的时间，与用户选择的组件、网络和主机的硬件配置情况密切相关，一般为 20~50 分钟。如果在安装的过程中，由于网络原因导致安装失败，可以再次执行以上命令重新安装部署。

　　当出现以下信息时，表示安装完成：

```
…
Finalizing                                  [ DONE ]

 **** Installation completed successfully ******

Additional information:
 * Time synchronization installation was skipped. Please note that
unsynchronized time on server instances might be problem for some OpenStack
components.
 * File /root/keystonerc_admin has been created on OpenStack client host
58.64.138.219. To use the command line tools you need to source the file.
 * To access the OpenStack Dashboard browse to http://58.64.138.219/dashboard .
Please, find your login credentials stored in the keystonerc_admin in your home
```

```
directory.
    * To use Nagios, browse to http://58.64.138.219/nagios username : nagiosadmin,
password : bcb0bc9462fd4b1b
    * Because of the kernel update the host 58.64.138.219 requires reboot.
    * The installation log file is available at:
/var/tmp/packstack/20140524-153355-0ImeUf/openstack-setup.log
    * The generated manifests are available at:
/var/tmp/packstack/20140524-153355-0ImeUf/manifests
```

在上面的信息中，除了告诉用户安装部署已经完成之外，还有其他的一些附加信息，这些信息包括提醒用户当前主机上没有安装 NTP 服务，因此时间同步的相关配置被跳过去了、脚本文件 /root/keystonerc_admin 已经被创建了，如果用户需要使用命令行工具来配置 OpenStack，就应该首先使用 source 命令读取并且执行其中的命令。用户可以通过 http://58.64.138.219/dashboard 来访问 Dashboard（即仪表盘），登录信息存储在用户主目录的 keystonerc_admin 文件中。用户可以通过 http://58.64.138.219/nagios 来访问 Nagios，并给出了用户名和密码。此外，还有一些安装日志文件的位置信息。

由于 CentOS 8 使用 yum 源的关系，因而安装某些组件时可能会失败，例如 MariaDB，此时只需手动将其安装好并设置其访问权限即可继续安装。具体细节可参考 MariaDB 相关文档，此处不再赘述。

 每次使用--allinone 选项来安装 OpenStack 都会自动创建一个应答文件。因此，如果在安装过程中出现了问题，重新执行单节点安装时，应该使用--answer-file 指定自动创建的应答文件。

14.5 管理 OpenStack

的 OpenStack 提供了许多命令行工具来管理配置各项功能，但是这需要记忆大量的命令和选项，对于初学者来说，其难度非常大。通过 Horizon 仪表盘可以非常方便地管理 OpenStack 的各项功能，对于初学者来说，这是一个便捷的途径。本节主要介绍如何通过仪表盘管理 OpenStack。

14.5.1 登录仪表盘

安装成功之后，用户就可以通过浏览器来访问仪表盘了，其地址为主机的 IP 地址加上 dashboard。例如，在本例中，主机的 IP 地址为 58.64.138.219，所以其默认的仪表盘网址为：

```
http://58.64.138.219/dashboard
```

仪表盘登录界面如图 14.5 所示。

图 14.5　仪表盘登录界面

在上一节中，在 OpenStack 部署的最后，告诉用户仪表盘的登录信息位于用户主目录的
keystonerc_admin 文件中，所以可以使用以下命令查看该文件的内容：

```
[root@localhost ~]# more keystonerc_admin
export OS_USERNAME=admin
export OS_TENANT_NAME=admin
export OS_PASSWORD=191ae4ad12da48de
export OS_AUTH_URL=http://58.64.138.219:5000/v2.0/
export PS1='[\u@\h \W(keystone_admin)]\$ '
```

在上面的代码中，OS_USERNAME 就是仪表盘的用户名，而 OS_PASSWORD 则是仪表盘的
登录密码，这个命名由 PackStack 自动生成，所以比较复杂。

登录成功之后，会出现仪表盘主界面，如图 14.6 所示。左侧为导航栏，分为"项目"和"管
理员"两大菜单项。如果使用普通用户登录，就只出现"项目"菜单项。

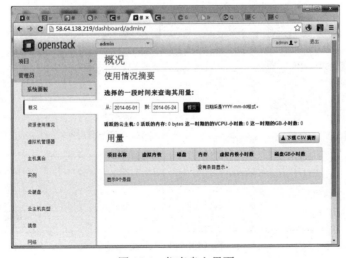

图 14.6　仪表盘主界面

"项目"菜单项中包含用户安装的各组件，二级菜单根据用户选择的组件有所变化。在本例

中，包含"计算""网络"和"对象"3个菜单项。其中，"计算"菜单项中包含与计算节点有关的功能，例如实例、云硬盘、镜像以及访问和安全等。"网络"包含网络拓扑、虚拟网络以及路由等。"对象"主要包含容器的管理。

"管理员"菜单项包含与系统管理有关的操作，主要有"系统面板"和"认证面板"两个菜单项。"系统面板"包含"虚拟机管理器""主机集合""实例"以及"云硬盘"等菜单项。用户可以通过"系统信息"菜单项来查看当前安装的服务及其主机，如图 14.7 所示。

图 14.7　所安装的 OpenStack 服务及其主机

"认证面板"主要与用户认证有关，包含"项目"和"用户"两个菜单项。其中，"项目"实际上指的就是租户，而"用户"指的是系统用户。

14.5.2　用户设置

单击主界面右上角的用户名对应的下拉菜单，选择"设置"命令，打开"用户设置"窗口，如图 14.8 所示。

图 14.8　用户设置

用户可以设置"语言"和"时区"等选项。单击左侧的"修改密码"菜单项，打开"修改密码"窗口，输入当前的密码，就可以修改用户密码，如图 14.9 所示。

图 14.9 修改密码

不过就目前而言，"用户设置"中的语言和时区的设置只是保存在 Cookie 中，并没有存储在数据库中。默认语言是根据浏览器的语言来决定的，用户个性化的设置都是无法保存的。因为目前 Keystone 无法存放这些数据，所以用户无法修改邮箱，也就导致无法实现取回密码的功能。

14.5.3 管理用户

在"管理员"菜单中，选择"用户"菜单项，窗口的右侧列出了当前系统的各个用户，如图 14.10 所示。

图 14.10 系统用户

单击右侧的"编辑"按钮，可以修改当前的用户。选择某个用户左侧的复选框，然后单击"删除用户"按钮，可以将选中的用户删除。单击"创建用户"按钮，可以打开"创建用户"对话框，如图 14.11 所示。在"用户名""邮箱""密码"以及"确认密码"等文本框中输入相应的信息，选择"主项目"和"角色"之后，单击"创建用户"按钮即可完成用户的创建。

图 14.11   创建用户

14.5.4   管理镜像

用户可以管理当前 OpenStack 中的镜像文件。前面已经介绍过，Glance 支持很多格式，但是对于企业来说，其实用不了那么多格式。用户可以自己制作镜像文件，也可以从网络上下载已经制作好的镜像文件。以下网址列出了常用操作系统的镜像文件：

```
http://openstack.redhat.com/Image_resources
```

下面以 CentOS 8 为例说明如何创建一个镜像。

（1）进入"管理员"→"系统面板"，选择"镜像"菜单项，右侧列出了当前系统中的镜像，如图 14.12 所示。

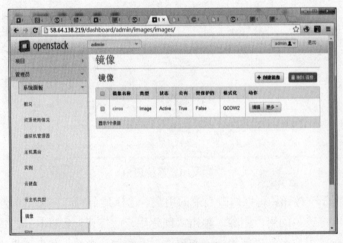

图 14.12   镜像列表

（2）单击右上侧的"创建镜像"按钮，打开"创建一个镜像"窗口，如图 14.13 所示。

图 14.13　创建镜像

在"名称"文本框中输入镜像的名称，例如 CentOS 7.5，在"描述"文本框中输入相应的描述信息，在"镜像源"下拉菜单中选择"镜像地址"选项，在"镜像地址"文本框中输入 CentOS 7.5 镜像文件的地址为：

```
http://repos.fedorapeople.org/repos/openstack/guest-images/centos-6.5-2014
0117.0.x86_64.qcow2
```

在"格式化"下拉菜单选择相应的文件格式，在本例中选择"QCOW2 - QEMU 模拟器"选项。选中"公有"复选框，如果不是生产环境，其他的选项可以保留默认值。

（3）单击"创建镜像"按钮，关闭窗口。在镜像列表中列出了刚才创建的镜像，其状态为 Saving。

（4）由于需要把整个镜像文件下载下来，因此需要较长的时间。到镜像的状态变成 Active 时，表示镜像已经创建成功，处于可用状态，如图 14.14 所示。

图 14.14　镜像创建成功

对于其他的镜像文件，用户可以采用类似的步骤来完成创建操作。

如果用户想要修改某个镜像的信息，可以单击相应行右侧的"编辑"按钮，打开"上传镜像"对话框，如图 14.15 所示。

图 14.15　修改镜像信息

修改完成之后，单击右下角的"上传镜像文件"按钮关闭对话框。

如果用户不再需要某个镜像文件，单击右侧的"更多"按钮，选择"删除镜像"命令，即可将该镜像文件删除。

14.5.5　管理云主机类型

云主机类型（Flavors）实际上对云主机的硬件配置进行了限定。进入"管理员"菜单中的"系统面板"，单击"云主机类型"菜单项，窗口的右侧列出了当前已经预定义好的主机类型，如图 14.16 所示。从图中可以得知，系统默认已经内置了 5 个云主机类型，分别是 m1.tiny、m1.small、m1.medium、m1.large 和 m1.xlarge。从图中可以看出，这 5 个内置类型的硬件配置是从低到高的，主要体现在 CPU 的个数、内存以及根磁盘这 3 方面。

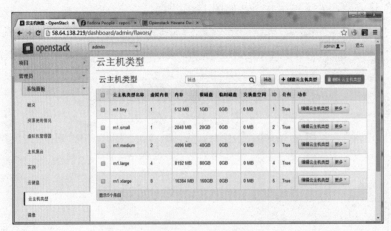

图 14.16　云主机类型

这 5 个类型已经可以满足用户的基本需求。如果用户需要其他配置的主机类型，则可以创建新的主机类型。下面介绍创建新的主机类型的步骤。

（1）单击图 14.16 中右上角的"创建云主机类型"按钮，打开"创建云主机类型"窗口。在"名称"文本框中输入主机类型的名称，如 m1.1g，ID 文本框保留原来的 auto，表示自动生成 ID。虚拟内核实际上指的是云主机 CPU 的个数，在本例中输入"2"。内存以 MB 为单位，在本例中输入 1024。根磁盘的容量以 GB 为单位，在本例中输入 10。临时磁盘和交换盘空间都为 0，如图 14.17 所示。

（2）单击窗口上面的"云主机类型访问"，切换到"云主机类型访问"选项卡。在窗口的左侧列出了当前系统中所有的租户，右侧则列出了可以访问该主机类型的租户。单击某个租户右侧的  按钮，将该租户添加到右侧，赋予该租户使用该类型的权限，如图 14.18 所示。

图 14.17　创建云主机类型

（3）设置完成之后，单击右下角的"创建云主机类型"按钮，完成主机类型的创建。

除了添加主机类型之外，用户还可以修改主机类型的信息、修改使用权以及删除主机类型。这些操作都比较简单，不再详细说明。

14.5.6　管理网络

Neutron 是 OpenStack 的核心项目之一，提供云计算环境下的虚拟网络功能。Neutron 的功能日益强大，在 Horizon 面板中已经集成该模块。为了能够使得读者更好地掌握网络的管理，下面首先介绍一下 Neutron 的几个基本概念。

图 14.18　指定云主机类型的访问权限

1. 网络

在普通人的眼里，网络就是网线和供网线插入的端口，一个盒子会提供这些端口。对于网络工程师来说，网络的盒子指的是交换机和路由器。所以在物理世界中，网络可以简单地被认为包括网线、交换机和路由器。当然，除了物理设备外，还有软件方面的组成部分，例如 IP 地址、交换机和路由器的配置、管理软件以及各种网络协议。要管理好一个物理网络，需要非常多的网络专业知识和经验。

Neutron 网络的目的是划分物理网络，在多租户环境下提供给每个租户独立的网络环境。另外，Neutron 提供 API 来实现这个目标。Neutron 中的"网络"是一个可以被用户创建的对象，如果要和物理环境下的概念映射，那么这个对象相当于一个巨大的交换机，可以拥有无限多个动态可创建和销毁的虚拟端口。

2. 端口

在物理网络环境中，端口是用于连接设备进入网络的地方。Neutron 中的端口起着类似的功能，是路由器和虚拟机挂接网络的附着点。

3. 路由器

和物理环境下的路由器类似，Neutron 中的路由器也是一个路由选择和转发部件。只不过在 Neutron 中，它是可以创建和销毁的软部件。

4. 子网

简单地说，子网是由一组 IP 地址组成的地址池。不同子网间的通信需要路由器的支持，这个 Neutron 和物理网络下是一致的。Neutron 中的子网隶属于网络。图 14.19 描述了一个典型的 Neutron 网络结构。

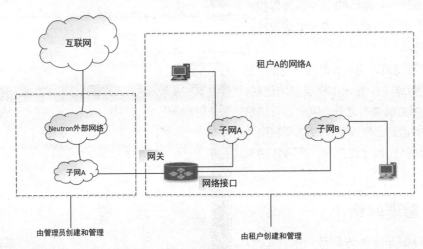

图 14.19　典型的 Neutron 网络结构

在图 14.19 中，存在一个和互联网连接的 Neutron 外部网络。这个外部网络是租户虚拟机访问互联网或者互联网访问虚拟机的途径。外部网络有一个子网 A，它是一组在互联网上可寻址的 IP 地址。一般情况下，外部网络只有一个，且由管理员创建和管理。租户网络可由租户任意创建。当一个租户网络上的虚拟机需要和外部网络以及互联网通信时，这个租户就需要一个路由器。路由器有两种臂，一种是网关（Gateway）臂，另一种是网络接口臂。网关臂只有一个，用于连接外部网。网络接口臂可以有多个，用于连接租户网络的子网。

对于图 14.19 所示的网络结构，用户可以通过以下步骤来实施：

（1）管理员拿到一组可以在互联网上寻址的 IP 地址，并且创建一个外部网络和子网。

（2）租户创建一个网络和子网。

（3）租户创建一个路由器并且连接租户子网和外部网络。

（4）租户创建虚拟机。

接下来介绍如何在仪表盘中实现以上网络。管理员登录仪表盘，选择"管理员"面板，单击
"网络"菜单项后显示当前网络列表，如图 14.20 所示。

图 14.20 网络列表

从图 14.20 中可知，OpenStack 已经默认创建了一个名称为 public 的外部网络，并且已经拥有
了一个名称为 public_subnet、网络地址为 172.24.4.224/28 的子网。

单击右上角的"创建网络"按钮，可以打开"创建网络"窗口，创建新的外部网络，如图 14.21
所示。

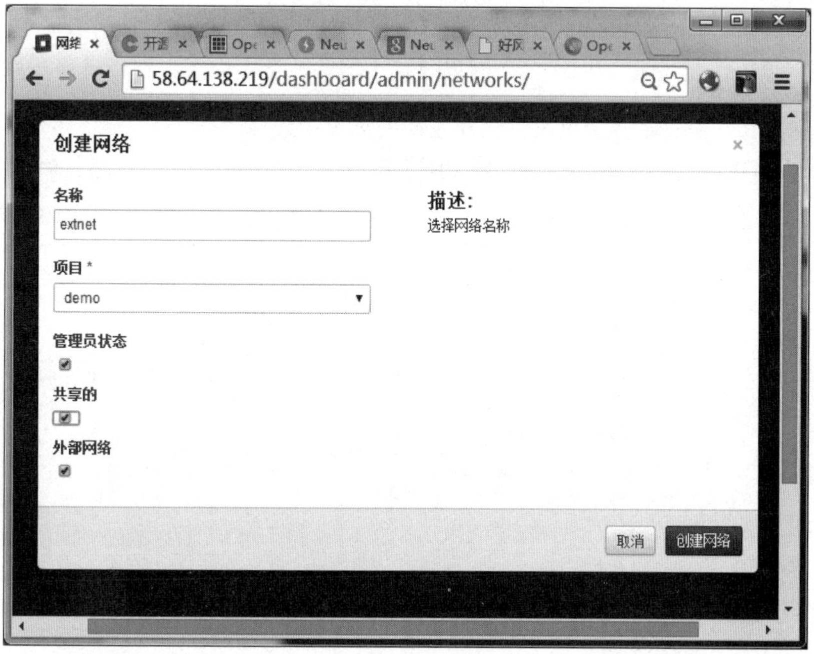

图 14.21 创建网络

尽管 Neutron 支持多个外部网络，但是在多个外部网络存在的情况下，其配置会非常复杂，所
以不再介绍创建新的外部网络的步骤，而是直接使用已有的名称为 public 的外部网络。在网络列表
窗口中，单击网络名称就可以查看相应网络的详细信息，如图 14.22 所示。

图 14.22　public 的网络详情

可以看到，网络详情主要包含 3 部分，分别是网络概况、子网和端口。网络概况部分描述了外部网络的重要属性，例如名称、ID、项目 ID 以及状态等。子网部分列出了该网络划分的子网，包含子网名称、网络地址以及网关等信息。用户可以添加或者删除子网。端口部分列出了网络中的网络接口，包括名称、固定 IP、连接设备以及状态等信息。管理员可以修改端口的名称，但是不能删除端口。

前面已经介绍过，除了外部网络之外，还有租户网络。租户网络主要包括子网、路由器等。租户可以创建、删除属于自己的网络、子网以及路由器等。下面介绍如何管理租户网络。

（1）以普通用户 demo 登录仪表盘，在左侧的菜单中选择"网络"→"网络"，页面右侧列出了当前系统中可用的网络列表，如图 14.23 所示。

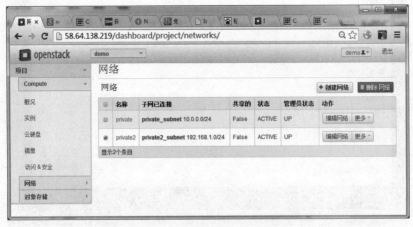

图 14.23　demo 用户可用的网络

（2）单击"创建网络"按钮，打开"创建网络"窗口，如图 14.24 所示。在"网络名称"文本框中输入网络的名称，例如 private3，单击"下一步"按钮，进入下一个界面。

图 14.24　设置网络名称

（3）如果需要创建子网，就选中"创建子网"复选框，在"子网名称"文本框中输入子网的名称，例如 private_subnet2，在"网络地址"文本框中输入子网的 ID，例如 192.168.21.0/24，在"IP 版本"下拉菜单中选择"IPv4"选项，在"网关 IP"文本框中输入子网网关的 IP 地址，例如 192.168.21.1，如图 14.25 所示。单击"下一步"按钮，进入下一个界面。

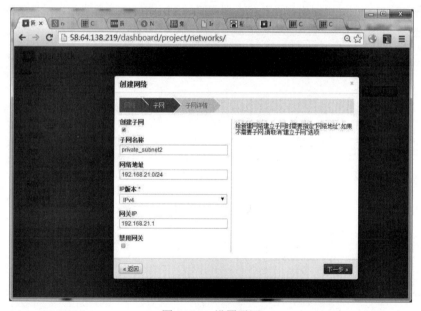

图 14.25　设置子网

（4）选中"激活 DHCP"复选框，在"分配地址池"文本框中输入 DHCP 地址池的范围，例如 192.168.21.2~192.168.21.128，在"DNS 域名解析服务"文本框中输入 DNS 服务器的 IP 地址，如图 14.26 所示。单击"已创建"按钮，完成网络的创建。

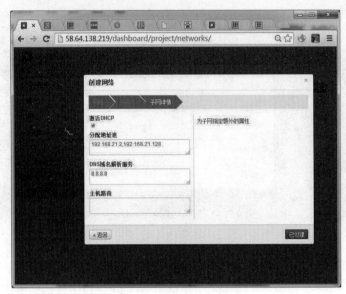

图 14.26　设置 DHCP 服务

通过上面的操作，租户已经创建了一个新的网络，但是这个网络还不能与外部网络连通。为了连通外部网络，租户还需要创建和设置路由器。下面介绍如何通过设置路由器将新创建的网络连接到外部网络。

（1）以 demo 用户登录仪表盘，选择"网络"→"路由"菜单，窗口右侧列出了当前租户可用的路由器，如图 14.27 所示。

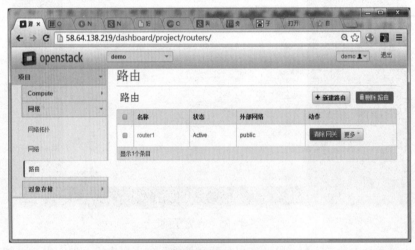

图 14.27　租户路由器列表

在图 14.27 中列出了一个名称为 router1 的路由器，该路由器为安装 OpenStack 时自动创建的路由器。从图中可以得知，该路由器已经连接到名称为 public 的外部网络。

（2）单击路由器名称，打开"路由详情"窗口，如图 14.28 所示。该窗口主要包括"路由概览"和"接口"两部分。"路由概览"部分列出了路由器的名称、ID、状态和外部网关等信息。"接口"部分列出了该路由器所拥有的连接到内部网络的接口。

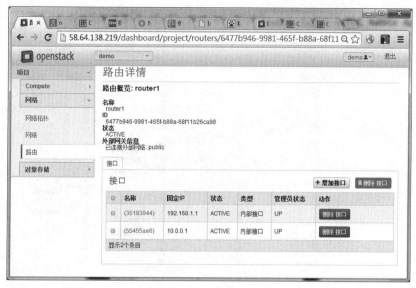

图 14.28　"路由详情"窗口

（3）单击"增加接口"按钮，打开"增加接口"对话框，如图 14.29 所示。在"子网"下拉菜单中选择刚刚创建的网络 private3 的子网 private_subnet2，在"IP 地址"文本框中输入接口的 IP地址，例如 192.168.21.1，单击"增加接口"按钮，关闭对话框。

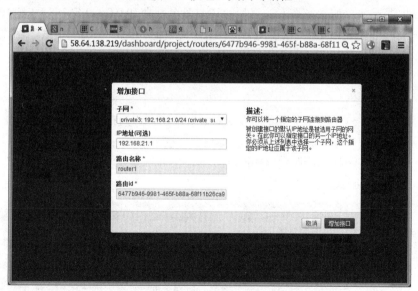

图 14.29　增加接口

现在这个租户的路由器已经连接了外网和租户的子网，接下来这个租户可以创建虚拟机，这个虚拟机借助路由器就可以访问外部网络，甚至是互联网。选择"网络"→"网络拓扑"菜单，可以查看当前租户的网络拓扑结构，如图 14.30 所示。

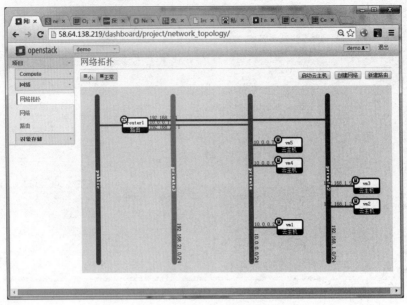

图 14.30　demo 租户的网络拓扑结构

从图 14.30 可知，demo 租户拥有 3 个网络，分别为 private、private2 和 private3，其网络地址分别为 10.0.0.0/24、192.168.1.0/24 以及 192.168.21.0/24，每个子网中都有几台虚拟机。这 3 个网络分别连接到路由器 router1 的 3 个接口上，接口的 IP 地址分别为 10.0.0.1、192.168.1.1 和 192.168.21.1。实际上，这 3 个网络接口分别充当 3 个网络的网关。路由器 router1 的另一个接口连接到外部网络 public。

14.5.7　管理实例

所谓实例（Instance），实际上指的就是虚拟机。之所以称为实例，是因为在 OpenStack 中，虚拟机总是从一个镜像创建而来的。下面介绍如何管理实例。

以 demo 用户登录仪表盘，进入"Compute"→"实例"菜单，窗口右侧列出了当前租户所拥有的实例，如图 14.31 所示。

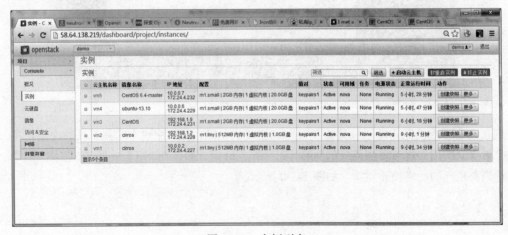

图 14.31　实例列表

　　单击右上角的"启动云主机"按钮,打开"启动云主机"对话框,如图 14.32 所示。在"云主机名称"文本框中输入主机名称,例如 webserver。在"云主机类型"下拉菜单中选择"m1.small"选项,创建一个 CPU、20GB 硬盘以及 2GB 内存的虚拟机。在"云主机数量"文本框中输入 1,即只创建一个虚拟机。在"云主机启动源"下拉菜单中选择"从镜像启动"选项,在"镜像名称"下拉菜单中选择"cirros(12.5MB)"选项。

图 14.32　创建云主机

　　切换到"访问 & 安全"选项卡,如图 14.33 所示。在"值对"下拉菜单中选择一个密钥对作为访问虚拟机的方式。选中"安全组"中的 default 复选框。

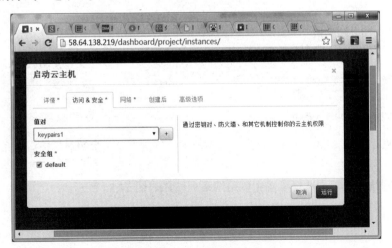

图 14.33　选择密钥对

　　如果目前还没有密钥对,可以单击右侧的 ➕ 按钮,打开"导入密钥对"对话框,如图 14.34 所示。

图 14.34　导入密钥对

在"密钥对名称"文本框中输入密钥对的标识，例如 key2。然后在终端窗口中执行以下命令：

```
[root@localhost ~]# SSH-keygen -t rsa -f cloud.key
```

以上命令会创建一个名称为 cloud.key 的私钥文件以及名称为 cloud.key.pub 的公钥文件。然后使用以下命令打开公钥文件：

```
[root@localhost ~]# cat cloud.key.pub
SSH-rsa
AAAAB3NzaC1yc2EAAAABIwAAAQEAxopk8A79TpO1ds2ySL63kiw/6t45F7ZRG1OLLBjZXNQtleke4Y
XnF/D/jvzMoYRG7Gj4gtvFxwFtqtYel9o00dQoN0tKrfTD4ajqUqFm+1qWNVkB7h0rtz0eiqHrv8Pd
H5bRd4ifPtJn3nfPDd7hTbHGqoJnuppITnTQYKA20XRDwGQM/Ra3/+fJj6EkwgVwLQgOvbHLoXafEk
TN1GHARlLZUwqy/i8eC53Tmgh+13l0pnjXB5WAr4XLuCyhfnZ6ICXOp501rDTqU/Fc1GXEnqhc5wma
9Cjgi3OhiXADNFJQ1SBtWiS4JlUnZBKkWzqIf0JSqX84pz6Znpc+tjphpQ==
root@localhost.localdomain
```

将其内容粘贴到图 14.34 中的"公钥"文本框中。单击"导入密钥对"按钮，完成密钥对的创建。

切换到"网络"选项卡，可以看到可用网络列表，如图 14.35 所示。

图 14.35　可用网络列表

　　单击要使用的网络右下角的 按钮，选中该网络，完成之后如图 14.36 所示。单击"运行"按钮，完成虚拟机的创建。

图 14.36　选择网络

　　此时，刚刚创建的实例 webserver 已经出现在实例列表中，并且已经为其分配了一个地址 192.168.21.3。单击实例名称，打开云主机详情窗口。切换到"控制台"选项卡，可以看到该虚拟机已经启动，如图 14.37 所示。

图 14.37 实例的控制台

尽管实例已经成功创建，但是此时仍然不能通过 SSH 访问虚拟机，也无法 ping 通该虚拟机。这主要是因为安全组规则所限，所以需要修改其中的规则。

选择 Compute → "访问&安全"菜单，窗口右侧列出了所有的安全组，如图 14.38 所示。

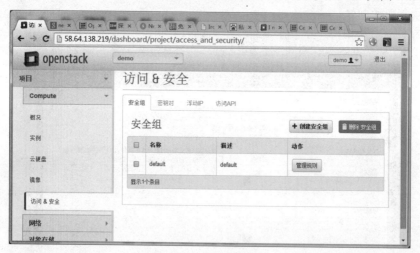

图 14.38 安全组列表

由于前面在创建实例时使用了 default 安全组，因此单击对应行中的"管理规则"按钮，打开"安全组规则：default"窗口，如图 14.39 所示。

图 14.39　default 安全组规则

单击"添加规则"按钮，打开"添加规则"对话框，如图 14.40 所示。在"规则"下拉菜单中选择 ALL ICMP 选项，单击"添加"按钮将该项规则添加到列表中。再通过相同的步骤将 SSH 规则添加进去。前者使得用户可以 ping 通虚拟机，后者可以使得用户通过 SSH 客户端连接虚拟机。

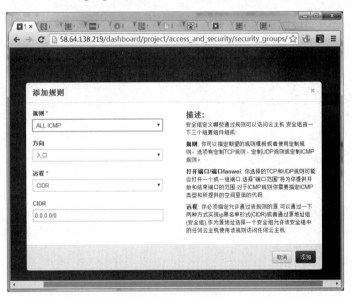

图 14.40　添加规则

为了能够使外部网络中的主机可以访问虚拟机，还需要为虚拟机绑定浮动 IP。在实例列表中，单击 webserver 虚拟机所在行最右边的"更多"按钮，选择"绑定浮动 IP"命令，打开"管理浮动 IP 的关联"对话框，在"IP 地址"下拉菜单中选择一个外部网络的 IP 地址，如图 14.41 所示。单击"关联"按钮，完成 IP 的绑定。

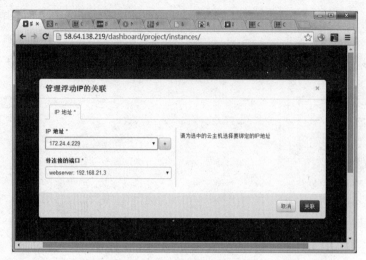

图 14.41　绑定浮动 IP

　　如果 IP 地址下拉菜单中没有选项，可以单击右侧的 ⊞ 按钮，添加浮动 IP。

对于已经绑定浮动 IP 的虚拟机来说，其 IP 地址会有两个，分别为租户网络的 IP 地址和外部网络 IP 地址。在本例中，虚拟机 webserver 的 IP 地址分别为 192.168.21.3 和 172.24.4.229。然后在终端窗口中输入 ping 命令，以验证是否可以访问虚拟机，如下所示：

```
[root@localhost ~]# ping 172.24.4.229
PING 172.24.4.229 (172.24.4.229) 56(84) bytes of data.
64 bytes from 172.24.4.229: icmp_seq=1 ttl=63 time=5.32 ms
64 bytes from 172.24.4.229: icmp_seq=2 ttl=63 time=0.499 ms
64 bytes from 172.24.4.229: icmp_seq=3 ttl=63 time=0.637 ms
…
```

从上面的命令执行结果可知，外部网络中的主机已经可以访问虚拟机。接下来使用 SSH 命令配合密钥来访问虚拟机，如下所示：

```
[root@localhost ~]# SSH -i cloud.key cirros@172.24.4.229
$
```

可以发现，用上面的命令已经成功登录虚拟机，并且出现了虚拟机的命令提示符 "$" 符号。下面验证虚拟机能否访问互联网，输入以下命令：

```
$ ping www.google.com
PING www.google.com (74.125.128.99): 56 data bytes
64 bytes from 74.125.128.99: seq=0 ttl=49 time=3.622 ms
64 bytes from 74.125.128.99: seq=1 ttl=49 time=3.392 ms
64 bytes from 74.125.128.99: seq=2 ttl=49 time=3.185 ms
…
```

可以发现，虚拟机已经可以访问互联网上的资源。

如果用户想要重新启动某台虚拟机，可以单击对应行右侧的"更多"按钮，选择"软重启云主机"或者"硬重启云主机"命令来重新启动指定的虚拟机。

　　此外，用户还可以删除虚拟机、创建快照以及关闭虚拟机。这些操作都比较简单，就不再详细说明。

14.6　小　结

　　本章详细介绍了在 CentOS 8 上安装部署 OpenStack 的方法，主要内容包括 OpenStack 的基础知识、OpenStack 的体系架构、OpenStack 的部署工具、使用 RDO 部署 OpenStack 以及管理 OpenStack 等。本章重点在于掌握好 OpenStack 的体系架构、使用 RDO 部署 OpenStack 的方法以及镜像、虚拟网络和实例的管理。

第15章

配置 OpenNebula 云平台

OpenNebula 是一个非常成熟的云平台，十分简单，但功能十分丰富。它提供了十分灵活的解决方案，让用户能建立并管理企业云和虚拟的数据中心。OpenNebula 的设计目标是简单、轻便、灵活且功能强大，因此赢得了不少用户。本章将简要介绍 OpenNebula 云平台及其使用方法。

本章主要涉及的知识点有：

- 云简介
- OpenNebula 概述
- OpenNebula 的安装与管理

15.1 OpenNebula 概述

OpenNebula 是云计算软件中的代表之一，轻便、简单、灵活的特点为其赢得了不少客户，但在国内少有人使用。本节将简要介绍云计算与 OpenNebula 等知识。

15.1.1 云计算概述

云计算是近年来兴起的新技术之一，有许多种解释，目前还没有一个准确的定义。广为人们接受的是美国国家标准与技术研究院（National Institute of Standards and Technology，NIST）的定义：云计算是一种按使用量付费的模式，这种模式提供便捷、可用和按需求的网络访问，进入可配置的计算资源共享池（资源包括网络、服务器、存储应用软件及服务），这些资源能够被快速提供，只需投入很少的管理工作，或与服务供应商进行很少的交互。

 美国国家标准与技术研究院关于云计算定义的翻译来源于网络，译者不详。

云计算有许多种应用实例和模型，本书并不涉及，这里介绍的云计算模型均是以虚拟化为核心、以计算机网络技术为基础的计算模式。此类模式为企业提供了更加经济、便捷的管理模式，广泛应用于各种大中小型企业中。

云计算是将原来较为分散的计算、存储、服务器等资源，通过计算机网络和云计算软件有效地整合起来，从而形成一个便于管理、分配的资源库。当新客户到来或有新的需求时，管理员仅需要从资源库中选择合乎要求的各类资源，并进行重新组装即可供新客户使用。同时，在原有的基础上还实现了资源细化及按需配置。

简单来说，去计算就是将原有的服务器计算资源、网络（通过 VLAN 的形式）、存储等资源通过虚拟化的方式，重新组装成新的虚拟计算机，从而实现对资源的精确分配。由此可以说，云计算是传统的分布式计算、网络存储、并行计算、虚拟化、负载均衡、效用计算等技术与网络技术互相融合的产物。

15.1.2　OpenNebula 概述

OpenNebula 是专门为云计算打造的开源系统，用户可以使用 Xen、KVM 甚至是 VMware 等虚拟化软件一起打造企业云。利用 OpenNebula 可以轻松地构建私有云、混合云及公开云。OpenNebula 提供的接口如图 15.1 所示。

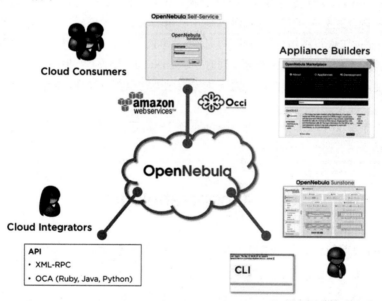

图 15.1　OpenNebula 提供的接口

OpenNebula 提供的接口比较丰富，如管理员提供了包括类似于 UNIX 命令行的工具集 CLI 及功能强大的 GUI 界面，可扩展的底层接口提供了 XML-RPC、Ruby、Java 等 API 供用户整合使用等。

OpenNebula 还提供了许多资源管理和预配置目录，使用这些目录中的资源可以快速、安全地构建富有弹性的云平台，资源目录如图 15.2 所示。

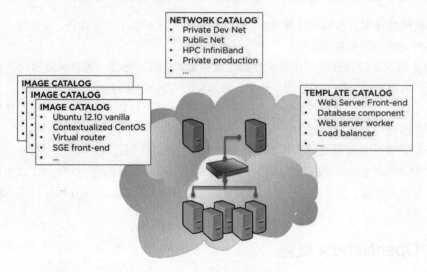

图 15.2　OpenNebula 提供的资源目录

　　映像目录主要包含磁盘映像；网络目录可以使用有组织的网络，也可以使用虚拟网络或混合网络，既能使用 IPv4，又能使用 IPv6；VM 模板目录与 VMware 虚拟化中的模板相似，可以被实例化为虚拟机；除此之外，还有虚拟资源控制及监测（主要用于虚拟机迁移、停止、恢复等）。

　　OpenNebula 的工作机制相对比较简单，使用共享的存储设备来为虚拟机提供各种存储服务，以便于所有虚拟机都能访问相同的资源。同时，OpenNebula 还使用 SSH 作为传输方式，将虚拟化管理命令传输至各节点，这样做的好处是无须安装额外的服务或软件，降低了软件的复杂性。

　　本小节中仅介绍了与配置 OpenNebula 相关的内容，其他相关内容可通过查看其官方网站上的说明，此处不再赘述。

15.2　OpenNebula 的安装

　　OpenNebula 目前的新版本为 4.12，本节将以 4.12 版在 CentOS 8 上安装为示例，简要介绍其安装过程。

15.2.1　控制端环境配置

　　环境配置包括 IP 地址、DNS 地址、主机名及 hosts 文件等网络设置，关于此方面的设置可参考第 3 章中的相关章节，此处不再赘述。

　　（1）SELinux 配置

　　SELinux 为一项重要的配置，OpenNebula 官方建议关闭 SELinux，以免出现不必要的错误。关闭 SELinux 需要修改文件/etc/sysconfig/selinux，如【示例 15-1】所示。

　　【示例 15-1】

```
[root@ma1 ~]# cat /etc/sysconfig/selinux
```

```
# This file controls the state of SELinux on the system.
# SELINUX= can take one of these three values:
#     enforcing - SELinux security policy is enforced.
#     permissive - SELinux prints warnings instead of enforcing.
#     disabled - No SELinux policy is loaded.
#修改以下值为disabled
SELINUX=disabled
# SELINUXTYPE= can take one of these two values:
#     targeted - Targeted processes are protected,
#     minimum - Modification of targeted policy. Only selected processes are
protected.
#     mls - Multi Level Security protection.
SELINUXTYPE=targeted
```

（2）防火墙配置

为了能使 OpenNebula 正常工作，还必须配置系统防火墙开放相关端口。在本例中将采取关闭防火墙的方法，如【示例 15-2】所示。

【示例 15-2】

```
#关闭并停止防火墙
[root@ma1 ~]# systemctl disable firewalld
[root@ma1 ~]# systemctl stop firewalld
```

（3）软件源配置

OpenNebula 官方提供了软件源（方便安装），直接在系统上添加软件源，然后使用 yum 工具安装即可。新建一个名为 opennebula.repo 的文件，如【示例 15-3】所示。

【示例 15-3】

```
[root@ma1 ~]# cat /etc/yum.repos.d/opennebula.repo
[opennebula]
name=opennebula
baseurl=http://downloads.opennebula.org/repo/4.12/CentOS/7/x86_64
enabled=1
gpgcheck=0
```

至此，环境配置就完成了。接下来可以重新启动 CentOS 8 让所有配置生效。

15.2.2　控制端安装

环境配置完成后，就可以开始软件安装过程了。在开始安装之前，还需要安装 EPEL 源，EPEL 源将提供一些额外的软件包。安装过程如【示例 15-4】所示。

【示例 15-4】

```
[root@ma1 ~]# yum install -y epel-release
Loaded plugins: fastestmirror, langpacks
```

```
base                                          | 3.6 kB     00:00
extras                                        | 3.4 kB     00:00
opennebula                                    | 2.9 kB     00:00
updates                                       | 3.4 kB     00:00
opennebula/primary_db                         |  19 kB     00:00
Loading mirror speeds from cached hostfile
 * base: mirrors.btte.net
 * extras: mirrors.yun-idc.com
 * updates: mirrors.yun-idc.com
Resolving Dependencies
--> Running transaction check
---> Package epel-release.noarch 0:7-5 will be installed
--> Finished Dependency Resolution
...
```

确认以上环境和软件都已经安装完成后，还需要安装依赖软件包，如【示例 15-5】所示。

【示例 15-5】

```
[root@ma1 ~]# yum install -y gcc-c++ gcc sqlite-devel curl-devel mysql-devel
ruby-devel make
Loaded plugins: fastestmirror, langpacks
Loading mirror speeds from cached hostfile
 * base: mirrors.skyshe.cn
 * epel: ftp.kddilabs.jp
 * extras: mirrors.sina.cn
 * updates: mirrors.sina.cn
Package 1:make-3.82-21.el7.x86_64 already installed and latest version
Resolving Dependencies
--> Running transaction check
---> Package gcc.x86_64 0:4.8.3-9.el7 will be installed
...
```

安装完成后，就可以开始安装 OpenNebula 了，如【示例 15-6】所示。

【示例 15-6】

```
[root@ma1 ~]# yum clean all
Loaded plugins: fastestmirror, langpacks
Cleaning repos: base epel extras opennebula updates
Cleaning up everything
Cleaning up list of fastest mirrors
[root@ma1 ~]# yum install -y opennebula-server opennebula-sunstone
opennebula-ruby
Loaded plugins: fastestmirror, langpacks
Determining fastest mirrors
 * base: mirrors.btte.net
 * epel: ftp.kddilabs.jp
 * extras: mirrors.yun-idc.com
```

```
   * updates: mirrors.yun-idc.com
   Resolving Dependencies
   --> Running transaction check
   ---> Package opennebula-ruby.x86_64 0:4.12.1-1 will be installed
   --> Processing Dependency: rubygems for package:
opennebula-ruby-4.12.1-1.x86_64
   --> Processing Dependency: rubygem-nokogiri for package:
opennebula-ruby-4.12.1-1.x86_64
   --> Processing Dependency: rubygem-json for package:
opennebula-ruby-4.12.1-1.x86_64
   …
```

安装完成后，还需要安装 Ruby 库才能使用。OpenNebula 提供了一个集成化的脚本，运行此脚本即可安装 Ruby 库，如【示例 15-7】所示。

【示例 15-7】

```
[root@ma1 ~]# /usr/share/one/install_gems
lsb_release command not found. If you are using a RedHat based
distribution install redhat-lsb

Select your distribution or press enter to continue without
installing dependencies.

0. Ubuntu/Debian
1. CentOS/RedHat/Scientific
#此处需要选择操作系统类型
1
Distribution "redhat" detected.
About to install these dependencies:
* gcc-c++
* gcc
* sqlite-devel
* curl-devel
* mysql-devel
* ruby-devel
* make
#需要安装依赖软件，按 Enter 键即可
Press enter to continue…
#后面还会提示安装相关软件，按 Enter 键即可
…
```

许多源都位于国外，执行上述命令安装时有可能会因连接超时而导致整个安装失败，此时可以添加国内的淘宝源，然后执行上述命令。添加淘宝源的命令如【示例 15-8】所示。

【示例 15-8】

```
[root@ma1 ~]# gem sources -a http://ruby.taobao.org/
```

```
http://ruby.taobao.org/ added to sources
```

 在安装 Ruby 库的过程中，可能会有许多警告信息，但无须担心，忽略即可。如果安装某个包错误导致失败，可继续运行上述命令重新安装，直到安装结束。

15.2.3 客户端安装

OpenNebula 可以使用多种虚拟化技术客户端，如 KVM、Xen，甚至是 VMware。在本例中，将采用在 CentOS 8 中安装 KVM 作为客户端。在 CentOS 8 中安装 KVM 的方法可参考本书的第 12 章，此处不再赘述。

安装完 KVM 之后，就可以开始安装 OpenNebula 的客户端程序了。客户端程序依然采用 yum 工具安装，因此需要按 15.2.1 小节中的方法先配置 yum 源。安装方法如【示例 15-9】所示。

【示例 15-9】

```
#设置好源之后，最好先清除缓存再安装
[root@node1 ~]# yum clean all
Loaded plugins: fastestmirror, langpacks
Cleaning repos: base extras opennebula updates
Cleaning up everything
Cleaning up list of fastest mirrors
[root@node1 ~]# yum install -y opennebula-node-kvm
Loaded plugins: fastestmirror, langpacks
base                                                  | 3.6 KB     00:00
extras                                                | 3.4 KB     00:00
opennebula                                            | 2.9 KB     00:00
updates                                               | 3.4 KB     00:00
(1/5): extras/7/x86_64/primary_db                       |  62 KB    00:00
(2/5): base/7/x86_64/group_gz                           | 154 KB    00:00
(3/5): updates/7/x86_64/primary_db                      | 2.5 MB    00:01
(4/5): base/7/x86_64/primary_db                         | 5.1 MB    00:01
(5/5): opennebula/primary_db                            |  19 KB    00:03
Determining fastest mirrors
 * base: mirrors.sina.cn
 * extras: mirrors.sina.cn
 * updates: mirror.bit.edu.cn
Resolving Dependencies
--> Running transaction check
…
```

 如果使用 Xen 虚拟化，除了以上安装的软件包外，客户端还需要安装一个名为 opennebula-common 的软件包。

15.2.4 配置控制端和客户端

所有软件安装完成后，还不能立即使用，还需要进行一些配置，包括密码、SSH 验证等方面。

本小节将简要介绍如何配置控制端和客户端。

1. 控制端主守护进程配置

控制端有两个守护进程需要配置，一个是 one，这是 OpenNebula 的主要进程，所有主要功能都通过此进程完成；另一个名为 Sunstone，这是一个图形化的用户接口。启动 OpenNebula 需要启动这两个进程，首先需要配置的是主守护进程。

安装完控制端后，OpenNebula 会向系统添加一个名为 oneadmin 的用户，OpenNebula 将以此用户的身份管理整个软件。首先需要添加系统认证的密码，如【示例 15-10】所示。

【示例 15-10】

```
#切换到用户 oneadmin
[root@ma1 ~]# su - oneadmin
#添加初始化密码并修改认证文件的权限
[oneadmin@ma1 ~]$ mkdir ~/.one
#以下设置必须在第一次启动之前进行
#此处演示密码为 password
[oneadmin@ma1 ~]$ echo "oneadmin:password" >~/.one/one_auth
[oneadmin@ma1 ~]$ chmod 600 ~/.one/one_auth
#以下仅为测试，可选步骤
#建议在【示例 15-11】之后进行
#启动 OpenNebula 守护进程
#使用查看虚拟机列表的方式验证是否成功启动
[oneadmin@ma1 ~]$ one start
[oneadmin@ma1 ~]$ onevm list
    ID USER      GROUP     NAME           STAT UCPU   UMEM HOST         TIME
```

在上面的示例中，需要使用密码替换 password 字符串，此处设置的密码为第一次启动的密码。

2. 图形化用户接口配置

图形化用户接口进程为 Sunstone，默认情况下该进程只在本地环回接口（接口名为 lo，IP 地址为 127.0.0.1）监听，其他计算机均无法访问。为了能使其他计算机都能访问，需要修改监听地址，如【示例 15-11】所示。

【示例 15-11】

```
#修改 sunstone 服务的配置文件
[root@ma1 ~]# cat /etc/one/sunstone-server.conf
# ----------------------------------------------------------------------------
#
# Copyright 2002-2020, OpenNebula Project (OpenNebula.org), C12G Labs         #
#                                                                             #
# Licensed under the Apache License, Version 2.0 (the "License"); you may     #
# not use this file except in compliance with the License. You may obtain     #
# a copy of the License at
#部分内容省略
…
```

```
# Server Configuration
#
#修改监听地址 127.0.0.1 为 0.0.0.0
#大概位于第 31 行
:host: 0.0.0.0
:port: 9869

# Place where to store sessions, this value can be memory or memcache
# Use memcache when starting multiple server processes, for example,
# with passenger
…
#完成上述设置后，需要开启开关服务
[root@ma1 ~]# systemctl enable opennebula
ln -s '/usr/lib/systemd/system/opennebula.service'
'/etc/systemd/system/multi-user.target.wants/opennebula.service'
[root@ma1 ~]# systemctl start opennebula
[root@ma1 ~]# systemctl enable opennebula-sunstone
ln -s '/usr/lib/systemd/system/opennebula-sunstone.service'
'/etc/systemd/system
[root@ma1 ~]# systemctl start opennebula-sunstone
```

完成上述步骤后，就可以通过网页打开 Sunstone 了，如图 15.3 所示。

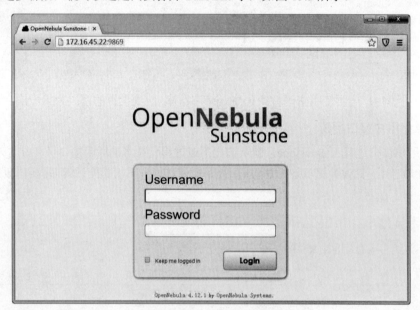

图 15.3　Sunstone 界面

访问 Sunstone 时需要注意，不建议使用 IE 内核的浏览器，建议使用 Mozilla Firefox 或 Google Chrome 等非 IE 内核浏览器；另一个问题是控制端与访问计算机的时间相差不能太大，否则会导致失败。

3. 配置 NFS

如果使用多节点的 OpenNebula，就需要在控制端上配置 NFS（控制端与客户端位于同一服务器时无须此配置），如【示例 15-12】所示。

【示例 15-12】

```
#设置 NFS 将目录/var/lib/one 共享
[root@ma1 ~]# cat /etc/exports
/var/lib/one/ *(rw,sync,no_subtree_check,root_squash)
[root@ma1 ~]# systemctl start nfs
```

当控制端配置了 NFS 之后，客户端还需要配置 NFS 挂载（NFS 共享的目录相当于存储，此问题可参考官方网站关于存储的说明）。挂载应该写入文件/etc/fstab，写入内容如下：

```
#将下面这行内容添加到/etc/fstab 文件最后
172.16.45.22:/var/lib/one/ /var/lib/one/ nfs
soft,intr,rsize=8192,wsize=8192,noauto
#验证配置
[root@node1 ~]# mount -a
[root@node1 ~]# df -h | grep /var/lib/one
172.16.45.22:/var/lib/one 458G  18G  440G   4% /var/lib/one
```

4. 配置 SSH 公钥

OpenNebula 使用 SSH 远程登录到 Node 上，然后执行各种管理命令，因此必须配置 SSH 服务，让管理端的 oneadmin 用户能够自动登录，而不需要密码。控制端配置如【示例 15-13】所示。

【示例 15-13】

```
#以 oneadmin 登录并设置 SSH 登录方式
[root@ma1 ~]# su - oneadmin
[oneadmin@ma1 ~]$ cat ~/.SSH/config
Host *
    StrictHostKeyChecking no
    UserKnownHostsFile /dev/null
[oneadmin@ma1 ~]$ chmod 600 ~/.SSH/config
#生成公钥和私钥
#以下命令需要按 3 次 Enter 键
[oneadmin@ma1 ~]$ SSH-keygen
Generating public/private rsa key pair.
Enter file in which to save the key (/var/lib/one/.SSH/id_rsa):
Enter passphrase (empty for no passphrase):
Enter same passphrase again:
Your identification has been saved in /var/lib/one/.SSH/id_rsa.
Your public key has been saved in /var/lib/one/.SSH/id_rsa.pub.
The key fingerprint is:
ef:e6:1b:70:f2:cc:35:8b:45:65:6f:25:90:d8:1b:e6 oneadmin@ma1.example.com
The key's randomart image is:
+--[ RSA 2048]----+
```

```
|       o.o+ .|
|       . =o.|
|       o.o  o|
|       .E .  |
|     S . +   |
|     O + o   |
|      B .    |
|      …      |
|      o+.    |
+----------------+
```

#修改生成文件的权限
[oneadmin@ma1 ~]$ chmod 600 .SSH/*
#将公钥传递给 node1
#执行以下命令时需要输入 node1 的 root 密码
[oneadmin@ma1 ~]$ scp .SSH/id_rsa.pub root@node1:/var/lib/one
Warning: Permanently added 'node1,172.16.45.23' (ECDSA) to the list of known
hosts.
root@node1's password:
id_rsa.pub   100% 406   0.4KB/s   00:00
#传送文件成功后，需要在 node1 上继续操作
#注意以下步骤在 node1 上执行
#先修改传送过来的文件权限
[root@node1 ~]# chown oneadmin.oneadmin /var/lib/one/id_rsa.pub
#切换到 oneadmin 用户，执行后继操作
[root@node1 ~]# su - oneadmin
Last login: Fri Jul 3 09:56:46 CST 2020 on pts/0
#创建目录并导入公钥
[oneadmin@node1 ~]$ mkdir .SSH
[oneadmin@node1 ~]$ mv id_rsa.pub ~/.SSH/
[oneadmin@node1 ~]$ cat ~/.SSH/id_rsa.pub >> ~/.SSH/authorized_keys
#修改权限
[oneadmin@node1 ~]$ chmod 600 .SSH/authorized_keys
[oneadmin@node1 ~]$ chmod 700 .SSH/
#测试效果
#此操作在控制端进行
#第一次登录时需要输入 yes
[root@ma1 ~]# su - oneadmin
Last login: Fri Jul 3 09:49:13 CST 2020 on pts/0
[oneadmin@ma1 ~]$ SSH node1
Warning: Permanently added 'node1,172.16.45.23' (ECDSA) to the list of known
hosts.
Last login: Fri Jul 3 10:06:21 2020 from ma1
```

无论哪种方案都需要配置 SSH，即使控制端与客户端在同一台服务器上。同时，建议将控制端也做成一个客户端，以便配置和安装镜像。
```

5. 客户端 KVM 配置

在客户端上安装 KVM 并设置桥接等内容可参考第 12 章的相关内容，此处不再赘述。此处还需要对 KVM 进行一些配置，如【示例 15-14】所示。

【示例 15-14】

```
#设置用户和组
[root@ma1 ~]# cat /etc/libvirt/qemu.conf
user  = "oneadmin"
group = "oneadmin"
dynamic_ownership = 0
security_driver = "none"
security_default_confined = 0
#配置 libvirtd 服务侦听
[root@ma1 ~]# cat /etc/libvirt/libvirtd.conf
#部分设置省略
...
#配置项为第 22 行和第 33 行
#分别取消这两行的注释，如下所示
# It is necessary to setup a CA and issue server certificates before
# using this capability.
#
# This is enabled by default, uncomment this to disable it
listen_tls = 0

# Listen for unencrypted TCP connections on the public TCP/IP port.
# NB, must pass the --listen flag to the libvirtd process for this to
# have any effect.
#
# Using the TCP socket requires SASL authentication by default. Only
# SASL mechanisms which support data encryption are allowed. This is
# DIGEST_MD5 and GSSAPI (Kerberos5)
#
# This is disabled by default, uncomment this to enable it.
listen_tcp = 1

...
#开启服务监听选项
[root@ma1 ~]# cat /etc/sysconfig/libvirtd
# Override the default config file
# NOTE: This setting is no longer honoured if using
# systemd. Set '--config /etc/libvirt/libvirtd.conf'
# in LIBVIRTD_ARGS instead.
#LIBVIRTD_CONFIG=/etc/libvirt/libvirtd.conf

# Listen for TCP/IP connections
# NB. must setup TLS/SSL keys prior to using this
#取消下面的注释
```

```
LIBVIRTD_ARGS="--listen"
…
#重启服务并检查设置是否生效
[root@ma1 ~]# systemctl restart libvirtd
[root@ma1 ~]# netstat -tunlp | grep libvirtd
tcp       0      0 0.0.0.0:16509          0.0.0.0:*              LISTEN
24179/libvirtd
tcp6      0      0 :::16509               :::*                  LISTEN
24179/libvirtd
```

至此，服务端和客户端都已经配置完成了。

15.3　OpenNebula 的配置与应用

学习了 OpenNebula 的安装之后，接下就可以配置 OpenNebula 了，内容包括配置 Sunstone、VDC 和集群，设置映像、模板管理、虚拟机管理等。与第 12 章中介绍的 oVirt 相比，OpenNebula 还有大量的工作需要做，这些工作主要来自映像、模板和虚拟机管理。本节将简要介绍如何将安装好的 OpenNebula 组装为一个可用的集群，并添加一些映像、模板，最后实例化为虚拟机。

15.3.1　配置 VDC 和集群

首次登录 Sunstone 之后，发现其默认语言为英语，可以修改为简体中文。修改的方法为先单击右上角当前登录的用户名，然后在菜单中选择 Settings。在弹出的配置界面右上角单击 Conf，如图 15.4 所示。

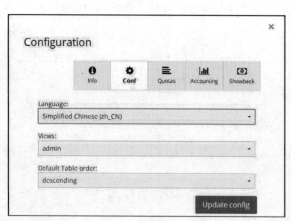

图 15.4　Sunstone 语言配置

在 Language 下拉列表框中选择 Simplified Chinese(zh_CN)，然后单击 Update config 按钮，即可将默认语言修改为简体中文。

VDC（Virtual Data Centers，虚拟数据中心）与 oVirt 中的数据中心的概念相似，表示一组或多组功能集群的集合。但在 OpenNebula 中，数据中心和集群的概念相对较弱，几乎没有过多的约束设置，只有在进行故障迁移等设置时，这些设置才起作用。如果没有故障迁移等方面的需求，也可以跳过虚拟数据中心和集群设置。

　　添加 VDC 时，可以在 Sunstone 界面左侧的系统设置中选择 VDCs，此时右侧将显示已存在的虚拟数据中心。单击虚拟数据中心列表上方的加号，将弹出添加 VDC 界面，如图 15.5 所示。

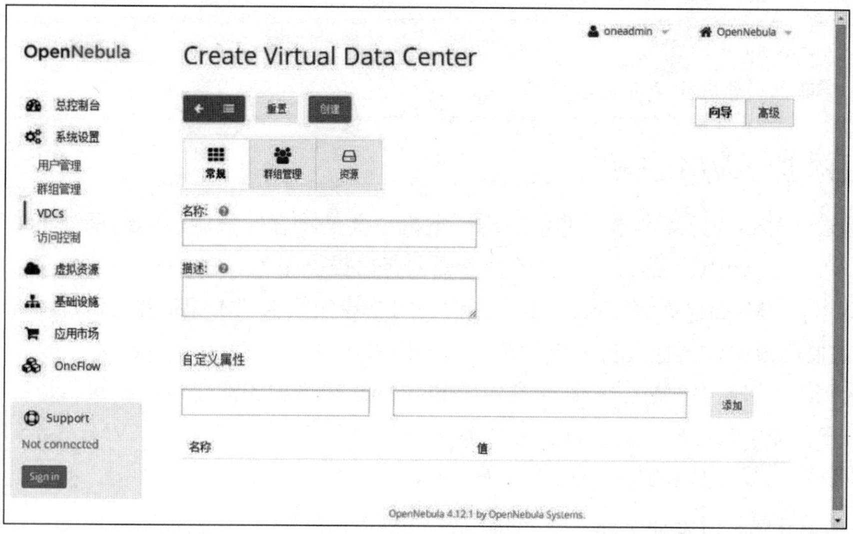

图 15.5　添加 VDC

　　在添加 VDC 界面的"常规"选项中输入数据中心的名称、描述信息，然后在"资源"中为数据中心添加已存在的集群、主机、网络和数据仓库，最后单击上面的"创建"按钮即可。需要注意的是，数据仓库已经在安装时自动创建，此处可以直接选择所有数据仓库将其一并添加到数据中心中。

　　添加完 VDC 后，接下来需要创建集群。单击左侧基础设施中的集群管理，界面右侧将显示当前系统中的集群列表。单击集群列表上方的加号将弹出"创建集群"界面，如图 15.6 所示。

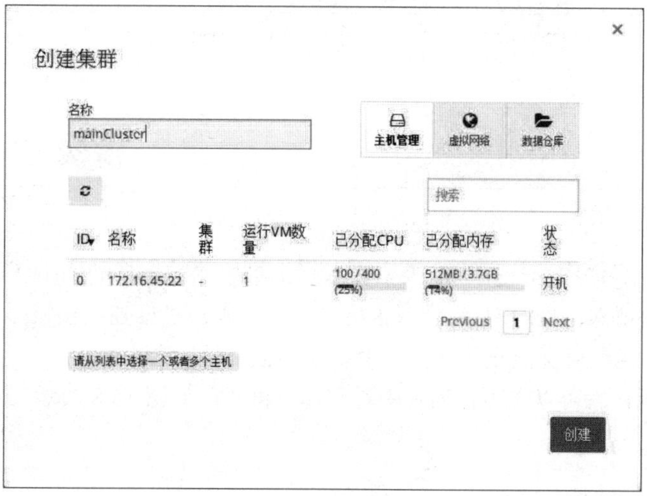

图 15.6　创建集群

　　在"名称"中输入集群名称，然后在"主机管理"中选中主机，在"虚拟网络"中选择添加的网络，然后选择"数据仓库"，最后单击"创建"按钮即可。

添加完集群和数据中心后，可以在数据中心界面的数据中心列表中单击创建的数据中心，查看数据中心详情。在数据中心详情界面右上角单击"更新"，然后在资源选项的集群管理中为数据中心添加集群，也可以更新数据仓库等设置，集群也可以使用同样的方法更新设置。

 OpenNebula 还预设了各种角色和用户，同时还提供了计费等功能，本书中并不涉及，读者可自行参考相关资料。

15.3.2　添加 KVM 主机

主机是云计算中的计算节点。通俗地讲，主机主要是将存储资源、网络资源集中起来，并使用自身的计算资源以虚拟机的方式汇集各种资源为客户提供服务。OpenNebula 中可以添加的主机有 Xen、KVM、VMware 及 vCenter，由于红帽公司主导使用 KVM 虚拟化，因此本书中主要介绍 KVM 主机的使用方法，其他主机并不涉及，如需使用，可以参考 OpenNebula 的官方文档。

添加 KVM 主机有两种方法：其一是使用 Sunstone 提供的图形化接口；其二是使用 CLI 命令方式添加。在添加主机之前，需要确保主机的 SELinux、防火墙、SSH、KVM、NFS 等均已正确设置，具体设置细节可参考 15.2 节中的相关内容，此处不再赘述。

1. 在 Sunstone 中添加主机

在 Sunstone 界面的左侧基础设施中选择"主机管理"，此时右侧将显示主机列表。单击主机列表上方的加号，将弹出"创建主机"界面，如图 15.7 所示。

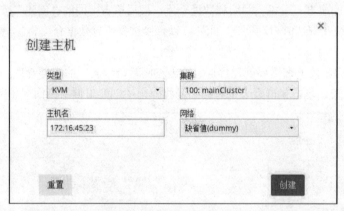

图 15.7　"创建主机"界面

在"创建主机"界面中选择正确的类型，选择主机所属的集群和网络（此处网络设置选择默认），并在主机名中填入主机的 IP 地址或主机名，最后单击"创建"按钮即可。需要注意的是，如果使用主机名，一定要确保能正确解析，否则添加主机可能会失败。

主机添加完成后，就可以在主机列表中看到该主机了，如图 15.8 所示。

图 15.8　主机列表

可以看到新添加的主机状态为"初始化"，当主机初始化完成后，状态将变为"开机"，表示主机可用，否则主机将不可用，需要查看日志排错。

在主机列表中单击任意一台主机，将显示主机信息，如图 15.9 所示。

图 15.9　主机信息

在主机信息界面的信息选项中可以查看当前主机的主要信息，如已分配 CPU、内存、CPU 型号等。在图表信息中将显示过去一段时间内 CPU 和内存的使用情况，vm 数量将显示当前主机运行的主机列表。

2. 使用 CLI 方式添加

使用 CLI 方式添加主机与图形界面所需的参数相同，添加过程如【示例 15-15】所示。

【示例 15-15】

```
#此命令需要在控制端执行
#需要以用户 oneadmin 身份执行
[root@ma1 ~]# su - oneadmin
#参数参考图形界面中的参数设置
[oneadmin@ma1 ~]$ onehost create 172.16.45.22 --im kvm --vm kvm --net dummy
```

```
ID: 0
#查看添加主机情况
#刚添加时，主机状态处于 init 初始化状态
#初始化完成后，状态将变为 on
[oneadmin@ma1 ~]$ onehost list
  ID NAME          CLUSTER   RVM      ALLOCATED_CPU      ALLOCATED_MEM STAT
   0 172.16.45.22   -         0         -                  - init
```

15.3.3 建立映像

OpenNebula 安装完成后，建立虚拟机时，需要使用操作系统模板，模板可以快速转换为虚拟机，而不再需要安装操作系统。建立系统模板需要使用磁盘映像，磁盘映像就是虚拟磁盘文件。OpenNebula 提供了两种方法建立映像，其一是使用官方提供的映像和模板，其二是用户自己建立磁盘文件安装系统制作映像。

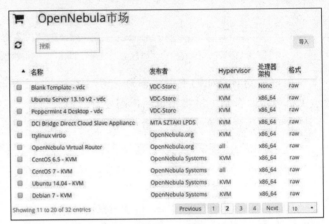

图 15.10　OpenNebula 市场

1. 使用官方映像和模板

使用官方提供的映像和模板可以在 Sunstone 界面的左侧选择应用市场，此时右侧将显示官方提供的映像列表，如图 15.10 所示。

映像列表中详细列举了系统名称和版本、发布人、客户端类型、处理器架构及虚拟磁盘映像使用的格式等。如果需要查看某个映像的详细信息，只需要单击映像，将显示映像的详细描述。在映像列表中勾选需要使用的映像，然后单击右上角的导入按钮，将弹出导入应用界面，如图 15.11 所示。

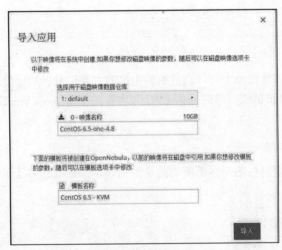

图 15.11　导入应用

在"导入应用"界面选择数据仓库，填入映像名称、模板名称，然后单击"导入"按钮即可。

之后在左侧虚拟资源中的映像管理和模板管理中，可以看到导入的应用，但在下载完成前，映像和模板无法使用。

使用导入应用的方式创建模板十分方便、快捷，但如果网络不通畅（下载地址为国外地址），导致超时，将会使导入操作失败。

2. 自制映像

磁盘映像有多种格式，如 RAW、QCOW2、QED、VMDK、VDI 等。这些格式拥有不同的特性，读者可阅读相关文档了解这些格式的特点。在本例中，将采用 KVM 默认使用的 QCOW2 作为映像格式，建立映像过程如【示例 15-16】所示。

【示例 15-16】

```
#此操作在控制端进行
[root@ma1 ~]# cd /data/
#创建一个虚拟磁盘，空间大小为 15GB
[root@ma1 data]# qemu-img create -f qcow2 CentOS6.5-x86_64-Desktop.qcow2 15G
Formatting 'CentOS6.5-x86_64-Desktop.qcow2', fmt=qcow2 size=16106127360
encryption=off cluster_size=65536 lazy_refcounts=off
[root@ma1 data]# qemu-img info CentOS6.5-x86_64-Desktop.qcow2
image: CentOS6.5-x86_64-Desktop.qcow2
file format: qcow2
virtual size: 15G (16106127360 bytes)
disk size: 196K
cluster_size: 65536
Format specific information:
    compat: 1.1
    lazy refcounts: false
#磁盘创建好之后就可以创建一个虚拟机
#将操作系统安装到创建的虚拟磁盘上
#创建虚拟机并为虚拟机指定磁盘和光驱
#参数 m 指定创建内存为 1024MB
#参数-boot d 表示使用光驱引导
#参数-nographic -vnc: 0 表示使用 VNC 远程访问控制台
#网卡参数也可以不设置
[root@ma1 data]# /usr/libexec/qemu-kvm -m 1024 \
> -cdrom /data/CentOS-6.5-x86_64-bin-DVD1.iso \
> -drive file=/data/CentOS6.5-x86_64-Desktop.qcow2,if=virtio \
> -net nic,model=virtio -net tap,script=no -boot d -nographic -vnc :0
```

执行上述命令后，使用 VNC Viewer 在服务器地址中输入"172.16.45.22: 5900"，远程连接到虚拟机，如图 15.12 所示。

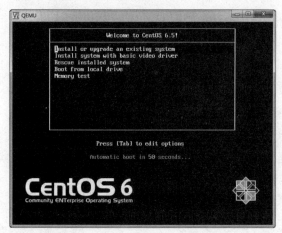

图 15.12　VNC 远程连接虚拟机控制台

在虚拟机的控制台中将系统安装完成并进行相应的设置后，在控制台中关闭系统，这样就会得到一个安装了系统的虚拟磁盘。

接下来需要将虚拟磁盘导入 OpenNebula，可以使用两种方法导入映像：其一是使用 CLI 命令方式；其二是在 Sunstone 中导入映像。无论使用哪种方式导入映像，都需要保证 oneadmin 用户能读取映像文件，否则导入将失败。使用 CLI 命令方式导入过程如【示例 15-17】所示。

【示例 15-17】

```
#以下命令在控制端执行
#首先查看权限
[root@ma1 data]# ll CentOS6.5-x86_64-Desktop.qcow2
-rw-r--r-- 1 root root 4236247040 Jul  7 11:02 CentOS6.5-x86_64-Desktop.qcow2
#切换用户到 oneadmin 并查看系统中的映像列表
[root@ma1 data]# su - oneadmin
[oneadmin@ma1 ~]$ oneimage list
  ID USER       GROUP       NAME            DATASTORE    SIZE TYPE PER STAT RVMS
   0 oneadmin   oneadmin    CentOS6.5-x86_6 default      15G OS   No used    1
#编辑导入文件，内容如下
[oneadmin@ma1 ~]$ cat centos.one
NAME    = "CentOS6.5-x86_64-Desktop"
PATH    = "/data/CentOS6.5-x86_64-Desktop.qcow2"
TYPE    = OS
DESCRIPTION    = "centos 6.5 desktop"
DRIVER  = qcow2
#查看数据仓库
[oneadmin@ma1 ~]$ onedatastore list
  ID NAME         SIZE AVAIL CLUSTER      IMAGES TYPE DS   TM       STA
   0 system      457.8G 96%  mainCluster       0 sys  -    shared   on
   1 default     457.8G 96%  mainCluster       1 img  fs   shared   on
   2 files       457.8G 96%  mainCluster       0 fil  fs   SSH      on
#将映像导入 default 中
[oneadmin@ma1 ~]$ oneimage create centos.one --datastore default
```

```
ID: 1
#命令执行后，添加的映像状态为 lock
#命令输出的映像名称不完全，但在 Sunstone 中显示正常
[oneadmin@ma1 ~]$ oneimage list
  ID USER        GROUP        NAME                    DATASTORE      SIZE TYPE PER STAT RVMS
   0 oneadmin    oneadmin     CentOS6.5-x86_6 default                15G OS    No  used    1
   1 oneadmin    oneadmin     CentOS6.5-x86_6 default                15G OS    No  lock    0
#导入后映像的状态将变为 rdy
[oneadmin@ma1 ~]$ oneimage list
  ID USER        GROUP        NAME                    DATASTORE      SIZE TYPE PER STAT RVMS
   0 oneadmin    oneadmin     CentOS6.5-x86_6 default                15G OS    No  used    1
   1 oneadmin    oneadmin     CentOS6.5-x86_6 default                15G OS    No  rdy     0
```

在 Sunstone 中添加映像，需要在左侧选中虚拟资源中的映像管理，在右侧窗口中将显示当前的映像列表，单击列表上方的加号，将弹出"创建磁盘映像"窗口，如图 15.13 所示。

图 15.13　"创建磁盘映像"窗口

在"创建硬盘映像"窗口中输入名称、描述，选择数据仓库，并在路径中输入映像位置，在高级选项的驱动程序中输入 qcow2，最后单击"创建"按钮，即可添加新映像。与使用 CLI 方式相同，新添加的映像在列表中的状态为锁定，当导入成功后，状态将变为就绪。

15.3.4　添加虚拟网络和模板

当映像导入成功之后，还需要创建虚拟网络才能添加模板，最后在模板的基础上创建虚拟机。

1. 添加虚拟网络

在 Sunstone 左侧的基础设施中选择虚拟网络，此时右侧将显示虚拟网络列表，单击列表上方的加号，将显示"创建虚拟网络"窗口，如图 15.14 所示。

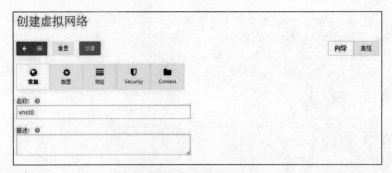

图 15.14　创建虚拟网络

在"常规"选项中输入虚拟网络的名称，然后在"配置"选项中输入网桥和网络模式，在本例中输入网桥为"br0"，即桥接网络，网络模式保持默认。OpenNebula 也支持 802.1q 协议的多 VLAN 中继，因此此处需要按实际情况选择。接下来需要在"地址"选项中输入 IP 起始地址和大小（地址数量），最后单击"创建"按钮，即可创建虚拟网络。

2. 创建模板

在 Sunstone 界面的左侧选择虚拟资源中的模板管理，此时右侧将显示当前已存在的模板列表，单击列表上方的加号将显示创建模板窗口，如图 15.15 所示。

在"常规"选项的名称中输入模板名称，在 Hypervisor 中选择节点类型，此处选择 KVM，在 Logo 中可以为模板选择一个图标，并选择合适的内存和 CPU 数量；在"存储"选项中为模板选择磁盘映像；在"网络"选项中为模板选择虚拟网络；在"输入/输出"选项中选择控制台设备；最后在"调度"中选择运行模板的主机或集群，单击"创建"按钮即可。在本例中，图形界面选择 VNC，在监听 IP 中输入"0.0.0.0"，并设置访问密码。

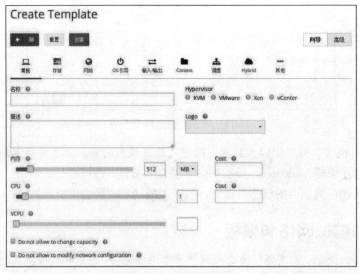

图 15.15　创建模板窗口

15.3.5　创建并访问虚拟机

创建虚拟机模板之后，就可以将模板实例化为虚拟机，并运行虚拟机。创建虚拟机可以在

Sunstone 界面左侧的虚拟资源中选择"虚拟机管理",此时右侧将显示虚拟机列表。在列表上方单击加号,将弹出"创建虚拟机"窗口,如图 15.16 所示。

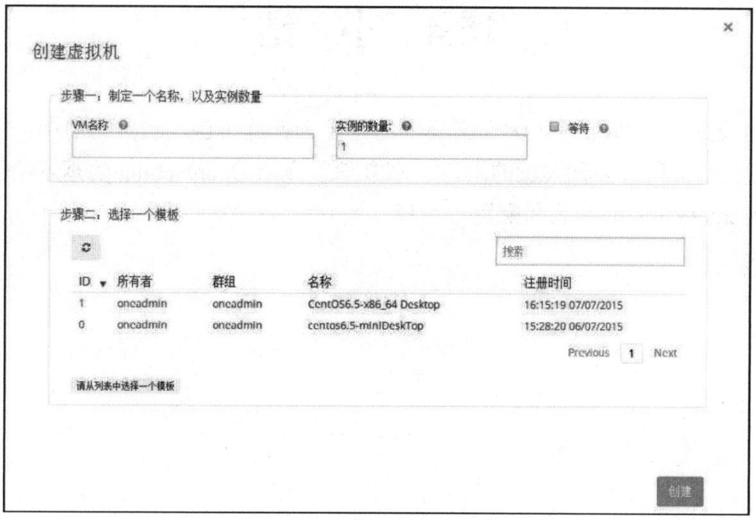

图 15.16　创建虚拟机

在步骤一的"VM 名称"中输入虚拟机名,然后在步骤二中选择一个模板,再单击"创建"按钮,就完成虚拟机的创建了。创建完虚拟机之后,可以在虚拟机管理中查看刚创建的虚拟机。刚创建的虚拟机不能立即访问,还需要等待系统分配资源,当资源分配完成后,可以在状态中看到虚拟机处于运行状态,此时就可以访问了。如果状态为错误或其他非正常的状态,可以在列表中单击虚拟机,在虚拟机详细信息中选择"日志",查看错误原因并排除错误。

当虚拟机处于运行状态时,可以通过 VNC 客户端进行访问,访问端口可通过虚拟机详细信息中的模板查看(GRAPHICS 信息)。另一个访问虚拟机的方法是在虚拟机列表中,运行的虚拟机后有一个显示器图标,单击此图标将在网页中显示控制台,如图 15.17 所示。

图 15.17　网页访问虚拟机控制台

OpenNebula 中的虚拟机还有许多操作，读者可阅读其官方网站的相关说明。

15.4 小 结

OpenNebula 是一个功能十分强大而又简单的开源云计算平台，虽然目前国内使用的人较少，但可以预见在不久的将来将会有大量的用户。本章除了介绍 OpenNebula 的基本情况外，还介绍了 OpenNebula 在 CentOS 8 中的安装和配置等内容。

附录 A

Linux 常用命令示例

Linux 操作和 Windows 操作有很大的不同。要熟练地使用 Linux 系统，首先要了解 Linux 系统的目录结构，并且掌握常用的命令，以便进行文件操作、信息查看和系统参数配置等操作。本附录通过示例的方式演示 Linux 的一些常用命令，与运维相关的高级命令在本书的正文中有详细介绍。

A.1 文件管理

文件是 Linux 的基本组成部分，文件管理包括文件的复制、删除、修改等操作。本节主要介绍 Linux 中的文件管理相关的命令。

A.1.1 复制文件：cp

cp 命令用来复制文件或目录。当复制多个文件时，目标文件参数必须为已经存在的目录。cp 命令默认不能复制目录，复制目录必须使用-R 选项。cp 命令具备 ln 命令的功能，语法为：cp [选项] [参数]。

【示例 A-1】

```
#以下为演示 cp 的用法
[root@CentOS ~]# cd /usr/local/nginx/conf
nginx.conf
#如需显示执行过程，可以使用以下选项
#当使用 cp 命令复制单个文件时，第 1 个参数表示源文件，第 2 个参数表示目标文件
[root@CentOS conf]# cp -v nginx.conf nginx.conf.20200412
`nginx.conf' -> `nginx.conf.20200412'
[root@CentOS conf]# ls -l nginx.conf nginx.conf.20200412
-rw-r--r--. 1 root root 2685 Apr 11 03:15 nginx.conf
-rw-r--r--. 1 root root 2685 Apr 12 20:33 nginx.conf.20200412
```

```
#复制多个文件
[root@CentOS conf]# cp -v nginx.conf nginx.conf.20200412  backup/
`nginx.conf' -> `backup/nginx.conf'
`nginx.conf.20200412' -> `backup/nginx.conf.20200412'
[root@CentOS conf]# ll nginx.conf nginx.conf.20200412  backup/
-rw-r--r--. 1 goss goss 2685 Apr 12 20:47 nginx.conf
-rw-r--r--. 1 root root 2685 Apr 12 20:59 nginx.conf.20200412
backup/:
total 8
-rw-r--r--. 1 root root 2685 Apr 12 21:01 nginx.conf
-rw-r--r--. 1 root root 2685 Apr 12 21:01 nginx.conf.20200412
#复制目录
[root@CentOS nginx]# cp conf conf.bak
cp: omitting directory `conf'
[root@CentOS nginx]# cp -r conf conf.20200412
[root@CentOS nginx]# ls -l
total 40
drwxr-xr-x. 2 root  root 4096 Apr 12 20:33 conf
drwxr-xr-x. 2 root  root 4096 Apr 12 20:33 conf.20200412
[root@CentOS goss]# su - goss
#复制时保留文件的原始属性
[goss@CentOS ~]$ cp -a  /usr/local/nginx/ .
cp: cannot access `/usr/local/nginx/uwsgi_temp': Permission denied
cp: cannot access `/usr/local/nginx/fastcgi_temp': Permission denied
cp: cannot access `/usr/local/nginx/scgi_temp': Permission denied
cp: cannot access `/usr/local/nginx/client_body_temp': Permission denied
cp: cannot access `/usr/local/nginx/proxy_temp': Permission denied
[goss@CentOS ~]$ ls -l
drwxr-xr-x. 12 goss goss    4096 Apr 12 20:33 nginx
[goss@CentOS ~]$ ll
total 2784
drwxr-xr-x. 12 goss goss    4096 Apr 12 20:33 nginx
[root@CentOS goss]# cp -a nginx/ nginx.bak
[root@CentOS goss]# ls -l
total 2788
drwxr-xr-x. 12 goss goss    4096 Apr 12 20:33 nginx
drwxr-xr-x. 12 goss goss    4096 Apr 12 20:33 nginx.bak
[root@CentOS goss]# cp -r nginx nginx.root
[root@CentOS goss]# ls -l
total 2792
drwxr-xr-x. 12 goss goss    4096 Apr 12 20:33 nginx
drwxr-xr-x. 12 goss goss    4096 Apr 12 20:33 nginx.bak
drwxr-xr-x. 12 root root    4096 Apr 12 20:35 nginx.root
[root@CentOS conf]# cp -i /usr/local/nginx/conf/nginx.conf .
cp: overwrite `./nginx.conf'? n
[root@CentOS conf]# cp -f  /usr/local/nginx/conf/nginx.conf .
```

```
[root@CentOS conf]#
#并不复制文件本身，而是创建当前文件的软链接
[root@CentOS conf]# cp -s nginx.conf nginx.conf_s
[root@CentOS conf]# ls -l
lrwxrwxrwx. 1 root root  10 Apr 12 20:49 nginx.conf_s -> nginx.conf
[root@CentOS conf]# md5sum nginx.conf /usr/local/nginx/conf/ng
nginx.conf         nginx.conf.bak       nginx.conf.default nginx.conf.mv
[root@CentOS conf]# md5sum nginx.conf /usr/local/nginx/conf/nginx.conf
1181c1834012245d785120e3505ed169  nginx.conf
30d53ba50698ba789d093eec830d0253  /usr/local/nginx/conf/nginx.conf
[root@CentOS conf]# cp -b /usr/local/nginx/conf/nginx.conf .
cp: overwrite `./nginx.conf'? y
[root@CentOS conf]# md5sum nginx.conf*
30d53ba50698ba789d093eec830d0253  nginx.conf
1181c1834012245d785120e3505ed169  nginx.conf~
```

　　cp 命令可以复制一个或多个文件，当复制多个文件时，最后一个参数必须为已经存在的目录，否则会提示错误。如果忽略提示信息，那么可以使用"-f"选项。

　　为了防止用户在不经意的情况下使用 cp 命令破坏另一个文件，如用户指定的目标文件名已存在，用 cp 命令复制文件后，这个文件就会被覆盖，"i"选项可以在覆盖之前询问用户。

A.1.2　移动文件：mv

　　用户可以使用 mv 命令移动文件或目录至另一个文件或目录，还可以将目录或文件重命名。mv 只接收两个参数，第 1 个为要移动或重命名的文件或目录，第 2 个为新文件名或目录。当 mv 接收两个参数或多个参数时，如果最后一个参数对应的是目录，而且该目录存在，mv 会将各参数指定的文件或目录移动到此目录中，如果目标文件存在，将会进行覆盖。

　　【示例 A-2】

```
[root@CentOS conf]# cp -a nginx.conf.bak  nginx.conf.20200412
[root@CentOS conf]# ls -l
total 72
-rw-r--r--. 1 root root 2685 Apr 12 22:52 nginx.conf.20200412
-rw-r--r--. 1 root root 2685 Apr 12 22:52 nginx.conf.bak
#如果目标文件已经存在，将会询问用户是否覆盖
[root@CentOS conf]# /bin/mv -i nginx.conf.20200412 nginx.conf.bak
/bin/mv: overwrite `nginx.conf.bak'? y
[root@CentOS conf]# ls -l
total 72
-rw-r--r--. 1 root root 2685 Apr 12 22:52 nginx.conf.bak
[root@CentOS conf]# cp -a nginx.conf.bak nginx.conf.20200412
[root@CentOS conf]# ls -l
total 72
```

```
-rw-r--r--. 1 root root 2685 Apr 12 22:52 nginx.conf.20200412
-rw-r--r--. 1 root root 2685 Apr 12 22:52 nginx.conf.bak
#在要覆盖某已有的目标文件时不给任何提示信息
[root@CentOS conf]# /bin/mv -f nginx.conf.20200412 nginx.conf.bak
[root@CentOS conf]# ls -l
total 68
-rw-r--r--. 1 root root 2685 Apr 12 22:52 nginx.conf.bak
```

为了避免误覆盖文件，建议在使用 mv 命令移动文件时，使用"-i"选项。

A.1.3 创建文件或修改文件时间：touch

Linux 中的 touch 命令可以改变文档或目录时间，包括存取时间和更改时间，也可以用于创建新文件。

【示例 A-3】

```
#查看文件相关信息
[root@CentOS test]# stat test2
Access: 2020-04-12 23:45:48.545991370 +0800
Modify: 2020-04-12 23:45:16.214994359 +0800
Change: 2020-04-12 23:45:41.791990423 +0800
#如果没有指定 Time 变量值，touch 命令就使用当前时间
[root@CentOS test]# touch test2
## 再次查看文件日期参数，atime 与 mtime 都改变了，ctime 记录当前的时间
[root@CentOS test]# stat test2
Access: 2020-04-13 00:14:20.427990736 +0800
Modify: 2020-04-13 00:14:20.427990736 +0800
Change: 2020-04-13 00:14:20.427990736 +0800
#touch 创建新文件
[root@CentOS test]# ls  -l test3
ls: cannot access test3: No such file or directory
#touch 创建新文件，新文件的大小为 0
[root@CentOS test]# touch test3
[root@CentOS test]# stat test3
Access: 2020-04-13 00:14:55.482995805 +0800
Modify: 2020-04-13 00:14:55.482995805 +0800
Change: 2020-04-13 00:14:55.482995805 +0800
#指定参考文档
[root@CentOS test]# stat /bin/cp
Access: 2020-04-12 20:33:20.990998918 +0800
Modify: 2012-06-22 19:46:14.000000000 +0800
Change: 2020-04-11 03:23:17.783999344 +0800
#将文件日期更改为参考文件的日期
[root@CentOS test]# touch -r /bin/cp test2
[root@CentOS test]# stat test2
Access: 2020-04-12 20:33:20.990998918 +0800
```

```
Modify: 2012-06-22 19:46:14.000000000 +0800
Change: 2020-04-13 00:16:40.671992418 +0800
#将文件修改日期调整为 2 天以前
[root@CentOS ~]# date
Wed Apr 24 18:47:47 CST 2020
[root@CentOS ~]# stat /bin/cp
Access: 2020-04-22 23:46:5f1.709648854 +0800
Modify: 2020-04-13 00:30:41.939991515 +0800
Change: 2020-04-13 00:30:41.939991515 +0800
[root@CentOS ~]# touch -d "2 days ago" /bin/cp
[root@CentOS ~]# stat /bin/cp
Access: 2020-04-22 18:48:16.749620251 +0800
Modify: 2020-04-22 18:48:16.749620251 +0800
Change: 2020-04-24 18:48:16.746803440 +0800
#touch 后面可以接时间，格式为 [YYMMDDhhmm]
[root@CentOS test]# touch -t "01231215" test2
[root@CentOS test]# stat test2
Access: 2020-01-23 12:15:00.000000000 +0800
Modify: 2020-01-23 12:15:00.000000000 +0800
Change: 2020-04-13 00:28:08.753993511 +0800
```

A.1.4　删除文件：rm

用户可以使用 rm 命令删除不需要的文件。rm 命令可以删除文件或目录，并且支持通配符，若目录中存在其他文件，则会递归删除。删除软链接只是删除链接，对应的文件或目录不会被删除，软链接类似于 Windows 系统中的快捷方式。如果删除硬链接后文件仍存在，其他的硬链接文件内容仍可以访问。

rm 命令的一般形式为：rm [-dfirv][--help][--version][文件或目录...]。

若不加任何参数，则 rm 命令不能删除目录。使用 r 或 R 选项可以删除指定的文件或目录，及其下面的内容。

【示例 A-4】

```
#删除文件前提示用户确认
[root@CentOS cmd]# rm -v -i src_aaaat
rm: remove regular file `src_aaaat'? y
removed `src_aaaat'
[root@CentOS cmd]# mkdir tmp
[root@CentOS cmd]# cd tmp
[root@CentOS tmp]# touch s
[root@CentOS tmp]# cd ..
#不加任何参数，rm 不能删除目录
[root@CentOS cmd]# rm -v -i tmp
rm: cannot remove `tmp': Is a directory
#删除目录需要使用 r 参数，-i 表示删除前提示用户确认
[root@CentOS cmd]# rm -r -i  -v tmp
```

```
rm: descend into directory `tmp'? y
rm: remove regular empty file `tmp/s'? y
removed `tmp/s'
rm: remove directory `tmp'? y
removed directory: `tmp'
#使用通配符
[root@CentOS cmd]# rm  -v -i src_aaa*
rm: remove regular file `src_aaaaa'? y
removed `src_aaaaa'
rm: remove regular file `src_aaaab'? y
removed `src_aaaab'
rm: remove regular file `src_aaaac'? y
removed `src_aaaac'
rm: remove regular file `src_aaaad'? y
removed `src_aaaad'
#强制删除，没有提示确认
[root@CentOS cmd]# rm -f  -v src_aaaar
removed `src_aaaar'
#硬链接与软链接区别演示
[root@CentOS link]# cat test.txt
this is file content
#分别建立文件的软链接与硬链接
[root@CentOS link]# ln -s test.txt  test.txt.soft.link
[root@CentOS link]# ln test.txt test.txt.hard.link
[root@CentOS link]# ls  -l
total 8
-rw-r--r-- 2 root root 21 Mar 31 07:06 test.txt
-rw-r--r-- 2 root root 21 Mar 31 07:06 test.txt.hard.link
lrwxrwxrwx 1 root root  8 Mar 31 07:07 test.txt.soft.link -> test.txt
#查看软链接的文件内容
[root@CentOS link]# cat test.txt.soft.link
this is file content
#查看硬链接的文件内容
[root@CentOS link]# cat test.txt.hard.link
this is file content
#删除源文件
[root@CentOS link]# rm -f test.txt
#软链接指向的文件已经不存在
[root@CentOS link]# cat test.txt.soft.link
cat: test.txt.soft.link: No such file or directory
#硬链接指向的文件内容依然存在
[root@CentOS link]# cat test.txt.hard.link
this is file content
```

使用 rm 命令一定要小心。文件一旦被删除，就不能恢复，为了防止误删除文件，可以使用 i 选项来逐个确认要删除的文件并逐个确认是否要删除。使用 f 选项删除文件或目录时不给予任何提示。各个选项可以组合使用，例如使用 rf 选项可以递归删除指定的目录，而不给予任何提示。

删除有硬链接指向的文件时，使用硬链接仍然可以访问文件原来的内容，这点与软链接是不同的。

要删除第 1 个字符为'-'的文件 (例如'-foo')，请使用以下方法之一：

```
rm -- -foo
rm ./-foo
```

A.1.5　查看文件

要查看文件，使用 cat、less、tac、tail、more 命令中的任意一个即可。

1. cat

使用 cat 命令查看文件时会显示整个文件的内容。注意，cat 命令只能查看文本内容的文件，若查看二进制文件，则屏幕会显示乱码。另外，cat 命令可以创建文件、合并文件等。cat 命令的语法为 cat [-AbeEnstTuv] [--help] [--version] fileName。

【示例 A-5】

```
#查看系统网络配置文件
[root@CentOS cmd]# cat /etc/sysconfig/network-scripts/ifcfg-eth0
DEVICE=eth0
HWADDR=00:0C:29:7F:08:9D
TYPE=Ethernet
UUID=3268d86a-3245-4afa-94e0-f100a8efae44
ONBOOT=yes
BOOTPROTO=static
BROADCAST=192.168.78.255
IPADDR=192.168.78.100
NETMASK=255.255.255.0
#显示行号，空白行也进行编号
[root@CentOS cmd]# cat -n  a
     1  12
     2  13
     3
     4  45
     5  45
#对空白行不编号
[root@CentOS cmd]# cat -b  a
     1  12
     2  13
     3  45
     4  45
#file1 文件内容
[root@CentOS cmd]# cat file1
```

```
1
2
3
#file2 文件内容
[root@CentOS cmd]# cat file2
4
5
6
#文件内容合并
[root@CentOS cmd]# cat  file1 file2 >file_1_2
[root@CentOS cmd]# cat file_1_2
1
2
3
4
5
6
#创建文件
[root@CentOS cmd]# cat >file_1_2
a
b
c
d
e
#按 Ctrl-D 结束
[root@CentOS cmd]# cat file_1_2
a
b
c
d
e
#追加内容
[root@CentOS cmd]# cat >>file_1_2
cc
dd
#按 Ctrl-D 结束
#查看追加的文件内容
[root@CentOS cmd]# cat file_1_2
a
b
c
d
e
cc
dd
```

使用 cat 命令可以复制文件，包括文本文件、二进制文件或 ISO 光盘文件等。

2. more 和 less

使用 cat 命令查看文件时，如果一个文件有很多行，就会出现滚屏的问题，这时可以使用 more 或 less 查看。more 和 less 既可以和其他命令结合使用，也可以单独使用。

more 命令可以使用 space 空格键向后翻页、b 向前翻页。帮助可以选择 h，更多使用方法可以利用 man more 查看帮助文档。

【示例 A-6】

```
[root@CentOS ~]# wc -l more.txt
135 more.txt
#当一屏显示不下时会显示文件的一部分
#用分页的方式显示一个文件的内容
[root@CentOS ~]# more more.txt
#部分显示结果省略
    SPACE         Display next k lines of text.  Defaults to current screen
--More--(45%)
#和其他命令结合使用
[root@CentOS ~]# man more|more
[root@CentOS ~]# cat -n src.txt
    1  0
    2  1
    3
    4
    5  2
    6  3
    7  4
    8  5
[root@CentOS ~]# more -s  src.txt
0
1
2
3
4
5
#从第 6 行开始显示文件内容
[root@CentOS ~]# more +6 src.txt
3
4
5
#more -c -10 example1.c % 执行该命令后，先清屏，再以 10 行一组的方式显示文件 example.c
的内容
[root@CentOS ~]# more -c -10 src.txt
0
1
2
3
```

```
4
5
6
7
8
9
--More--(2%)
```

在 more 命令的执行过程中，用户可以使用 more 命令自身的一系列命令动态地根据需要来选择显示的部分。more 在显示完一屏内容之后，将停下来等待用户输入某个命令。

less 命令的功能几乎和 more 命令一样，也是用来按页显示文件，不同之处在于 less 命令在显示文件时允许用户既可以向前又可以向后翻阅文件。用 less 命令显示文件时，若需要在文件中往前移动，则按 b 键；要移动到用文件的百分比表示的某位置，指定一个 0~100 的数，按 p 键即可。less 命令的使用与 more 命令类似，在此就不赘述了，用户如有不清楚的地方，可直接查看联机帮助。

3. tail

tail 命令和 less 命令类似。tail 命令可以指定显示文件的最后多少行，并可以滚动显示日志。

A.1.6 查看文件或目录：find

find 命令可以根据给定的路径和表达式查找指定的文件或目录。find 参数的选项很多，并且支持正则，功能强大，和管道结合使用可以实现复杂的功能，是系统管理者和普通用户必须掌握的命令。find 命令不加任何参数时，表示查找当前路径下的所有文件和目录。

【示例 A-7】

```
[root@CentOS nginx]# ls -l
total 12
drwxr-xr-x. 2 root root 4096 Apr 24 22:34 conf
drwxr-xr-x. 2 root root 4096 Apr 11 03:15 html
lrwxrwxrwx. 1 root root   10 Apr 24 22:36 logs -> /data/logs
drwxr-xr-x. 2 root root 4096 Apr 11 03:15 sbin
#查找当前目录下的所有文件，此命令等效于 find .或 find . -name "*
[root@CentOS nginx]# find
.
./conf
./conf/nginx.conf
./html
./html/index.html
./html/50x.html
./sbin
./sbin/nginx
./logs
#-print 表示将结果打印到标准输出
[root@CentOS nginx]# find  -print
.
```

```
./res
./conf
./conf/nginx.conf
./html
./html/index.html
./html/50x.html
./sbin
./sbin/
#指定路径查找
[root@CentOS nginx]# find /data/logs
/data/logs
/data/logs/error.log
/data/logs/access.log
/data/logs/nginx.pid
```

若忘记某个文件的位置，则可使用 find 命令查找指定文件。若执行完毕后没有任何输出，则表示系统中不存在此文件。name 选项（文件名选项）是 find 命令中常用的选项，要么单独使用，要么和其他选项一起使用。可以使用某种文件名模式来匹配文件，记住要用引号将文件名模式引起来。无论当前路径是什么，如需在自己的根目录$HOME 中查找文件名符合 "*.txt" 的文件，可以使用 "~" 作为路径参数，波浪号 "~" 代表当前用户的主目录。

A.1.7　过滤文本：grep

grep 是一种强大的文本搜索工具命令，用于查找文件中符合指定格式的字符串，支持正则表达式。若不指定任何文件名称，或者所给予的文件名为 "-"，则 grep 命令从标准输入设备读取数据。grep 家族包括 grep、egrep 和 fgrep。egrep 和 fgrep 命令与 grep 命令稍有不同。egrep 命令是 grep 命令的扩展。fgrep 就是 fixed grep 或 fast grep，该命令使用任何正则表达式中的元字符表示其自身的字面意义。其中，egrep 等同于 grep -E，fgrep 等同于 grep-F。Linux 中的 grep 功能强大，支持很多丰富的参数，可以方便地进行一些文本处理工作。

grep 单独使用时至少有两个参数，若少于两个参数，则 grep 会一直等待，直到该程序被中断。如果遇到了这样的情况，可以按 Ctrl+C 键终止。默认情况下只搜索当前目录，要递归查找子目录，可使用 r 选项。

【示例 A-8】

```
#在指定文件中查找特定字符串
[root@CentOS ~]# grep root /etc/passwd
root:x:0:0:root:/root:/bin/bash
operator:x:11:0:operator:/root:/sbin/nologin
#结合管道一起使用
[root@CentOS ~]#  cat /etc/passwd | grep root
root:x:0:0:root:/root:/bin/bash
operator:x:11:0:operator:/root:/sbin/nologin
#将显示符合条件的内容所在的行号
[root@CentOS ~]# grep -n root /etc/passwd
```

```
1:root:x:0:0:root:/root:/bin/bash
30:operator:x:11:0:operator:/root:/sbin/nologin
```
#在 nginx.conf 中查找包含 listen 的行号打印出来
```
[root@CentOS conf]# grep listen nginx.conf
        listen       80;
```
#结合管道使用,其中/sbin/ifconfig 表示查看当前系统的网络配置信息,然后查找包含 inet addr 的字符串,第 2 行为查找的结果
```
[root@CentOS etc]# cat file1
[mysqld]
datadir=/var/lib/mysql
socket=/var/lib/mysql/mysql.sock
user=mysql
[root@CentOS etc]# grep var  file1
datadir=/var/lib/mysql
socket=/var/lib/mysql/mysql.sock
[root@CentOS etc]# grep  -v var file1
[mysqld]
user=mysql
```
#显示行号
```
[root@CentOS etc]# grep -n var file1
2:datadir=/var/lib/mysql
3:socket=/var/lib/mysql/mysql.sock
[root@CentOS nginx]# /sbin/ifconfig|grep "inet addr"
        inet addr:192.168.f1.100  Bcast:192.168.f1.255  Mask:255.255.255.0
```
#综合使用
```
$ grep magic /usr/src/linux/Documentation/* | tail
```
#查看文件内容
```
[root@CentOS etc]# cat test.txt
default=0
timeout=5
splashimage=(hd0,0)/boot/grub/splash.xpm.gz
hiddenmenu
title CentOS (2.6.32-358.el6.x86_64)
        root (hd0,0)
        kernel /boot/vmlinuz-2.6.32-358.el6.x86_64 ro
root=UUID=d922ef3b-d473-40a8-a7a2
        initrd /boot/initramfs-2.6.32-358.el6.x86_64.img
```
#查找指定字符串,此时区分字母大小写
```
[root@CentOS etc]# grep uuid test.txt
[root@CentOS etc]# grep  UUID  test.txt
        kernel /boot/vmlinuz-2.6.32-358.el6.x86_64 ro
root=UUID=d922ef3b-d473-40a8-a7a2
```
#不区分字母大小写查找指定字符串
```
[root@CentOS etc]# grep  -i uuid  test.txt
        kernel /boot/vmlinuz-2.6.32-358.el6.x86_64 ro
root=UUID=d922ef3b-d473-40a8-a7a2
```

```
#列出匹配字符串的文件名
[root@CentOS etc]# grep -l UUID test.txt
test.txt
[root@CentOS etc]# grep -L UUID test.txt
#列出不匹配字符串的文件名
[root@CentOS etc]# grep -L uuid test.txt
test.txt
#匹配整个单词
[root@CentOS etc]# grep -w UU test.txt
[root@CentOS etc]# grep -w UUID test.txt
        kernel /boot/vmlinuz-2.6.32-358.el6.x86_64 ro
root=UUID=d922ef3b-d473-40a8-a7a2
#除了显示匹配的行外，还分别显示该行上下文的 N 行
[root@CentOS etc]# grep -C1 UUID test.txt
        root (hd0,0)
        kernel /boot/vmlinuz-2.6.32-358.el6.x86_64 ro
root=UUID=d922ef3b-d473-40a8-a7a2
        initrd /boot/initramfs-2.6.32-358.el6.x86_64.img
[root@CentOS etc]# grep -n -E "^[a-z]+" test.txt
1:default=0
2:timeout=5
3:splashimage=(hd0,0)/boot/grub/splash.xpm.gz
4:hiddenmenu
5:title CentOS (2.6.32-358.el6.x86_64)
[root@CentOS etc]# grep -n -E "^[^a-z]+" test.txt
6:      root (hd0,0)
7:      kernel /boot/vmlinuz-2.6.32-358.el6.x86_64 ro
root=UUID=d922ef3b-d473-40a8-a7a2
8:      initrd /boot/initramfs-2.6.32-358.el6.x86_64.img
#按正则表达式查找指定字符串
[root@CentOS etc]# cat my.cnf
[mysqld]
datadir=/var/lib/mysql
socket=/var/lib/mysql/mysql.sock
user=mysql
#按正则表达式查找
[root@CentOS etc]# grep -E "datadir|socket" my.cnf
datadir=/var/lib/mysql
socket=/var/lib/mysql/mysql.sock
[root@CentOS etc]# grep mysql my.cnf
[mysqld]
datadir=/var/lib/mysql
socket=/var/lib/mysql/mysql.sock
user=mysql
#结合管道一起使用
[root@CentOS etc]# grep mysql my.cnf |grep datadir
```

```
datadir=/var/lib/mysql
#递归查找
[root@CentOS etc]# grep -r var .|head -3
./rc5.d/K50netconsole: touch /var/lock/subsys/netconsole
./rc5.d/K50netconsole: rm -f /var/lock/subsys/netconsole
./rc5.d/K50netconsole: [ -e /var/lock/subsys/netconsole ] && restart
```

grep 支持丰富的正则表达式，常见的正则元字符含义如表 A.1 所示。

表A.1　grep正则参数说明

参　数	说　明
^	指定匹配字符串的行首
$	指定匹配字符串的结尾
*	表示 0 个以上的字符
+	表示 1 个以上的字符
\	去掉指定字符的特殊含义
^	指定行的开始
$	指定行的结束
.	匹配一个非换行符的字符
*	匹配零个或多个先前字符
[]	匹配一个在指定范围内的字符
[^]	匹配一个不在指定范围内的字符
\(..\)	标记匹配字符
<	指定单词的开始
>	指定单词的结束
x{m}	重复字符 xm 次
x{m,}	重复字符 x 至少 m 次
x{m,n}	重复字符 x 至少 m 次，但不多于 n 次
w	匹配文字和数字字符，也就是[A-Za-z0-9]
b	单词锁定符
+	匹配一个或多个先前的字符
?	匹配零个或多个先前的字符
a|b|c	匹配 a 或 b 或 c
()	分组符号
[:alnum:]	文字、数字字符
[:alpha:]	文字字符
[:digit:]	数字字符
[:graph:]	非空格、控制字符
[:lower:]	小写字母
[:cntrl:]	控制字符

（续表）

参　数	说　明
[:print:]	非空字符（包括空格）
[:punct:]	标点符号
[:space:]	所有空白字符（新行、空格、制表符）
[:upper:]	大写字母
[:xdigit:]	十六进制数字（0~9、a~f、A~F）

A.1.8　比较文件差异 diff

diff 命令的功能是逐行比较两个文本文件，列出其不同之处。它对给出的文件进行系统的检查，并显示出两个文件中所有不同的行，以便告知用户为了使两个文件 file1 和 file2 一致，需要修改它们的哪些行，比较之前不要求事先对文件进行排序。如果 diff 命令后跟的是目录，就会对该目录中的同名文件进行比较，但不会比较其中的子目录。

【示例 A-9】

```
[root@CentOS conf]# head nginx.conf|cat -n
    01
    02  #user  nobody;
    03  worker_processes  1;
    04
    05  #error_log  logs/error.log;
    06  #error_log  logs/error.log  notice;
    07  #error_log  logs/error.log  info;
    08
    09  #pid        logs/nginx.pid;
    10
[root@CentOS conf]# head nginx.conf.bak |cat -n
    01
    02  worker_processes  1;
    03
    04  error_log  logs/error.log;
    05  error_log  logs/error.log  notice;
    06  error_log  logs/error.log  info;
    07
    08  pid        logs/nginx.pid;
    09
    10
#比较文件差异
[root@CentOS conf]# diff nginx.conf nginx.conf.bak |cat -n
    01  2d1
    02  < #user  nobody;
    03  5,7c4,6
    04  < #error_log  logs/error.log;
```

```
05  <  #error_log  logs/error.log  notice;
06  <  #error_log  logs/error.log  info;
07  ---
08  >  error_log  logs/error.log;
09  >  error_log  logs/error.log  notice;
10  >  error_log  logs/error.log  info;
11  9c8
12  <  #pid        logs/nginx.pid;
13  ---
14  >  pid         logs/nginx.pid;
```

在上述比较结果中，以"＜"开头的行属于第 1 个文件，以"＞"开头的行属于第 2 个文件。字母 a、d 和 c 分别表示附加、删除和修改操作。

A.1.9　在文件或目录之间创建链接：ln

ln 命令用在连接文件或目录中，若同时指定两个以上的文件或目录，且最后的目的地是一个已经存在的目录，则会把前面指定的所有文件或目录复制到该目录中。若同时指定多个文件或目录，且最后的目的地并非是一个已存在的目录，则会出现错误信息。ln 命令会保持每一处链接文件的同步性，也就是说，只要改动其中一处，其他地方的文件就会发生相同的变化。

的 ln 的链接分为软链接和硬链接。软链接只会在目的位置生成一个文件的链接文件，实际不会占用磁盘空间，相当于 Windows 中的快捷方式。硬链接会在目的位置上生成一个和源文件大小相同的文件。无论是软链接还是硬链接，文件都保持同步变化。软链接是可以跨分区的，但是硬链接必须在同一个文件系统，并且不能对目录进行硬链接，而符号链接可以指向任意位置。

【示例 A-10】

```
#创建软链接
[root@CentOS ln]# ln -s  /data/ln/src /data/ln/dst
[root@CentOS ln]# ls -l
total 0
lrwxrwxrwx. 1 root root 12 Jun  3 23:19 dst -> /data/ln/src
-rw-r--r--. 1 root root  0 Jun  3 23:19 src
[root@CentOS ln]# echo "src" >src
#当源文件内容改变时，软链接指向的文件内容也会改变
[root@CentOS ln]# cat src
src
[root@CentOS ln]# cat dst
src
#创建硬链接
[root@CentOS ln]# ln   /data/ln/src /data/ln/dst_hard
#查看文件硬链接信息
[root@CentOS ln]# ls -l
total 8
-rw-r--r--. 2 root root 4 Jun  3 23:27 dst_hard
-rw-r--r--. 2 root root 4 Jun  3 23:27 src
```

```
[root@CentOS ln]# cat dst_hard
src
#删除源文件
[root@CentOS ln]# rm src
[root@CentOS ln]# ls
dst  dst_hard
#软链接指向的文件内容已经不存在
[root@CentOS ln]# cat dst
cat: dst: No such file or directory
#硬链接文件内容依然存在
[root@CentOS ln]# cat dst_hard
src
[root@CentOS ln]# cd ..
[root@CentOS data]# mkdir  ln2
#对某一目录中的所有文件和目录建立连接
[root@CentOS data]# ln -s /data/ln/* /data/ln2
[root@CentOS data]# ls -l ln2
total 0
lrwxrwxrwx. 1 root root 17 Jun  3 23:22 dst_hard -> /data/ln/dst_hard
lrwxrwxrwx. 1 root root 14 Jun  3 23:22 file1 -> /data/ln/file1
lrwxrwxrwx. 1 root root 14 Jun  3 23:22 file2 -> /data/ln/file2
lrwxrwxrwx. 1 root root 14 Jun  3 23:22 file3 -> /data/ln/file3
lrwxrwxrwx. 1 root root 14 Jun  3 23:22 lndir -> /data/ln/lndir
```

硬链接指向的文件进行读写和删除操作的时候，效果和符号链接相同。删除硬链接文件的源文件后，硬链接文件仍然存在，可以将硬链接指向的文件认为是不同的文件，只是具有相同的内容。

A.1.10　显示文件类型：file

file 命令用来显示文件的类型，对于每个给定的参数，该命令试图将文件分类为文本文件、可执行文件、压缩文件或其他可理解的数据格式。

【示例 A-11】

```
#显示文件类型
[root@CentOS conf]# file magic
magic: magic text file for file(1) cmd
#不显示文件名称，只显示文件类型
root@CentOS conf]# file -b magic
magic text file for file(1) cmd
#显示文件 magic 信息
[root@CentOS conf]# file -i magic
magic: text/plain; charset=utf-8
#可执行文件
[root@CentOS conf]# file /bin/cp
/bin/cp: ELF 64-bit LSB executable, AMD x86-64, version 1 (SYSV), for GNU/Linux
2.6.4, dynamically linked (uses shared libs), for GNU/Linux 2.6.4, stripped
```

```
[root@CentOS conf]# ln  -s /bin/cp cp
[root@CentOS conf]# file cp
cp: symbolic link to `/bin/cp'
#显示链接指向的实际文件的相关信息
[root@CentOS conf]# file -L cp
cp: ELF 64-bit LSB executable, AMD x86-64, version 1 (SYSV), for GNU/Linux 2.6.4,
dynamically linked (uses shared libs), for GNU/Linux 2.6.4, stripped
```

A.1.11　分割文件：split

当处理文件时，有时需要对文件进行分割处理。split 命令用于分割文件，可以将文本文件按指定的行数分割，每个分割后的文件都包含相同的行数。split 可以分割非文本文件，分割时可以指定每个文件的大小，使分割后的文件有相同的大小。经过 split 分割后的文件可以使用 cat 命令组装在一起。

【示例 A-12】

```
[root@CentOS cmd]# cat src.txt
0
1
2
3
4
5
6
7
8
9
[root@CentOS cmd]# split  src.txt
[root@CentOS cmd]# ls
dst.txt  src.txt  xaa  xab  xac
#split 默认按 1000 行分割文件
[root@CentOS cmd]# ls
src.txt  xaa  xab  xac
[root@CentOS cmd]# wc -l *
2004 src.txt
1000 xaa
1000 xab
4 xac
[root@CentOS cmd]# ls -lhtr
total 8.0K
-rw-r--r--. 1 root root 53 Apr 22 18:35 src.txt
-rw-r--r--. 1 root root 53 Apr 22 18:35 xaa
[root@CentOS cmd]# rm xaa
rm: remove regular file `xaa'? y
#按每个文件 3 行分割文件
[root@CentOS cmd]# split  -l 3 src.txt
```

```
[root@CentOS cmd]# ls
src.txt  xaa  xab xac
-rw-r--r--. 1 root root  8 Apr 22 18:35 xad
-rw-r--r--. 1 root root  9 Apr 22 18:35 xae
-rw-r--r--. 1 root root  9 Apr 22 18:35 xaf
-rw-r--r--. 1 root root  9 Apr 22 18:35 xag
[root@CentOS cmd]# cat xa*
0
1
2
```

#中间结果省略

```
2003
[root@CentOS cmd]# cat xaa
0
1
2
```

#文件行数太多，使用默认的两个字符已经不能满足需求

```
[root@CentOS cmd]# split  -l 3 src.txt
split: output file suffixes exhausted
[root@CentOS cmd]# rm -f  xa*
[root@CentOS cmd]# ls
src.txt
```

#指定分割前缀的长度

```
[root@CentOS cmd]# split -a 5 -l 3 src.txt
[root@CentOS cmd]# ls
src.txt xaaaaa xaaaab xaaaac xaaaad xaaaae xaaaaf xaaaag
[root@CentOS cmd]# cat xaaaaa
0
1
2
[root@CentOS cmd]# rm -f xaaaa*
```

#使用数字前缀

```
[root@CentOS cmd]# split  -a 5 -l 3  -d src.txt
[root@CentOS cmd]# ls
src.txt  x00000  x00001  x00002  x00003  x00004  x00005  x00006
[root@CentOS cmd]# cat x00000
0
1
2
```

#指定每个文件的大小，默认为字节，可以使用 1m 类似的参数
#默认为 B，另外有单位 b、k、m 等
#SIZE 可加入单位：b 代表 512，k 代表 1K，m 代表 1 Meg

```
[root@CentOS cmd]# split  -a 5 -b 3 src.txt
[root@CentOS cmd]# ls
src.txt xaa xab xac xad xae xaf xag xah xai xaj xak xal xam xan
xao xap xaq xar
```

```
[root@CentOS cmd]# ls -l xaaaaa
-rw-r--r--. 1 root root      3 Apr 22 18:55 xaaaaa
[root@CentOS cmd]# src.txt xaa xaaaaa xaaaab xaaaac xaaaad xaaaae xaaaaf xaaaag
[root@CentOS cmd]# cat xa* >dst.txt
[root@CentOS cmd]# md5sum src.txt dst.txt
74437cf5bf0caab73a2fedf7ade51e67  src.txt
74437cf5bf0caab73a2fedf7ade51e67  dst.txt
#指定分割前缀
[root@CentOS cmd]# split -a 5 -b 3000  src.txt    src_
[root@CentOS cmd]# ls
dst.txt   src_aaaac  src_aaaag  src_aaaak  src_aaaao
```

当把一个大的文件拆分为多个小文件后，如何校验文件的完整性呢？一般通过 MD5 工具来校验对比。对应的 Linux 命令为 md5sum。

> 有关 MD5 的校验机制和原理可参考相关文档，本节不再赘述。

A.1.12　合并文件：join

如果需要将两个文件根据某种规则连接起来，可以用 join 完成这个功能。该命令可以找出两个文件中指定列内容相同的行，并加以合并，再输出到标准输出设备。

【示例 A-13】

```
[root@CentOS conf]# cat -n src
   01  abrt /etc/abrt /sbin/nologin
   02  adm adm /var/adm
   03  avahi-autoipd Avahi IPv4LL
   04  bin bin /bin
   05  daemon daemon /sbin
   06  dbus System message
   07  ftp FTP User
   08  games games /usr/games
   09  gdm /var/lib/gdm /sbin/nologin
   10  gopher gopher /var/gopher
[root@CentOS conf]# cat -n dst
   01  abrt
   02  adm 99999 7
   03  avahi-autoipd
   04  bin 99999 7
   05  daemon 99999 7
   06  dbus
   07  ftp 99999 7
   08  games 99999 7
   09  gdm
   10  gopher 99999 7
[root@CentOS conf]# join src dst |cat -n
```

```
01   abrt /etc/abrt /sbin/nologin
02   adm adm /var/adm 99999 7
03   avahi-autoipd Avahi IPv4LL
04   bin bin /bin 99999 7
05   daemon daemon /sbin 99999 7
06   dbus System message
07   ftp FTP User 99999 7
08   games games /usr/games 99999 7
09   gdm /var/lib/gdm /sbin/nologin
10   gopher gopher /var/gopher 99999 7
#指定输出特定的列
[root@CentOS conf]# join -o1.1 -o2.2,2.3 src dst
abrt
adm 99999 7
avahi-autoipd
bin 99999 7
daemon 99999 7
dbus
ftp 99999 7
games 99999 7
gdm
gopher 99999 7
```

A.1.13　文件权限：umask

　　umask 命令用于指定在建立文件时预设的权限掩码。权限掩码由 3 个八进制的数字所组成，将现有的存取权限减掉权限掩码后，即可产生建立文件时预设的权限。

　　需要注意的是，文件基数为 666，目录为 777，即文件可设 x 位，目录可设 x 位。chmod 改变文件权限位时设定哪个位，哪个位就有权限；而 umask 是设定哪个位，哪个位就没有权限。完成一次设定后，只针对当前登录的环境有效，若想永久保存，则可加入对应用户的 profile 文件中：

```
[root@CentOS ~]# umask
0022
```

　　umask 参数中的数字范围为 000~777。umask 的计算方法分为目录和文件两种情况。相应的文件和目录默认创建权限确定步骤如下：

　　（1）目录和文件的最大权限模式为 777，即所有用户都具有读、写和执行权限。

　　（2）得到当前环境 umask 的值，当前系统为 0022。

　　（3）对于目录来说，根据互补原则，目录权限为 755；而文件由于默认没有执行权限，最大为 666，则对应的文件权限为 644。

　　【示例 A-14】

```
#首先查看当前系统的 umask 值，当前系统为 022
[root@CentOS umask]# umask
0022
```

```
#分别创建文件和目录
[root@CentOS umask]# touch file
[root@CentOS umask]# mkdir dir
#文件默认权限为 666-022=644，目录默认权限为 777-022=755
[root@CentOS umask]# ls -l
total 4
drwxr-xr-x. 2 root root 4096 Jun  4 01:22 dir
-rw-r--r--. 1 root root    0 Jun  4 01:22 file
```

A.1.14　文本操作：awk 和 sed

awk 和 sed 为 Linux 系统中强大的文本处理工具，其使用方法比较简单，而且处理效率非常高。本节主要介绍 awk 和 sed 命令的使用方法。

1. awk 命令

awk 命令用于 Linux 下的文本处理。数据可以来自文件或标准输入，支持正则表达式等功能，是 Linux 下强大的文本处理工具。

【示例 A-15】

```
[root@CentOS ~]# awk '{print $0}' /etc/passwd|head
root:x:0:0:root:/root:/bin/bash
bin:x:1:1:bin:/bin:/sbin/nologin
daemon:x:2:2:daemon:/sbin:/sbin/nologin
adm:x:3:4:adm:/var/adm:/sbin/nologin
lp:x:4:7:lp:/var/spool/lpd:/sbin/nologin
sync:x:5:0:sync:/sbin:/bin/sync
```

 当指定 awk 时，首先从给定的文件中读取内容，然后针对文件中的每一行执行 print 命令，并把输出发送至标准输出，如屏幕。在 awk 中，"{}"用于将代码分块。由于 awk 默认的分隔符为空格等空白字符，因此上述示例的功能是将文件中的每行打印出来。

2. sed 命令

在修改文件时，如果不断地重复某些编辑操作，则可用 sed 命令完成。sed 命令为 Linux 系统中将编辑工作自动化的编辑器，使用者无须直接编辑数据，是一种非交互式上下文编辑器，一般的 Linux 系统本身即安装有 sed 工具。使用 sed 可以完成数据行的删除、更改、添加、插入、合并或交换等操作。与 awk 类似，sed 命令可以通过命令行、管道或文件输入。

sed 命令可以打印指定的行至标准输出或重定向至文件，打印指定的行可以使用 p 命令，可打印指定的某一行或某个范围的行。

【示例 A-16】

```
[root@CentOS ~]# head -3 /etc/passwd|sed -n 2p
bin:x:1:1:bin:/bin:/bin/bash
[root@CentOS ~]# head -3 /etc/passwd|sed -n 2,3p
```

```
bin:x:1:1:bin:/bin:/bin/bash
daemon:x:2:2:Daemon:/sbin:/bin/bash
```

 "2p"表示只打印第 2 行，"2,3p"表示打印一个范围。

A.2 目录管理

目录是 Linux 的基本组成部分，目录管理包括目录的复制、删除、修改等操作。本节主要介绍 Linux 中目录管理相关的命令。

A.2.1 显示当前工作目录：pwd

pwd 命令用于显示当前工作目录的完整路径。pwd 命令的使用比较简单，默认情况下不带任何参数，执行该命令显示当前路径。如果当前路径有软链接，则显示链接路径而非实际路径，使用 P 参数可以显示当前路径的实际路径。

【示例 A-17】

```
#查看创建软链接
[root@CentOS nginx]# ls -l
lrwxrwxrwx. 1 root   root   10 Apr 17 00:06 logs -> /data/logs
[root@CentOS nginx]# cd logs
#默认显示链接路径
[root@CentOS logs]# pwd
/usr/local/nginx/logs
#显示实际路径
[root@CentOS logs]# pwd -P
/data/logs
```

A.2.2 创建目录：mkdir

mkdir 命令用于创建指定的目录。创建目录时，当前用户对需要操作的目录有读写权限。如果目录已经存在，就会提示报错并退出。mkdir 可以创建多级目录。

 创建目录时，目的路径不能存在重名的目录或文件。使用-p 参数可以一次创建多级目录，并且创建多级目录时，不需要多级目录中每个目录都存在。

【示例 A-18】

```
[root@CentOS logs]# cd /data
#如果目录已经存在，就提示错误信息并退出
[root@CentOS data]# mkdir soft
mkdir: cannot create directory `soft': File exists
#使用 P 参数可以创建存在或不存在的目录
```

```
[root@CentOS data]# mkdir -p soft
#使用相对路径
[root@CentOS data]# mkdir -p soft/nginx
[root@CentOS data]# ls -l soft/
total 9596
drwxr-xr-x. 2 root root    4096 Apr 17 00:22 nginx
#使用绝对路径
[root@CentOS data]# mkdir -p /soft/nginx
[root@CentOS data]# ls -l /soft/
drwxr-xr-x. 2 root root 4096 Apr 17 00:22 nginx
#指定新创建目录的权限
[root@CentOS data]# mkdir -m775  apache
[root@CentOS data]# ls -l
total 16
drwxrwxr-x. 2 root root 4096 Apr 17 00:22 apache
#一次创建多个目录
[root@CentOS data]# mkdir -p /data/{dira,dirb}
[root@CentOS data]# ll /data/
drwxr-xr-x. 2 root root 4096 Apr 17 00:26 dira
drwxr-xr-x. 2 root root 4096 Apr 17 00:26 dirb
#一次创建多个目录
[root@CentOS data]# mkdir -p /data/dirc /data/dird
[root@CentOS data]# ls -l
drwxr-xr-x. 2 root root 4096 Apr 17 00:27 dirc
drwxr-xr-x. 2 root root 4096 Apr 17 00:27 dird
[goss@CentOS ~]$ ls -l /data
drwxr-xr-x. 2 root root 4096 Apr 12 20:31 test
#虽然没有权限写入，但由于目录存在，并不会提示任何信息
[goss@CentOS ~]$ mkdir -p /data/test
#若无写权限，则不能创建目录
[goss@CentOS ~]$ mkdir -p /data/goss
mkdir: cannot create directory `/data/goss': Permission denied
```

A.2.3 删除目录：rmdir

rmdir 命令用于删除指定的目录，删除的目录必须为空目录或为多级空目录。例如使用 p 参数，"rmdir -p a/b/c" 等价于 "rmdir a/b/c   rmdir a/b   rmdir a"。

【示例 A-19】

```
[root@CentOS dira]# mkdir -p a/b/c
[root@CentOS dira]# touch a/b/c/file_c
[root@CentOS dira]# touch a/b/file_b
[root@CentOS dira]# touch a/file_a
#当前目录结构
[root@CentOS dira]# find .
.
```

```
./a
./a/file_a
./a/b
./a/b/file_b
./a/b/c
./a/b/c/file_c
#删除c目录，删除失败
[root@CentOS dira]# rmdir a/b/c/
rmdir: failed to remove `a/b/c/': Directory not empty
[root@CentOS dira]# rm -f  a/b/c/file_c
#删除成功
[root@CentOS dira]# rmdir a/b/c/
[root@CentOS dira]# ls -l a/b
total 0
-rw-r--r--. 1 root root 0 Apr 17 01:05 file_b
[root@CentOS dira]# mkdir -p a/b/c
[root@CentOS dira]# ls -l a/b
total 4
drwxr-xr-x. 2 root root 4096 Apr 17 01:06 c
-rw-r--r--. 1 root root   0 Apr 17 01:05 file_b
[root@CentOS dira]# rmdir a/b/c/
[root@CentOS dira]# ls -l a/b
total 0
-rw-r--r--. 1 root root 0 Apr 17 01:05 file_b
[root@CentOS dira]# mkdir -p a/b/c
#递归删除目录
[root@CentOS dira]# rmdir -p a/b/c
rmdir: failed to remove directory `a/b': Directory not empty
[root@CentOS dira]# find .
.
./a
./a/file_a
./a/b
./a/b/file_b
```

 当使用 p 参数时，若目录中存在空目录和文件，则空目录会被删除，上一级目录不能删除。

A.2.4　改变工作目录：cd

cd 命令用于切换工作目录为指定的目录，参数可以为相对路径或绝对路径，若不跟任何参数，则切换到用户的主目录。cd 为常用的命令，与 DOS 下的 cd 命令类似。

【示例 A-20】

```
[root@CentOS ~]# cd /
[root@CentOS /]# pwd
/
```

```
[root@CentOS /]# ls
bin boot cdrom data dev etc home lib lib64 lost+found media misc
mnt net opt proc root sbin selinux soft srv sys tmp usr var
[root@CentOS /]# cd
[root@CentOS ~]# pwd
/root
[root@CentOS /]# cd ~
[root@CentOS ~]# pwd
/root
[root@CentOS ~]# cd /usr/local/
[root@CentOS local]# pwd
/usr/local
[root@CentOS local]# cd…
[root@CentOS usr]# pwd
/usr
# "-" 表示回到上次的目录
[root@CentOS usr]# cd -
/usr/local
[root@CentOS local]# pwd
/usr/local
```

A.2.5   查看工作目录文件：ls

ls 命令是 Linux 下常用的命令。ls 命令就是 list 的缩写。默认情况下，ls 命令用来查看当前目录的清单，如果 ls 命令指定其他目录，就会显示指定目录中的文件及目录清单。通过 ls 命令不仅可以查看 Linux 目录包含的文件，还可以查看文件权限（包括目录、文件权限）、查看目录信息等。

【示例 A-21】

```
#输出文件的详细信息
[root@CentOS nginx]# ls -l
total 1272
drwxr-xr-x. 2 root root    4096 Apr 25 19:37 conf
drwxr-xr-x. 2 root root    4096 Apr 11 03:15 html
lrwxrwxrwx. 1 root root      10 Apr 24 22:36 logs -> /data/logs
-rw-r--r--. 1 root root 1288918 Apr 25 22:54 res
drwxr-xr-x. 2 root root    4096 Apr 11 03:15 sbin
#输出的文件大小以 k 为单位
[root@CentOS nginx]# ls -lk
total 1272
drwxr-xr-x. 2 root root    4 Apr 25 23:05 conf
drwxr-xr-x. 2 root root    4 Apr 25 23:05 html
lrwxrwxrwx. 1 root root    1 Apr 24 22:36 logs -> /data/logs
-rw-r--r--. 1 root root 1259 Apr 25 23:05 res
drwxr-xr-x. 2 root root    4 Apr 25 23:05 sbin
#将文件大小转变为可阅读的方式，如 1G、23MB、456KB 等
[root@CentOS nginx]# ls -lh
```

```
total 1.3M
drwxr-xr-x. 2 root root 4.0K Apr 25 19:37 conf
drwxr-xr-x. 2 root root 4.0K Apr 11 03:15 html
lrwxrwxrwx. 1 root root   10 Apr 24 22:36 logs -> /data/logs
-rw-r--r--. 1 root root 1.3M Apr 25 22:54 res
drwxr-xr-x. 2 root root 4.0K Apr 11 03:15 sbin
#对目录反向排序
[root@CentOS nginx]# ls -lhr
total 1.3M
drwxr-xr-x. 2 root root 4.0K Apr 11 03:15 sbin
-rw-r--r--. 1 root root 1.3M Apr 25 22:54 res
lrwxrwxrwx. 1 root root   10 Apr 24 22:36 logs -> /data/logs
drwxr-xr-x. 2 root root 4.0K Apr 11 03:15 html
drwxr-xr-x. 2 root root 4.0K Apr 25 19:37 conf
#显示所有文件
[root@CentOS nginx]# ls -a
.  ..  conf  html  logs  res  sbin
#显示时间的完整格式
[root@CentOS nginx]# ls --full-time
total 1272
drwxr-xr-x. 2 root root    4096 2020-04-25 19:37:10.386725133 +0800 conf
drwxr-xr-x. 2 root root    4096 2020-04-11 03:15:28.000999450 +0800 html
lrwxrwxrwx. 1 root root      10 2020-04-24 22:36:18.544792396 +0800 logs ->
/data/logs
-rw-r--r--. 1 root root 1288918 2020-04-25 22:54:09.680715680 +0800 res
drwxr-xr-x. 2 root root    4096 2020-04-11 03:15:27.815999453 +0800 sbin
#列出 inode
[root@CentOS nginx]# ls -il
total 1272
398843 drwxr-xr-x. 2 root root    4096 Apr 25 23:05 conf
398860 drwxr-xr-x. 2 root root    4096 Apr 25 23:05 html
392716 lrwxrwxrwx. 1 root root      10 Apr 24 22:36 logs -> /data/logs
392737 -rw-r--r--. 1 root root 1288918 Apr 25 23:05 res
398841 drwxr-xr-x. 2 root root    4096 Apr 25 23:05 sbin
#递归显示子目录内的目录和文件
[root@CentOS nginx]# ls -R
.:
conf  html  logs  res  sbin
./conf:
dst  nginx.conf  nginx.conf.bak  src
./html:
50x.html  index.html
./sbin:
nginx
#列出当前路径中的目录
[root@CentOS nginx]# ls -Fl|grep "^d"
```

```
drwxr-xr-x. 2 root root   4096 Apr 25 23:05 conf/
drwxr-xr-x. 2 root root   4096 Apr 25 23:05 html/
drwxr-xr-x. 2 root root   4096 Apr 25 23:05 sbin/
#文件按大小排序并把大文件显示在前面
[root@CentOS bin]# ls -Sl
total 7828
-rwxr-xr-x. 1 root root 938768 Feb 22 05:09 bash
-rwxr-xr-x. 1 root root 770248 Apr 5  2012 vi
-rwxr-xr-x. 1 root root 395472 Feb 22 10:22 tar
-rwxr-xr-x. 1 root root 391224 Aug 22 2010 mailx
-rwxr-xr-x. 1 root root 387328 Feb 22 12:19 tcsh
-rwxr-xr-x. 1 root root 382456 Aug 7  2012 gawk
#反向排序
[root@CentOS bin]# ls -Slr
total 7828
lrwxrwxrwx. 1 root root      2 Apr 11 00:40 view -> vi
lrwxrwxrwx. 1 root root      2 Apr 11 00:40 rview -> vi
#部分结果省略
-rwxr-xr-x. 1 root root   2555 Nov 12 2010 unicode_star
```

- 第1列后9个字母表示该文件或目录的权限位。r表示读，w表示写，x表示执行。
- 第2列表示文件硬链接数。
- 第3列表示文件拥有者。
- 第4列表示文件拥有者所在的组。
- 第5列表示文件大小，如果是目录，就表示该目录的大小（注意是目录本身的大小，而非目录及其下面的文件的总大小）。
- 第6列表示文件或目录的最近修改时间。

A.2.6 查看目录树：tree

使用 tree 命令以树状图递归的形式显示各级目录，可以方便地看到目录结构。

【示例 A-22】

```
[root@CentOS man]#  tree
.
|-- man1
|   |-- dbmmanage.1
|   |-- htdbm.1
|   |-- htdigest.1
|   `-- htpasswd.1
`-- man8
    |-- ab.8
    |-- apachectl.8
    |-- apxs.8
    |-- htcacheclean.8
```

```
    |-- httpd.8
    |-- logresolve.8
    |-- rotatelogs.8
    `-- suexec.8

2 directories, 12 files
[root@CentOS man]#  tree -d
.
|-- man1
`-- man8

2 directories
#在每个文件或目录之前，显示完整的相对路径名称
[root@CentOS man]#  tree -f
.
|-- ./man1
|   |-- ./man1/dbmmanage.1
|   |-- ./man1/htdbm.1
|   |-- ./man1/htdigest.1
|   `-- ./man1/htpasswd.1
`-- ./man8
    |-- ./man8/ab.8
    |-- ./man8/apachectl.8
    |-- ./man8/apxs.8
    |-- ./man8/htcacheclean.8
    |-- ./man8/httpd.8
    |-- ./man8/logresolve.8
    |-- ./man8/rotatelogs.8
    `-- ./man8/suexec.8

2 directories, 12 files
```

A.2.7　打包或解包文件：tar

　　tar 命令用于将文件打包或解包，扩展名一般为 ".tar"，指定特定参数可以调用 GZIP 或 BZIP2 制作压缩包或解开压缩包，扩展名为 "tar.gz" 或 ".tar.bz2"。

　　tar 命令相关的包一般使用.tar 作为文件名标识。如果加 z 参数，就以.tar.gz 或.tgz 来代表 GZIP 压缩过的 TAR。

　　【示例 A-23】

```
#仅打包，不压缩
[root@CentOS ~]#  tar -cvf /tmp/etc.tar /etc
#打包并使用 GZIP 压缩
[root@CentOS ~]#  tar -zcvf /tmp/etc.tar.gz /etc
#打包并使用 BZIP2 压缩
[root@CentOS ~]#  tar -jcvf /tmp/etc.tar.bz2 /etc
```

```
#查看压缩包文件列表
[root@CentOS ~]#  tar -ztvf /tmp/etc.tar.gz
[root@CentOS ~]#  cd /data
#解压压缩包至当前路径
[root@CentOS data]#  tar -zxvf /tmp/etc.tar.gz
#只解压指定文件
[root@CentOS data]# tar -zxvf /tmp/etc.tar.gz etc/passwd
#建立压缩包时保留文件属性
[root@CentOS data]#  tar -zxvpf /tmp/etc.tar.gz /etc
#排除某些文件
root@CentOS data]#  tar --exclude /home/*log -zcvf test.tar.gz  /data/soft
```

A.2.8　压缩或解压缩文件和目录：zip/unzip

zip 是 Linux 系统下广泛使用的压缩程序，文件压缩后扩展名为 ".zip"。

zip 命令的基本用法是：zip [参数] [打包后的文件名] [打包的目录路径]。路径可以是相对路径，也可以是绝对路径。

【示例 A-24】

```
[root@CentOS file_backup]# zip file.conf.zip file.conf
  adding: file.conf (deflated 49%)
[root@CentOS file_backup]# file file.conf.zip
file.conf.zip: Zip archive data, at least v2.0 to extract
#解压文件
#将整个目录压缩成一个文件
[root@CentOS file_backup]# zip -r file_backup.zip .
  adding: file_backup.sh (deflated 59%)
  adding: config.conf (deflated 15%)
  adding: data/ (stored 0%)
  adding: data/s (stored 0%)
  adding: file.conf (deflated 49%)
```

zip 命令用来将文件压缩成常用的 ZIP 格式。

unzip 命令用来解压缩 ZIP 文件。

【示例 A-25】

```
[root@CentOS file_backup]# unzip  file.conf.zip
Archive:  file.conf.zip
replace file.conf? [y]es, [n]o, [A]ll, [N]one, [r]ename: A
  inflating: file.conf
#解压时不询问直接覆盖
[root@CentOS file_backup]# unzip -o  file.conf.zip
Archive:  file.conf.zip
  inflating: file.conf
#将文件解压到指定的目录
[root@CentOS file_backup]# unzip file_backup.zip -d /data/bak
```

```
Archive:  file_backup.zip
  inflating: /data/bak/file_backup.sh
  inflating: /data/bak/config.conf
   creating: /data/bak/data/
 extracting: /data/bak/data/s
  inflating: /data/bak/file.conf
[root@CentOS file_backup]# unzip file_backup.zip -d /data/bak
Archive:  file_backup.zip
replace /data/bak/file_backup.sh? [y]es, [n]o, [A]ll, [N]one, [r]ename: A
  inflating: /data/bak/file_backup.sh
  inflating: /data/bak/config.conf
 extracting: /data/bak/data/s
  inflating: /data/bak/file.conf
[root@CentOS file_backup]# unzip -o file_backup.zip -d /data/bak
Archive:  file_backup.zip
  inflating: /data/bak/file_backup.sh
  inflating: /data/bak/config.conf
 extracting: /data/bak/data/s
  inflating: /data/bak/file.conf
#查看压缩包内容，但不解压
[root@CentOS file_backup]# unzip -v file_backup.zip
Archive:  file_backup.zip
 Length   Method    Size Cmpr    Date    Time   CRC-32    Name
--------  ------   ------- ---- ---------- ----- --------  ----
    2837  Defl:N     1160  59% 06-24-2011 18:06 460ea65c  file_backup.sh
     250  Defl:N      212  15% 08-09-2011 16:01 4844a020  config.conf
       0  Stored        0   0% 05-30-2020 17:04 00000000  data/
       0  Stored        0   0% 05-30-2020 17:04 00000000  data/s
     318  Defl:N      161  49% 11-17-2011 14:57 d4644a64  file.conf
--------          ------- ---                            -------
    3405             1533  55%                           5 files
#查看压缩后的文件内容
[root@CentOS file_backup]# zcat file.conf.gz
/var/spool/cron
/usr/local/apache2
/etc/hosts
```

A.2.9 压缩或解压缩文件和目录：gzip/gunzip

和 zip 命令类似，gzip 命令用于文件的压缩。gzip 压缩后的文件扩展名为 ".gz"，gzip 默认压缩后会删除原文件。gunzip 用于解压经过 gzip 压缩过的文件。

【示例 A-26】

```
#压缩文件，压缩后原文件被删除
[root@CentOS file_backup]# gzip file_backup.sh
[root@CentOS file_backup]# ls -l
```

```
total 16
-rw-r--r-- 1 root root  250 Aug  9 2011 config.conf
drwxr-xr-x 2 root root 4096 May 30 17:04 data
-rw-r--r-- 1 root root  318 Nov 17 2011 file.conf
-rw-r--r-- 1 root root 1193 Jun 24 2011 file_backup.sh.gz
#gzip 压缩过的文件的特征
[root@CentOS file_backup]# file  file_backup.sh.gz
file_backup.sh.gz: gzip compressed data, was "file_backup.sh", from Unix, last
modified: Fri Jun 24 18:06:46 2011
#若想保留原来的文件，则可使用以下命令
[root@CentOS file_backup]# gzip file_backup.sh
[root@CentOS file_backup]# md5sum file_backup.sh.gz
d5c404631d3ae890ce7d0d14bb423675  file_backup.sh.gz
[root@CentOS file_backup]# gunzip file_backup.sh.gz
#既压缩原文件，又保留了原文件
[root@CentOS file_backup]# gzip -c file_backup.sh >file_backup.sh.gz
#校验压缩结果，和直接使用 gzip 一致
[root@CentOS file_backup]# md5sum file_backup.sh.gz
d5c404631d3ae890ce7d0d14bb423675  file_backup.sh.gz
[root@CentOS file_backup]# gunzip -c file_backup.sh.gz >file_backup2.sh
[root@CentOS file_backup]# md5sum file_backup2.sh  file_backup.sh
7d00e2db87e6589be7116c9864aa48d5  file_backup2.sh
7d00e2db87e6589be7116c9864aa48d5  file_backup.sh
```

zgrep 命令的功能是在压缩文件中寻找匹配的正则表达式，用法和 grep 命令一样，只不过操作的对象是压缩文件。如果用户想查看在某个压缩文件中有没有某一句话，就可以使用 zgrep 命令。

A.2.10 压缩或解压缩文件和目录：bzip2/bunzip2

BZIP2 是 Linux 下的一款压缩软件，能够高效地完成文件数据的压缩，支持现在大多数压缩格式，包括 TAR、GZIP 等。若没有添加任何参数，BZIP2 压缩完文件后会产生.bz2 的压缩文件，并删除原始的文件。BZIP2 的压缩率比传统的 GZIP 或 ZIP 更高，但是它的压缩速度较慢。BZIP2 只是一个数据压缩工具，而不是归档工具，在这一点上与 GZIP 类似。

Bunzip2 是 BZIP2 的一个符号连接，但 Bunzip2 和 BZIP2 的功能却正好相反。BZIP2 是用来压缩文件的，而 Bunzip2 是用来解压文件的，相当于 bzip2-d，类似的有 ZIP 和 Unzip、GZIP 和 Gunzip、Compress 和 Uncompress。

GZIP、BZIP2 一次只能压缩一个文件，若要同时压缩多个文件，则需将其打个 TAR 包，然后压缩，即 tar.gz、tar.bz2。在 Linux 系统中，BZIP2 也可以与 TAR 一起使用。BZIP2 可以压缩文件，也可以解压文件，解压也可以使用另一个名字 Bunzip2。BZIP2 的命令行标志大部分与 GZIP 相同，所以从 TAR 文件解压 BZIP2 压缩文件的方法如【示例 A-27】所示。

【示例 A-27】

```
[root@CentOS test]# ls -lhtr
-rw-r--r-- 1 root root 95M May 30 16:03 file_test
```

```
#压缩指定文件，压缩后原文件会被删除
[root@CentOS test]# bzip2 file_test
[root@CentOS test]# ls -lhtr
-rw-r--r-- 1 root root 20M May 30 16:03 file_test.bz2
#多个文件压缩并打包
[root@CentOS test]#  tar jcvf test.tar.bz2 file1 file2 1.txt
file1
file2
1.txt
#查看BZIP压缩过的文件内容可以使用bzcat命令
[root@CentOS test]# cat file1
1
2
3
[root@CentOS test]# bzip2 file1
[root@CentOS test]# bzcat  file1.bz2
1
2
3
#指定压缩级别
[root@CentOS test]# bzip2 -9  -c file1 >file1.bz2
#单独以.bz2为扩展名的文件可以直接用bunzip2解压
[root@CentOS test]# bzip2 -d file1.bz2
#如果是tar.bz2结尾，则需要使用tar命令
[root@CentOS test]# tar jxvf test.tar.bz2
file1
file2
1.txt
#综合运用
bzcat ''archivefile''.tar.bz2 | tar -xvf -
#生成BZIP2压缩的TAR文件可以使用
tar -cvf - ''filenames'' | bzip2 > ''archivefile''.tar.bz2
#GNU tar支持 -j标志，这样就可以不经过管道直接生成tar.bz2文件
tar -cvjf ''archivefile''.tar.bz2 ''file-list''
#解压GNU tar文件可以使用
tar -xvjf ''archivefile''.tar.bz2
```

A.3 系统管理

如何查看系统帮助？如何查看历史命令？日常使用中有一些命令可以提高 Linux 系统的使用效率，本节主要介绍系统管理相关的命令。

A.3.1 查看命令帮助：man

使用 man 命令可以调阅其中的帮助信息，非常方便和实用。在输入命令有困难时，可以立刻

查阅相关帮助信息。

【示例 A-28】

```
man man
Reformatting man(1), please wait…
man(1)                          Manual pager utils                          man(1)


NAME
     man - an interface to the on-line reference manuals

SYNOPSIS
     man  [-c|-w|-tZHT device] [-adhu7V] [-i|-I] [-m system[,…]] [-L locale]
[-p string] [-M path] [-P pager] [-r
     prompt] [-S list] [-e extension] [[section] page …] …
     man -l [-7] [-tZHT device] [-p string] [-P pager] [-r prompt] file …
     man -k [apropos options] regexp…
     man -f [whatis options] page…

DESCRIPTION
     man is the system's manual pager. Each page argument given to man is
normally the name of a program, utility
     or function.  The manual page associated with each of these arguments
is then found and displayed. A section,
     if provided, will direct man to look only in that section of the manual.
The default action is to  search  in
     all  of  the  available sections, following a pre-defined order and to
show only the first page found, even if
     page exists in several sections.
```

A.3.2 导出环境变量：export

一个变量的设置一般只在当前环境有效，export 命令可以用于传递一个或多个变量的值到任何后续脚本。export 命令可新增、修改或删除环境变量，供后续执行的程序使用。export 命令的效力仅限于这次登录操作。

【示例 A-29】

```
[root@CentOS ~]# cat hello.sh
#!/bin/sh
 echo "Hello world"
#直接执行发现命令不存在
[root@CentOS ~]# hello.sh
-bash: hello.sh: command not found
[root@CentOS ~]# pwd
/root
```

```
#设置环境变量
[root@CentOS ~]# export PATH=/root:$PATH:.
[root@CentOS ~]# echo $PATH
/root:/usr/local/sbin:/usr/local/bin:/sbin:/bin:/usr/sbin:/usr/bin:/root/b
in:.
#脚本可直接执行
[root@CentOS ~]# hello.sh
Hello world
```

A.3.3　查看历史记录：history

当使用终端命令行输入并执行命令时，Linux 会自动把命令记录到历史命令列表中，一般保存在用户 HOME 目录下的.bash_history 文件中。默认保存 1000 条，这个值可以更改。如果不需要查看历史命令中的所有项目，history 可以只查看最近 n 条命令列表。history 命令不仅可以查询历史命令，还有相关的功能执行命令。

系统安装完毕后，执行 history 并不会记录历史命令的执行时间，通过特定的设置可以记录命令的执行时间。使用上下方向键可以方便地看到执行的历史命令，使用 Ctrl+R 键对命令历史进行搜索，对于想要重复执行某个命令的时候非常有用。当找到命令后，通常再按 Enter 键就可以执行该命令。若想对找到的命令进行调整后再执行，则可按左或右方向键。使用"!"可以方便地执行历史命令。

【示例 A-30】

```
[root@master ~]# history
   01  ip a
   02  vi /etc/sysconfig/network-scripts/ifcfg-enp0s3
   03  reboot
   04  man hostnamectl
[root@CentOS ~]# export HISTTIMEFORMAT='%F %T '
[root@master ~]# history
   01  2020-12-26 11:59:26 ip a
   02  2020-12-26 11:59:26 vi /etc/sysconfig/network-scripts/ifcfg-enp0s3
   03  2020-12-26 11:59:26 reboot
   04  2020-12-26 11:59:34 man hostnamectl
#从历史命令中执行一个特定的命令，!2 表示执行 history 显示的第 2 条命令
[root@master ~]# !1
ip a
1: lo: <LOOPBACK,UP,LOWER_UP> mtu 65536 qdisc noqueue state UNKNOWN group
default qlen 1000
    link/loopback 00:00:00:00:00:00 brd 00:00:00:00:00:00
    inet 127.0.0.1/8 scope host lo
      valid_lft forever preferred_lft forever
    inet6 ::1/128 scope host
      valid_lft forever preferred_lft forever
2: enp0s3: <BROADCAST,MULTICAST,UP,LOWER_UP> mtu 1500 qdisc fq_codel state UP
group default qlen 1000
```

```
       link/ether 08:00:27:c4:9a:f5 brd ff:ff:ff:ff:ff:ff
       inet 192.168.2.3/24 brd 192.168.2.255 scope global noprefixroute enp0s3
        valid_lft forever preferred_lft forever
       inet6 fe80::2a46:78f6:4bcf:ac15/64 scope link noprefixroute
#按指定关键字执行特定的命令，!11 执行最近一条以 11 开头的命令
[root@master ~]# !11
11
total 28
-rw-------. 1 root root 1169 Dec 26 11:55 anaconda-ks.cfg
-rw-r--r--. 1 root root  548 Dec 26 14:03 config
-rw-r--r--. 1 root root   14 Dec 26 13:34 index
-rw-r--r--. 1 root root 7630 Dec 26 21:40 kubernetes-dashboard.yaml
-rw-r--r--. 1 root root 7552 Dec 26 21:36 kubernetes-dashboard.yaml.bak
```

若想清除已有的历史命令，则可使用 history-c 选项：

```
 [root@CentOS ~]# history |wc -l
350
#清除历史命令
[root@CentOS ~]# history  -c
[root@CentOS ~]# history
    1 history
```

A.3.4 显示或修改系统时间与日期：date

date 命令的功能是显示或设置系统的日期和时间。

 只有超级用户才能用 date 命令设置时间，一般用户只能用 date 命令显示时间。另外，一些环境变量会影响 date 命令的执行效果。

【示例 A-31】

```
#设置环境变量，以便影响显示效果
[root@CentOS ~]#export LC_ALL=C
#显示系统当前时间
#CST 表示中国标准时间，UTC 表示世界标准时间，中国标准时间与世界标准时间的时差为+8，也就是
UTC+8。另外，GMT 表示格林尼治标准时间
[root@CentOS ~]# date
Sun Dec 27 00:07:03 CST 2020
#按指定格式显示系统时间
[root@CentOS ~]# date +%Y-%m-%d" "%H:%M:%S
2020-12-27 00:07:24
#设置系统日期，只有 root 用户才能查看
[root@CentOS ~]# date -s 20201230
Wed Dec 30 00:00:00 CST 2020
#设置系统时间
[root@CentOS ~]# date -s 12:31:34
```

```
Wed Dec 30 12:31:34 CST 2020
#显示系统时间已经设置成功
[root@CentOS ~]# date +%Y-%m-%d" "%H:%M:%S
2020-12-30 12:31:35
#显示 10 天之前的日期
[root@CentOS ~]# date +%Y-%m-%d" "%H:%M:%S -d "10 days ago"
2020-12-20 12:34:35
#给出了 days 参数，另外支持 weeks、years、minutes、seconds 等，不再赘述，还支持正负参数
[root@CentOS ~]# date +%Y-%m-%d" "%H:%M:%S -d "-10 days ago"
2021-01-06 00:01:33
[root@CentOS ~]# date -r hello.sh
Sun Mar 31 03:03:51 CST 2020
```

当以 root 身份更改了系统时间之后，还需要通过 clock-w 命令将系统时间写入 CMOS 中，这样下次重新开机时系统时间才会使用新的值。date 命令的参数丰富，其他参数的用法可上机实践。

A.3.5　清除屏幕：clear

clear 命令用于清空终端屏幕，类似于 DOS 下的 cls 命令，使用比较简单。要清除当前屏幕的内容，直接输入"clear"即可，快捷键为 Ctrl+L。

如果终端有乱码，clear 不能恢复时，可以使用 reset 命令使屏幕恢复正常。

A.3.6　查看系统负载：uptime

Linux 系统中的 uptime 命令主要用于获取主机运行时间和查询 Linux 系统负载等信息。uptime 命令可以显示系统已经运行了多长时间，信息显示依次为：现在时间，系统已经运行了多长时间，目前有多少登录用户，系统在过去的 1 分钟、5 分钟和 15 分钟内的平均负载。uptime 命令的用法十分简单，直接输入"uptime"即可。

【示例 A-32】

```
[root@CentOS ~]# uptime
 06:30:09 up 8:15, 3 users, load average: 0.00, 0.00, 0.00
```

06:30:09 表示系统当前时间，up 8:15 表示主机已运行的时间，时间越大，说明机器越稳定。3 users 表示用户连接数，是总连接数，而不是用户数。load average 表示系统平均负载，统计最近 1、5、15 分钟的系统平均负载。系统平均负载是指在特定时间间隔内运行队列中的平均进程数。对于单核 CPU，负载小于 3，表示当前系统性能良好；在 3~10，表示需要关注，系统负载可能过大，需要进行对应的优化；大于 10，表示系统性能有严重问题。另外，15 分钟系统负载需重点参考，并作为当前系统运行情况的负载依据。

A.3.7　显示系统内存状态：free

free 命令会显示内存的使用情况，包括实体内存、虚拟的交换文件内存、共享内存区段以及系统核心使用的缓冲区等。

【示例 A-33】

```
#以 MB 为单位查看系统内存资源占用情况
[root@CentOS ~]# free -m
             total       used       free     shared    buffers     cached
Mem:         16040      13128       2911          0        329       6265
-/+ buffers/cache:       6534       9506
Swap:         1961        100       1860
```

- Mem：表示物理内存统计，此示例中有 16040MB。
- -/+ buffers/cache：表示物理内存的缓存统计。
- Swap：表示硬盘上交换分区的使用情况，若剩余空间较小，则需留意当前系统内存的使用情况及负载。

第 1 行数据 16040 表示物理内存总量，13128 表示总计分配给缓存（包含 buffers 与 cache）使用的数量，但其中可能部分缓存并未实际使用，2911 表示未被分配的内存。shared 为 0，表示共享内存，329 表示系统分配但未被使用的 buffers 数量，6265 表示系统分配但未被使用的 cache 数量。

以上示例显示系统总内存为 16040MB，如需计算应用程序占用的内存，可以使用公式计算：total−free−buffers−cached = 16040−2911−329−6265 = 6535。内存使用的百分比为 6535/16040=40%，表示系统内存资源能满足应用程序的需求。若应用程序占用的内存量超过 80%，则应该及时进行应用程序算法优化。

A.3.8 转换或复制文件 dd

dd 命令可以用指定大小的块复制一个文件，并在复制的同时进行指定的转换，可以和 b/c/k 组合使用。

 指定数字的地方若以这些字符结尾，则乘以相应的数字：b=512、c=1、k=1024、w=2。

/dev/null，可以向它输出任何数据，输出的数据都会丢失，并且不在磁盘上面存储。/dev/zero 是一个输入设备，可用来初始化块设备，该设备可以无穷尽地提供 0。

【示例 A-34】

```
# 创建一个大小为100MB 的文件
[root@CentOS ~]# dd if=/dev/zero of=/file bs=1M count=100
100+0 records in
100+0 records out
104857600 bytes (105 MB) copied, 4.0767 s, 25.7 MB/s
#查看文件大小
[root@CentOS ~]# ls -lh /file
-rw-r--r-- 1 root root 100M Apr 23 05:37 /file
#将本地的/dev/hdb 整盘备份到/dev/hdd
[root@CentOS ~]# dd if=/dev/hdb of=/dev/hdd
#将/dev/hdb 全盘数据备份到指定路径的 image 文件
```

```
[root@CentOS ~]# dd if=/dev/hdb of=/root/image
#将备份文件恢复到指定盘
[root@CentOS ~]# dd if=/root/image of=/dev/hdb
#备份/dev/hdb全盘数据，并利用GZIP工具进行压缩，保存到指定路径
[root@CentOS ~]# dd if=/dev/hdb | gzip > /root/image.gz
#将压缩的备份文件恢复到指定盘
[root@CentOS ~]# gzip -dc /root/image.gz | dd of=/dev/hdb
#增加swap分区文件的大小
#第1步：创建一个大小为256MB的文件
[root@CentOS ~]# dd if=/dev/zero of=/swapfile bs=1024 count=262144
#第2步：把这个文件变成swap文件
[root@CentOS ~]# mkswap /swapfile
#第3步：启用这个swap文件
[root@CentOS ~]# swapon /swapfile
#第4步：编辑/etc/fstab文件，使在每次开机时都自动加载swap文件
/swapfile    swap    swap    default    0 0
#销毁磁盘数据
[root@CentOS ~]# dd if=/dev/urandom of=/dev/hda1
#测试硬盘的读写性能
[root@CentOS ~]# dd if=/dev/zero bs=1024 count=1000000 of=/root/1Gb.file
[root@CentOS ~]# dd if=/root/1Gb.file bs=64k | dd of=/dev/null
#通过以上两个命令输出中所显示的命令执行时间，即可以计算出硬盘的读、写速度
#确定硬盘的最佳块大小
[root@CentOS ~]# dd if=/dev/zero bs=1024 count=1000000 of=/root/1Gb.file
[root@CentOS ~]# dd if=/dev/zero bs=2048 count=500000 of=/root/1Gb.file
[root@CentOS ~]# dd if=/dev/zero bs=4096 count=250000 of=/root/1Gb.file
[root@CentOS ~]# dd if=/dev/zero bs=8192 count=125000 of=/root/1Gb.file
#通过比较以上命令输出中所显示的命令执行时间，即可确定系统最佳的块大小
```

提 示　利用随机的数据填充硬盘，可以在某些必要的场合销毁数据。

A.4　任务管理

在 Windows 系统中提供了计划任务，功能是安排自动运行的任务。Linux 提供了对应的命令完成任务管理。

A.4.1　单次任务：at

at 命令可以设置在一个指定的时间执行一个指定的任务，只能执行一次，使用前确认系统开启了 atd 进程。如果指定的时间已经过去，就会放在第 2 天执行。

【示例 A-35】

```
#使用实例
#明天17点钟，输出时间到指定文件内
```

```
[root@localhost ~]# at 17:20 tomorrow
at> date >/root/201f1.log
at> <EOT>
```

不过，并不是所有用户都可以执行 at 计划任务。利用/etc/at.allow 与/etc/at.deny 这两个文件来进行 at 的使用限制。系统首先查找/etc/at.allow 文件，用户名写在这个文件中的用户才能使用 at，用户名没有写在这个文件中的用户则不能使用 at。如果/etc/at.allow 不存在，就寻找/etc/at.deny 文件，若是用户名写在 at.deny 文件中的用户，则不能使用 at，若用户名不在 at.deny 文件中的用户，则可以使用 at 命令。

A.4.2 周期任务：crond

crond 命令在 Linux 下用来周期性地执行某种任务或等待处理某些事件，如进程监控、日志处理等，和 Windows 下的计划任务类似。当安装操作系统时，默认会安装此服务工具，并且会自动启动 crond 进程。crond 进程每分钟会定期检查是否有要执行的任务，如果有要执行的任务，就会自动执行该任务。crond 的最小调度单位为分钟。

Linux 下的任务调度分为两类：系统任务调度和用户任务调度。

（1）系统任务调度：系统周期性要执行的工作，比如把缓存数据写到硬盘、日志清理等。在/etc 目录下有一个 crontab 文件，这个文件就是系统任务调度的配置文件。

/etc/crontab 文件包括【示例 A-36】所示的几行。

【示例 A-36】

```
[root@CentOS test]# cat /etc/crontab
01  SHELL=/bin/bash
02  PATH=/sbin:/bin:/usr/sbin:/usr/bin
03  MAILTO=root
04  HOME=/

# For details see man 4 crontabs

# Example of job definition:
# .---------------- minute (0 - 59)
# | .-------------- hour (0 - 23)
# | | .----------- day of month (1 - 31)
# | | | .------- month (1 - 12) OR jan,feb,mar,apr…
# | | | | .---- day of week (0 - 6) (Sunday=0 or 7) OR
sun,mon,tue,wed,thu,fri,sat
# | | | | |
# * * * * * user-name command to be executed
```

前 4 行用来配置 crond 任务运行的环境变量：第 01 行 SHELL 变量指定了系统要使用哪个 Shell，这里是 bash；第 02 行 PATH 变量指定了系统执行命令的路径；第 03 行 MAILTO 变量指定了 crond 的任务执行信息将通过电子邮件发送给 root 用户，如果 MAILTO 变量的值为空，就表示不发送任务执行信息给用户；第 04 行的 HOME 变量指定了在执行命令或脚本时使用的主目录。

（2）用户任务调度：用户定期要执行的工作，比如用户数据备份、定时邮件提醒等。用户可以使用 crontab 工具来定制自己的计划任务。所有用户定义的 crontab 文件都被保存在 /var/spool/cron 目录中。其文件名与用户名一致。

用户所建立的 crontab 文件中，每一行都代表一项任务，每行的每个字段代表一项设置，它的格式共分为 6 个字段，前 5 段是时间设定段，第 6 段是要执行的命令段，格式为 "minute hour day month week command"，具体说明参考表 A.2。

表A.2　crontab任务设置对应参数说明

参　　数	说　　明
minute	表示分钟，可以是 0~59 的任何整数
hour	表示小时，可以是 0~23 的任何整数
day	表示日期，可以是 1~31 的任何整数
month	表示月份，可以是 1~12 的任何整数
week	表示星期几，可以是 0~7 的任何整数，这里的 0 或 7 代表星期日
command	要执行的命令，可以是系统命令，也可以是自己编写的脚本文件

其中，crond 是 Linux 用来定期执行程序的命令。当安装完操作系统之后，便会默认启动此任务调度命令。crond 命令每分钟会定期检查是否有要执行的工作。crontab 命令常用参数如表 A.3 所示。

表A.3　crontab命令常用参数说明

参　　数	说　　明
-e	执行文字编辑器来编辑任务列表，内定的文字编辑器是 vi
-r	删除目前的任务列表
-l	列出目前的任务列表

crontab 的一些使用方法如【示例 A-37】所示。

【示例 A-37】

```
#每月、每天、每小时的第 0 分钟执行一次/bin/ls
0 7 * * * /bin/ls
#在 12 月内，每天的早上 6 点到 12 点，每隔 20 分钟执行一次/usr/bin/backup
0 6-12/3 * 12 * /usr/bin/backup
# 每两个小时重启一次 Apache
0 */2 * * * /sbin/service httpd restart
```